中国建筑文化遗产

罗哲文 名誉主编
金磊 主编

天津大学出版社

图书在版编目（CIP）数据

中国建筑文化遗产 .1/金磊主编.—天津：天津大学出版社，2011.7
ISBN 978-7-5618-4036-8

Ⅰ.①中… Ⅱ.①金… Ⅲ.①建筑-文化遗产-中国 Ⅳ.①TU-092

中国版本图书馆CIP数据核字(2011)第139503号

策划编辑 韩振平
责任编辑 韩振平

出版发行 天津大学出版社
出 版 人 杨欢
地 址 天津市卫津路92号天津大学内（邮编：300072）
电 话 发行部：022—27403647 邮购部：022—27402742
网 址 www.tjup.com
印 刷 北京雅昌彩色印刷有限公司
经 销 全国各地新华书店
开 本 235mm × 305mm
印 张 15.5
字 数 640千
版 次 2011年7月第1版
印 次 2011年7月第1次
定 价 48.00元

匠作国风 追寻远古惟壮丽

西学中体 展望大寰以通达

宝佳集团中国建筑传媒中心

+

天津大学出版社

+

建筑文化考察组

秉承“以文化人的胸怀做传媒，以企业家的魄力奉献文化”的出版理念

2011年7月隆重推出国家级建筑文化读物

《中国建筑文化遗产》

ACBI Research Centre of Mass Communication for Chinese Architecture

+

Tianjin University Press

+

Architectural Culture Survey Group

Running media with the mind of intellectuals; devoting to culture with the courage of entrepreneurs

China Architectural Heritage, a national level innovative publication on architectural heritage, will be published soon in July 2011

目 录

北京故宫博物院午门展厅（杨超英 摄）

China Architectural Heritage
中国建筑文化遗产

Instructor　State Administration of Cultural Heritage
指导单位　国家文物局

Sponsor　ACBI Group
主办单位　宝佳集团
Tianjin University Press
天津大学出版社
China Cultral Relic-Traditional Garden Architecture Committee
中国文物学会传统建筑园林委员会
Architectural Culture Investigation Team
建筑文化考察组

Co-Sponsor　Research Center of Mass Communication for China Architecture, ACBI Group
承办单位　宝佳集团中国建筑传播研究中心
China Architectural Heritage Editorial
《中国建筑文化遗产》编辑部

地址：北京市东城区东兴隆街56号，北京商界A座9层，宝佳国际中国建筑传媒中心
邮编：100065
编辑部电话：010-67020521
传真：010-67020521
投稿邮箱：931531615@QQ.com.
99321200@QQ.com.

CONTENTS

坚守中国建筑文化遗产传播的理想

2011年是我国“十二五”起始之年，在刚刚迎来中国第六个文化遗产日之际，由国家文物局支持并指导的《中国建筑文化遗产》问世了。我以为，在中国急需文化传承及其大发展的态势下，这本学刊至少要在向公众展示华夏建筑文化艺术魅力、评介传统与现代建筑的科学创造、向世界传播中国建筑文化诸方面发挥独特作用。为此我表示衷心祝贺。

《中国建筑文化遗产》的出版，让我想到1930年中国传统建筑研究的组织者朱启钤先生在《中国营造学社汇刊》所作的发刊演讲。他认为：要研究中国的传统建筑，先要梳理中国营造史，“使漫天归束之零星材料得一整比之方，否则终无下手之处也”，即倡导要全面地、历史地研究中国建筑。为此，他创办的《中国营造学社汇刊》始终秉承不断吸收外来文化的办刊理念。对此，李约瑟博士在他的《中国科学技术史》中高度评价《中国营造学社汇刊》的学术价值。他说，这是一本包含着极为丰富的学术资料的杂志，是想要透过这个学科表面，洞察其本质所必不可缺少的。据此，我认为，如果说《中国营造学社汇刊》是中国近代建筑史上早期的一份重要学术文献集，那么今日奉献给中外读者的新刊《中国建筑文化遗产》不仅肩负城市、建筑、创意互动的文化传播平台的职责，更在砥砺理念中扬起思辨之帆，用超越国人的视野传承属于华夏民族的建筑文化遗产。

《中国建筑文化遗产》一改过去文博期刊过于执重的模式，用创意设计的新范式图文并茂地展现了建筑艺术精华的一个个侧面。一座建筑就是一座宝藏，它凝聚着人类精湛的艺术表现和深邃的人性追求，在为人类提供栖身之所时，更为世界创造着精神寄托的家园。正如该刊总编金磊所言，无论建筑遗产是沉睡的或是破碎的，它们都是独一无二的永恒佳作，杂志同人都将倾力关注并传播。

我认为，当下一个国家和民族的生存与发展不仅要靠经济实力，更依赖于世界发展潮流融合下的文化软实力。保护、研究、传承建筑文化遗产不单是发展建筑历史研究与当代设计创作的需要，更符合构建完整的国家与民族大文化体系的迫切要求。所以，国家文物局有责任和义务去扶植这个集专业学术研究、公众文化启蒙及传播并重的刊物平台，希望它成为联结中外文博界、建筑界、艺术设计界及至公众的纽带和桥梁，更期望它能为传承并发展建筑文化遗产提供公正的话语权。

《中国建筑文化遗产》除了上述鲜明的服务行业内外的新办刊宗旨外，我还赞赏他们独特的办刊方针、机构设置与精悍的编辑团队。从业内熟悉的建筑文化考察组、天津大学出版社到宝佳集团中国建筑传播中心等单位，都体现了文化自觉及社会责任感，都彰显了出版者促进书刊业态转型的决心。我以为正是靠编撰者们的这种社会责任感，培育了对中国建筑挚爱的既可仰望天空又能脚踏实地的建筑编辑家园。

为了诸多远去的回望，为了在镌刻建筑历史中留有并寻找过往的痕迹，我尤其倡导文博界与建筑界要思路交叉，要视野共通，要展开跨文化对话，更期望专业媒体在传播中更多一份历史使命感。这样，我们的城市与建筑就能在文化遗产保护的大旗下，在一系列决策、规划、设计、建设及所有的环节中少些随意性，多些谨慎及科学性。这里特别要处理好本土化与国际化的关系，在研究并传播中国建筑自身文化遗产时，不断选择视角以开启认知世界文化遗产保护与传承的窗口。

总之，期望《中国建筑文化遗产》不辱责任及使命，用专业传媒人的视野及一系列实践去思考并回答：何为当代中国建筑文化之路，何为中国建筑历史上的世界建筑地位，在叩问华夏文化之门时弘扬中国建筑精神等。我相信，保持建筑纯粹的文化品格，是办好代表中国建筑文化遗产国家水准的权威级学刊之本。

单霁翔

2011年6月

A New Way to Mass Communication for China Architectural Heritage

In 2011, the first year of the 12th Five-Year Plan, a major journal—*China Architectural Heritage*, supported and instructed by State Administration of Cultural Heritage(SACH), starts its publication on the occasion of the 6th Cultural Heritage Day. In the situation of the urgent needs of cultural inheritance and mass development, this journal will play a unique role at least in revealing the artistic charms of traditional Chinese architecture, reviewing and introducing the scientific creation of traditional and modern architecture, and spreading abroad Chinese architectural culture. Accordingly, I hereby heartily congratulate the birth of it.

The publication of *China Architectural Heritage* recalls me the speech on the inaugural publication of Bulletin of the Society for the Study of Chinese Architecture *(BSSCA)* given by Zhu Qiqian, a pioneer researcher of traditional Chinese architecture. He believed that the research of architectural history of China should be prior to the study of traditional Chinese architecture. He thought "there is no way to start unless the fragments of data are organized", and advocated comprehensive and historical research of Chinese architecture. Therefore his BSSCA kept the conception of absorbing and using foreign cultures. Dr. Joseph Needham highly praised the academic values of BSSCA in his *Science and Civilization in China*. He said this journal contains plentiful of academic information which is indispensable for anyone who wants to have an insight into this discipline. Hereby, since BSSCA provided important academic documents in the early period of modern Chinese architectural history, *China Architecture Heritge*, which is ready for readers in China and abroad, is not only responsible for supporting the mass communication about city, architecture and design, but also for encouraging academic arguments and philosophical thinking, so as to carry forward the architectural cultural heritage belonged to our nation beyond the views of Chinese.

Instead of the solemn style of other journals on cultural heritage and museology, *China Architectural Heritage* adopts a new style with creative graphic design for interpretation and presentation of every aspect of architecture with images and texts. Providing human shelters and home of spiritual sustenance, each building is a treasury where exquisite artistic expressions and profound humanity pursuits are collected. As Mr. Jin Lei, the editor-in-chief says, no matter sleeping or broken, architectural heritage is unique and eternal excellent works which the journal staff will try their best to pay their attention to. In my opinion, the survival and development of a country and a nation not only depends on the economic strength, but also the cultural soft power integrated with the trend of the world development. Conservation, research and transmission of cultural heritage are not only indispensable in the development of the study of architectural history and contemporary design, but also in line with the requirements of building a complete cultural system of a country and a nation. Therefore, *China Architectural Heritage* has the responsibility and obligation to support this journal integrated with professional academic research, public cultural enlightenment and mass communication, hoping that it becomes the bridge to connect China and the foreign in realms of cultural heritage and museology, architecture and art design. Moreover, we also hope that it can become the impartial voice for carrying forward architectural cultural heritage.

Besides those distinct objectives which serve both inside and outside of this industry, I also appreciate their unique guidelines, organizations and capable, vigorous editor teams. From the Architectural Culture Group, Tianjin University Press to China Architectural Dissemination Center of Baojia Group, cultural consciousness and social responsibility have been expressed and the determination of the publishers to promote transition of periodical industry manifested. In my opinion, it is just the strong social responsibility that nurtures our ambitious and practical architectural editors.

For the retrospect and looking for the trails of the past in the architectural history, I especially advocate the cross-discipline exchange between professionals on cultural heritage and architecture, sharing their ways of thinking and ranges of vision with cross-cultural dialogue. Furthermore, I hope that media can have a sense of calling in mass communication. Thus our cities and buildings can be determined, planned, designed and constructed based on the conservation of cultural heritage with less casualness and more carefulness and scientificity. Particularly, the relationship between the localization and internationalization should be properly managed, so that while we study and disseminate the *China Architectural Heritage* , we can choose different perspectives to perceive that of the world.

To sum up, we expect that *China Architectural Heritage* can accomplish its mission, thinking and trying to answer with the view of mass media and series of practice: what is the way of Chinese architectural culture? What was the role that world architecture played in Chinese architecture history? How can we carry forward the spirit of Chinese architecture? I believe that the success of an authoritative journal representing the national level of architectural cultural heritage is rooted in the preservation of pure cultural characteristics of architecture.

Shan Jixiang

June, 2011

建筑的意义是一部无言的史书，它记录着中外国度的过去，更孕育着世界城市的未来。如果说，几千年来一直以木构架为主体的中国建筑在世界古代建筑史上独树一帜，并且堪与欧洲古希腊一基督教建筑、伊斯兰教建筑并列为三大建筑体系是一种标志的话，那么，历经磨炼问世的《中国建筑文化遗产》的使命就不单是传承中国既往城市建筑的辉煌，更为中国建筑的国际化传播奠定着基础。作为该编辑部总编，我除了欣喜迈出的第一步，更感到传播中国建筑文化遗产的使命之责任重大。

作为建筑类学术出版物的业内人士，我深知在林林总总的城市、建筑、艺术、设计及文博学刊中，体现《中国建筑文化遗产》的特质至关重要。本刊在传播当代最新城市、建筑、艺术、设计文化思潮的背景下，特别关注被视为珍宝的中国建筑，因为它们是历史的证人、科学的里程碑、艺术的不朽杰作。本刊将向中外建筑界人士传播的是：中国建筑是世界建筑宝库中的一份珍贵遗产，其规制有序的城市布局、完整的木构架系统、独有的群体组合方式、风格多变的艺术形象、绚丽多彩的建筑色调及魅力独具的景观园林，不仅是中国古代建筑的特点，更对比出中国建筑有别于西方建筑的成就。据此，我代表全体编辑人员，以虔诚的心境向创造着建筑辉煌历史的先民致敬；以饱满的热忱及历史视野努力探索并记录中外建筑的史料；以文化启蒙者的义务及世界公民的胸怀向全球传播中国建筑文化并推荐新作品、新理念。

《中国建筑文化遗产》作为一本使命特殊的学刊，首先要求全体编创人员要有境界，这不仅指学养及视野，更指常新、常在的文化追求与洞察力。而对于中外大千建筑世界的高超水平、精妙细部及深远意境，本刊的文风及有气质的书写旨在服务于建筑师、规划师、文博古建各界，并面向建筑文化遗产的所有爱好者及高校师生。据此，本刊力求凸显了学报深度又融精美风格创意于一身的特点，同时由于担负学术与启蒙双重传播职责，因此要努力办成城市建筑、文博界的科学而前卫的交叉类学术重镇。以上这些表达了业界同人的心声，更希望这个开端能与中外建筑界的强劲发展步履合拍。

金 磊

2011年7月

Beginning and Prospect

Architecture is a silent history, recording the past of the nations around the world and nourishing the future of their cities. Timber-framed Chinese architecture was very unique in ancient architectural history of world, regarded together with Christian and Islamic architecture as three major architectural systems. Having experienced hardships and difficulties, the finally published journal *China Architectural Heritage* has the mission of not only carrying on the gloriousness of previous Chinese cities and buildings, but also laying the foundation of international dissemination of Chinese architecture. As the editor-in-chief of this journal, besides the happiness of the first successful step, I also recognize the great responsibility of dissemination of architectural cultural heritage of China.

As a practitioner of architectural academic periodical, I know well that it is of the utmost importance to present the special traits of *China Architectural Heritage* among numerous journals on city, architecture, art, design, cultural heritage and museum. Taking the latest developments of contemporary city, architecture, art and design as background, this journal specially focuses on the treasured Chinese architecture, since it is the witness of the history, the milestone of science and immortal masterpiece of art. What this journal tries to convey to the world is: Chinese architecture is one of the most precious heritage of world architecture treasury. With orderly planned urban layouts, elaborate wooden structure system, unique group configuration, various artistic images, gorgeous colors and fascinated gardens, it not only reveals the traits of Chinese ancient architecture, but also presents a different accomplishment from that of western architecture. On behalf of my staff, I hereby sincerely pay our respect to the ancients who created such splendid history of architecture; we will explore and record in historical sight the historical materials in Chinese and foreign architecture with full enthusiasm; as the culture torchbearer and global citizen, we are obligated to spread Chinese architecture culture and recommend new works or concepts.

As a journal with special mission, *China Architectural Heritage* requires all the editors not only to have academic attainment, but also forever-new and everlasting cultural pursuits and discernment. Regarding the excellent technology, exquisite details and profound artistic conception of Chinese and foreign architectures, the writing style of this journal intends to serve practitioners of all the realms of architecture, urban planning, cultural heritage and museum as well as all the amateurs of architectural cultural heritage, college teachers and students. Hereby this journal strives for a comprehensive expression of the depth of academic journal with elegance of style. Meanwhile, undertaking the task of academic communication and beginner's enlightenment, we will try to make a scientific and avant-garde journal integrated with the realms of architecture, cultural heritage and museum. Hereinbefore, the editors' aspirations have been expressed with the hope that this start can step well together with the strong development of architecture in China and the rest of the world.

Jin Lei

南通博物苑新馆一角（杨超英 摄）

应县木塔测绘图（陈明达 绘制）

Chinese Architecture is Unique in the World

独树一帜的中国建筑

王贵祥 (Wang Guixiang) *

提　要：本文对于中国建筑是在世界上独树一帜的独立建筑体系这一概念作了一个说明，作者认为，相对于西方建筑史上由古罗马建筑师维特鲁维提出的“坚固、实用、美观”的建筑三原则，古代中国人也有自己的建筑原则，即《尚书》中有关大禹的为政（建筑）三原则：正德、利用、厚生。基于这样三个原则基础之上的中国古代建筑以“便生人”为建筑的主要目标，以适合人之生活起居的土与木为基本的建筑材料，并以“卑宫室”与“适形论”的观念，将建筑限定在一个适度的大小与高度范围内，并以层层深入的院落空间来组织其建筑组群，从而形成了“庭院深深”的独特的建筑空间美。其结果使每一座建筑单体面临一个院落，而形成了“负阴抱阳，冲气以为和”的阴阳和会的最佳状态。

关键词：中国建筑，建筑体系，建筑三原则，正德，利用，厚生

Abstract: It is a research on the question that why Chinese architecture is unique and why it is an independent building system in the world. Relative to the three architectural principles "solid, practical and beautiful" which was the idea written by the ancient Roman architect Vitruvius, the ancient Chinese also have its own building principles, namely, the three principle of Masanori, Useful and Benefit for the human life. Based on one of the three principles, ancient Chinese architecture's main purpose is for the "living human beings" and then the main target of Chinese building is to suit the daily life of people. Based on the principles the main building materials of Chinese ancient buildings are the earth and the wood. And then the ancient Chinese had also the idea of "humble the palaces" and "moderate on the building size and scale" so that the ancient Chinese buildings were always limited to a modest range on the building size and height, and the ancient Chinese arranged the building on a deep layers of courtyard spaces to organize its construction group and to form some "deep yards". Then the unique beauty of architectural space was formed in the carefully organized building group.

Keywords: Chinese architecture, Architecture system, The three principles of architecture; Masanori; Useful, Benefit for human life

我们常常说起的一句话是，中国建筑是在世界上独树一帜的独立的建筑体系。这里的中国建筑，其实是特指的中国古代建筑。那么，为什么说中国古代建筑在世界上是独树一帜的呢？中国古代建筑作为一个特立独行的建筑体系，在世界建筑大系中究竟应该占有什么地位呢？中国古代建筑与传统西方建筑的根本差别在哪里呢？这些都是极其值得令人玩味的问题。对于这些问题作出一个完整的解答，是需要一个十分系统而缜密的研究与分析的，这显然不是这篇短短的文字有可能解决的问题，但是，如果将现代建筑教育中作为主流的建筑体系来加以学习与介绍的西方传统建筑作为一个参照系，对中国建筑作一点浅显与直捷的分析，或许有助于我们对这个问题的思考。

首先，我们熟知的一个问题是，在西方人的建筑体系中，有一个传承了两千年之久的基本建筑原则，那就是古罗马建筑师维特鲁维

* 清华大学建筑学院教授

图1

图2

所写的《建筑十书》中提出的建筑三原则：坚固、实用、美观。维特鲁维的这一建筑三原则，与比他更为古老的古希腊哲学家柏拉图提出的哲学三原则“真、善、美”是一脉相承的。建筑的坚固问题，涉及材料与结构的真实性，可以归在“真”的范畴之下；建筑的实用问题，与建筑之服务于人的功能与效用有关，恰与古希腊人的“善”（goodness）联系在了一起；而哲学上的美与建筑的美观尽管不是一个层面的问题，但是，两者之间的关联性也是不可否认的。

维特鲁维的建筑三原则，经由文艺复兴时代阿尔伯蒂的进一步论证与提倡，成为后来欧洲建筑的基本原则并且一直延伸到现代。西方现代建筑中的思想与理论，尽管五彩斑斓，却也并没有完全跳出这一基本的原则之外，如20世纪的西方人所特别关注的建筑的功能与形式问题，其实就是从对于这三条原则的不同观点中延伸而来的。功能问题更多地涉及了建筑的“实用”原则；而形式问题则更多地涉及建筑的“美观”原则；至于建筑的“坚固”原则，则因为现代建造技术的充分发展，而渐渐地延伸为诸如结构、构成、技术、标准化、适应性等方面的问题，或是建筑思想上的“材料真实性”、“结构真实性”等方面的问题了。

那么，古代中国人是否也遵循了一种什么样的建筑原则呢？如果确实存在有什么原则，那么古代中国人的建筑原则是什么呢？熟悉中国文化传统的人都知道，中国文化的奠基人之一孔子，对于建筑几乎没有说过什么，他唯一说过的一句与建筑有关的话，似乎是在重复上古三代的圣王之一大禹的话：

子曰：“禹，吾无间然矣。菲饮食而致孝乎鬼神，恶衣服而致美乎黻冕，卑宫室而力乎沟洫。禹，吾无间然矣。”[1]

孔子的意思是说，他与上古圣王大禹之间在建筑观念上的观点是一致的，两个人之间在这一问题上的见解没有什么不同。那么，大禹究竟又对建筑谈了些什么呢？我们现在能够找到的一句大禹说过的与建筑有关的话，见于目前所知最早的古代文献——《尚书》中的一段话，即《尚书·虞书》中大禹所提出的三个原则：

禹曰：“於！帝念哉！德惟善政，政在养民。水、火、金、木、土、谷，惟修；正德、利用、厚生，惟和。九功惟叙，九叙惟歌。戒之用休，董之用威，劝之以九歌。俾勿坏。”[2]

从上下文中，我们清楚地看到了，大禹是在阐述他为政的要点与原则。其为政的核心是必须要做（“惟修”）的六件事情：水、火、金、木、土、谷。这其中无疑包含了建筑（木与土）。而要达到这六件事情的圆满，必须要做到：正德、利用、厚生，而这正德、利用、厚生三个基本方面的核心在于一个“和”字（惟和）。我们也可以将这三点理解为中国古代的建筑三原则。由此可以推知，古代中国人，也有自己的建筑三原则：正德、利用、厚生。这三项原则，经过孔子的提倡，更进一步体现为建筑的“卑宫室”思想，从而影响了中国数千年的建筑历史。

《尚书》中所记载的由上古圣王大禹提出的“正德、利用、厚生”三原则，又是怎样打

[1]《论语·泰伯第八》，引自《十三经注疏》，北京，中华书局，1980。
[2]《尚书·虞书·大禹谟第三》，引自《十三经注疏》，北京，中华书局，1980。

造了一种与在维特鲁维所提出的欧洲人的“坚固、实用、美观”三原则下所创造的建筑体系截然不同的古代中国建筑体系呢？

以“正德”为基本原则之一的中国古代建筑，将宫室建筑看作是一个人的道德品格与身份等级的象征。一方面，古代中国人认为建筑是应该严格地划分为不同等级的，等级之间不应该有丝毫的僭越。高等级的人应该居住在高等级的宫室之内，例如，按照一些朝代的规定，帝王的正殿应该有九间以上，宫殿的规模也必须十分宏大，以表示帝王君临天下的威势；而藩王之府宅或一品、二品官的衙署正堂只能有七间，五品、六品官的府邸与衙署其正堂应该是五间，七品、八品官的府署或衙门其正堂就只能有三间了；普通百姓的房屋，其正房是不能够超出三间的。门也是一样，帝王的门可以有数重之多，门殿也必须有九间之阔；王府的门殿只能有五间，五品以上的品官们的门房大约只能有三间；而七、八品官，以及百姓住宅的门就只能有一间了。当然，除了不同朝代之间在具体规定上的一些差异之外，在如上所说的粗略的等级差别之间，还有很多细微的差别。

“正德”原则，对于社会各个等级的人而言，就是每一个人应该各守其位，各持其德，不应该有任何的僭越。而对于统治者本身而言，则体现为其道德的外在表现。也就是说一位有德的统治者，应在日常生活起居上有适度的节制，如宫室建筑应该节俭卑小（“卑宫室”），其饮食应该菲薄简单（“菲饮食”）、服饰应该俭约朴实（“恶衣服”）。应该把国家有限的经费用在可以为民谋福祉的水利工程（“尽力乎沟洫”）和对祖先与神灵的祭祀（“致孝乎鬼神”）以及可以表征人之身份等级的文章黼黻与冠戴形式上（“致美乎黼冕”）。

这样一种正德的理念，一方面限制了每一个人对于宫室建筑的追求，使其各安其位，各守其德，从而维护了传统中国社会“君君、臣臣、父父、子子”的社会等级秩序；另外一个方面，对于具有无上权力的统治者也是一个约束，使他们对于代表自己身份等级的宫室建筑，也要有一定的约束，不要过于高大，过于奢侈豪华。这样既有利于节约有限的资财，也

图1 北京明代太庙鸟瞰
图2 北京四合院鸟瞰
图3 辽宁义县奉国寺（刘锦标 摄）

图3

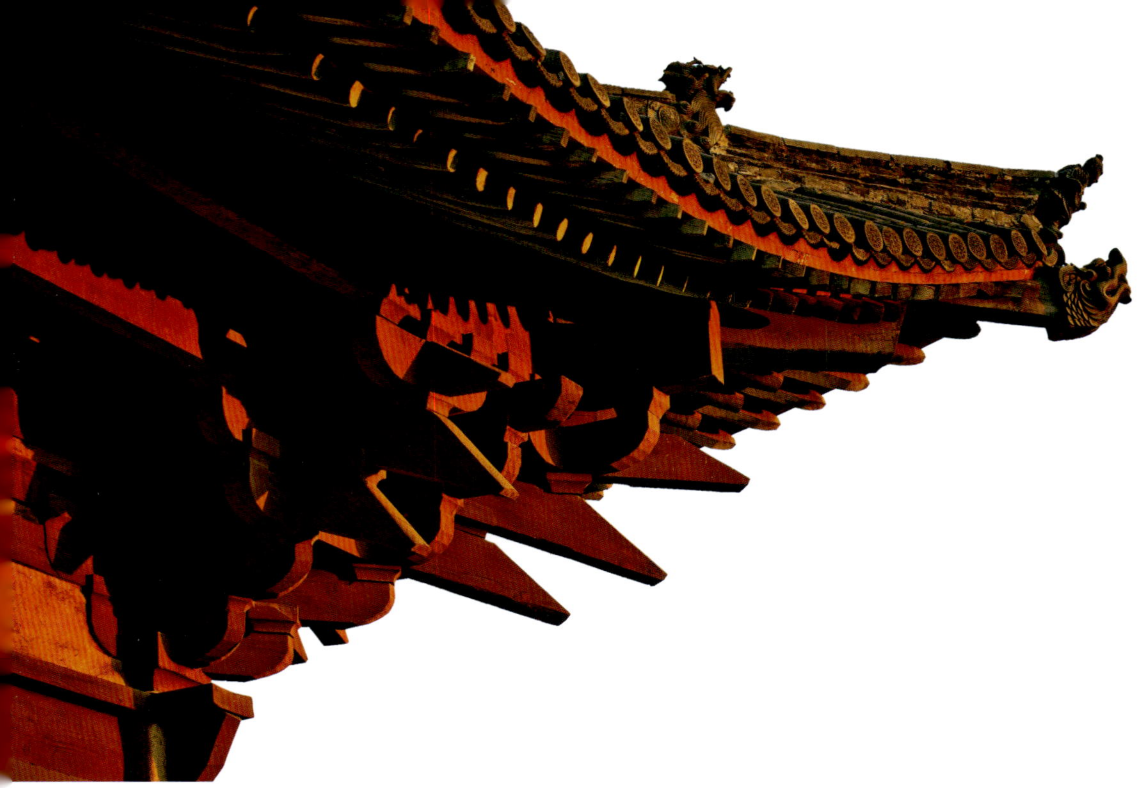

图4

有利于为普罗大众做出道德上的表率，从而有利于整个社会节俭之风的树立与弘扬。这当然也在一定程度上维护了统治者对于社会的统治与管理。

基于这样一种正德观念下的中国古代建筑，第一，体现为一种高度的等级化与秩序化。中国建筑从城市到宫殿、衙署、住宅，都表现为一种自上而下的严格的秩序化特征。从城市的角度讲，从京城、都城到府城、州城、县城，形成了一个由大到小的等级化序列。从宫殿衙署来说，帝王的宫殿、藩王的府邸、各级品官的第宅与府署，直至普通百姓的住宅，各有其不同的规模与建筑尺度。这使得整个国家的建筑，都被纳入到了一个明晰的等级体系之中。这就有如一个完整的以帝王宫殿与京城为中心，层层向外延伸并递减的宇宙图案。宏大的宫殿（宫门有九重与五重之多，正殿为九间或十一间）与庞大的京城（如周回50里左右）只属于帝王；适度规模的衙署与宫邸（正厅为七间，门为五间）以及中等规模的府城（如周回24里左右），属于各个主要地区的行政长官及分封于此地的藩王；较小的城市，如州城（周回12里左右）或县城（周回4～8里），则属于州、县一级行政长官（正厅为五间或三间，门为三间）的驻在之所。其宫殿、衙署、宅第也同样按照这一等级序列而分布。

而在一座城市中，最高等级的建筑，如京城中的皇宫，府、州城市中的府衙、州衙，县城中的县衙，往往居于城市的最重要位置上，其规模也比较大，门、堂等建筑也比较宏伟。从而成为高踞于整座城市的中心建筑物，其余较低等级的官署及百姓的住宅，则簇拥在这些较为高大的建筑物周围，形成中国城市所特有的空间肌理。当然，其间还有文庙、儒学、城隍庙、东岳庙、关帝庙等祭祀性建筑以及佛寺。道观等宗教性建筑，以其适当的空间与体量，而居于适当的位置上。

在一个建筑群中，无论是皇家宫苑，还是官吏府署，抑或百姓住宅及佛道寺观等，又都形成了一个各自独立的具有内在等级秩序感的建筑群。在这个建筑群中，其具有身份表征性的正殿、正堂、正房以及门殿、门堂、门屋等，都处在了较为显眼的位置上，并具有较为重要的空间象征性意义；而一般功能性的殿堂与屋舍，则处在了从属的位置上，从而使一座建筑群内部，也存在有一种高低上下的等级差别，使一座建筑群，也同样再现了与整个国家的等级秩序呈同构状态的等级差别。

这种层层递进的等级秩序感，不仅使整个国家的建筑形态处在了一种有如宇宙图式般的级差与秩序中，也使每一个建筑组群的内部表现为同样的级差与秩序。如清代人焦循通过《相宅新编》引用汉代王充之说法，借用阴阳和合的概念而提出的屋宇形象：

屋形端肃，气象雄豪，护从齐整，俨然而不可犯者，贵宅也。墙垣周密，天井明洁，规矩翕聚者，富宅也。南北皆堂，东西易向，左右昂雄，势如争竞者，忤逆宅也。……面前之屋为宾，左右之房为从，宾宜端拱，主贵高严。从若高昂，主受欺凌之患；从如低陷，主嫌孤露之虞。[3]

从这段有关住宅风水的说法中，我们可

[3] 焦循：《相宅新编·屋宇形象论》，清嘉庆年刻本。

以大致了解古代中国人心目中的住宅建筑形象。其基本的特征应该是：屋形端肃、气象雄豪，主宾分明，护从整齐，墙垣周密，天井明洁，规矩翕聚。这其中包括了“中正”、“端庄”、“中和”等概念，其核心的思想是：屋宇端正、中正仁和、主次分明。其核心的思想仍然是各安其位的建筑思想与主从分明的等级秩序。其基本的出发点，也正是从中国古代建筑之“正德”原则中来的。

也正是因为有了“正德”观念的约束，特别是孔子所提出的“卑宫室”的思想主张，使中国建筑有了一种约束性的因素——建筑物不应该建造得过于高大。所以，中国古代建筑主要是在平面上延伸的，而且每一座单体建筑的体量也不可能过大。一座建筑，并非主要是以其体量的高大来表征其等级的高低，而是以其占地的大小，庭院的多少以及主要建筑，如正堂、门屋的大小作为基本要素来考虑的。如对隋唐时代的史料加以分析，按照那时实行的“均田制”中有关园宅田的授予方式，一座亲王的住宅其园宅田面积应为100亩，而一品官的园宅田为60亩，其从二品到正二品官的园宅田为35～40亩，从三品到正三品官为25～30亩，从四品到正四品官为11～14亩，从五品到正五品官为5～8亩，六品为4亩，七品为3.5亩，八品为2.5亩，九品为2亩，更低等级的小吏则和百姓无异，其标准园宅田仅为1亩。[4] 当然，实际授予的园宅面积还会考虑家庭人口，包括仆役人数的因素而有所变化，但基本的级差关系，却是十分明显的。

正是在“卑宫室”这一思想指导之下，古代中国人还发展出了建筑的“适形”观，即建筑物不要建造得过于高大。中国建筑中的“适形”思想，早在春秋战国时代就已经形成：

图4 法兴寺转角铺作（陈鹤 摄）
图5 五台山佛光寺全景远眺

图5

[4] 王贵祥：《中国古代建筑基址规模研究》，第27页，北京，中国建筑工业出版社，2008年。

图6 山西芮城永乐宫全景
图7 江苏吴县美园
图8 江苏苏州拙政园

[5] 刘安：《淮南子·人间训》，引自《诸子集成》，卷十八，上海，上海书店，1986。
[6] 吕不韦：《吕氏春秋·孟春纪第一·重己》，引自《诸子集成》，上海，上海书店，1986。
[7] 老子：《道德经·德经》，引自《诸子集成》，上海，上海书店，1986。
[8] 冯延巳：《踏鹊枝》，引自《全唐五代词》，卷三，北京，中华书局，1999。
[9] 吴仁卿：《套数·惜春·好观音》，引自《全元曲》，石家庄，河北教育出版社，1998。
[10] 周文质：《套数·悟迷》，引自《全元曲》，石家庄，河北教育出版社，1998。
[11] 曾慥：《逸史·侯门深似海》，引自《类说》，卷二十七，福州，福建人民出版社，1996。
[12] 梁思成：《梁思成全集》，第五卷，460页，北京，中国建筑工业出版社，2001年。

鲁哀公为室而大，公宣子谏曰："室大，众与人处则哗，少与人处则悲，愿公之适。"……公乃令罢役，除版而去之[5]。

室大则多阴，台高则多阳；多阴则蹶，多阳则痿。此阴阳不适之患也。是故先王不处大室，不为高台[6]。

这一思想又被汉代大儒董仲舒加以特别的提倡，成为历代建筑所遵循的圭臬。正因为建筑体量要保持既不高，也不大的"适形"尺度，中国建筑只能在平面上延伸与扩展。而古代中国人还持有一种阴阳和合的概念，所谓"万物负阴而抱阳，冲气以为和"[7]。而要保证这种"负阴抱阳"的空间理念得以实现，必须要通过院落来加以组织。这使得中国建筑，表现为院落重叠式的空间形式。而每一组建筑群中的院落之间，还有其因等级差异而发生的尺度、大小的差别，从而形成了幽深、曲折的庭院式建筑空间。古代中国人所谓"庭院深深深几许"[8]，"庭院深沉袅篆斜"[9]，"杨柳楼台春萧索，庭院深沉，不把相思锁"[10]，"侯门深似海"[11]等诗意的描述，其实表现的都是这种曲折幽婉的中国古代庭院式建筑空间。

正是深切地体验到了这一点，梁思成先生特别谈到了中国庭院建筑组群的这种特色：

这样由庭院组成的组群，在艺术效果上和欧洲建筑有着一些根本的区别。一般地说，一座欧洲建筑，如同欧洲的画一样，是可以一览无遗的；而中国的任何一处建筑，都像一幅中国的手卷画。手卷画必须一段段地逐渐展开看过去，不可能同时全部看到。走进一所中国房屋，也只能从一个庭院走进另一个庭院，必须全部走完才能全部看完。北京的故宫就是这方面最卓越的范例[12]。

显然，这种基于"正德"原则与"卑宫室"思想的，在严格等级制度下的大大小小的庭院式建筑组群的处理，既是古代中国礼制文化的一种体现，也是古代中国人建筑艺术审美趣味的一种表现。中国人的这种含蓄的、内在

图6

图7

图8

的、具有线状动感的、以委婉曲折的空间为主要审美趣味取向的东方式的建筑审美追求，与以“坚固（真）、美观（美）”为最重要建筑原则的传统西方建筑的那种直率的、外在的、以几何形态感为主的、强调比例与形体的西方古典式建筑审美追求，恰恰形成了一对截然相反的建筑范畴。

古代中国建筑三原则中的第二条原则是“利用”。这是一条与西方建筑三原则中的“实用”原则十分接近的一条原则。在中国人看来，建筑的本质就是“用”。老子所谓“凿户牖以为室，当其无有，室之用。有之以为利，无之以为用”[13] 就是说的这个意思。我们还可以从中国古代哲人有关宫室、衣服、器物等的实用与坚固的论述中看出来：

禽滑厘问于墨子曰：“锦绣絺纻，将安用之？”墨子曰：“恶！是非吾用务也！古有无文者，得之矣，夏禹是也。卑小宫室，损薄饮食，土阶三等，衣裳细布。当此之时，黼黻无所用，而务在于完坚。”[14]

在这段很典型的对话中，墨子认为那些外在装饰性的东西不是什么好东西，因为它没有实用价值。他特别赞美夏禹时期的“古之无文”，其核心的特征是剔除“无所用”的黼黻装饰，而保留其纯粹的“实用”性特征，并使其保持“务在于完坚”的“坚固”性原则。

类似的观念还鉴于古代中国人关于建筑的议论中，如金代的金世宗：

有司奏重修上京御容殿，上谓宰臣曰：“宫殿制度，苟务华饰，必不坚固。今仁政殿辽时所建，全无华饰，但见它处岁岁修完，惟此殿如旧，以此见虚华无实者，不能经久也。”[15]

这里其实表达了一个与西方建筑原则十分接近的观点，建筑物应该以坚固、实用为最重要的原则，不要追求虚华无实的东西。这反映了古代中国人在建筑上的“利用观”，也同样注意了实用与坚固两个方面的要素。从这一方面看，古代中国建筑的“利用”原则，与西方古典建筑的“坚固、实用”原则是几无二致的。

当然，西方古典建筑的实用原则，强调的是理性的使用，其中蕴涵了便捷、舒适、功能等等的内涵。因此，西方建筑在很早的时候就有了功能性的划分。在建筑类型上，表现为明显的功能性倾向。神庙即是神庙，住宅即是住宅，会议厅就是聚会的场所，市场就是商品交易的地方。西方建筑的这种基于逻辑理性精神的功能思想，从古希腊时代就已经开始，这使得西方建筑在形态学分类上有很好的发展。

古代中国建筑的“利用”原则与中国人的思维模式一样，不具有明确的形式逻辑背景，因而体现为某种模糊性。中国建筑之用，具有强烈的笼统性、泛义性。凡是建筑，大约都是“上栋下宇，以待风雨”的宫室，无论其

[13] 老子：《道德经·道经》，引自《十三经注疏》，引自《诸子集成》，上海，上海书店，1986。
[14] 刘向：《说苑·反质》，卷二十，引自向宗鲁《说苑校正》，北京，中华书局，1987。
[15] 脱脱：《金史·本纪第八·世宗下》，引自《二十五史》，第九册，6948页，上海，上海古籍出版社。

图9 河南登封元代观星台
图10 四川李庄民居
图11 江苏句容六朝墓道

为宫殿、住宅，还是寺庙、衙署，并无大的区别。这就使得古代中国建筑的类型学发展十分贫乏。中国人并不在意建筑之形式上的类别差异，无论是宫殿、寺观、第宅、衙署、坛庙、陵寝，大约都是采用了相同的建筑形式，相近的院落组织形式。其差别仅仅在规模、体量、尺度、装饰等方面的等级制度上。由此，古代中国建筑也发展出了一种特别的适应性。同样的建筑造型，同样的结构形态，同样的院落空间，竟为千变万化的使用功能提供了一个大约类似的基本场所。

古代中国建筑三原则中的第三条原则是“厚生”。这一原则有时候又表现为“便生”原则，其大致的意思是说，是为了方便现世生活中的人。当然，还有便利生活，服务于人们的日常起居与生息繁衍的意思。古代中国人在这方面的论述很多，如墨子就曾经说过：

子墨子曰：古之民，未知为宫室时，就陵阜而居，穴而处，下润湿伤民，故圣王作为宫室。为宫室之法曰：室高足以辟湿润，边足以围风寒，上足以待雪霜雨露。宫墙之高，足以别男女之礼，谨此则止。凡费财劳力，不加力者，不为也。……是故圣王作为宫室，便于生，不以为观乐也。[16]

这里提出一个特别重要的概念：建造宫室的目的是“便于生”，这其中包含了两方面的意义：一方面是便于生活；另外一方面是便于现世生活着的人。这就将古代中国建筑与主要是为“彼岸”的神所建造的不朽的神殿之间，划出了一个十分明确的界限。中国人最为大量建造的建筑物是供现世之人的生活起居之用的，包括帝王的宫殿与官吏的府署及百姓的屋舍等，概莫如是。只是随着佛教的传入与道教的兴起，才有了神佛的殿堂，但是，在中国人的眼中，这些佛寺与道观也都是可以纳入神佛的住所之范畴中的。隋炀帝杨广在营造东都洛阳的诏书中，也提到了类似的问题：

夫宫室之制，本以便生人；上栋下宇，足以避风露，高台广厦，岂曰适形。[17]

这里的“宫室之制，本以便生人”与墨子的“是故圣王作为宫室，便于生，不以为观乐也”说的是一个意思，即建筑物的主要目的是为了现世的人的生活与使用的。

此外，这里还传达出一个重要的信息，即在古代中国人看来，宫室的建造，既不是为“彼岸”的神灵的，也不是仅仅为了看着好看的（不以为观乐也），这就又从一个更为深层次的意义上，在中国古代建筑与西方建筑之间，划出了一个明显的界限：即建筑的目的不是为了令人愉悦。

我们知道，西方建筑三原则中的美观原则，还可以表述为“愉悦”（delight）原则。即好的建筑的一个重要原则是要通过建筑外观的美，使人产生一种愉悦的感觉。其实在从维特鲁维以来的西方建筑历史上，“美观”或“愉悦”是一个两千年来一以贯之的原则。西方人始终追求建筑的形式美，并将之作为建筑的一个基本诉求，如今仍然如此。这就是为什么西方建筑一直围绕着建筑之风格与形式的不断翻新而发展的主要原因之一。建筑形式美，成为建筑的基本原则，也成为建筑师所刻意追求的目标。有关建筑形式美的问题，充斥于从古代的维特鲁维、文艺复兴时期的阿尔伯蒂，到现代的勒·柯布西耶等人的建筑理论著述之中。即使是一些最为前卫的西方建筑，也主要是在形式上追求其创作的突破点的。

[16]《墨子》，卷一，辞过第六，二十二子，227页，上海，上海古籍出版社，1986年。
[17] 李延寿：《北史》，卷十二，隋本纪下第十二，二十五史，第四册，2939页，上海，上海古籍出版社。

图9

图10

图11

而恰恰是在这样一个核心概念上，古代中国人持了一个全然不同的概念。中国人明确地表述了建筑的主要目的不是为了以其美丽的外观而使人愉悦的，而是为了人的日常生活起居的。这就使得古代中国建筑在形式诉求上变得不那么十分重要了。古代中国人似乎并不十分追求建筑在形式的不断翻新，而是持了一种内敛、保守的态度：即建筑的形式，始终保持了一个基本的结构机能主义的特征，按照基本的结构木构架原则而架构，只是辅以必要的色彩与装饰。

古代中国人将主要的创作欲望都倾注在了建筑之营造的巧妙之上。“工巧”成为了古代建筑最高的原则之一，而代表了工巧的鲁班成为中国建筑创作诉求的最高象征。而这个“巧”中虽然可能也包括了某种美观的因素，但更主要的是结构的机巧，造型的巧妙，施工过程的快速与不露痕迹以及雕刻与装饰的精美与复杂等，其中并不包含某种形式创新的内容。可能正是因为这样一种基本的建筑诉求，使古代建筑在基本的建构原则日渐成熟的情况下，反而将过多的精力放在了装饰的添加与堆砌上，从而使得清代以来的木构建筑，特别是一些地方性的建筑中，无论在斗栱系统上，还是屋顶瓦饰上，都表现出某种繁缛的装饰美。这一时期的中国匠师们，在不知道如何在结构上与形式上加以创新的时候，把过多的精力放在了装饰的工巧与堆砌上，反而降低了建筑的艺术水准。

然而，正是在“便生人”、“不以为观乐”的前提之下，古代中国人在建筑的营造上更多地追求了对人的适宜与方便。首先，在建筑材料的使用上，古代中国人始终坚持以木结构为主的建筑体系，或者在一些地方使用了土结构，如窑洞建筑，或土木混合的结构，如南方地区的围楼建筑，但很少有用石头来建造供人生活起居之舍屋宫室的例子。其实原因就在于这一“便生人”的原则。

在古代中国人看来，人是需要生活在一个负阴抱阳、阴阳和合的空间之中的。而一座宫室或舍屋建筑，其实就是一个负阴抱阳的空间场所。房屋的基座，背负着大地，其核心的材料是“土”。而房屋的构架是由木构的柱子与梁架所组成的。木材是最适合于人之生活的材料。古代中国人不是不会使用石头来建构建筑物，但是，中国人主要是将石头应用在陵墓、桥梁或城垣等建筑上，却很少使用在供人居住的房屋中。这显然是中国文化对于建筑材料的一种特殊的取向。土和木各是五行中的一种元素，而土和木都是适合于人之居住环境的材

图12

图12 秦始皇陵远眺
图13 法兴寺塔与殿（陈鹤 摄）

料。大禹为政所“惟修”的六件事物中，就包含了土和木。而木构立柱的作用就是起到一种将地下之传来之生气向上引导，而将天上的阳气向下引导的作用，并促使其在房屋中间交汇融合，此即所谓：

且柱为阴数，天实阳元，柱以阴气上升，天以阳和下降，固阴阳之交泰，乃天地之相乘。[18]

《盐铁论》曰：贵人之家，梓匠斫巨为小，以圆为方，上成云气，下成山林。[19]

这就是说，在古代中国人看来，一座房屋就是一个阴阳和合的场所，一个天覆地载的小宇宙。其屋顶的梁架屋宇代表了天宇，其阳气交汇，云气汇集，而房屋的地基则代表了大地，其地中的阴气向上升腾。阴阳之气沿着柱子上下流动，从而形成了一个阴阳交泰的和谐空间，使人生活在了一个负阴抱阳的最佳场所之中。这或许也正是为什么中国建筑在室内屋顶梁架与天花上，多用云纹或云形图案作为建筑物室内装饰主题的主要原因之一。

此外，中国人将实际的房屋建造得尺度适宜，从而使每一座房屋都有一个舒适的院落，而院落又是接纳外部之阳气的场所，相对于院落而言，室内又成为一个阴气较为集中的的地方，室外的庭院恰好以其阳气来加以调节与补充。而中国建筑主要都是以南北向为主要轴线方向布置的，大量建筑以坐北朝南为基本的空间组织模式，从而在整体上又形成了一个负阴抱阳的空间状态。这样一种坐北朝南，庭院式布置的建筑空间模式处理，也从一个更为广泛的意义上，强化了老子所说的：“万物负阴而抱阳，冲气以为和”的空间取向原则。那么，如何做到“冲气以为和”呢？《周易》中还对此做了形象的描述：

是故阖户谓之坤，辟户谓之乾，一阖一辟谓之变，往来不穷谓之通，见乃谓之象，形乃谓之器，制而用之谓之法，利用出入，民咸用之谓之神。[20]

[18] 刘昫：《旧唐书·志第二·礼仪二》，引自《二十五史》，第五册，上海，上海古籍出版。
[19] 欧阳询：《艺文类聚·居处部一·总载居处》，上海，上海古籍出版社，1965。

图13

户者，房屋之门窗户牖也。阖户，即为关闭房屋的门窗户牖；辟户，则为打开房屋的门窗户牖。而在古代中国人看来，一座供人起居生活的房屋，其要点正在于房屋之门窗户牖的一阖一辟，一启一闭，如此才能够带来阴阳之气的交汇流通，也才能造成阴阳之气的往来不穷。这或者就是古人对于宫室房屋的利用之道。也就是说，要将房屋宫室做适形的处理，使之能够形成负阴抱阳的效果，从而有利于阴阳之气的流通交汇，并通过其门窗户牖的启闭开合，造成阴阳之气的利用出入与往来不穷。

这或许就是古代中国人主要是运用木制材料来建造房屋，并且将房屋建造得不是很高耸，室内空间也不是很宏大的原因所在，唯有如此，才能够使每一座房屋中生活的人，都能够独享一片湛蓝的天空，拥有丈院尺土的扶疏花木，可以与星月相随，既能够触摸秋日的落叶残竹，感受冬日的雾雪霜冰；又能够觉察春日的新枝嫩芽，体验夏日的蝉噪鸟鸣。这就是如诗如画的中国式庭院空间。中国人不言建筑之美，而中国建筑之美却尽在这深深庭院的曲婉幽静之中，此正是所谓“至言无言”、“大音希声”、“大美无美”之谓也。中国古代建筑的奥妙也许正在于此，我们说中国建筑在世界上独树一帜，其道理也正是在这里。

［编者说明］
本文作者王贵祥先生因忙于诸多教研重任，未及亲自选配插图。编辑部考虑到文章所涉及的对中国古代建筑学体系的重新认识问题，也是建筑历史学科诸多前辈所长期探寻的，故特主要从1957年版的中国科学院土木建筑研究所、清华大学建筑系合编《中国建筑》一书中选取若干旧照并遴选建筑文化考察组近年古建筑摄影若干（署名者），以期向读者提供一个简要的中国古代建筑发展脉络，也借此向终身致力于中国建筑学理论探索的前辈们表达我们的敬意。

[20]《周易·系辞上》，引自《十三经注疏》，北京，中华书局，1980。

提　要：本文对北朝后期的建筑及建筑装饰风格的演变特点作了一些初步探讨，其中主要谈了以下三个问题：①北魏迁都洛阳期间的建筑风格“南化”；②东魏迁都邺城期间建筑做法与风格的延续；③北朝后期建筑与装饰风格的“胡化”。
关键词：北朝后期，建筑风格，南化，胡化

Abstract: This article offers a preliminary discussion on the evolution of the architecture and its style in the late Northern Dynasties in the following three aspects:1.the adaptation of the southern style in decoration when the Northern Wei Dynasty moved its capital to Luoyang;2.continuation of construction methods and style during the period when the Eastern Wei Dynasty set its capital in Yecheng; and 3.architecture in the late Northern Dynasties and the adaptation of nomadic style in decoration.
Keywords: Late Northern Dynasties; Style of architecture; Adaptation of the southern style; Adaptation of nomadic style

The Characteristics of the Architectural Style Evolution in the late Northern Dynasties

北朝后期建筑风格演变特点初探

钟晓青(Zhong Xiaoqing)*

考察某一历史时期所流行的建筑物外观样式、结构做法以及细部装饰等，是认识并把握该时期建筑风格及其演变特点的基本方式。

据目前已知的相关形象资料，如石窟中的浮雕建筑、中心塔柱和石雕窟檐、出土造像塔、墓葬中出土的石棺椁、与建筑相关的装饰纹样以及相关的文献记载，如《魏书》、《水经注》等，我们可以大致了解北魏平城时期佛殿、佛塔的建筑外观、结构形式以及细部装饰的做法与特点。根据这些资料，我们也可以对北魏平城时期（公元450—490年）的建筑风格有一个基本的认识。

北魏太和年间（约490年前后），孝文帝实行汉化改制，太和十八年（494年），都城南迁洛阳。此间北魏社会的各个方面包括建筑样式与风格都发生了较大的变化。尽管文献记载北魏洛阳的建设规模与建筑体量皆堪称空前，洛阳龙门北魏洞窟中出现的一些建筑形象，也反映出此期建筑（500—540年）的结构做法、围护结构、用材比例、构件形式、装饰纹样等方面与迁都前的平城建筑样式有较大不同，但相对于平城时期来说，洛阳时期留下的建筑形象资料相对较少，石窟中所表现的建筑规模和体量也大都较小，因此我们对于这数十年间建筑营造的全面发展，对于建筑整体结构及细部构造、装饰等具体做法的演变轨迹及特点，无法单凭同时期的资料加以了解与把握，还需借助前后时期相关资料的比照与分析。

北魏末年，政权分裂，东魏、西魏各自将都城迁往邺城和长安，之后又分别经历北齐、北周二代，其间开凿了不少石窟，最著名者，东有响堂山，西有麦积山，都有大量建筑形象资料留存至今，从中可以对当时的建筑做法、样式及风格特点有所了解。

东魏邺城时期的建筑营造，直接承续北魏洛阳，两者之间的关系极为密切，而东魏与北齐政权之间的过渡又是极为平和自然。故若以北齐时期建筑形象资料所反映的情况，与北魏平城时期的情况进行比照、分析，或可对了解北魏洛阳时期的情况有所助益。

* 中国建筑设计研究院建筑历史研究所研究员

因此，本文主要关注的是北魏洛阳至北齐邺城这一历史阶段，时间上是自北魏孝文帝太和改制至北齐覆亡，公元490—577年的大约80年间；地域上则局限于东魏北齐境内。

自北魏道武帝始营平城（398年），约100年后（494年）孝文帝迁都洛阳，40年后（534年）孝静帝又迁都邺城。本文拟首先考察分析这两次迁都分别对当时的建筑风格施加了怎样的影响，对其间建筑样式的改变（或延续）起到何种导向作用。接下来对建筑风格演变之主因进行初步探讨。由此，或可加深对北魏洛阳时期及北齐邺城时期建筑风格倾向与建筑特点的了解和认识，进而有助于对北朝后期建筑风格的演变特点作出一些估计与推测。

一、迁都洛阳与建筑风格的“南化”[1]

据文献记载，道武帝始营平城时，宫室的营造水平尚远不如南朝。之后又规划经营南平城、筑漯南宫，并勘察魏晋洛阳基址、规立平城外城、分置市里，宫室营造和城市规划的水平有显著的提高：

（天兴六年，403年）九月，行幸南平城，规度漯南，面夏屋山，背黄瓜堆，将建新邑。……（天赐三年，406年）六月，发八部五百里内男丁筑漯南宫，门阙高十余丈，引沟穿池，广苑囿。规立外城，方二十里；分置市里，经涂洞达。三十日罢[2]。

据《中国历史地图集》，南平城位于今山西应县南10公里左右。今应县木塔前仍留存大型石础二，据有关人士告知，即北魏漯南宫中之物。石础方约1.2米，中部圆形覆盆径约0.7米，表面浮雕对龙。据之可知南平城宫室建筑的规模与奢华程度。平城北魏建筑遗址中未出此类石构件，但大同南郊宫殿遗址出有造型精美的铺首等门饰，据之，并参照云冈石窟太和年间窟室中浮雕的建筑物形象，亦可知当时的平城宫室建筑已不乏装饰与豪奢气象。

从北魏初期大规模移民的情况来看，移民的主要来源地一是后燕，一是凉州。参与平城建设的工匠也应主要来自这两个地区[3]。据此推测，平城建筑在做法与风格上很可能是以凉州地区（今河西甘肃一带）及后燕北部地区（现河北、山西一带）的建筑样式为主。凉州文化源自汉晋，故北魏平城的建设与宫室营造实际上是继承了北方中原地区的营造传统，即汉地固有传统。

北魏太和年间，孝文帝推行“汉化改制”，强行消除鲜卑族与汉族在语言、服饰、习俗等方面的差别，北魏社会因之经历了一场自上而下的文化革命。这一做法功过几何，近人有不同评说，惟其造成北魏社会的重大变革，是公认的。

太和十七年，王肃自南梁来奔，令孝文帝图南之规转锐，亲贵旧臣莫能间。

太和十八年（494年），孝文帝自平城迁都洛阳，在荒毁多年的魏晋洛阳基址上，重建宫城，并规划里坊。百年之前道武帝提出的“方二十里”的外城规划设想，终于在洛阳实现。

迁洛初期，洛阳宫殿在某些方面仍有可能保留平城时期的建筑规制，孝文帝时负责经营云冈石窟和平城方山陵庙的宦官王遇（钳耳庆时），迁洛后又负责了宫内建设诸事，“太极殿及东西两堂、内外诸门制度，皆遇监作”[4]。说明宫内核心部分很可能依然保留了平城宫殿的规制。但此规制之渊源，其实又是魏晋洛阳宫室[5]。

自太和十年（486年）到洛阳永宁寺塔建立（516年）的30年间，是北魏统治阶级积极推行汉化政策并使整个社会完成汉化过程的主要时期。这时北魏南境以淮为界，占据了整个中原腹地，文化上愈加接近汉地正统，社会时尚也愈发与袭承东晋的南朝难分彼此。大量现存的佛教造像以及洛阳周围地区的墓室画像砖中，如邓县北朝墓室画像砖的纹样、题材均与常州南朝墓室的画像砖极为相似。由此推测，南北两地的建筑风格至北魏晚期亦当十分接近。

下面以平城洛阳石窟中的建筑形象和洛阳永宁寺塔的工匠背景为例，略作分析。

（一）平城洛阳石窟建筑形象之比较

目前所知北魏迁洛前后的建筑形象资料，除少量考古发现之外，基本上皆出自于云冈与龙门两地石窟雕刻。平城云冈石窟中的建筑形象较多，集中于迁洛之前开凿的窟室，如第5~12窟中的仿木构窟门、屋形龛、佛塔等（图1），也有一部分是迁洛之后的作品，如第39窟中的塔柱等（图2）；洛阳龙门北魏窟室中

[1] 如下文所述，平城时期的宫室营造实际上承继的已是汉地传统，因此在谈到建筑风格的演变时，再提“汉化”就不太合适了，故个人以为“南化”的说法相对适当些。

[2]《魏书》卷二，太祖纪。

[3] 见〈大移民与雁北的开发〉，李凭：《东方传统》，北京，中国发展出版社，1999年版。

[4]《魏书》卷94，阉官。

[5]《魏书》卷91，术艺〈蒋少游传〉：“后于平城将营太庙、太极殿，遣少游乘传诣洛，量准魏晋基址。”

图1 云冈第9窟窟门
图2 云冈第39窟中心塔柱（迁洛之后）
图3 龙门古阳洞屋形龛之二（北魏）
图4 龙门路洞中的厅榭建筑形象（北魏）
图5-1 龙门莲花洞外的三层塔
图5-2 莲花洞外三层塔局部
图6 安阳出土北魏石刻子母阙
图7-1 云冈第10窟后室窟门内景
图7-2 云冈第6窟南壁下层踰城出家（局部）

的建筑形象相对较少，只有古阳洞中的两座屋形龛，作单层三间（或单间）歇山顶木构小殿（图3），路洞中的几处宅园厅榭（图4），另有莲花洞外的一座无纪年三层小塔（图5）。

比较两地石窟中的这些木构建筑形象，可以发现其间有以下一些区别：

1. 屋面

云冈石窟中所见的建筑物，不论是佛殿还是佛塔，屋面均为直坡；龙门石窟上述诸例中则都出现了凹曲屋面，说明屋面的举折已是普遍做法。

在安阳出土的北魏石刻中，则可见翼角上翘的阙屋形象，说明这时不仅屋面有举折，檐口与角梁部分的交接处理可能也开始有所变化。不过或许是由于技术含量较高，估计这种做法在当时尚不普及（图6）。

2. 墙体

云冈窟门与雕刻中所见一些建筑物，反映出平城建筑以厚重夯土墙为承重与围护结构的特点，这明显是北方地区建筑物满足防寒功能的必要措施（图7）；龙门所见建筑物大都开敞通透，不见外墙，室内或有帷帐之类陈设。

3. 柱子

云冈建筑形象资料中所见的柱子，除简单的方柱外，多作八角柱，柱身粗壮；龙门石窟中所见，则多为柱身纤细的方柱。

4. 斗栱

云冈所见的斗栱（铺作）样式，皆为平栱，不见出跳栱，也不见重栱。栱身粗阔，弧线卷杀，斗底皿板厚重；龙门虽然未见出跳栱，但铺作中已有外伸构件，并出现重栱形象。斗栱纤细，栱身折线卷杀，皿板平薄。

这些变化在一定程度上反映了北魏平城时期至洛阳时期建筑风格的演变及构造做法上的改变，从风格上看，那种自粗阔、简洁趋于纤细、繁缛的倾向应属于地域性的变化。南迁洛阳之后，气候变暖，建筑物得以摆脱平城时期那种厚重的夯土墙围护，屋面做法也可以相应减薄，荷载减轻，于是构架中的梁柱、斗栱（包括人字栱补间）等构件皆有可能变得相对纤细。估计这些都是南朝建筑所普遍具有的特点，只是目前（南朝建筑）形象资料匮乏，还有待更多的考古发现加以佐证。

（二）洛阳永宁寺塔的工匠背景

永宁寺塔是北魏洛阳最著名的建筑物，建于迁洛之后的第二十二年（516年），虽然文献记载其仍依法平城佛塔规制，但从参与其事的人是工匠出身，可知该塔营造所采用的，是当时与南朝接壤地区的建筑技术，外观风格与平城佛塔应当有所不同。

与永宁寺塔工程有关的工匠，见于文献记载者有二人：

一是郭安兴。

图1

图2

世宗、肃宗时，豫州人柳俭、殿中将军关文备、郭安兴并机巧。洛中制永宁寺九层佛图，安兴为匠也[6]。

这里提到的三个人中，柳俭为豫州人氏，他所熟知的，应是与南朝接壤的中原地区的建筑样式。郭安兴虽籍贯不明，但从他在三人中排末位，可知其出道年代或地位靠后，当为肃宗（孝明帝，516—528年）时所用，他所熟悉的，更不会是数十年前平城建筑的北方样式，而应是在洛阳已流行数十年的中原样式。

另一是张熠。

永宁寺塔大兴，经营务广，灵太后曾幸作所，凡有顾问，熠敷陈指画，无所遗阙，太后善之[7]。

张熠自称是南阳人，那里也是北魏与南朝相争夺的地区，因此他所熟悉的也必然是这一地区的建筑样式。由于他对洛阳宫殿建筑样式应极为熟悉，故在东魏迁都邺城时，被委以邺城方面主管材木受纳的官员（见下文）。

郭安兴和张熠皆来自与南朝接壤的地区，而成为皇家工程项目的营造主力，可知当时南方的建筑技术确实相对发达，因此北魏都城建设多征募并依靠毗邻南朝地区的工匠实施完成。由此亦可证洛阳时期的建筑做法与风格不会趋同于平城时期的北方建筑，而更多地接近于南朝建筑。

以石窟建筑形象的比较以及洛阳永宁寺塔的工匠背景可知，平城迁都洛阳之后，建筑风格演变的最大特点，便是“南化”（或者说“去平城化”）。

分析其主要原因，有两个方面。

一是制度性因素。文明太后冯氏出身于与南朝渊源颇深的北燕朝廷，太和时期与孝文帝并称二圣，对北魏朝政具有决定性的影响力。太和年间的汉化改制以及孝文帝本人汉化倾向的形成，与之有很大关系。汉化改制使得北魏政权以及整个社会从制度上发生了变革，由此而影响到建筑规制方面的改变，为全面吸收中原地区相对先进的木构建筑技术以及南方地区建筑的样式和做法，起到强有力的推动作用。

二是地域性因素。平城与洛阳，南北相距1 300里，自然条件多有不同；前者作为都城只是初建，后者自东汉、曹魏、西晋以来已历三代，虽屡遭破坏，但城市骨架和建筑基址仍

图3

图4

图5-1

图5-2

图6

图7-1

图7-2

[6]《魏书》，卷九十一，《术艺》。
[7]《魏书》，卷七十九，《张熠传>记其自云南阳西鄂人，汉侍中衡是其十世祖。

图8 北齐南响堂第1窟窟檐双抄斗栱
图9 北魏洛阳永宁寺西门遗址出土瓦当纹饰
图10 北齐娄睿墓出土贴花灯
图11 河南登封北魏嵩岳寺塔（郑泰森摄）

在，工匠技术依然传承保留。故迁都之后，在气候、地理、文化、建筑技术等多重因素的共同作用下，建筑做法发生变化，建筑物的外观风格也随之改变。

二、迁都邺城与建筑风格的承续

相对于平城与洛阳之间建筑风格的较大变异来说，东魏北齐在各方面都与北魏晚期保持了相当大的延续性。

东魏迁都邺城，整体拆卸洛阳宫殿，将建筑构件水运至邺城重新装配，便是一个具有说服力的例证。

上文提到的张熠，既是北魏皇室工程中的重要角色，又是洛城宫殿迁邺的关键人物：

……天平初，迁邺草创，右仆射高隆之、吏部尚书元世俊奏曰："南京宫殿，毁撤送都，连筏竟河，首尾大至，自非贤明一人，专委受纳，则恐材木耗损，有阙经构。熠清贞素著，有称一时，臣等辄举为大将。"诏从之。熠勤于其事。寻转营构左都将。兴和初，卫大将军。宫殿成，以本将军除东徐州刺史[8]。

由此可知，北魏洛阳的宫殿建筑，竟是被全部迁移到了邺城。一如今天的古建搬迁，需先将构件编号，之后拆卸、装上竹筏、水运至邺，再按原来的做法、样式重新搭建。则东魏（以至北齐）的宫室，应当就是在这个基础上建造起来，其整体形象及单体样式与风格，无疑都继续保持了洛阳宫殿建筑的面貌。

所以，如果说东魏北齐时期的建筑是延续了北魏晚期的样式与风格，或者索性说即是北魏晚期的建筑样式，应该不会有太大的出入。以下二例在一定程度上可作为这方面的佐证。

1、双抄斗栱样式的出现

在南响堂山石窟北齐石雕窟檐以及安阳修定寺塔塔基下出土的北齐模砖陶范中，都出现了双抄华栱的形象，斗底无皿板，栱头卷杀出现内顱（图8），与云冈、龙门石窟中所见的无出跳栱、斗底带皿板的斗栱样式相比，又有了较大的、明显的差别，反映出建筑技术方面的进步所带来的建筑样式上的变化。以其构造复杂与形式成熟的程度，结合社会经济文化发展等条件推测，这种斗栱形式极有可能是出现在北魏建筑技术和艺术大发展的时期，也就是洛阳宫殿与佛寺建设的高峰期（即文献中所谓的世宗、肃宗时期，500—528年），而很难想象会出现在北魏晚期政局动乱以至迁都邺城之后。虽然目前在南朝遗存中尚未能够发现与这类建筑构件形式相关的资料，但以洛阳陶屋和日本飞鸟时期建筑形式推之，这种多重出挑的斗栱有可能是中原与南朝北部地区木构架发展过程中产生的一种新样式，并逐渐流传到北方地区，为北魏社会中宫殿佛寺等高等级建筑物所用，之后又随着宫室迁邺，继续为东魏、北齐上层建筑所习用。

2. 永宁寺中的忍冬纹瓦当

20世纪90年代，在北魏洛阳永宁寺西门遗址中发掘出土了一批瓦当，当面纹饰共有四种，除一种为兽面纹外，其余三种均为植物纹，分别为三叶忍冬双勾纹、五叶忍冬连勾纹和狭瓣莲花连珠纹（图9），明显不同于以往北魏建筑遗址中所出的宽瓣莲花纹、兽面纹等。此类瓦当样式不见于其他北魏建筑遗址的考古资料，在已发表的东魏、北齐建筑遗址考古资料中也未曾见到，但是这些装饰纹样在建筑以

[8]《魏书》，卷七十九，《张熠传》。

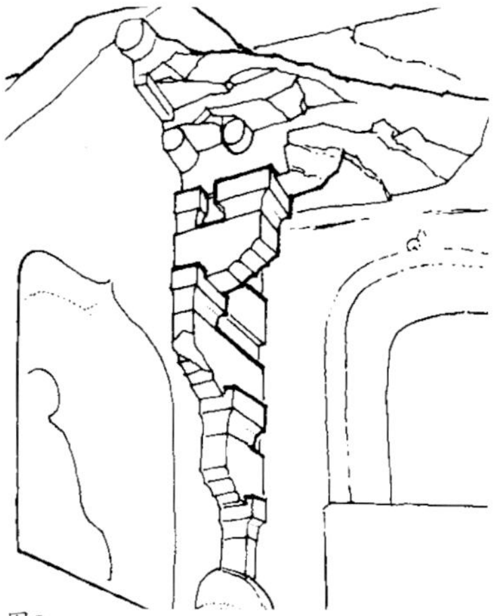

图8

（1）周圈三叶忍冬勾纹　（2）周圈五叶忍冬连勾纹　（3）周圈狭瓣莲花连珠纹

图9

外的北朝晚期器物陈设中却大量可见。

据目前所知，对称三叶（或五、七叶）忍冬纹常用于南北朝晚期器物与饰物之中，如南北两地皆有出土的莲花尊、灯台以及佛教造像中菩萨的项饰之类（图10），狭瓣莲花纹、连勾、连珠纹都是东魏、北齐雕刻中最常见的纹饰，用于台座、棺床等处，双勾纹则又见于北齐安阳灵泉寺道凭塔和隋唐龛塔的塔檐与塔刹装饰。永宁寺建于516年，距北魏覆亡仅18年。个人认为，永宁寺与邺城瓦当纹饰之间的各异，并不表明两地建筑之间缺少延续性，而恰恰是表明永宁寺的装饰纹样设计中富有创造性地采用了当时最为时尚的新元素；同时说明至北魏晚期，建筑装饰纹样与风格已经开始发生改变，不仅与平城时期有较大不同，也与迁洛初期有所不同。从风格演变的总体倾向上来看，这种改变与其后的东魏、西魏、北齐、北周之间有着明显的承续关系。

北朝后期建筑与装饰风格的延续，也是由社会政治经济背景条件所决定的。自520年以后，北魏社会历经变乱，东西分裂，以致政权禅让，其间政治变故不断，国力民心交瘁，建筑技术没有条件出现大的发展，只可能承续洛阳时期的做法，建筑风格自然也不可能出现较大的变化。另外，邺城、长安与洛阳之间的自然条件相对接近，满足建筑功能不需要对结构与构造做法进行较大的改变，也是建筑样式得以延续的必要前提。

三、北朝后期[9]建筑与装饰风格的“胡化”

在北朝后期的建筑风格延续中，除了“南化”之外，还有一种倾向特别值得关注，就是“胡化”。当然这是相对于前期的“南化”而言，因为北魏平城时期的云冈石窟雕刻中即已存在不少西方样式的成分[10]。

需要说明的是，由于汉族政权仪礼制度的一贯延续，土木混合及木构建筑自秦汉以来在官式特别是高等级建筑中始终占据主体地位。北魏洛阳时期的大规模建设中，大量吸收南朝木构技术，至北朝后期已然形成整体构架体系，结构上逐渐摆脱对夯土高台的依赖（可参见《斗栱、铺作与铺作层》一文）。这里所谓的“胡化”，主要体现在某些新出现的砖石建筑样式以及建筑细部装饰的做法和纹饰上，对木构建筑构架体系的发展及主体地位似乎没有影响。这一点从北齐库狄回洛墓出土木椁和隋虞弘墓出土石椁的情况中也可以得到证实。前者椁室的形式完全是汉地木构建筑样式，后者的雕饰虽然是异域风格，但椁室顶盖却是标准的九脊歇山顶（见下文）。

下面通过对砖石佛塔样式和装饰纹样的考察，对此期的“胡化”问题作初步探讨。

（一）建筑风格的“胡化”

1. 嵩岳寺塔

国内现存最古老的古代建筑实例，是建造于北魏正光四年（523年）的河南登封嵩岳寺塔（图11）。此塔平面为十二边形，底层之上为十五层密檐，塔身立面轮廓作抛物线形，平面及外观造型与北魏石窟中所见的仿木构佛塔全然不同。值得注意的是，此塔的建造，恰于北魏孝明帝（胡灵太后）时宋云与沙门惠生奉诏出使西域、携带大量经卷、图样返回洛阳（正光三年，522年）之后。

嵩岳寺原名闲居寺[11]，是北魏宣武帝时所建的皇家寺院（兼作离宫）[12]。目前虽然尚无确证表明嵩岳寺塔与西域佛塔样式之间的直接联系，但从嵩岳寺塔的建造时间及背景上看，这两个事件之间存在联系是很有可能的，故将其视为此期建筑风格“胡化”的一个例证。

2. 单层砖石小塔

北魏云冈中所见的浮雕佛塔样式，是以层数为三至九层不等的多层仿木构佛塔为主，至迁洛之后，才在个别窟室中出现了一种覆钵顶单层砖石小塔。

龙门普泰洞开凿于北魏末年，洞内有北魏普泰元年（531年）、东魏太平四年（537年）及唐代造像铭记。其南壁浮雕小塔，为单层覆钵顶砖石塔样式，正面开龛设像，三重叠涩塔檐，角上山花蕉叶作忍冬纹状（图12），与北响堂山南洞顶部纹饰相类似（见《响堂山石窟建筑略析》一文，图9）。二者年代也应当相近，或为东魏时开凿。

敦煌莫高窟北魏窟室壁画中的佛塔皆有木构瓦檐，也是至北周窟室壁画中，才见有纯砖石构造的单层小塔（图13）。据壁画内容，可知是佛舍利塔的造型。

图10

图11

[9] 这里是指北魏洛阳晚期至东魏北齐时期（约520—577年）。

[10] 如云冈石窟装饰纹样中的忍冬纹，茎蔓多用双混，对称开合，与新疆图木休克托库孜萨拉依佛寺B殿基座隔间泥柱表面纹饰相近。见《新疆古代雕塑辑佚》，第132～136页。另外还出现卷涡形柱头等外来样式。

[11] 李邕：《嵩岳寺碑》：“嵩岳寺者，后魏孝明帝之离宫也，正光元年（520年），牓閑居士（寺）。……仁寿载，改题嵩岳寺。”《李北海集》卷三。

[12] 正光五年（524年）秋，灵太后对肃宗谓群臣曰：“隔绝我母子，不听我往来儿间，复何用我为？放我出家，我当永绝人间，脩道于嵩高闲居寺。先帝圣鉴，鉴于未然。本营此寺者，正为我今日。”《魏书》卷十六京兆王元黎传附元义传。

图12 龙门普泰洞南壁东魏北齐小塔（引自《龙门石窟》第1-77页，文物出版社）
图13-1 敦煌莫高窟北魏第257窟壁画舍利塔
图14 北魏嵩岳寺塔底层
图15 北响堂北洞东魏塔龛
图16 青州造像背光中的小塔（北魏-东魏，引自《青州龙兴寺佛教造像艺术》）
图17 安阳灵泉寺北齐道凭法师烧身塔

此类小塔，也见于嵩岳寺塔底层八面（其余四面设门，图14）。和火柱垂莲倚柱一样，皆为该塔造型中体现时代特征的重要因素。

北响堂山北洞中的佛龛造型以及南响堂山第1窟中的浮雕佛塔，均为此类小塔（图15）。东魏北齐佛像背光中出现的小塔，也是这种样式（图16）。

齐隋之际，这种小塔样式普遍被用作僧人墓塔。河南宝山灵泉寺道凭塔与摩崖浮雕墓塔，年代自齐至唐，虽然细部有些变化，仍皆属此类（图17）。

这种单层砖石小塔造型的来源不明，推测有可能源自西域传入中土的佛舍利塔。据文献记载，南朝后期梁武帝时，曾于长干寺等地建有多处佛舍利塔，但目前尚未发现相关的形象资料，无从比较。

从唐代开始，这种单层砖石小塔的覆钵顶又渐为中土传统的瓦顶所取代，方塔用四坡顶，如山东长清的慧崇禅师塔、山西平顺的明惠禅师塔等。

400年后（公元10世纪）的五代吴越王时，又开始流行一种名为阿育王塔（又名宝箧印经塔或金涂塔）的单层小塔样式，虽然造型与北朝后期的覆钵顶小塔相比已有很大差别，但“胡化”倾向是一致的。

3. 塔殿

这是东魏、北齐石窟窟檐中反映出来的一种建筑样式。如北响堂山南洞与南响堂山第7窟窟檐，均表现为方形塔心室、外周带有面阔三间木构副阶的单层覆钵塔的形式（图18）。窟顶外观与上述小塔相似，覆钵顶当中置宝珠垂莲纹塔刹，四面方直檐口，檐角饰忍冬纹山花蕉叶。窟内三壁三龛，且皆为佛帐龛。个人以为它们所写仿的，有可能是当时佛寺中流行的一种带有异域风格特点的塔殿建筑样式（可参见《响堂山石窟建筑略析》一文）。

这种建筑样式不见于现存实例，但这种方形塔心室之外加设木构副阶的平面形式见于陕西扶风法门寺塔基遗址[13]（图19）。法门寺原名阿育王寺，毁于北周灭法，唐贞观五年（631年），敕于故塔基上重建佛塔。塔基平面方形，当中为夯土或砖墙围筑的塔心室，方17米左右，周回木构副阶，面阔五间，方20.8米。当

图12

图13

图14

[13] 陕西省法门寺考古队：《扶风法门寺塔唐代地宫发掘简报》，《文物》1988年第4期。

图15

图16

图17

心间广达5.6米（合19唐尺），甚至超过唐长安大明宫中主殿的间广（含元殿与麟德殿皆为18唐尺）。据文献记载，塔心室内为一完整的礼佛空间，设像三座，内顶作帐盖状[14]。按遗址平面和设像特点，有理由推测法门寺（阿育王寺）这座毁于北周、重建于初唐的佛塔形式，极有可能就是一座外观、内景皆与上述南北响堂山两座洞窟相类似的塔殿，只是规模更大。

（二）装饰风格的“胡化”

从洛阳城市规划中专设“四夷里”、“四夷馆”以迎纳四方，可知当时的北魏洛阳已然是一座国际性的大都会。如《洛阳伽蓝记》中所记：

自葱岭以西，至于大秦，百国千城，莫不款附。商胡贩客，日奔塞下，所谓尽天地之区已。乐中国土风，因而宅者，不可胜数。是以附化之民，万有余家。……天下难得之货，咸悉在焉。（《洛阳伽蓝记》卷三）

来自西域、波斯、大秦以及随佛教而来的各种外来建筑与装饰艺术，必然会随经济、文化的交流，进入中土，给洛阳建筑的细部样式和装饰纹样带来诸多新元素，对北朝后期建筑风格的演变赋予一定的影响。由于缺少具体的形象资料，对这方面的研究，还只能借助有限的文献记载和其他门类的资料进行初步探讨。

1. 洛阳胡寺

这里是指胡人建造的佛寺，不是指景教或其他胡地教派的寺院。

随着聚居洛阳的商胡贩客、佛教僧人规模的不断扩大，逐渐有条件同时有需求开展他们自主的营造活动，如建造供信徒礼拜的寺院。

《洛阳伽蓝记》所记寺院中，即有胡人或胡僧所立者：

菩提寺，西域胡人所立也，在慕义里。（卷二）

法云寺，西域乌场国胡沙门僧昙摩罗所立也。在宝光寺西，隔墙并门。……作祇洹一所，工制甚精。佛殿僧房，皆为胡饰。丹素炫彩，金玉垂辉。（卷四）

文中对法云寺建筑装饰风格的描述十分明确：完全是采用胡地样式。对于建筑本体样式，没有说；菩提寺采用何种建筑装饰风格，文中也没有明说。但既是胡人所立，推测多少

[14]《法苑珠林》卷三十八296页《敬塔篇·感应缘》，记唐高宗显庆四年（659年），有僧人在塔内施咒术，“塔内三像足下，各放光明，赤白绿色，旋绕而上，至于衡角，合成帐盖”，上海古籍出版社出版。

图18-1 北响堂南洞（北齐）外观
图18-2 南响堂第7窟（北齐）窟檐局部
图19 陕西扶风法门寺初唐塔基遗址平面
图20-1 北周史君墓石椁（引自《文物》2005年第3期）
图20-2 史君墓石椁南壁局部
图21 虞弘墓椁板浮雕第5幅线图

会包含胡地风格在内。

洛阳胡寺中建筑装饰的具体样式，目前还没有具体形象资料以供探讨。但北齐石窟以及近年发现的北朝胡人（粟特人）墓葬中出土的各种物件，如北周史君墓[15]、隋虞弘墓所出的石椁、海外收藏的北齐石棺床等，其中的建筑形象，或许能够反映出洛阳胡寺建筑样式与装饰风格的一些特点。

（1）在南响堂山石窟第7窟窟檐中，可以明显看出一种在建筑外观与结构做法上胡汉结合、风格混杂的现象。如砖石砌筑的单层覆钵式塔身与周圈木构瓦檐副阶的结合，火珠垂莲（束莲）柱身、火焰券与上部斗栱枋楣的结合（见图18-2）。据此推测，洛阳胡寺建筑中也有可能采取这样的做法，将胡汉两地不同风格的构件、装饰做法结合在一起，呈现出一种新的建筑装饰风格。

（2）史君墓和虞弘墓的墓主人都是西域胡人，从墓椁的情况来看，史君墓的石椁本身采用汉地传统建筑样式，包括屋顶、斗栱及门窗形式等，但其他雕饰内容及形象皆为异域风格（图20）；虞弘墓的石椁顶盖样式与史君墓相同，采用了汉地建筑中等级较高的九脊歇山顶样式，但椁板浮雕均为异域风格（图21）。依此推测，胡人所立的寺院中，也有可能采用这种做法，所谓的"皆为胡饰"，是指建筑外形与结构采用汉地样式，而内外壁画、雕饰与室内陈设等皆为胡地样式。

（3）在波士顿美术馆藏北齐石棺床雕刻中，见有一种异域风格的建筑形象（图22）：屋顶作低平的覆钵顶，顶中置火珠垂莲；檐口平直，外饰通长花板，当中与角部上立火珠垂莲及忍冬纹饰；檐下平棊格条，与古罗马遗址中所见类似（参见《克孜尔中心柱窟的空间形式与建筑意象》一文，图12）；面阔多三间，四柱，柱头宝珠垂莲，柱身束莲；台基高大，心间下设花砖铺砌的坡道。檐部装饰的火珠垂莲、忍冬纹角饰以及火珠束莲柱等，在北朝晚期石窟窟檐、石刻壁画小塔、佛帐以及出土模砖中都可见到。另外值得注意的是，石棺雕刻建筑物中又见汉式平坐勾栏（左侧楼阁）与大门做法（下方），造型样式交待细致准确，刻工技艺绝非一般，所表现的或即当时汉地胡人聚居区的建筑形象。类似的建筑装饰样式在北周史君墓石椁雕刻中同样可以见到，屋顶檐口形式几乎全同，只是柱身以下汉式成分稍多。由此推测，洛阳胡寺中也有可能采用这种从外观到细部基本为胡地风格的建筑与装饰样式。

2. 装饰纹样

除少量砖瓦类构件之外，目前有关洛阳时期建筑装饰方面的形象资料还很少，要想进一步研究探讨，还有待更多的考古发现。但东魏北齐时期留下的一些构件装饰实物，或许可以对我们认识北朝晚期建筑装饰风格有所帮助。

安阳修定寺塔下出大量带有异域风格纹饰的模砖，据纹饰特征判断，应属北齐时期的遗物。除椭圆形连珠纹外，其余不见于他处，皆为孤例（图23）。

椭圆形连珠纹是一种周圈带有联珠纹的椭圆形纹饰。这种纹饰在北齐遗存中多见，被认为是北朝晚期特有的装饰纹样之一，不过从已知遗存的年代来看，这种纹饰的流行时段很短，很可能不足50年。在修定寺塔下出土的莲座束腰部分以及塔檐部分上，都可以见到这种

[1] 西安市文物保护考古所：《西安北周凉州萨保史君墓发掘简报》，载《文物》，2005(3)。

图18-1

图18-2

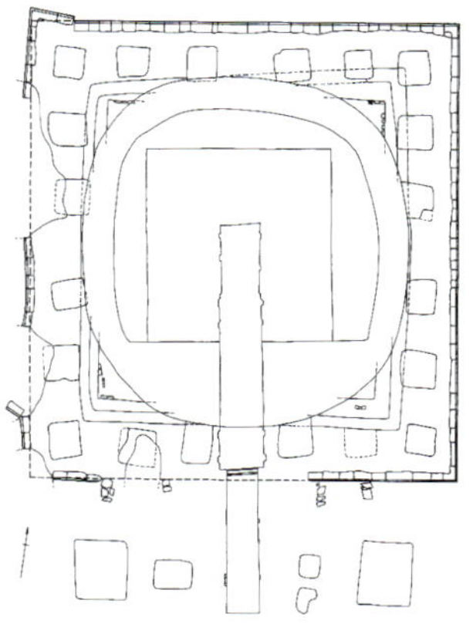
图19

图20-1

图20-2

图21

纹饰的联排组合。在建筑以外的北齐遗存如菩萨造像的服饰、头饰中也普遍可以见到这种纹饰，只是往往单独使用，不像在建筑装饰中那样联排出现，如青州出土的北齐造像等（图24）。由于这类纹饰不见于之前的遗存中，故学界公认为是北朝晚期受西域艺术风格影响所致。据个人所知，在新疆克孜尔石窟所出龟兹国木雕以及约特干（于阗国都城）遗址发现的陶器残片上，都可以看到这种椭圆形周圈联珠的装饰纹样（图25），只是样式较为粗略，且年代不确，尚难作为凭证。

现藏海外的北齐石棺床是反映当时装饰风格的珍贵遗存。棺床雕刻包括对墓主人庆典、祭祀及生活场景的描绘，并配以大量带有波斯、西域风格的装饰性纹样，如圆形连珠纹、忍冬纹、火珠纹、狭瓣莲纹等，从中可以看出北齐时期装饰风格的“胡化”程度（图26）。

与洛阳时期建筑风格演变中起决定性作用的是制度性和地域性因素不同，建筑与装饰风格之“胡化”，主要是以时尚性因素为主导，上层统治者的审美取向起到了决定性的作用。

东魏北齐时的官方交往，多为北方与东方诸国，如突厥、契丹及高丽、百济等；与西域之间因有西魏北周相隔，交通不便，未见官方往来的记载，似乎较少联系。但是，来自以下两个方面的影响不容忽视。

一是民间商贾，其往来受国家交恶的限制较少。特别是北朝后期频繁活动并定居于中原地带的粟特族群，对社会风尚、包括建筑风格的变化，有直接的影响[16]。

二是上层恩倖中的西域人（史称“宠胡”，又鄙之为“西域丑胡”），在北齐中后期政权中占据重要的位置，对这一历史时期社会上层乃至整个社会风气的引导与影响有至关重要的作用。

北齐统治者自文宣帝高洋在位后期起，恣意享乐，胡气愈重，后主天统、武平时演为至烈，以至于唐人撰写《北齐书》时在卷末作如下史评：

甚哉齐末之嬖幸也。盖书契以降，未之有焉。……西域丑胡，龟兹杂伎，封王者接武，开府者比肩。……太宁之后，奸佞浸繁，盛业鸿基，以之颠覆。（卷五十）

北齐是中国历史上著名的胡化时期之一，虽然当时木构架体系仍然作为建筑形式之主体，但对于建筑装饰风格中的胡化倾向，应当有充分的意识。

关于这种风格演变的时间段，个人认为至少应当下延至隋代。

北朝晚期，北齐界域南移至江，北周界域更南达交州，实呈南北交融、逐步走向统一的大趋势。隋代的建立，是在这个大趋势下的必然发展结果。

隋代享国27年，历史相对短暂，学界论述常将其与唐代相连，以“隋唐”相称。但杨隋起于齐地而成于周，其立国建制之本，皆与

[16] 荣新江：《北朝隋唐粟特人之迁徙及其聚落》，载《国学研究》，第6卷，70页。
程越：《粟特人在突厥与中原交往中的作用》，载《新疆大学学报》(社科版)，1994，22(1)。

图22

图23

图22 波士顿美术馆藏北齐石棺床雕刻中的建筑物之一（朱俊先生提供）
图23 安阳修定寺塔下出土模砖中的椭圆连珠纹
图24 青州出土北齐菩萨坤带（引自《青州龙兴寺佛教造像艺术》）
图25 约特干遗址（于阗国都）出土陶片（引自斯坦因《西域考古记》第26图
图26 弗利尔美术馆藏北齐石棺床局部

北朝晚期密不可分，因此在讨论北朝晚期诸多问题时，可以而且应当将隋代包含在内，称为“齐隋”、“周隋”或更为恰当。特别是就时尚风格的流行演变而论，将隋代置于北朝晚期阶段显然更为合理。北朝晚期流行的诸多典型样式大都延续至隋，入唐之后逐渐弃用。如敦煌莫高窟中的隋窟，在窟型和纹饰上也是近于周而疏于唐的。

而宋代著名学者沈括《梦溪笔谈》中说：中国衣冠，自北齐以来，乃全用胡服。

在他的眼中，北齐胡风竟是经隋唐而下，一直沿至北宋。如果真是这样，那所涉范围当不止于衣冠，其他与装饰相关的门类，如器具、织物、陈设以及建筑装饰等，也或多或少会有所涉及。只是今天要想看清楚其中的演变轨迹，了解每一阶段的演变特点，还需要下很大力气，做很多工作。

本文只是在个人掌握的有限资料范围内，对北魏迁都洛阳期间的建筑风格“南化”、东魏迁都邺城期间的建筑做法与风格延续以及北朝后期建筑与装饰风格“胡化”的情况作了一些初步探讨。其实在现存历史文献资料中应该还有不少相关内容，此次未能仔细查找、发掘；洛阳、邺城、西安、太原、安阳以及南京等地的南北朝考古工作中也有望发表并发现更多的相关资料。故今后仍将继续关注相关资料与研究进展，以推进这方面的后续研究。

2001年9月初稿，2010年12月修改补充。

图24

图25

图26

提　要： 面对世纪之交城市化进程和工业化发展的冲击，诸多保护理论应运而生，其中生态博物馆作为一种全新的文化遗产保护和博物馆建设理念，开始为我国文化遗产保护和博物馆领域所引入和应用。本文研究了生态博物馆理念与传统的文化遗产保护和博物馆建设理念的本质区别，生态博物馆强调在文化的原生地保护文化遗产，并且由当地民众自主管理和保护文化遗产，从而使文化遗产的原生环境与文化遗产得到一体保护。本文的论述突破了传统博物馆的局限，指明了实现文化保护社区化和民主化的博物馆发展新思路。

关键词： 文化遗产，原生地，生态保护规划，生态博物馆

Abstract: At the turn of the century, a variety of conservation theories were brought up to cope with the challenges of the urbanization and industrialization throughout the world. Among them, as a brand new idea of the conservation of cultural heritage and museum construction, the idea of eco-museum began to be applied in China. This paper discusses the essential distinction between the idea of eco-museum and the notions of traditional cultural heritage conservation and museum construction. Eco-museum emphasizes on conservation of cultural heritage in its provenance and independent management by local residents in order to integrate the protection of the original context and the cultural heritage. The discussions in this paper break through the limitation of traditional museum and point out a new way to realize the communization and democratization of cultural conservation in the development of museum.

Eco-museum: Protection in Original Context (I)

实现原生环境保护的生态博物馆（一）

单霁翔（Shan Jixiang）*

Currently, the philosophy of eco-museum is in the course of deepening, with constant new practices and new theories throughout the world. It has been a decade since the birth of the idea in China and only by localization can it develop. Though the idea of eco-museum has a universal value, the forms differ from each other. Like seed needs soil, it has to be developed on the basis of the local reality of a country or society. The primary duty of eco-museum is to boost the development of society and culture. The distinctiveness between different areas needs to be realized and appreciated. Instead of standardizing or formalizing, eco-museums should vary from one place to another. Actually, by the practice recently, China has been trying to find a construction mode fit for its national conditions. In 2005, considering cultural self-management of villagers, the government of Xishuangbanna, Yunnan province, declared in the opening ceremony of the Blang Eco-museum, that the administrative authority was handed over to the committee organized by the villagers, with the government as consultants. The forthcoming Shui Eco-museum in Guizhou province also tries to utilize the self-management mode. Community residents are the owners of their culture, and the government or experts are merely temporary agents. Only when the nominal owner becomes their real manager, could the value of eco-museum be realized and enhanced.

During the last decade, China built a variety of eco-museums in different villages according to their culture to protect the diversity of different ethnic

* 国家文物局局长，建筑学博士

图1

图1 安吉生态博物馆竹海

groups. These eco-museums are mostly built in areas with abundant cultural heritages. This practice has been proved to be an effective way to protect and present cultural heritage and to promote the local economic and social development. In areas full of natural and cultural heritages, the planning and construction of eco-museums needs to correctly deal with the relations between the conservation, presentation and utilization of cultural heritage as well as between inheritance and development, and to build a harmonious human and environment relationship. This practice not only can fully take advantage of the resources superiority to find a unique way of development, but also can avoid the repeated tragedy of similarity of all the villages during the course of urbanization, modernization and new countryside construction. To build eco-museum can not only provide fresh practical materials for the study of anthropology, ethnology, folklore, sociology, culturology and economic historiography, but also boost the development of agriculture and benefit for the ecology and environment of rural area. In eco-museums, community residents can recognize and treasure the values of their culture, which can help architecture, folk dance, garments and other heritages to be conserved effectively. Besides, the unique culture also attracts a large number of visitors home and abroad, which can tremendously promote the tourist industry, leading the residents to prosperity. Though there are problems more or less in building eco-museums from place to place, it is normal in pioneering practices.

Nowadays, the construction and development of eco-museum has a broad social background and positive meanings. To face the acceleration of urbanization, rural communities and vernacular buildings should boast different characters and merits from urban communities and buildings. It means that urbanization is not to simply eliminate rural areas, but to treasure and protect the historical context in rural area and encourage the sustainable development. The coverage of eco-museums in China should spread from the frontier region to east, middle rural areas to realize the value of eco-museum. Practice has proved that a rigid pattern is not suitable for eco-museum, which has to be based on its unique local characteristics. With a vast territory, China has unique cultures in different regions. During the social transforming period, we have to face a complicated situation with mixture of modern and traditional cultures and collision between local and foreign cultures, which lay a heavy burden to protect the diversity of culture in eco-museums. Particularly, in eastern coastal areas, the rapid development of economy has caused large scale of urbanization, which urgently requires the idea of eco-museum to conserve the rural community cultural heritage comprehensively. As a result, eco-museum should break through its current practical limitation to a broaden extent based on local characters with colorful forms. It has realistic significance to choose representative areas and different elements as expansion of the practice of eco-museum.

Keywords: Cultural heritage; Provenance; Ecological planning; Eco-museum

近现代公共博物馆诞生以来，曾经高扬“科学”、“民主”的旗帜，例如法国卢浮宫的理念是“艺术属于全体人民”，美国史密森尼学会的宗旨是“在民众中间积聚和传播知识”。进入20世纪，由于工业社会对农村生活的侵蚀，由于战争对民族文化和文化设施的破坏，博物馆逐渐进入专业化和职业化阶段，历史导向、学术研究和业务规范成为博物馆工作的主流。这些做法虽然有利于博物馆一些基础工作的加强，有利于博物馆的规范管理，但是也将博物馆从“创新”转向了“保守”，导致博物馆工作的“学术导向”、“藏品导向”和“内部事务导向”。20世纪30年代形成的“经验博物馆学”是以藏品的管理、研究和利用为核心，其视角是“精英”，其核心是“理性”，其基础是“经验”，其导向是“历史”，博物馆更将自己归属到社会精英和高雅文化的领域中，在博物馆自身与民众、社会之间划了一条鸿沟。事实上，博物馆自诞生以来，对其是保护文化遗产还是破坏文化遗产的争论便从未停止。批评者认为博物馆把艺术与历史遗物从它们的原生地移走，放置在展厅中，切断了历史传统的生命血缘与整体社会文脉之间的联系，失去了相互之间关联性，也就失去了文化的意义。‘从嘉特梅贺（A.C.Quatremere）[1]、黑格尔、尼采、杜威到海德格尔、孟洛庞提（Merleau-Ponty）[2]，他们的论述中都哀叹艺术与其生存环境分离的责任应由博物馆承担”。

自从德国动物学家E.海克尔（E.Haeckel）将“研究有机体与环境相互关系的科学”命名为生态学以来，作为一门年轻而充满朝气的科学，生态学与人们的社会生产、生活息息相关。随着人类活动对生态环境的改变，使人口、环境、资源间的矛盾日益尖锐。于是，人们试图用生态学的观点来认识人与自然的关系，树立起新的生态价值观，认识到人类只是生态系统中的一部分，人类社会应该进入一个用生态文化适应新环境、建设新社会的时代。生态文化是人与自然协同发展的文化，其内容包括生态意识、生态哲学、生态伦理、生态美学、生态艺术等诸多方面[3]。在生态博物馆的概念产生之前，曾出现过一些新型博物馆的形态，例如产生于19世纪末的瑞典斯坎森露天博物馆。20世纪初，北欧国家还曾出现过保护乡土文化的“活态博物馆”运动，其特点是以一个特色文化乡村为核心，将其视为一个活态的天然生态博物馆。在这个文化空间里，当地的文化节日、集市贸易、婚丧嫁娶、民居民宅、表演游戏、歌舞弹唱、玩具器物等各种可移动与不可移动文物、有形与无形遗产都是其组成部分和表现形式，借以弘扬当地传统文化[4]。1956年，日本建立了第一个户外民俗博物馆，即日本民家聚落博物馆。随后，户外博物馆开始出现在日本各地，注重保存在建筑和民俗方面具有重要意义的民间文化遗产。

生态博物馆的概念及其实践，首先诞生于20世纪70年代的法国，随后才在欧洲获得迅速发展。“生态博物馆”一词来自于法语écomusee，是生态和博物馆概念的结合。任何重要概念的产生，都有一定的历史和社会背景。第一代生态博物馆是在法国博物馆学界两位承前启后的开创性人物G.H.里维埃(G.H.Rivière)和H.戴瓦兰(H.de Varine)的推动下得以实现。在G.H.里维埃的指导下，以人与环境的紧密结合为特征，于1967—1975年创建了法国地方公园系统。在H.戴瓦兰的指导下，于1971—1974年在法国勒特索煤矿区建立的生态博物馆，开创了工业社区建立生态博物馆的先河。1974—1979年在G.H.里维埃的推动下，在加拿大法语区魁北克开辟了新的实验区，将生态博物馆的概念扩大到小型社会的整体，被称为“社会生态博物馆”[5]。1968年，G.H.里维埃强调指出，民族学博物馆的目标是在世界历史的框架中建立人与自然的联系，他关于民族学博物馆的任务和陈列思想中已蕴涵了“生态博物馆”的基本思想，即博物馆不能脱离社会发展实践，要与社会发展同步，要为社会发展服务，要根据社会发展需求重新认识和定位博物馆藏品的作用，要发挥博物馆的特长，为广大民众服务，努力增加广大民众的福祉[6]。

1971年8月，国际博物馆协会第9次大会在巴黎举行，这是一次被称为试图定位当代博物馆社会地位与角色的重要会议，新思维、新观念正在改变世界及博物馆。会议作出了修改博物馆定义的决定，增加了博物馆是公共机构的

[1] 注：法国第一位反对博物馆的理论批评家.

[2] 尹彤云：《从物到文化遗产：传统博物馆发展的新趋向》，载《文物世界》，2006（5），66页。

[3] 周鸿：《生态文化与和谐社会》，载《光明日报》，2006-07-24（9）。

[4] 向云驹：《原生态文化是生活中的文化》，载《中国艺术报》，2007-06-15（6）。

[5] 鲁娜：《“中国民居五书”：记录的不仅仅是建筑》，载《中国文化报》，2010-06-03（10）。

[6] 宋向光：《生态博物馆理论与实践对博物馆学发展的贡献》，载《2005年贵州生态博物馆国际论坛论文集》，北京，紫禁城出版社，2005。

图2

图2 安吉生态博物馆民居

一部分的观念。来自非洲和拉丁美洲的代表，阐述了自己国家和民众的文化特点和当代需求，强烈表达出建立和发展非欧洲式博物馆模式的愿望。来自贝宁的博物馆学家认为，博物馆没有投入到当代世界中去，没有真正成为客观存在的一部分，所有国家的博物馆都是高人一等的，对于大多数民众没有多大用处，博物馆是过时的事物应当消失。G.H.里维埃和H.戴瓦兰为法国首任环境部长R.普杰(R.Poujade)的主旨发言而创造的“生态博物馆”一词，成为一场博物馆革新运动的标志。面对来自世界各地的500多位博物馆学者和博物馆工作者，R.普杰指出，“我们正在向一些人所说的生态博物馆方向发展，这是一个动态的路径，通过它，公众首先是年轻人将能够重新认识人类、人的占有物及人的环境的基本原理的演变”，他公开地将博物馆与环境联系起来，并提出了“生态博物馆”的概念，指出要建立一种与传统博物馆完全不同的新型博物馆，寻求掌握未来的各种文化和物质手段，服务于整个人类。生态博物馆概念的提出及其实践，是博物馆发展历史上重要的里程碑。

1972年，法国环境部和国际博物馆协会法国委员会在波尔多召开了“博物馆与环境”专题国际研讨会，会议认为一个博物馆必须努力与其服务的社区实现完全的和谐共生，并确认与环境有着特殊关系的一种新型博物馆可称之为生态博物馆。1974年6月，在丹麦哥本哈根召开的国际博物馆协会第10届全体会议上，“为社会和社会发展服务”的理念，被纳入博物馆定义之中。国际博物馆界出现的生态博物馆运动，是一场文化复兴运动，是对近现代公共博物馆基本理念的回归，是对后工业化社会反思的结果。伴随城市化的迅速推进，工业社会的生态危机日益加深，带来了许许多多人们意想不到的“城市病”：人口拥挤、交通堵塞、环境污染、资源衰竭、贫富差距、犯罪率高以及人生观、价值观的扭曲和道德水准的下降，使后工业社会陷入层层的困境之中而不能自拔。生存环境的日益恶化，生活质量的日益低劣，机器产品的日益泛滥，居住环境的日益拥挤，人们开始厌倦城市，崇尚自然，向往乡村的宁静生活，萌发回归自然的情感与行动，追求一种朴素的社会生态，出现反城市化的潮流。因此许多城市居民开始摆脱喧闹和污浊的城市中心，回归到景色自然的乡村和朴实无华的小城镇，城市空心化现象逐渐呈现。在这一情势下，生态博物馆的产生是博物馆事业对社会发

图3

展的时代响应，成为促进人类社会现代生态意识和现代环境意识不断觉醒的积极力量。

生态博物馆开启了博物馆学研究的新领域。生态博物馆的实践力求积极响应社会发展的需求，力求使博物馆成为所在地民众实现发展的手段和工具。G.H.里维埃在1985年曾将生态博物馆定义为"生态博物馆是由公共（或地方）权力机构和当地人民共同设想、共同修建、共同经营管理的一种工具"，他在文章中指出，生态博物馆像一面镜子，当地民众可以通过这面镜子照出自身的形象，通过这面镜子追寻到当地的历史演变。也就是说，生态博物馆是当地民众树立在游客面前的一面镜子[7]。"正如传统博物馆的诞生，是少数精英人士将自己的收藏转化为博物馆或向普通民众开启大门一样，但在相当长的时期里，民众眼中的博物馆依然是上层社会的俱乐部"[8]。他认为如果博物馆被赋予社会责任和可持续发展的作用，那么它必须根植于它的社会，"只有这样，博物馆才能真正深层表现传统社区，传统社区才会真实直接反映于博物馆中，使得博物馆的社会责任能够交互地表现出来"[9]。生态博物馆在结构上还原了被传统博物馆生硬分离了的物和它的原生环境，使之具有整体认知感。K.赫德森在《有影响力的博物馆》一书中，曾评价生态博物馆给世界博物馆带来的最大重要的影响，正在于这种让地方的人们参与规划的"双向沟通的制度"[10]。

由于生态博物馆具有传统博物馆所缺乏的性质，并顺应了当代人类生态环境保护意识日益觉醒和高涨的潮流，顺应了当代要求文化遗产权益回归原生地和原住民的呼声，顺应了人类要求协调和可持续发展的愿望，因而其理论创新与实践创造在欧洲、拉丁美洲和北美洲等许多国家和地区迅速传播，成为一种保护本国文化形态和本民族文化遗产的有效方式。目前世界上已有300多座生态博物馆。其中，西欧、南欧约有70座，主要集中在法国、西班牙和葡萄牙；北欧约有50座，主要集中于挪威和丹麦；拉丁美洲约有90座，主要集中于巴西和墨西哥；北美洲约有20座。另外，亚洲地区的日本、韩国等也有类似的保护文化生态的形式。由于各国社会、经济、政治、文化、民族、环境、生态等方面条件的差异，各地区的发展面临不同的挑战和机遇，各地民众的需求也不尽相同，这使得与所在地社会发展紧密结合的生态博物馆，呈现不同的组成形态和运作方式。例如北欧突出农业和工业经济的产业型生态博物馆，北美地区则强调民族文化特性的族群型生态博物馆。虽然生态博物馆仍处于试验之中，还有许多理论与实践问题有待于解决，但是这种模式所反映出的物质文化遗产和非物质文化遗产之间紧密结合的观念，无疑具有非常积极的现实意义。

世纪之交，人类面临越来越突出的生存问题，例如生态环境的退化、地区差异的加大等，各类全球性的问题和相互联系的危机日益尖锐，这已引起各国政府和社会公众的广泛注意，人们开始对工业革命以来形成的传统的发展观念、模式、道路等进行反思。1999年10月，国际古迹遗址理事会第12次大会在墨西哥通过了《乡土建筑遗产宪章》，这是一部关于文化遗产保护的重要文献。《宪章》阐述了乡土建筑遗产的价值和保护的意义，"乡土建筑遗产在人类的情感和自尊中占有重要的地位。它已经被公认为有特征的和有魅力的社会产物"。

[7] 海伦娜·弗里曼：《没有围墙的博物馆》，载《国际博物馆》，2006（2），55页。
[8] 黄春雨：《理想与现实——生态博物馆必须的对接》，载《2005年贵州生态博物馆国际论坛论文集》，北京，紫禁城出版社，2005。
[9] 杰拉德·柯赛：《从"向外延伸"到"深入根髓"：生态博物馆理论鼓励社区居民参与博物馆事业》，载《2005年贵州生态博物馆国际论坛论文集》，北京，紫禁城出版社，2005。
[10] 张涛：《反思中国第一座生态博物馆的发展瓶颈》，载《中国文物报》，2006-06-23（5）。

图4

图5

图3 安吉生态博物馆生态环境
图4 安吉生态博物馆水库
图5 安吉生态博物馆竹子工艺

《宪章》强调指出："由于文化和全球社会经济转型的同一化，面对忽视、内部失衡和融合（因而导致彼此的独特性逐渐消亡）等严重问题，全世界的乡土建筑都非常脆弱。"对于乡土建筑的保护，《宪章》提出一些基本原则：应尊重其文化价值和传统特色；需依靠维持和保存有典型特征的建筑群和村落来实现乡土性的保护；不仅包括建筑物、构筑物和空间的实体和物质形态。"应尊重和维护场所的完整性，维护它与物质景观和文化景观的联系以及建筑和建筑之间的关系"。传统建筑体系和工艺技术对乡土性的表现至关重要性，《宪章》认为这些技术应该被保留、记录，并在教育和培训中传授给下一代的工匠和建造者。

进入21世纪，国际博物馆领域推进保护文化遗产的重心转向社区、转向文化原生地的努力不断加强。生态博物馆的理论和实践为此提供了经验，人们通过生态博物馆，探讨与人类有关的自然、社会、历史和文化环境。同时，生态博物馆将促进社会发展视为最重要的职责和基本任务，制定为社会发展服务的明确目标，将生态博物馆与社会条件和发展需求紧密结合起来，充分发挥生态博物馆各项资源对社会发展的作用，从社会发展层面评估生态博物馆社会效能和业绩，在实现社会价值的同时增加生态博物馆的自身价值。通过为社会发展服务，密切关注所在地的特殊社会条件和发展需求，创造性地开展工作，也促进了生态博物馆的多样性，加深了人们对生态博物馆普遍本质和价值的认识。例如意大利乡村"生态博物馆"概念的建立和实践始于2000年，由一些学者与当地政府、社区、文化和旅游协会共同创造设计提出实施方案。其宗旨是力图以保护、创新和可持续利用自然环境和文化遗产的方式，将当地的自然环境、文化遗产和民众的生产生活方式一体化地、整体互动地展示给意大利国民和外来参观者，借此保护乡村的自然生态和人文景观，进行爱国主义的教育。乡村"生态博物馆"实施以来，受到国民的普遍关注，并且吸引了大批国内外游客，受到当地政府的大力支持[11]。

意大利乡村"生态博物馆"的建立，不仅仅是为了促进旅游，更重要的是让人们记住意大利的历史和文化，通过一个个具体村庄的历史和文化，让青少年知道故乡的历史，了解祖先们曾经历过的生活和走过的道路，了解他们所创造的物质和精神文化。乡村内也建有室内博物馆，但是只作为生态博物馆的一个组成部分。室内博物馆的建设风格完全与周围的环境、民居相协调，对当地的自然、历史、文化进行图文并茂的详细介绍，所展示的展品包括考古发掘实物、乡村历史上各种传统生产生活用品、艺术品和手工艺品以及对当地各种野生动物、植物的详细介绍，配有很多精美的照片资料。室内博物馆中制作有影像光碟，多层面地放映自然和人文环境，反映当地社区居民的生产生活，还专门设置展示空间张挂社区儿童们以当地自然景观、文化景观为题材而创作的各种绘画作品。乡村"生态博物馆"更大的展示空间在有形的室内博物馆之外，整个社区生活的自然环境和农牧生活场景都被纳入生态博物馆的视野之中。当地社区的生产方式成为展示的对象，保留了过去各村各户的农地界碑，而过去的牛厩羊圈，成为真实再现过去畜牧生活场景的场所，连当地森林牧场中每一种草的标本都有展示，相关内容标示得十分详细。

[11] 杨福泉：《意大利乡村"生态博物馆"对云南乡村文化产业的启示》，载《中国文物报》，2006-06-23（5）。

由于气候和环境的关系，不少意大利的山地社区每年以乡村的大本营所在地为核心，以周围山林牧场为半径，进行周期性的流动农牧活动。例如每年3—7月，村民就赶着牛羊，举家搬迁到草青林茂的林中居所。村庄民众过去的农牧生活，盖木板瓦的木楞房、各种农具、制作奶制品的器具、厨具炊具等皆完整地保留着，同时还保留着村庄民众的家庭生活场景，例如菜地、猪圈、水井、室外喂猪的地方和猪食槽等以及村庄民众伐木用的斧头锯子、用水力来进行锯木的水车等，都如实地展示，并且还可以进行演示，使参观者能够领略到村庄民众各种真实的生活情景。有的乡村“生态博物馆”还包括“艺术和工艺园”，里面陈列着村庄里各种传统的工艺品和制作工艺品的工具，例如木纺织机、酿酒器具等。还专门为参观者设计了非常详细的各种徒步参观路线，除了可以到达当地各个自然景观、文化景观，还普遍设计出与宗教信仰相关的文化路线，作为生态博物馆的组成部分，内容主要是反映村庄民众的宗教信仰生活，包括教堂、村庄民众在随季节迁移过程中所用的路旁祭坛、民间信仰中的神山等，还包括村庄民众收藏的各个时期的宗教绘画、雕塑作品、宗教装饰品、圣经等，包括文艺复兴时期的各种宗教题材的艺术品[12]。

古代形态的博物馆在我国有悠久历史，而近代形态的博物馆则是从西方传入并得以逐渐发展。我国博物馆界自20世纪80年代开始，关注国外生态博物馆的理论与实践。1986年，生态博物馆的理念开始在国内传播，例如在《中国博物馆》学术季刊上，开始引进国际生态博物馆的思想和实践经验，包括介绍生态博物馆理论的一些重要论文，并发表了我国博物馆理论界对生态博物馆的讨论文章。此后，我国博物馆界开始与国际同行合作，引进生态博物馆模式并使之中国化，苏东海先生对此作出了重要贡献，他曾对生态博物馆作出如下定义：“生态博物馆是对自然环境、人文环境，有形遗产、无形遗产进行整体保护、原地保护和居民自己保护，从而使人与物与环境处于固有的生态关系中，并和谐地向前发展的一种博物馆新理念和新方法”[13]。在我国，生态博物馆格外关注人类学资源丰富和民族、民间、民俗文化独特的少数民族地区。生态博物馆的实践首先选择了西南地区的贵州，该省境内现有苗族、侗族、布依族等19个少数民族，大多生活在比较偏僻的山区，对外联系较为不便，因而生活方式、民间习俗和文化观念等受外界影响较小，民族文化保存较好。同时，当地气候温暖，山清水秀，大片的原始森林和奇特的喀斯特地貌构成一幅幅人间仙境。独特的民族文化加之得天独厚的自然环境，具备发展生态博物馆的良好基础。

1992年，“世界环境与发展大会”通过了《里约热内卢宣言》和《21世纪议程》两个纲领性文件，使生态学成为一个流行的话语。在我国，1993年，吴良镛、周干峙、林志群在分析当时建设事业的形势和问题的基础上，正式提出建立“人居环境科学”，着重探讨人与环境之间的相互关系，强调把人类聚居作为一个整体，而不像城市规划学、地理学、社会学那样，只涉及人类聚居的某一部分或是某个侧

[12] 杨福泉：《意大利乡村“生态博物馆”对云南乡村文化保护和发展的启示》，载《2006年中国昆明亚洲博物馆馆长和人类学家论坛文集》，146页。

[13] 张涛：《反思中国第一座生态博物馆的发展瓶颈》，载《中国文物报》，2006-06-23（5）。

图6

图7

图8

面。学科的目的是了解、掌握人类聚居发生、发展的客观规律，以更好地建设符合人类理想的聚居环境。“人居环境科学”认为，“人创造人居环境，人居环境又对人的行为产生影响”[14]。就像世间万事万物都在不断变化一样，民族文化也处在永恒的变化过程之中。每一个民族都有自己独特的文化，每一种文化也都有自己独特的价值，没有高低优劣之别，世界上从来就不存在，今后也不会存在一种超然的可以衡量民族文化优劣的价值标准。因此，必须平等地看待每一个民族的文化，对之采取尊重、宽容乃至欣赏的态度，也就是费孝通先生晚年反复强调的16字方针：“各美其美，美人之美，美美与共，和而不同。”[15] 在这一背景下，生态博物馆成为提高人们的文化意识、保护文化遗产所在地的自然环境、促使人类社区可持续发展的积极力量。

1995年，《在贵州梭嘎乡建立中国第一座生态博物馆的可行性研究报告》提出，得到了我国政府的重视和挪威政府对这一项目的支持，并纳入了《1995至1996年中挪文化交流项目》之中。随后，建立梭嘎生态博物馆项目获得了贵州省政府和国家文物局的批准。梭嘎生态博物馆建在贵州省六盘水市六枝特区的深山中，这里居住着一个远离外界、仍然生活在自然经济和传统文化中的苗族群体。这里山高缺水，每年有三个月要到山下背水，生产、生活十分艰苦。在建立生态博物馆时，当地仍保存和延续着自己独特的文化传统。这种文化非常古朴，有十分平等的原始民主；有十分丰富的婚嫁、丧葬和祭祀的礼仪；有别具风格的音乐、舞蹈和精美的刺绣艺术。但是他们没有文字，靠刻竹记事，过着男耕女织的自然经济生活。这一生态博物馆社区内分布有12个行政村寨，社区总面积达到120 km^2。1998年10月，梭嘎生态博物馆及资料中心建成开放，成为我国第一座生态博物馆。此后在贵州又相继建立了花溪镇山布依族生态博物馆、锦屏隆里古城生态博物馆、黎平堂安侗族生态博物馆等，初步形成了贵州民族文化生态博物馆群。它们不仅代表4个不同区域的民族，而且具有不同环境和不同的挑战。当地民众以对自己传统文化的固有感情，对脱贫致富和对外界的向往，热情地支持和参与生态博物馆的建设和实践。

图6 广西南丹里湖白裤瑶生态博物馆
图7 贵州花溪镇山布依族生态博物馆
图8 内蒙古生态环境

[14] 吴良镛：《人居环境科学导论》，北京，中国建筑工业出版社，2001。
[15] 郭家骥：《云南少数民族文化保护问题的若干理论思考》，载《2006年中国昆明亚洲博物馆馆长和人类学家论坛文集》，224页。

图9

图10

生态博物馆的思想产生于欧洲的后工业社会之中，是一种深刻的理念，不可能在距离这个时空十分遥远的我国民族村寨中自发产生。在我国，在这些正在努力摆脱贫困的村寨中建立生态博物馆，就是为了保护文化传统的多样性，使这些民族村寨在现代化过程中不会丧失自己。但是，要使村庄民众接受生态博物馆，需要走很长的路，进行中国化、本土化的实践。所谓中国化、本土化就是和我国乡村的实际相结合。在梭嘎生态博物馆创建之初，就把帮助民族村寨"脱贫"作为第一任务，因为村庄民众是重视眼前利益的，衣不蔽体、食不果腹是无暇顾及文化的。如果人们必须外出谋生，就是建立起生态博物馆也难以巩固。"这也就是国际上的文化生态保护区之所以不容易长期维持的原因，美国印第安人、爱斯基摩人保留地如此，新西兰毛利人保留地亦如此"。所以生态博物馆首先做的是运用挪威政府的捐款和我国政府的拨款，进行引水上山、引电上山的工程，并修筑了出山的道路。村庄民众的生活和生产条件得到改善，村庄民众开始接受生态博物馆的项目，随后生态博物馆又采取以工代赈的办法，由村庄民众用自己勤劳的双手建设生态博物馆资料信息中心、文化活动中心，然后再培训村庄中的年轻人运用照相、摄像、录音等技术开展文化记忆工程。生态博物馆的价值开始逐步实现，村庄民众的文化主人地位也开始得以实现。

从此，生态博物馆逐渐成为提高民众文化意识、保护文化遗产所在地自然环境、促进社区可持续发展的积极力量。2001年在内蒙古建立了中国北方地区第一座生态博物馆，敖伦苏木草原文化生态博物馆，2003年12月，广西第一座生态博物馆，南丹里湖白裤瑶生态博物馆展示中心在怀里村奠基。由于历史、传统与自然环境等方面的原因，怀里村目前仍保存、延续着白裤瑶极为独特、完整和丰富的传统文化，包括染织文化、礼仪文化、制度文化、铜鼓文化、丧葬文化、建筑文化等，均表现出与众不同的特色。从某种意义上，体现出广西境内处于封闭、偏僻的自然地理环境中，独立、缓慢发展的少数民族文化的特点，而与之相伴的则是当地经济发展的相对落后，民众生活水平的相对低下，民族文化保护状况较为脆弱，在这样的条件与背景下建设民族生态博物馆，探索在落后地区保护与传承民族文化，促进当地经济社会的协调发展，具有深远的实践意义。2006年，在我国云南省西双版纳地区建立了布朗族生态博物馆。近年来，新疆、福建、湖南、黑龙江等地也陆续提出建设生态博物馆的目标和构想。我国的少数民族地区有着经济落后、文化丰富的特点，正是保护文化多样性的重要地区。这些已经建成的生态博物馆，开始承担保护苗族、布依族、侗族、瑶族、蒙古族、汉族等多种文化的任务。

我国生态博物馆从传统博物馆中走出来，在文化的原生地建立了第一代生态博物馆，突破了传统博物馆的局限性，弥补了传统博物馆的缺陷，实现了文化保护社区化和民主化的博物馆新理念。生态博物馆的理念在我国博物馆界得以传播的背景是，一方面我国正处于城市化、工业化的进程中，社会经济迅速发展，但是先进国家工业化带来的生态失衡和环境破坏也开始在我国重演，并且有越来越突出的表

图11

图9 贵州六枝梭嘎生态博物馆1
图10 贵州六枝梭嘎生态博物馆2
图11 靖西旧州壮族生态博物馆

现，因此生态平衡和环境保护日益为我国社会各界所关注，在此背景下，我国博物馆界开始关注国际生态博物馆运动。另一方面，20世纪80年代开始，整体保护文化遗产的观念开始萌芽，到20世纪90年代，结合引进国际保护文化遗产的理论和实践，有了进一步的发展。同时，这一时期我国博物馆发展进入新的高潮时期，当时我国博物馆已经发展到1000多座，博物馆界也迫切需要寻找扩大保护文化遗产，更加有效服务社会的新形式。“生态博物馆就是一种补偿传统博物馆缺陷的新形式”。生态博物馆的方法不是要增加一座新的博物馆，而是要使整个社区和它的周围环境一起构成场所型的生态博物馆。在生态博物馆的范围中，可能有若干个自然村，还可能打破行政区划的界限，包括同一“文化色块”的更广阔的区域。

多年来，学者们对生态博物馆的性质、信念、价值观、目的、特点、工作方法、组织建置和管理体制等课题进行了多方面的阐释和讨论。概括而言，生态博物馆具有以下一些鲜明的特征：一是对自然环境、人文环境、有形遗产、无形遗产的整体保护与展示；二是强调原地保护展示和当地社区、居民的参与；三是在发展中保护，即注重社会文化、环境的和谐与发展。针对我国第一座生态博物馆创造的经验，项目科学顾问D.M.布斯特(D.M.Bust)先生和我国同行一起研究提出了《六枝原则》。这些原则包括：①村民是其文化的主人，有权认同与解释其文化；②文化的含义与价值必须与人联系起来，并应予以加强；③生态博物馆的核心是公众参与，必须以民主方式管理；④旅游与保护发生冲突时，保护优先，不应出售文物，但鼓励以传统工艺制造纪念品出售；⑤避免短期经济行为损害长期利益；⑥对文化遗产进行整体保护，其中传统技术和物质文化资料是核心；⑦观众有义务以尊重的态度遵守一定的行为准则；⑧生态博物馆没有固定的模式，因文化及社会的不同条件而千差万别；⑨促进社区经济发展、改善居民生活。这些实践原则的产生是为了更好地在文化原生地保护文化，更好地尊重村民的主人地位。

纵观国内外生态博物馆的建设实践，可以认为生态博物馆是博物馆的新类型，是传统博物馆概念的延伸，是传统博物馆功能与界限在特定条件下的扩展。生态博物馆并没有更新或颠覆传统博物馆的概念，它也是保存、陈列、研究物质文化和精神文化遗存以及自然标本的文化教育事业机构，它也是一个文化教育的工具。从概念的延伸来说，它增加了“文化原生地保护”、“居民自主管理和保护”、“文化原生环境一体保护”等内涵，它是保存、陈列、研究形式的改变，而不是概念的更新，更不是颠覆[16]。但是，生态博物馆在形式上，打破了博物馆机构与环境之间的障碍，管理者和观众之间的障碍，博物馆内外物品之间的障碍，可移动与不可移动物品之间的障碍以及信息与实物之间的障碍，是一种保护、展示、宣传和生活方式的综合体。生态博物馆的建立，不仅使人们对文化遗产的权衡、取舍、保护、展示更加科学，也更加注重过程性。生态博物馆理论的出发点，不是要当地民众与他们的文化相分离，而是基于社区民众的文化理念建设自己的未来，当地民众的精神寄托在其间得到了淋漓尽致的体现。实践已经证明，生态博物

[16] 莫志东：《生态博物馆的实践需要宽容》，载自《广西文化》，2007(3)，29页。

图12

馆是进行民族文化遗产保护与展示、推动当地文化与社会发展的卓有成效的工具，而乡村文化景观更成为生态博物馆理念和实践可持续发展的有力见证。

人类对自身的文化遗产，从任其自生自灭，到开始自发保护，再发展到全球性协作保护；从对有形文化遗产的保护，扩展到对无形文化遗产的保护，这期间经历了十分漫长的过程，这一过程反映出人类社会对自身文化遗产价值的认识正在逐渐深化。与此形成反差的是，经济全球化的冲击和少数民族地区对自身文化遗产保护意识的缺失，正在加速着民族文化的丧失。由此，保护民族文化遗产已成为世界各国的共识，也成为我国当前刻不容缓的文化战略。生态博物馆的内涵与传统意义上的博物馆有所不同，有着更广泛的含义。传统博物馆是将文化遗产搬到一个特定的博物馆建筑中，与之同时发生的是，这些文化遗产远离了它们的所有者，远离了它们所处的环境。而生态博物馆是建立在一种全新的基本理念之上，即文化遗产应原状地保存和保护在其所属的社区环境之中。因此，生态博物馆不是一座建筑、一组建筑群，而是一个社区。例如贵州黎平堂安侗族生态博物馆的地域概念，不仅指堂安侗寨，而是包括所临近的8个侗族村寨组成的生态博物馆社区，约50 km^2。从这种意义上讲，社区的区域等同于博物馆的面积。三江侗族生态博物馆，将三江境内苗江15 km流域范围内的高定、独洞、座龙、岜团等村寨列入生态博物馆范围，保护范围内侗族传统建筑文化底蕴丰厚，其中包括风雨桥13座，鼓楼26座。生态博物馆往往不具有确切的地理分界，可以位于一个聚落、一组村庄、一座城镇，其范围可能是它的核心区域，也可能是它的全部。生态博物馆空间的内容“与传统博物馆或遗址博物馆相比则更加复杂，它是自然与人文、有形与无形的结合，包括自然环境的一切因素，生活于其中的人的一切物质生活方面以及人的习俗、传统、观念、仪轨等一系列非物质形态的表现，可以说是一个小型社会——自然的完整系统。整个系统是作为遗产存在的，而内部的各项因素既可以作为单独的遗产存在，也可以作为整体遗产中的一个要素而存在”[17]。壮族是广西的主体民族，在靖西县旧州街，壮族刺绣、织锦、土司遗存、民居建筑、山歌艺术、壮剧、木雕、节日等民族文化保存的丰富性、完整性使之成为壮族文化的一个典型代表。像这样具有文化多样性和独特性的民族村寨，在我国的边远地区还有很多。在这些生态博物馆中，文化景观、自然景观；不可移动文物、可移动文物；物质文化遗产、非物质文化遗产等一系列要素，均具有特定的价值和意义。如果说生态博物馆是传统博物馆走出神圣的象牙塔，将博物馆特有的保存与延续理念带入文化和历史得以创造的原初土壤中，那么，将传统博物馆工作的重心由馆藏文物转向内涵更广泛、层面更多样的文化遗产，则是博物馆领域从“馆舍天地”走向“大千世界”的积极实践。

2008年10月，“村落文化景观保护和可持续利用国际学术研讨会”在贵州贵阳召开。会议代表认为，乡村文化景观是自然与人类长期相互作用的共同作品，是人类活动创造的并包括人类活动在内的文化景观的重要类型，体现了乡村社会及族群所拥有的多样的生存智慧，折射了人类和自然之间的内在联系，区别于人类有意设计的景观和鲜有人类改造印记的自然景观，是农业文明的结晶。乡村文化景观展现了人类与自然和谐相处的生活方式，记录着丰富的历史文化信息，保存着民间传统文化精髓，是人类宝贵的文化遗产。乡村文化景观所蕴涵的自然和文化多样性是未来理想生活的活力源泉，具有重要的文化象征意义。鉴于乡村文化景观的性质和特征，倡导保护乡村文化景观，应当注重保护乡村赖以生存的田地、山林、川泽及其生态环境，保护村落的居住环

[17] 刘迪：《博物馆时空刍议》，载自《东南文化》，2009(1)，83页。

境，保护村落文化记忆，保持村落发展的基础和动力，实现自然和文化、物质和非物质、历史和现时的整体保护。鉴于乡村文化景观是长期历史发展过程中形成的，并仍然在继续发展和不断变化，倡导尊重乡村文化景观的演变特性，延续村落的文化脉络，维护现代社会文化多样性。村民是乡村文化景观的重要组成部分和保护的重要力量，重视村落发展诉求，维护乡村文化景观发展途径的多样性。

2009年11月，第二届"中国乡土建筑文化抢救与保护暨建德•新叶古村研讨会"召开，会议归纳出具有典型推广意义的《建德新叶共识》。《共识》强调，历史村落保护必须由政府引导、社会参与，把文化遗产保护和民生建设结合起来，在加强文化遗产保护的同时，注意做到自然、文化和社会三个生态环境的和谐。《共识》建议，地方各级政府发布的法制法规和乡规民约相互补充，逐步建立起以适应社区民众自主管理为基础，地方政府以政策配套为支持的历史村落保护法治环境。《共识》提醒，在保护物质文化遗产的同时，注重挖掘、继承和发扬非物质文化，积极探寻历史村落保护与经济社会和生态环境协调发展的模式。严格注意避免那种为了促进旅游而"创新"的伪文化、伪民俗、伪传统的渗透和玷污，避免唯利是图的商业文化对于地方固有物质和非物质历史文化遗产的侵害。会议认识到，历史村落保护是一项文化工程，应立足于历史文化的全方位沿承，而不能追求商业开发，对文化遗产造成破坏；历史村落保护也是一项系统工程，不仅要进行核心区的原物、原貌保护，而且要实行外围控制区的风貌保护以及更大范围地进行环境保护；历史村落保护还是一项民生工程，保护历史村落不能简单地对其进行封存，而要有活生生的耕读文化的延续，因此在保护工作中必须充分考虑社区民众的发展问题。

文化是一条流动的长河，处于永恒的变迁过程之中，所有历史积淀的传统都将经过今天的变化而形成新的传统，并成为明天变化的基础。从这个观点出发，任何"静态地"保护民族文化的愿望，都是不可能实现的，不可能将一个地区、一个民族的传统文化原封不动地全盘保护下来，特别是在全球化、现代化加速发展的今天更是如此。因此，只能对每一个民族的传统文化进行价值评估，重点选择那些在各民族的社会生活中仍然发挥着作用的"活态文化"；那些各民族自我推崇、自我评价较高的文化内容；那些对内能促进民族认同、增强民族自信心和自豪感的文化内容；那些对外能代表民族形象、促进民族发展的文化内容；那些有利于生物多样性保护、人与自然和谐相处的文化内容；那些有利于促进各民族经济、社会、文化、生态可持续发展的文化内容；那些有利于民族团结、社会稳定、国家统一的文化内容；那些有利于家庭、邻里、人际关系和睦的文化内容。还要特别关注特色鲜明、内涵丰富，但是在现代化进程中面临传承危机和容易消亡的少数民族文化，即将一个民族最核心的、最能体现其民族特征的、最符合时代要求的、最能实现人与人及人与社会、人与自然和谐相处和可持续发展的文化要素保护下来[18]。（待续）

本文摘自单霁翔著《从"馆舍天地"走向"大千世界"》第九章部分章节（天津大学出版社，2011年2月，第一版）

图12 隆里古城生态博物馆
图13 云南元阳生态博物馆
图14 云南元阳的生态博物馆陈列
图15 云南元阳的生态博物馆陈列与观众参与

[18] 郭家骥：《云南少数民族文化保护问题的若干理论思考》，载自《2006年中国昆明亚洲博物馆馆长和人类学家论坛文集》，224页。

图13

图14

图15

On the Cultural Meanings of "Native Chinese Architecture"

刍议“中国固有式建筑”的文化意义

殷力欣（Yin Lixin）*

提　要：时值辛亥革命100周年暨广州中山纪念堂建堂80周年，本文从分析孙文学说入手，指出孙中山先生对中西方文化的独特认识，由此探讨“中国固有式”建筑作品之产生及其与时代思潮的关系，评判其历史意义与文化价值。

关键词：孙文学说，西方文化体系，中国文化体系，中国固有式建筑，吕彦直

Abstract: To commemorate the 100th anniversary of Xinhai Revolution (Chinese Revolution) and the 80th anniversary of the founding of Sun Yat-sen Memorial Hall in Guangzhou, through analyzing the Sun Wen Theory, the author pointed out Sun's special cognition of Chinese and Western culture, thus discussed the relevance between Chinese Intrinsic Style Architecture (means Chinese modern architecture with Chinese traditional architectural style) and Zeitgeist, and argued the historical significance and cultural value of these architectural works.

Through comparative study of the Eastern and Western history and cultural development, the author indicated that ancient Chinese civil service system, the imperial examination system, censorship and concept of humanity based on Confucius' social ethics, which culture even though can't be certain of having practical influence on Western Separation of Powers and the formation of Sun's humanity concept "Liberty, Equality and Fraternity", at least can be stated that it has the power to exert influence on other civilizations(including European civilization circle). Through reviewing the governmental policy of Qing Dynasty, the author argued that Qing's coercion governing and thoughts imprisonment of its cultural policy rendered China to be deprived of immanent cultural tradition and up-and-coming national spirit, even not possible to apply western modern cultural concept to renew self culture. So the author proved the rationality of Sun's theory: "Destroy the Qing Dynasty, Resuscitate the Chinese Nation "– To learn western science and technology and recover national inherent cultural tradition is indispensable for China transforming from ancient civilization to modern civilization.

The author believed that since Lv Yanzhi designed Sun Yat-sen Mausoleum in Nanjing and Sun Yat-sen Memorial Hall in Guangzhou, Chinese Intrinsic Style Architecture school was formed. The success reason of these two architectures is because the designer's thought matched with Sun Wen Theory.

Though applying western architectural technology, this architectural school created the architectural works with Chinese cultural deposits. Those works were the recurrence of ethos in Xinhai era (1900-1926), which were called by Liang Sicheng, the architectural historian, "It's enough as the symbol of the beginning of national revival." They enhanced Chinese national confidence at that time. During the Anti-Japanese War, the construction of Nanyue Martyr Temple pushed this role to a new high.

During the second World War, Winston Churchill and Charles de Gaulle's radio appeal in London, the premiere Dmitri Shostakovich's Symphony No.7 during the Siege of Leningard and the construction of Nanyue Martyr Temple in China were the typical cases of culture spirit resisting tyranny in human history.

Keywords: Sun Wen theory; Western cultural system; Chinese cultural system; Chinese architectural style; Lv Yanzhi

*《中国建筑文化遗产》副总编辑

引言——社会思潮与建筑现象

时值辛亥革命100周年，又恰逢广州中山纪念堂建堂80周年，借此机会，笔者将辛亥革命时期的社会思潮与“中国固有式建筑”这一建筑流派的产生及社会影响等作简要的梳理和分析，以此表达对辛亥革命以及对孙中山先生的敬仰和纪念，并以建筑现象为分析途径，侧重探讨建筑与社会历史环境及思想史、文化史发展脉络的关系问题，重新认识那个时代的时代精神及其所留给后人的启示。（图1-1）

“以古为鉴，可以知兴替”，这是我们研习历史的目的。治学建筑历史，目的当然也不例外。建筑作为重要的艺术门类和社会文化载体，综合体现了特定时代的社会背景、科技水平和审美情趣，故其优秀之作往往代表着一个时代的社会思潮和民族心理，反映一个民族在特定时代的历史面貌与民族精神，进而成为一地区、一国家、乃至整个民族的永恒的文化象征。

以欧洲文明发展历程为例（限于篇幅，在此暂将欧洲各国视为一个整体作简单的概述），我们从历史文献上可以了解自古希腊、中世纪、文艺复兴、启蒙运动，直至近现代的发展脉络，而这个发展脉络，适有巴台农神殿、罗马万神殿、巴黎圣母院、罗马圣彼得大教堂、巴黎凯旋门，直至伦敦水晶宫、巴黎埃菲尔铁塔等伟大的建筑作品与之相对应，是与其他历史文献同样重要的史料。可以说，伟大的建筑与古希腊诸先哲著述、《新旧约全书》、《人权与公民权宣言》等文献，与欧洲科技史上的一系列伟大发现，共同构成了西洋古代文明向现代文明递变的宏伟画卷。以埃菲尔铁塔为例，它的建筑形式、建筑技术，尽管与以往有着巨大的差异，但我们仍能看到来自古代的传承，恰如近代学人朱谦之先生在《文化哲学》一书中所归纳的，是西洋“科学文化”体系发展到现代文明阶段的产物[1]。建筑虽然在形式上千变万化，但欧洲人内在的一种基于科学求证的文化精神，却是永恒不变的。（图1-2～1-9 古希腊建筑至埃菲尔铁塔）

而就中国历史而言，我们可以从《十三经注疏》、先秦诸子、《二十四史》等历史文献，从科技方面的四大发明，从楚辞至明清小说等文学作品中梳理出中华民族历时五千年的发展脉络，了解到一种在社会生活中以理性约束行为规范，时刻关注人与人、人与社会、人与自然的关系，处处闪耀着思辨光辉的民族文化特质。而在殷墟、秦汉长城、汉阙、隋安济桥、唐佛光寺、辽应县木塔、明清紫禁城与西苑、江南私园等建筑遗存中，我们可以更为直观地感受到以儒学入世精神为骨干，以道家尊重自然法则为必要补充，博采佛教精髓以面向未来的民族风貌，可称为古代中国“哲学文化”体系的产物。

对于近现代中国而言，辛亥革命如1789年的法国大革命一样，无疑是承前启后的划时代

图1-1 广州中山纪念堂落成典礼，1931年10月10日.资料来源——黄建德 提供
图1-2 象征西方科学文化体现的巴黎埃菲尔铁塔.资料来源——Katia Baudon 提供
图1-3 象征古代中国哲学文化体现的辽代应县木塔.资料来源——陈明达

[1] 朱谦之：《文化哲学》，北京，商务印书馆，1990。

图1-1

图1-2

图1-3

图1-4 广州旧时街景之二——20世纪30年代中山纪念堂周边环境.资料来源——广州中山纪念堂 提供
图1-5 广州旧时街景之一——殖民风建筑群.资料来源——殷力欣 藏
图1-6 广州中山纪念堂建筑群全景远眺.资料来源——殷力欣 摄

图1-4

图1-5

的历史事件，我们也可以找到与埃菲尔铁塔具有同样意义的建筑，即南京中山陵和广州中山纪念堂。因为，这两座标志着“中国固有式建筑”流派的产生的出自同一位建筑师之手的伟大建筑，具有着象征古代中华文明向现代文明演进的意义，是对五千年中华文明史的总结，同时开启了对中国文化未来路途的探索。

一、对辛亥革命和中山先生的一点再认识

（一）从张鸣《辛亥：摇晃的中国》谈起

近期以张鸣《辛亥：摇晃的中国》一书为代表，对辛亥革命的历史评价出现了些争议。张鸣先生以其对大量历史轶闻的采集，在这本书中大致展示了两方面的内容：一是从事推翻满清帝制的革命者中，有大量的平庸之辈、投机分子，孙中山、黄兴等麾下的革命军战斗力远不及北洋军战斗力强；二是满清统治集团在19世纪末20世纪初也实行了许多改良举措，甚至包括西方代议制的引进。由此张鸣作出这样的评判：“辛亥革命带给中国和中国人的，其实是持久的制度的困扰和变革的焦虑。”[2]

对此，笔者不作过多的反驳，只亮明自己的观点：这场社会变革，过去主要认知它实现了共和政体取代封建帝制的社会制度更替，现在，至少可以进一步思考它在重塑民族文化精神方面的种种努力。

笔者不否认张先生所陈述的诸多掌故的真实性，但这些史料（革命者阵营的鱼龙混杂、良莠不齐，满清政府的改良举措）并不足以贬低辛亥革命的必要性和历史功勋，也不能说明满清政府值得同情，却恰恰说明中山先生等革命先贤当时处境之举步维艰，愈加凸显了所取得的奠定现代中国共和政体的历史功勋之来之不易。

笔者更欣赏历史学家唐德刚先生的读史眼界：透过一连串负面的消极的现象，发见推动历史进程的动力——在民族危亡的时刻，“正因为我民族中也多的是黄兴一类的贤人烈士，才能抵制那些民族败类、文化渣滓、昏君独夫、党棍官僚、土豪劣绅和市侩文痞，而使我民族文化绵延五千年而未至于绝代也。”[3]

谈到辛亥革命，谈到同盟会及其代表人物中山先生、克强先生，他们的伟大之处，在于他们克服了众所周知的艰难以及张鸣先生所提醒我们的，统领“鱼龙混杂”的革命内部阵营的艰难，还有一点是必须同时注意到的，是中山先生的言行在“重新建构现代中国文化体系”方面所具有的重要意义。

对于中山先生，我们过去强调他的革命实践，现在看来，他的思想实际上是与那些实际工作同等重要的，理应成为近代中国思想宝库不容忽视的组成部分。可能有人会说：既然中山先生是先行者，就说明他的时代已经过去，我们现在的所思所想，也当然早已超越了他。这里，笔者想强调一点：对于真理的认识和探索，是一个漫长复杂的过程，不一定后人的认识强于前人。恩格斯也指出：“……世界不是一成不变的事物的集合体，而是过程的集合体……如果人们在研究工作中始终从这个观点出发，那么关于最终解决和永恒真理的要求就永远不会提出……”[4]也就是说，恩格斯尚且不把自己的学说当作终极真理，那么，我们为什么一定认为我们现阶段的观念就一定很正确呢？我们何妨以一种更为宽容的心态去重新审

[2] 张鸣：《辛亥：摇晃的中国》，桂林，广西师范大学出版社，2011。
[3] 唐德刚：《袁氏当国》，43～44页，桂林，广西师范大学出版社，2004。
[4] 恩格斯：《路德维希·费尔巴哈和德国古典哲学的终结》，见《马克思恩格斯选集》，中文版，第四卷，239～240页，北京，中共中央马克思恩格斯列宁斯大林著作编译局编，1972。

视以往的曾经被忽略的言论对人类进步事业的贡献呢?

（二）对中山先生思想体系的几点再认识

过去，我们在充分肯定中山先生的历史功绩的同时，也指出了他的思想的局限。但是，我们还应看到，他的思想中更有许多深刻的超前的思考，特别是他对中国本体文化认识之深刻与广博，不仅仅超出了同时代人的认识水平，甚至是我们当代人也尚未充分领略到的。

1. 孙中山先生对中华古文明的评价

晚清以降，由于中国综合国力的衰弱，面对列强在政治军事方面的节节败退，很多人（包括相当数量的爱国志士、知识分子等）都开始对中国文化传统本身产生了怀疑，认为西方文化无处不优于我们。孙中山的过人之处，在于他清醒地认识到中国现实社会的种种弊端，同时以其敏锐的观察和深刻的思考，对中国文化传统作出了不同常人的基本判断——中华民族确实是一个有着灿烂的文明成果的值得爱的民族，所达到的文明程度之高，至今难以企及。

请看孙中山早年的《国家富强之大计——上清文华殿大学士李鸿章书》（1894年）[5]:

“窃尝深维欧洲富强之本，不尽在于船坚炮利、垒固兵强，而在于人能尽其才，地能尽其力，物能尽其用，货能畅其流——此四事，富强之大经、治国之大本也……自古教养之道莫备于中华，惜日久废弛，庠序仅存其名而已。泰西诸邦崛起近世，深得三代之遗风，庠序学校遍布国中，人无贵贱皆奋于学。”

此处的“庠序”，意指教育事业的发展和人们的知书达理，即社会整体的文明程度。由此，中山先生为后人留下了这样一个命题——人的（全民族全社会的）文明程度是关系到一个民族能否走向昌盛的重要因素——“泰西诸邦崛起近世，深得三代之遗风”。也就是说，西方之所以在近代得到大幅度的发展，是因为他们的文明程度提高到了可以与上古中国文明程度相媲美的程度。

在这段话中，中山先生谈到国富民强的根本，侧重谈教育问题，而客观上透露出来的信息是他对中国古代文明的认识和赞赏。将近现代西方文明比拟为中国上古三代，甚至将西方近现代文明发展的成功归结于他们的文明程度达到了中国古代的文明程度，可以说是他的独具慧眼，是他对中国文化传统的高度认同。同时，他也痛惜于世界各个主要的文明圈的此消彼长：西方文明进步了，而我们自己却落伍

[5] 孙中山：《辛亥革命前重要论文》，11页，广州，广东人民出版社，2007。

图1-6

了。

这里，我再摘抄孙中山《三民主义》一书中的一段话：

中国从前的忠孝仁爱信义种种的道德，固然是驾乎外国人，说到和平的道德，更是驾乎外国。这种特别好的道德，便是我们的民族精神。我们以后对于这种精神，不但是要保存，并且要发扬光大，然后我们民族的地位才可以恢复[6]。

这句话，表现了他对本国文化传统的强烈的自信，认为中国文化传统从本质上是优于西方文化的。

中山先生抓住了一个关键问题：中国的国民性究竟是否“闭关自守”？

他在《中国问题的真解决——向美国人民的呼吁》（1904年）中写道：

“西方人中有一种普遍的误会，以为中国人本性上是闭关自守的民族，不愿意与外界的人有所往来，只是在武力压迫之下才在沿海开放了几个对外贸易的口岸。这种误会的主要原因，是由于对中国的历史缺乏了解。历史可以提供充分的证据，从远古到清朝的建立，中国人一直与邻国保有密切的关系，对于外国商人与教士从没有恶意歧视。西安府的景教碑提供我们一个绝妙的记录，说明早在公元7世纪外国传教士在当地人民间所进行的传播福音的工作。再者，佛教乃汉朝皇帝传入中国的，人民以很大的热情欢迎这个新宗教，此后他便日渐繁盛，现在已成为中国的三大主要宗教中的一种。不仅教士，而且商人也被许可在帝国内部自由地纵横游历。甚至晚至明朝时，中国人中还没有丝毫排外精神的迹象，当时的大学士徐光启，其本人皈依了天主教，而他的密友、即在北京传教的耶稣会教士利玛窦，深得人民的尊重。……随着满清王朝的建立，政策便逐渐改变……”[7]

其实，不仅仅是西方人，国人由于久历满清奴役，也已不清楚我们曾经拥有的国民性，自认为我们一向保守愚昧，对自身传统丧失自信。殊不知我们的文化传统不仅仅不落后于他人，而且有足以指导未来并影响他国的优势。

中山先生对中国古代曾经达到的文明程度的基本判断，我们从西方文化的发展历程上，也可以得到证明。众所周知：欧洲现代文明的基本要素，一个是政治制度的“三权分立”学说，一个是“自由、平等、博爱”的人文理念，大致形成在十八九世纪。有些欧美学者（目前还是少数派）认为这些观念有着来自中国的影响。在欧洲18世纪的启蒙运动中，以弗朗索瓦·魁奈（Francois Quesnay ,1694—1774年，曾被尊为欧洲的孔夫子）为代表的法国重农学派等，尤其对中国古代文化做了大量的介绍、研究和赞扬，其中关于中国古代科举制、吏治、礼制的介绍，对西方近现代政治学、平等、公平竞争等人文理念的形成，起到了非常重要的作用，甚至可能是关键性的作用。只不过，由于人类的健忘，也由于19世纪以来西方思想界、学术界一直坚持“西方文化中心论”的观点，使得中国对欧洲的影响（也可以说是对世界文明发展进程的贡献）至今还处于争议之中。

我个人相信：随着历史学界的研究进展，中国古文化中科举制度（即“文官选拔制度”）等对西方的影响，将会得到进一步的证明。换一个角度看，西方学术界至今尚未完全承认来自中国的影响，其中一个争议的焦点问题是：魁奈等当年对中国的论述，是客观真实的论述，还是主观臆想的成分居多。目前西方学者多数人所持的观点是，魁奈等表面上是说中国，而他们表述的中国其实是自己想象中的中国，本质上还是来自于古希腊的文化影响。对此，如果我们可以证明魁奈所叙述的确实是中国的真实情况，就可以肯定西方近现代政治学说和“自由、平等、博爱”观念确实是有中国文化的成分。我们现将魁奈的《中华帝国的专制制度》[8]等著作与中国古代典籍、历史记载以及人类学考察工作相印证，大致可以说，魁奈对中国的论述，对古代中国典章制度等文献的谙熟程度，至少有80%的成分是真实可信的。退一步说，至少在理论上，迟至18世纪，中国古代文明的若干要素，仍然具备着影响西方文明进程的实力。

中山先生又于1923年在《中国革命史》中写到：“余之谋中国革命，其所持主义，有因袭吾国固有之思想，有规抚欧洲之学说事迹者，有吾所独见而所创获者。”[9]而这里提到的

[6] 中国社科院近代史所：《孙中山全集》，第9卷，北京，中华书局，1981—1986。
[7] 孙中山：《辛亥革命前重要论文》，83页，广州，广东人民出版社，2007。
[8] 弗朗索瓦·魁奈：《中华帝国的专制制度》，北京，商务印书馆，1992。
[9] 中国社科院近代史所：《孙中山全集》，第7卷，北京，中华书局，1981—1986。

图2-1

图2-2

图2-3

图2-1 1912年孙中山为临时大总统府题写匾额.资料来源——南京中山陵管理局 提供
图2-2 1912年孙中山等赴明孝陵谒陵.资料来源——南京中山陵管理局 提供
图2-3 孙中山全集书影-中华书局2006年版

“吾国古有之思想”，集中体现于《礼记·礼运》中所记载的孔子对理想社会的描绘：

大道之行也，天下为公，选贤举能，讲信修睦，故人不独亲其亲，不独子其子，使老有所终，壮有所用，少有所长，鳏寡孤独废疾者皆有所养。[10]

中山先生曾多次撷取这段文字中的“天下为公”四字书写成条幅分赠友人，以此励志，也以此将西方政治学说作了本土化的表述，更暗含了对中国先民在伦理规范、道德理想方面的首肯。

由以上简述，结合中山先生其他言行，大致可以归纳出他所理解的真正的中国文化传统，至少具备四个要素：

①中国在远古时期曾达到了非常高的文明程度，是一个勤奋的、具有积极进取精神的、重视社会教化的心态平和的民族；

②中国古代即形成了“天下为公”的人类理想，历时上千年，中国先哲形成并恪守着严格而富于人文关怀色彩的社会伦理规范（儒学道统），同时，从中国古代哲学的学理上看，古代中国是充分尊重个人的信仰自由，与西方近现代文明有殊途同归之处；

③中国自古以来即是一个开放的，愿意与外界交往、与各国和睦相处，积极接纳外来文化影响的民族；

④中国文化在社会伦理道德和发展远景上均优于西方文化。

现在看来，建立在对本民族文化传统强烈自信基础上的这个“孙文学说”，肯定存在着若干偏颇、谬误和未达之处。但是，环顾当今全球的发展态势，各国有识之士已经认识到东方文化确实有其可以弥补西方的独到之处。至少上述第三、第四两条，是我们至今许多人所没有认识清楚、值得深思的。

2. 关于“驱除鞑虏”

回顾领导辛亥革命的孙中山先生以及同盟会主要成员的一些言论，有一点在今天看来似乎是过于偏颇的，即那些排满言论。譬如邹容《革命军》一书中，就有“诛绝五百万有奇披毛戴角之满洲种”等过激言论[11]；《中国同盟会革命方略》中“驱除鞑虏”的措辞，似乎也带有歧视之嫌。笔者认为：这些过激言论，只是非常时期的一个阶段性的策略，结合实际的行为，一旦推翻封建帝制之后，革命党人对满族还是放在平等的地位的。如之后的1906年一次演说中，孙中山明确表示：“假如我们实行革命的时候，那满洲人不来阻害我们，则决无寻仇之理”[12]。

简单地说：从1644年满清立国起，268年间，虽然有所谓的“康乾盛世”，但诸如“文字狱”、“闭关排外”等倒行逆施，是直接导致中国国力羸弱、民族精神沦丧的缘由。从根本上讲，这个民族正是在满清的高压统治下，失去了赖以生存五千年的优秀传统，失去了思想的活力，从而丧失了实现民族文化自我更新

[10]《十三经注疏》，1414页，北京，中华书局，1980。
[11] 周永林：《邹容文集》，重庆，重庆出版社，1983。
[12]《民报》，第10号，1906年12月。

[13] 孙中山：《革命方略》，广州，广东人民出版社，2007。

的可能。

就史实来说，正是由于1840年之后，清政府一次一次地拒绝实质性的改良图新，使得孙中山等不得不重新审视清朝的历史，由此发现了清政府不可能使中国走向复兴。

3. 孙文学说在中国思想史上的贡献

纵观孙中山一生的社会活动和著述，他留给后人这样一个命题：

为解决中国乃至世界的问题，中国既要学习近现代西方建立在科学的基础上的民主自由观念，又要充分认识到科学并不能解决一切问题，而中国古代哲学、伦理学所暗含的人生智慧，正是解决复杂的社会现象的必要途径。

以他提出的“五权宪法”为例。西方来自狄德罗、洛克等的“三权分立”说，通常被认为是非常科学的政治理论，而孙中山在此基础上又加上了两项显然来自中国传统的权利：“通过考试选任官吏”和“对官吏进行监督”。这似乎是多余的，不够科学，应合并在“行政权”范畴之内。但是，就现在各国形势而言，强调这两条，则是极富有远见的。社会毕竟不是机械，必须有所侧重。就目前世界各地的执政现状来看，侧重强调“考试权”和“监察权”，不失为铲除社会弊端的有效途径。

有关于中山先生的远见卓识，这里，不妨再例举一个似乎是枝节的事例——他对保护文化遗产的态度。

孙中山《革命方略》中有他起草的一则《保护公共建筑古迹名胜告示》，文中说：“公共建筑、古迹名胜均为地方公益之物，或系人民信仰所关，理宜保护，以重公德。”[13]与此相比，我们目前的文物保护法规，主要强调“历史、科学、艺术”三大价值，而中山先生的着眼点，却是尊重个人的信仰自由和社会功德。中山先生本人是基督徒，但能以真挚的情感呼吁保护文庙、佛寺、道观，乃至地方性极强的妈祖庙、娘娘庙、土地山神庙等，正是一个真正的中国知识分子应有的胸襟。孙之接纳基督教，正如历史上苏轼等接受佛教一样，

图3-1

丝毫不妨碍其中国人的文化身份。中山先生以个人的实际行动，在平衡个人信誉与维持公共道德秩序方面，为后人做出了表率。

对待文化遗产，我们强调“三大价值”的着眼点是世俗化的，而孙中山强调“系人民信仰所关，理宜保护，以重公德”，则着眼于社会教化功能，体现了对人的尊重，应该说眼界更高远，心胸更宽广。就我们目前的文化遗产保护工作而言，也是值得思考的：如果我们能使文化遗产保护工作与文化教育、文化启蒙融为一体，当今这一领域的许多问题是可以得到更好的解决的。

回顾1840年至今的中国发展历程，我个人认为：接受西方近现代文明成果，与继承、发扬本民族文化传统，是关系到未来发展的关键。对于前者，似乎更广泛地被大家认可，对于后者，中山先生的认识程度之高，迄今仍属鲜见，故尤其值得我们思考。

二、清末民初广东地区建筑面貌所折射出的社会现实

上述对中国1840年以来的社会状况和中山先生思想的简述，大致勾画了中国在近代所面临的困境和思变的时代要求。今以同期广东地区的建筑现象作简单佐证。广东的广州、澳门、香港等地，是中国近现代最早接触西方外来势力的地区之一，之后的历次社会变革，基本上都处在前沿。可以说，广东地区（含港澳）的近现代史，可视为中国近现代变化的缩影。表现在建筑现象上，我们可以例举澳门大三巴、广州十三夷馆、沙面殖民风建筑、岭南传统民居等。限于篇幅，这里选取具有三个代表性的实例。

（一）虎门要塞炮台建筑遗存[1]（图3—1～3）

从清康熙年间起，至鸦片战争前，广东海防以廉州、虎门、长洲、潮州和琼州等五个要塞为基点，构筑了大量的海防工事——炮台，仅扼守珠江口的虎门要塞，就达13处，至今犹存威远炮台、沙角炮台等遗迹，其中以威远炮台位（始称南山威远月台）最为著名。它始建于清康熙五十六年（1717年），位于珠江东岸南山山脚，西向与江心洲之横挡岛炮台互为犄角，素称“金锁铜关”。其平面呈半月形，全长360米，外围墙体高6.2米，宽6.8米，基本以花岗岩条石垒砌；外墙向内，环套两重护墙，形成三重攻防体系。全炮台有券顶之暗炮位40个，各高2.9米，宽4.2米，深6.8米。沿台面另有4个露天炮位，每个炮位两边各设储蓄室一间。暗炮洞后，以2米宽的露天炮巷沟通，炮巷之后即第二重护墙，墙体设有射击孔。炮台第三重内围之后，有官厅1座、神庙3间、兵房12间和药局1座。

仅以此地地势之险要，建构之坚固而言，考虑到在1840前后的英军战舰实际火力强度，当时的英军并无获胜把握。然而，据史料记载，中国守军相继于1841年、1842年和1856年三度被英军击败。

可以想见，尽管那一时期中国综合国力确实羸弱，英军确实船坚炮利，但影响战局的恐怕是人的因素远远大于物质条件。威远炮台之

图3-2

图3-3

图3-1 虎门威远炮台厚近7米的外垣.资料来源——殷力欣 摄
图3-2 威远炮台三重防御体系鸟瞰.资料来源——殷力欣 摄
图3-3 虎门威远炮台三重防御体系局部.资料来源——殷力欣 摄

[14] 刘琼林：《珠江口沿岸炮台建筑研究》，华南理工大学硕士学位论文，2000。

图3-4

图3-5

图3-6

坚固与战事的惨败，正说明了中国需要的不仅仅是技术的改变，更需要社会制度的改变、民族精神的复兴。

（二）翠亨村民居及孙中山故居（图3-4~3-5）

原香山县翠亨村，在鸦片战争后，基本上继续保持着岭南常见的民居建筑风格，其建筑功能上，从1840年之前到1911年民国初创，基本上没有太多的改变。其中的孙中山故居为此村落之特例：二进院落的建筑格局不变，但于1892年春由孙中山亲自设计，在主体建筑的二层青砖楼正门处扩建出由七个古罗马拱形门组成的二层门廊，而侧面外观仍保持旧貌，形成了一个中西合璧的样式。这个外观形式的局部性质的改变，有建筑审美趣味的时代变化，但更主要的原因，在于适应新的社会功能的需求。这是早期革命党人的很初级的尝试，而且应该说，是并不成功的尝试。

（三）广州石室教堂（图3-6）

此建筑建于第二次鸦片战争之后，因整体用花岗岩石砌造，世称“石室”，正式的名称为“广州圣心大教堂”。清咸丰十一年(1861年)，法国政府与清政府订立条约：“法国人至通商各口地方其所租地自行建造礼拜堂、学房……”据此，因原两广总督署部堂在战争中被英法联军夷为平地，法国遂租此地兴建教堂。它于1863年奠基，1878年落成。该教堂建筑坐北向南，东西宽35米，南北深78.79米，地面到塔尖高58.5米，面积2754平方米，为中国乃至东亚地区现存的最大的石构哥特式建筑。建造期间，法国教会专门聘请两位法国建筑师，仿巴黎圣克洛蒂尔德大教堂进行了设计，法皇拿破仑三世曾分期拨50万金法郎。建教堂的石料从新安(现宝安县)牛头角、茶果山等处采运而来。据史料记载，仅开采石料就长达7年。

这座建筑是中国乃至东亚地区规模最大的哥特式教堂，其设计水平、施工质量以及装饰细节之精美都很引人注目，是晚清西式建筑的经典之作。

值得注意的是，那两位外国建筑师中途回国，余下的工程由一名叫蔡孝的本土石匠负责监造，全部的西式建筑雕饰也均由中国工匠完成，其工艺水平之高，不亚于法国本土工匠。

图4-1

图3-4 翠亨村孙中山故居旧影.资料来源——广州中山纪念堂 提供
图3-5 翠亨村孙中山故居侧影.资料来源——刘锦标 摄
图3-6 广州石室教堂，1888年，高近58米.资料来源——陈鹤 摄
图4-1 南京中山陵吕彦直设计效果图.资料来源——黄建德 提供

上述三个实例所能反映的社会现实是：就实用的建筑工程而言，以虎门海防工事为代表，说明中国的失利并不完全在于技术水平或工程质量；令人深思的是："临海而建的厚近7米的石墙，不可谓不坚固，为什么抵挡不住虽说强大但并不具备绝对优势的英国战舰？"

而石室教堂的建筑虽称得上精美，却是法国16世纪之前的建筑样式，既不能代表当今世界的风尚，更不能说明建造地的人们的生活习惯和审美趣味。通常说衡量建筑的价值，是"坚固、适用、美观"三原则，至少在"适用"方面，教堂建筑未必适用于大多数中国民众的文化生活。

而就在建造石室教堂的同时，孙中山的故乡香山县的普通民居依旧延续着数百年前的格局，仅以中山先生的个人行为，昭示着图变而尚未寻求到图变的正确途径。

从广东地区1840年以来建筑风格的演变看：广东地区较早接触到西方文明，也较早体会到满清的昏聩和腐败，国势羸弱、民生艰难，泱泱大国已沦落到任人欺凌的地步，也说明了旧体制的积弊难返，不进行彻底的革命，就无法实现民族自救。

在这样一个社会环境中，诞生出孙中山等这样通晓中西文化、对再造中国有切身的迫切要求的革命志士，似乎就是顺理成章的了。

三、"中国固有式建筑"的出现

（一）"中国固有式建筑"流派产生的内在因素

从目前所知的近现代建筑遗存看，其主体建筑结构技术为西方舶来品，而局部有中国元素的建筑实例，早在1894年就出现了（上海圣约翰大学怀思堂），而中国建筑师主动思考应用新的建筑材料、建筑技术，创作新的中国民族风格的建筑，正式产生"中国固有式建筑"

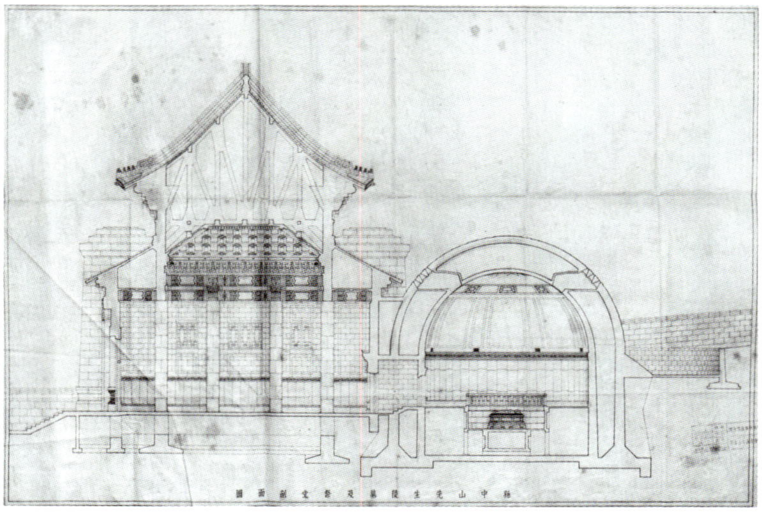
图4-2

图4-3

图4-4

流派[15]，则以吕彦直设计南京中山陵和广州中山纪念堂为标志。比较早期“有中国元素的建筑”对比民国后出现的“中国固有式建筑”，从本质上说，前者的建筑功能服务于西方的文化观念，后者是主动性的立志创造新的建筑以弘扬中国文化精神[16]（图4-1～4-6）。

故南京中山陵落成后不久，杰出的建筑学家梁思成先生曾评价说：“故中山陵墓虽西式成分较重，然实为近代国人设计以古代式样（指中国古代建筑式样——笔者注）应用于新建筑之矫矢，适足以象征我民族复兴之始也。”[17] 值得注意的是，这个现象出现在民国创立之后，而之前的建筑，则基本上分别徘徊在纯粹的中国旧建筑与纯粹的西洋舶来品两个极端。

1911年武昌首义至1937年抗战爆发之前，这26年间，是中国近现代上极为动荡也充满了希望的年代，也是中山先生竭尽全力实现生平抱负的年代。表现在建筑上，恰恰是由于清政府的覆灭，反而使得人们有了对建筑形式民族化的要求。通俗一点说，清政府的一些改良举措（包括曾国藩、李鸿章等倡导的“洋务运动”），所要达到的目的，仅限于“活下去”的基本要求，而孙中山之创立民国，使得我们不仅仅要“活下去”，更激发了“以中国的方式活下去”的愿望。

中山先生于1925年在北京病逝。也就是在他逝世前，首先由在华的西方建筑师率先采用中国元素，而他逝世后不久，即在建筑界正式产生了“中国固有式建筑”这一开创时代也饱受争议的建筑流派。也正是由于中山先生逝世前之誓师北伐，直接促成了统一的国民政府的形成，建筑界有了在新式建筑中表现中国固有文化精神的可能；而中山先生的逝世，又催生了建筑师试图通过建筑形式，理解孙文学说、表现孙文学说的愿望。

或者说，中山先生的逝世，客观上成为一个历史机遇：孙文学说关于复兴的中国可以为世界树立一个比欧美发达国家更为理想的社会模式的思想，借此机遇而逐渐被一些知识分子所理解、所接受。当孙中山谋求中国文化复兴的理想成为社会思潮之际，“中国固有式建筑”流派应运而生。

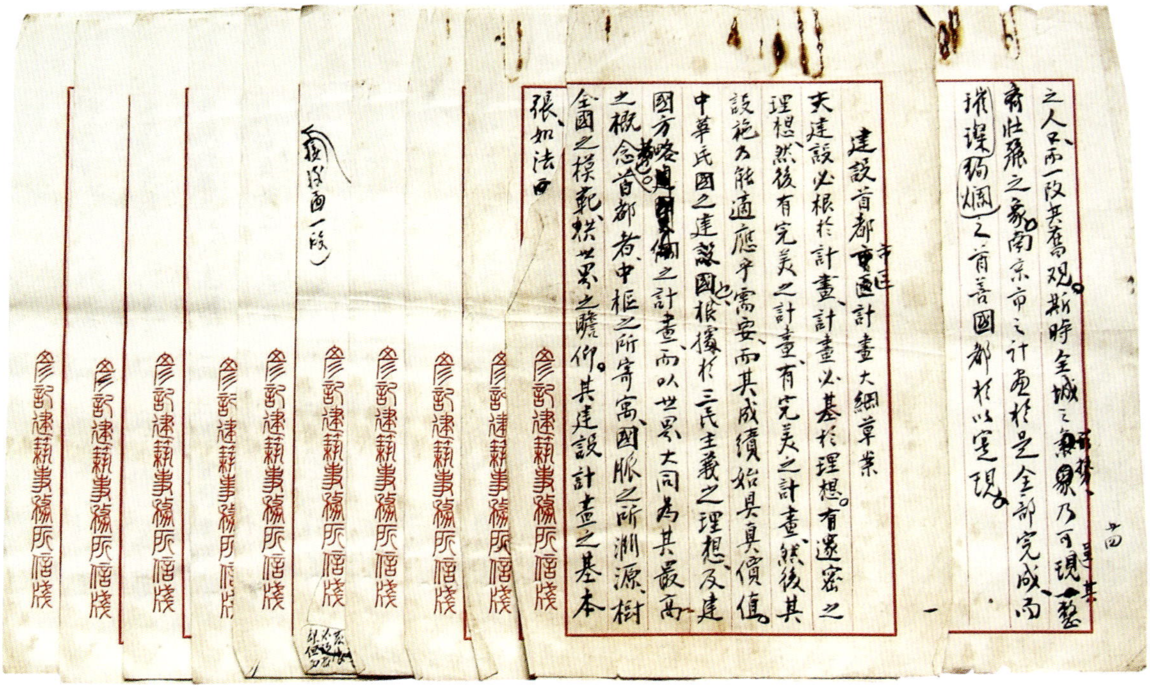

图4-5

图4-2 南京中山陵祭堂剖面(原图).资料来源——南京城建档案馆 提供
图4-3 南京中山陵自陵门平视碑亭.资料来源——刘锦标 摄
图4-4 南京中山陵祭堂近景.资料来源——南京中山陵管理局 提供
图4-5 吕彦直手稿.资料来源——黄建德 提供

（二）吕彦直设计南京中山陵与广州中山堂成功的根本因素

1. 从创作意图上看，吕彦直的思想与孙文学说形成契合

曾有人质疑中国在20世纪初设计建造南京中山陵与广州中山纪念堂，是重蹈以往神化个人的覆辙。其实不然，恰恰是这两组宏伟的纪念建筑，完成了传统纪念建筑的私人空间向现代纪念建筑的公共空间的递变。而吕彦直的成功，一方面由于其才华和勤奋，更主要的原因在于他的设计理念最为契合中山先生的理想。

吕彦直先生曾撰文指出：

……今者国体更新，治理异于昔时，其应用之公共建筑，为吾民建设精神之主要的表示，必当采取中国特有之建筑式，加以详密之研究，以艺术思想设图案，用科学原理行构造，然后中国之建筑，乃可作进步之发展……[18]

在现代文明阶段，“慎终追远”的纪念性建筑活动并未终止，但被赋予新的文化意义。纪念性建筑的突出神性的主色调，逐渐被社会思潮的理性倾向和伟人们的平民化倾向所取代。这种理性的平民化的纪念建筑，在世界建筑史上，似可以法国巴黎市的先贤祠和美国华盛顿市的林肯纪念堂为代表。

相比于巴黎先贤祠与林肯纪念堂，我认为，南京中山陵在建筑功能上更接近巴黎先贤祠，广州中山纪念堂则可类比林肯纪念堂而有所超越。就现在掌握的资料显示，中山陵建筑群其实是一个未完成的工程，而在当初，设计者吕彦直与国民政府首都规划委员会，在1929年前后已计划将以这个工程为起点，扩展为更为庞大的国家公园。按照那个计划，中山陵是国家公园的核心，围绕着这个核心，还将建造一系列烈士先贤陵墓、图书馆和大学，目前实现了奉安纪念馆、音乐台（杨廷宝设计）、光化亭（刘敦桢设计）、正气亭（传为蒋介石自选墓址，杨廷宝设计）、革命历史图书馆、藏经楼（今之南京孙中山纪念馆，卢树森设计）、中山书院（原赵深设计之中山文化教育馆旧址）、国民革命阵亡军士公墓、中山植物园、紫金山天文台等项目，而中山大学、国家先贤祠等，并没有实现。仅以实现的部分看，中山陵的立意，不是纪念孙中山个人，而是纪念这个时代的所有烈士先贤，并由此扩展为文化教育中心。以其据核心位置的狭义中山陵而言，突出的被纪念者的思想，而不是以往帝王陵的神性。

这里应提到一个细节，原国民政府首都建设委员会1929年10月编印的《首都建设》一

[15] 这一建筑流派，先后有“中国古典复兴式”、“中国式”、“中国古式”和“中国固有式”等四种称谓。赖德霖：《中国近代建筑史研究》，北京，清华大学出版社，2007。
[16] 杨秉德：《中国近代中西建筑文化交融史》，武汉，湖北教育出版社，2003。
[17] 梁思成：《梁思成全集》，第四卷，215页，北京，中国建筑工业出版社，2001。
[18] 广州市文史研究馆：《羊城风华录：历代中外名人笔下的广州》，197页，广州，花城出版社，2006年。

图4-6

图4-6 南京中山陵1929年竣工旧影.资料来源——殷力欣 藏
图5-1 武冈中山堂全景.资料来源——武冈市文物局 提供
图5-2 武冈中山堂中山堂横剖面图.资料来源——武冈市文物局 提供
图5-3 云南富源中山礼堂.资料来源——殷力欣 摄

书，收录吕彦直《规划首都都市区图案大纲草案》，而笔者近期发现了原文手稿，题为《建设首都市区图案大纲草案》（未刊手稿，黄建德收藏），文中内容大致与出版物相同，但细节上有一项措辞的差异——正式出版物上使用“党国”的地方，原稿上一律写作“国家”。可以想见，这个变化应是应编辑的要求更改的，但无疑原稿的措辞更合作者的本意。从编辑的立场看，当时强调孙中山所制定的分“军政、训政、宪政”三个阶段的政策，改国家为党国，也未可厚非，但吕彦直使用“国家”，其本意是超越了党派的界限，以全国全民族为着眼点，无疑更接近中山先生的长远理想。

而在广州中山纪念堂方面，这个纪念建筑更主要的功能，其实是公共建筑的功能。“以伟大之建筑，作永久之纪念”，而纪念的最好的方式，是让这个纪念殿堂成为公众集会的场所，甚至是大众娱乐的场所。我以为，这也深合被纪念者的理想与意愿。这个公共集会、大众娱乐的场所，可以说是学习西方民主精神的产物，也可以说是中国古代“民为上，社稷次之，君为轻”传统的伟大复归。

2. 从设计水平和建造质量上看，这两组建筑初步实现了以西方先进的技术营造中国式文化氛围、以建筑振奋民心的创作意图

这一点，尤其可以广州中山纪念堂为例。中山陵的成功，主要在于将古代帝王陵（以唐代乾陵为代表）的形制作平民化的变通，并在把握建筑物与自然环境方面有极其适度的掌控。而广州中山纪念堂则是在满足现代建筑大跨度室内空间需求的基础上，追求中国式体形轮廓的尝试。其观众厅覆盖八角形攒尖屋顶，四面四座卷棚歇山式抱厦，正面和两侧为出入口门廊，后座做舞台，使得室内空间的功能完善与外观艺术造型的民族化得到了非常完美的协调、整合。

这是把中国传统宫殿式建筑同大会堂的形制相结合，创造集中式大体量的中国式建筑的创新之作。其聚心式建筑平面布局，创作灵感可能来自北京天坛、孔庙辟雍和罗马万神殿等；能够不依靠柱网而实现大跨度室内空间，则得益于现代建筑材料——优质钢材的使用，也得益于当时自西方舶来的先进的钢桁架建筑技术。

广州中山纪念堂在当时即获得各界的好评，如著名学者、吕彦直的校友胡适之就曾评价道：“中山纪念堂是亡友吕彦直先生设计的，图案简单而雄浑，为彦直生平最成功的建筑……我们看了黄花岗，再看吕彦直设计的中山纪念堂，可以知道这二十年中国的新建筑之大进步了。”[19]

曾参与1949年之后的中山纪念堂修缮工作的著名建筑师林克明先生作如是评说：“纪念堂的设计是在大体量的会堂建筑中，运用民族形式的一个大胆尝试。整个建筑构思、形象和细部处理虽是模仿宫殿式，却有不少革新精

[19]广州市文史研究馆：《羊城风华录：历代中外名人笔下的广州》，第197页，广州，花城出版社，2006年。
[20] 林克明：《广州中山纪念堂》，载《建筑学报》，1982（3），第41页。

神；运用稳重的构图，和谐的色调和精致的装修细部，表达出一种庄严气氛……广州中山纪念堂是一座宫殿式巨型建筑，是我国民族风格与外国近代建筑技术相结合的产物，是一座富有历史纪念价值的纪念物。”[20]

3. 对于吕彦直现象的思考

如上所述，吕彦直先生设计的南京中山陵与广州中山纪念堂，开创了“中国固有式”建筑流派，而这一流派是“民族文化复兴的象征”，毋庸讳言，也有其时代的局限。

例如，从建筑样式的选择上，基本局限于明清宫殿样式，而没有注意到中国传统建筑中，还有宋代唐代的样式，还有多姿多彩的民居建筑样式。这是因为，吕彦直从事创作的时代，中国营造学社对传统建筑的考察，也才刚刚起步，还没有达到文化普及的程度。

我们拿吕彦直等与意大利文艺复兴之初的布鲁奈列斯奇作一比较。

欧洲文艺复兴时期建筑之超越前代，得益于布鲁奈列斯奇等对古希腊、古罗马建筑遗存的考察和研究。相比布鲁奈列斯奇对古希腊古罗马建筑的了解，中国建筑师在了解前代建筑遗产方面，面临的问题远为复杂。布氏等个人性质的探索，在中国则需要中国营造学社这样的团队耗时几代人去完成。或者说，布氏一个人的工作，需要从事创作的吕彦直与从事研究的梁思成去合力完成。也正是因为中国情况的复杂，我们更有理由期待在吕彦直、梁思成之后，有更大的突破，有更伟大的建筑问世。

另外，这个建筑流派创始之初，主要应用于纪念建筑、会堂建筑等大型建筑项目上，尚未涉及到中小型的民用建筑。这也是其被后代指责耗资过大的缘由。不过，按照不同的需要，有些建筑项目可以是节俭的，有些则必须不惜财力物力。比如国家级的纪念建筑、公共建筑，其所起到的社会影响力，远不是经济利益所能衡量的。这两座建筑在振奋民族精神方面所发挥出的实际作用、所具有的持久的影响力，远非经济造价所能估量。

四、“中国固有式建筑”思潮对后世的影响

近期有青年学者邓庆坦先生谈论中国近现代建筑史，提出这样一个看法：在抗日战争期

图5-1

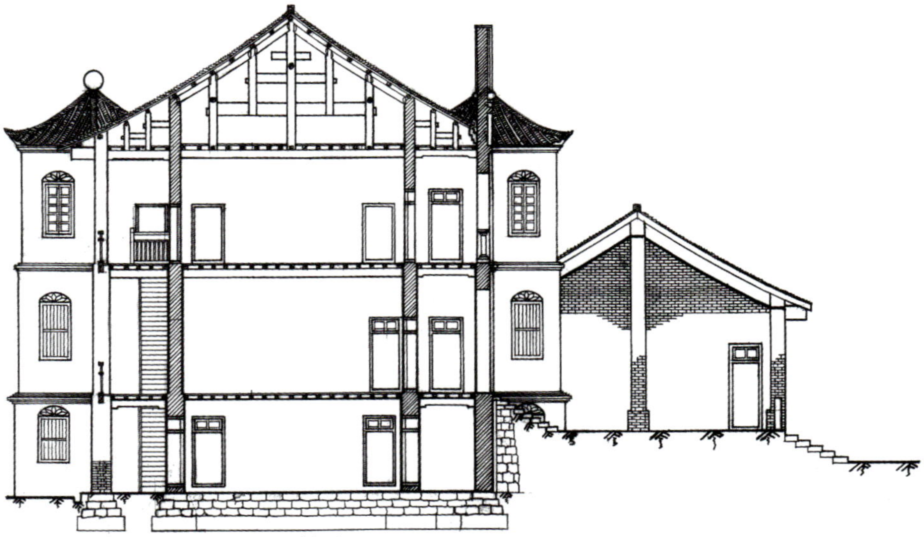

图5-2

图5-3

图5-4

间，中国固有式建筑作为一个建筑流派，因耗资巨大等原因，被崇尚简洁实用的现代主义建筑所取代[21]。但是，根据笔者近年来的实地考察，似乎事实却恰恰相反——抗战时期虽然建筑业几近瘫痪，但在极端困难的情况下所完成的不多的建筑项目中，具有“中国固有式纪念建筑”特色的建筑作品占据了相当的份额，而且各具特色，堪称上乘之作。兹举三例如下：

①湖南武冈中山堂，于1941年3月动工，1943年7月建成，是1939年迁居武冈法相岩的中央陆军军官学校第二分校（习称“武冈分校”）的主要建筑。它的特殊性是，根据其中等的建筑规模和物质条件，采用寻常的砖木混合结构，屋顶部分沿用传统的穿逗屋架做法，是借鉴中国传统民居的结构方法创造当代建筑的尝试（图5-1～图5-2）。

②云南富源中山礼堂，于1943年7月7日抗战爆发6周年纪念日奠基，1945年3月3日竣工。设计建造者按照云南地方性建筑特色，采用古代木构建筑中“抬梁式”和“穿逗式”相结合的技术形式，其继承传统而又因地制宜、富于变化的设计手法，特别是在室内功能划分上，借鉴希腊神庙的平面布置，突破了传统建筑的室内格局（图5-3）。

这两处建筑，均是兼顾纪念性与实用性的中小型公共建筑，按其实际需要，选择传统建筑样式和工程做法而力求节俭，同样起到了弘扬民族精神的艺术效果，丰富了前期“中国固有式建筑”的设计手法，更使得这一流派的设计手法、理念等有了一定程度的发展——选择舍弃华丽的宫廷式建筑而借鉴民间做法，同样可以将民族文化内涵蕴涵其中。

③这一时期最突出的作品是直接受南京中山陵影响的建筑巨制——湖南衡山南岳忠烈祠（图5-4）。此建筑群于1940年9月10日动工，1943年7月7日举行落成典礼，主体中轴线建筑占地23 400平方米，由山门、“七七”纪念碑（图5-5）、纪念堂、致敬碑亭、享堂等组成建筑组群，为目前两岸四地最大的抗日阵亡将士纪念地，“中国固有式建筑”在抗战期间的杰出代表。它于抗战最艰苦的时期兴建，建筑上承袭“因山起陵”的中国陵墓建筑传统，单体建筑采用传统的宫殿式建筑风格，建筑结构、材料和建造技术则大量应用西方建筑技术，取得庄严肃穆、大气磅礴的艺术效果，素有“小中山陵”之美誉。必须强调一点：按原设计方案，环绕主体建筑有周边的大型公墓组群（图5-6），其整体建筑规模甚至是大于中山陵的。

就目前笔者所掌握的资料看，战时各国对待阵亡官兵及死难平民的丧葬问题，基本上是就地掩埋，战后再事迁葬。如中国战区这样不待战争结束即行隆重安葬，并建造起南岳忠烈祠这样的大型建筑群以志纪念，是十分罕见的。笔者以为，有一种文化取向上的抉择，促

[21] 邓庆坦，邓庆尧：《1937—1949：不应被遗忘的现代建筑历史——抗日战争爆发后的现代建筑思潮》，载《建筑师》，2006（2），85～92页。

图5-5

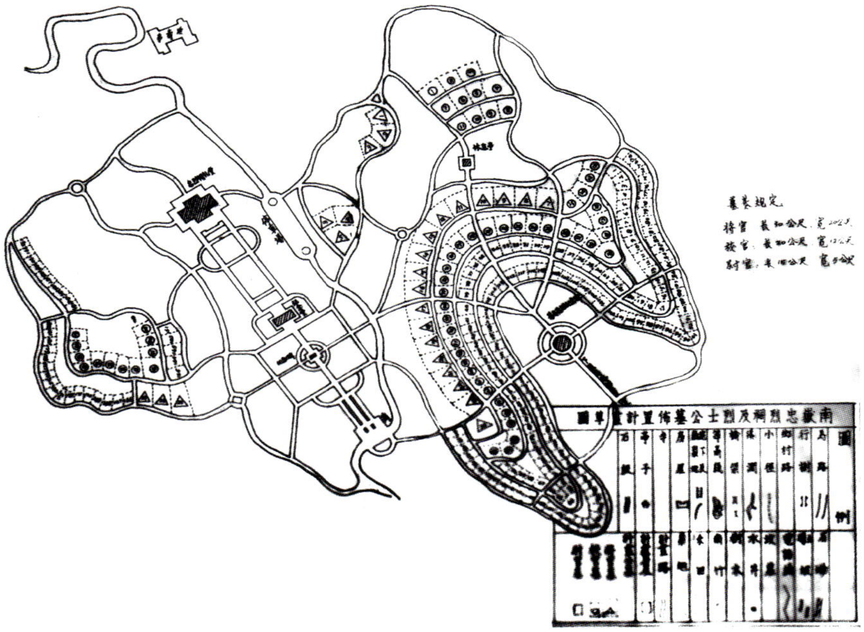

图5-6

使决策者和建造者采取了这一耗资巨大且风险异常的非常之举。

上文提到吕彦直“为吾民建设精神之主要的表示，必当采取中国特有之建筑式”的观点，而在同文中，吕彦直又谈及在南京中心位置建造先贤祠的设想，可知在吕彦直心目中，民族烈士先贤纪念地与开国元勋纪念地的地位至少是同等重要的。南岳忠烈祠作为祭奠全民族殉国忠烈的总神位，无疑具有国家先贤祠的性质，是当时国家最重要的建筑投资之一，部分实现了吕彦直等的遗愿，可视为将旧中国建造为现代民主中国的战时建筑行动之一。

从中国建筑发展史的角度看，南岳忠烈祠以建筑的形式宣告：战争不仅仅是兵戎相见，更是文化精神的较量。“中国固有式建筑”自诞生之日起，即有“耗资过大”的非议，而这组建筑在人力、物力均陷入极端困窘的战时兴建，却得到了各界（包括贫民阶层）毫无保留的全力支持，说明在中国由封建帝国向现代文明国家演变的过程中，民众依然需要一种固有文化传统的延续，民众希望对日战争在战场上的胜利，同时也是中国文化的胜利。这一建筑行动在精神层面的意义，远远高于人力、物力和时间上的牺牲。

从近现代文化价值取向看，这组建筑在表象上是强化“慎终追远”的传统丧葬习俗，但这个强化过程，是将帝王陵的建筑规制普及到为国捐躯的普通士兵，则在现代社会的背景下，将中国儒学所确立的“礼义廉耻”等人文准则根植于现代中国民众之中。

五、结语——为了中国文化传统的伟大复兴

1940年6月18日，戴高乐将军在英国伦敦发表广播讲话，其中一句很耐人寻味：“来自同样的因素（导致了我们的战事失利的那个因素），也终有一天将为我们赢得胜利（Les mêmes moyens qui nous ont vaincus peuvent faire venir un jour la victoire）。”笔者认为，这句话的深层意义在于：法国人作为战败的一方，并不因战败而采用一时得逞的纳粹德国的方式以暴易暴，而是绝不动摇其以《人权与公民权宣言》（“Déclaration des Droits de l’homme et du citoyen”）为基本内核的现代人文理念，坚信“天赋人权”不因战事的失利而丧失，坚信文明的力量终将涤荡野蛮暴行所招致的重重阴云。

而在日军的炮火下，当中国军民决计以我们民族自己的新的建筑形式建造一个安葬死难战士、追念民族忠魂的伟大建筑的时刻，我们这个民族就注定是不可战胜的！而由此上溯1929—1931年，当我们以伟大的建筑——南京中山陵与广州中山纪念堂——永久铭记中山先生的历史功勋和宏伟理想的时候，中国文化走向复兴的步伐，就已经注定是不可阻挡的了！

据作者2011年5月11日广州中山纪念堂学术讲座稿缩写

图5-4 南岳忠烈祠全景.资料来源——殷力欣 摄
图5-5 南岳忠烈祠全民抗战纪念碑.资料来源——刘锦标 摄
图5-6 南岳忠烈祠布置计划图.资料来源——南岳文物管理所 提供

The Practice and Prospect of Tianjin Historical Buildings' Protection

天津市历史风貌建筑保护实践与前瞻

路红（Lu Hong）*

提　要：天津是我国北方近代最早、最大的沿海开放城市和国家级历史文化名城，拥有一大批珍贵的历史文化遗产，其中依据《天津市历史风貌建筑保护条例》确认的746幢、114万平方米的历史风貌建筑，更是历史文化遗产中的奇葩。本文将建筑历史学的理论探讨与作者的社会实践相结合，阐释了天津现存建筑文化遗产所具有的社会文化价值。

关键词：历史风貌建筑，文化遗产保护法规，文化遗产保护实践

Tianjin is the first and the biggest open coastal city in modern times, north China. Owning a great amount of valuable historical and cultural heritage, it is included in National-Level Historical and Cultural Cities. According to the Regulations on the Protection of Historical Buildings in Tianjin (which will be briefed as Regulations), there are 746 historical buildings covering 1,140,000 m^2 which are all wonderful works of historical and cultural heritage. The requirements to be historical building are listed as follows: to be built more than 50 years ago; to have architectural artistic features and scientific value in architecture style, structure, construction and engineering technique; to reflect the local historical, culture and folk traditions with characteristics of the times and regions; to have exotic architecture style and feature; to be the masterpieces of famous architects; to have special monumental value in revolution history; to represent the structure of certain buildings of workshops, stores, factories and warehouses; to be the residences of celebrities and any other buildings with special historical value.

The historical buildings in Tianjin include Chinese traditional rectangular courtyards (Fig.1 The Courtyard of Shi Family), temples (Fig.2 Dule Temple), western classical buildings (Fig.3 HSBC Bank), modern buildings (Fig.4 Bohai Building), and eclectic style buildings (Fig.5 Pimple House). Crossing more than 1,000 years, covering different areas, they have formed unique architecture culture and urban landscape which records the evolution of Tianjin and the change of the culture. They are valuable history books and essential carriers of Tianjin, for which to be one of the national-level historical and cultural cities.

All previous government members and the public in Tianjin attach great importance to the protection of these historical buildings. In Sep. 1st, 2005, Tianjin the Regulations to legislate and standardize the protection process. In the next 5 years, according to the guidance that "conservation has the priority; exploitation should be reasonable; restoration should be as before; safe and suitability should be applied", Tianjin has taken a series of effective measures to protect the historical buildings in a comprehensive way. To protect and utilize the historical buildings, five major systems have been built: law system, management system, technique system, finance system and propaganda system. Plenty of achievements have been reached; however, lessons are unavoidable, which shows that some systems need to be further improved. To do a better job in protecting the historical buildings, the practice of protecting the historical buildings will be reviewed and introspected in the following passages, to initiate the public to pay more attention and greater efforts to the protection of historical and cultural heritage.

* 天津市历史风貌建筑保护专家咨询委员会主任

天津是我国北方近代最早、最大的沿海开放城市和国家级历史文化名城，拥有一大批珍贵的历史文化遗产，其中依据《天津市历史风貌建筑保护条例》（以下简称“《条例》”）确认的746幢、114万平方米的历史风貌建筑，更是历史文化遗产中的奇葩。历史风貌建筑是指“建成五十年以上，在建筑样式、结构、施工工艺和工程技术具有建筑艺术特色和科学价值；反映本市历史文化和民俗传统特点，具有时代特色和地域特色；具有异国建筑风格特点；著名建筑师的代表作品；在革命发展史上具有特殊纪念意义；在产业发展史上具有代表性的作坊、商铺、厂房和仓库；名人故居及其他具有特殊历史意义的建筑”[1]。天津的历史风貌建筑既有中国传统风格的四合院（图1）、寺院（图2），又有西方古典（图3）、现代（图4）、折中风格（图5）的建筑。它们跨越了一千多年的历史，涵盖了多个领域，形成了独特的建筑文化和城市景观，记录了天津历史发展和人文更迭，是不可多得的活化的历史教科书，也是天津作为国家级历史文化名城的重要载体。

天津历届领导和群众均高度重视对这些历史风貌建筑的保护。2005年9月1日，天津市人大颁布实施了《条例》，使保护工作走上了法制化、规范化的轨道。五年来，按照“保护优先，合理利用，修旧如故，安全适用”的指导思想，天津市采取一系列有效措施，全方位对历史风貌建筑实施保护。建立了保护利用的五大体系，即法规体系、管理体系、技术体系、资金体系和宣传体系，成果丰硕，但教训也很多，有些体系还亟待进一步完善。为更好地做好保护工作，下面仅就历史风貌建筑保护的实践进行回顾、反思和前瞻性的思考，以期抛砖引玉，引发全社会对历史文化遗产的关注和更大力度的保护。

[1] 天津市人大常委会：《天津市历史风貌建筑保护条例》，1页，2005年9月1日起颁布实施。

图1 石家大院

图2 独乐寺

图3 汇丰银行

图4 渤海大楼

图5 疙瘩楼

一、保护法规体系的实践与前瞻

作为天津地方性法规，《条例》依据国家相关法律，结合天津的实际，适用性强、可操作性强，是保护工作的根本。其中在专家委员会、整理机构的设立及职责、历史风貌建筑保护图则、对公有产权历史风貌建筑的腾迁等方面均在实践中取得了很好的效果。天津市历史风貌保护管理部门根据《条例》规定，经过深入调查研究，制定了《历史风貌建筑和历史风貌建筑区确定程序》、《历史风貌建筑使用管理办法》、《历史风貌建筑保护腾迁管理办法》等一系列规范性文件，完善了历史风貌建筑保护的法规政策体系。同时，成立了专门执法队伍，建立起市、区两级历史风貌建筑保护监管网络，建立了执法档案和日常巡查制度，确保全市历史风貌建筑每月巡查一次，重点地区、重点建筑每周巡查一次，做到巡查率100%。主要查处擅自拆改、违规装修以及其他各种影响历史风貌建筑保护的行为。五年来，共查处违法违规案件40多件，起到了极大的警示作用。同时对全市历史风貌建筑的2 000多个产权人、经营管理人、使用人进行走访，逐户签订《历史风貌建筑保护责任书》，明确了各方面的权利、责任和义务，强化各责任人的保护意识，有效遏制了各类历史风貌建筑违法行为的发生。

在实践中，感到在保护责任、保护范围等方面还需进一步完善。如目前历史风貌建筑的产权多元化，但对于除公产之外其他产权人及使用人的保护责任，尚没有严格细化的要求，与国际上成熟的保护法规还有一定的距离。历史文化遗产保护工作是一个涉及面广、影响深远的系统工程，国家和地方的立法还应更加完善。天津今年将制定完善《历史文化名城和历史风貌建筑保护条例》，从立法上保障历史文化遗产的全面保护。同时将进一步制定配套的规范性文件，形成更加完善的法规体系。

二、保护管理体系的实践与前瞻

五年来，依据《条例》，天津市建立了完整的保护管理体系：成立了领导决策机构——由市长任主任，主管副市长任副主任，各相关局、区政府主要领导为成员的天津市历史风貌建筑保护委员会；管理机构——历史风貌建筑办公室(设在国土房管局)负责日常行政管理工作；技术决策机构——历史风貌建筑保护专家咨询委员会，其成员由全国范围（包括香港特区）内的规划、建筑、文史、社会、经济、法律等方面的专家学者组成，为保护工作提供了强大的智力支持；整理机构——政府指定的历史风貌建筑整理有限责任公司等国有企业，专门负责历史风貌建筑腾迁、整理。

由于天津很多历史风貌建筑同时也是各级文物保护单位，且位于历史文化街区，因此保护工作涉及市规划局、市文物局、市国土房管局等三个职能部门。为加强对历史文化名城、文物保护单位和历史风貌建筑的整体保护，三局逐步建立了协作共管的保护新机制，既提高了办事效率，又很好地落实了各部门的职能。

同时天津市在历史风貌建筑保护利用实践过程中逐步探索出一条“政府主导、专家咨询、公众参与”的保护模式。“政府主导”是指管理部门按照《条例》的要求，在保护规划、设计方案、项目施工等各个环节上进行全程的严格审批与督导，确保保护工作依法、科学进行；“专家咨询”贯穿于保护利用的全过程，即管理部门聘请专家全程参与历史风貌建筑保护规划和方案的论证评审，参与历史风貌建筑的确认，参与保护项目的施工监督、验收，参与科研项目等，给保护工作提供强大的智力支撑。“公众参与”则是邀请公众代表参与历史风貌建筑保护工作，如参与保护项目的论证会议、方案审批、施工监督等环节，在网站上设立公众信箱，在媒体上公示保护名录等，使我市的保护利用项目能够为更多的市民所了解和参与。五年来，无论是历史风貌建筑的确认，还是修缮方案的制定，包括对违法行为的举报，各单位企业、专家学者、人民群众都积极参与，涌现了很多感人的事迹和经验。

在实践中，仍感到现有管理与监督工作的长效性、制度性和针对性不强。如历史风貌建筑保护具有很特殊的专业背景，管理机制中除了专家的咨询作用外，还应建立长效的技术官员制度，就像法国的国家建筑师制度，由经过培训的技术专家来执行法规。今后我们还将建立长效的公众参与机制，既让公众积极参与保护过程，又让公众监督保护过程，加大保护工作的透明度。

三、保护技术体系的实践与前瞻

五年来，天津市从三方面构建了保护技术体系。一是基础信息体系——建立了历史风貌建筑地理信息系统，为各项保护工作提供了操作平台；编制了《天津市历史风貌建筑保护图则》，为每幢历史风貌建筑“量身定做”了保护整修、使用的技术指南；对每幢历史风貌建筑查体，建立了安全档案。二是整修标准体系——编制了《天津市历史风貌建筑保护修缮技术规程》，为历史风貌建筑保护提供了技术依据，填补了我市技术领域的空白。三是科研体系——与国内外科研院所、大专院校合作，针对保护难题进行科研攻关。在消防与历史风貌建筑保护、结构防震体系与历史风貌建筑保护、历史风貌建筑的风格鉴别、历史风貌建筑中人文历史史料的挖掘等方面作了一系列、共计20项课题研究，并较好地将各项科研成果转化于保护实践之中。其中，国家科技部“十一五”重点课题1项，天津市科委重点课题5项，并有两项成果获得天津市科技进步奖。

但在历史风貌建筑保护技术标准、传统工艺、保护材料、技术人才培养等方面，与国际先进经验相比还有很大的差距。如目前有了修缮标准，但设计、监理、施工等方面还是套用国家新建建筑标准，对历史风貌建筑的修复不适用。对历史风貌建筑的修缮而言，保护是第一位的，不能在修缮过程中加剧破坏，因此施工过程中保护措施的标准一定要严格。又如天津的历史风貌建筑有很多特殊的材料：琉缸砖、砂缸砖、手制青红砖等，现在制作这些材料的原料、工艺都很难再现，为今后这类建筑的修缮带来难度。又如很多传统的修缮、装饰工艺中断了几十年，目前传统工匠非常少，我们虽然较早开展对传统工艺的收集和整理，但远未形成体系。今后我们将做四项工作，加强技术体系的完善：一是建立完善的技术标准，对整修过程的行为、适用的技术等进行规范，确保建筑的安全修缮；二是建立传统材料生产基地，复制生产传统材料；三是建立传统工艺资料库，收集老工匠的传统工艺的操作资料，邀请国内外的传统工艺传人来天津传授技艺；四是建立传统技术人才基地，在高职学院——天津国土资源和房屋职业学院设立历史风貌建筑修缮专业，逐渐充实人才队伍。

四、保护理念的实践与前瞻

历史风貌建筑作为历史文化遗产的重要组成部分，既有其文化遗产共性，也有其建筑物的特性，尤其是正在使用中的历史风貌建筑，还承担着重要的生活功能。因此五年来，我们广泛学习和吸收国内外经验，坚持“保护优先，合理利用。修旧如故，安全适用”的原则和理念，形成了有天津特色的“整理”方法。

历史风貌建筑的整理一般经历以下四个步骤：①建筑评估——主要有现场测绘、价值评估、居民调查、构件登记、人文历史资料挖掘整理等内容；②腾迁——按照《条例》的要求，对公产房中的租赁居民或使用单位实施腾迁，妥善安置，对其他产别用户，则采取协商、置换等方式；③建筑整修——按照“修旧如故，安全适用”的原则进行整修，主要有结构加固、建筑复原、功能提升等内容；④利用——整修后的建筑均按照城市规划的要求利用，并要求其按照《条例》的要求，提供向社会展示的场所和内容。

按照上述步骤，天津整理了一批历史风貌建筑。如对历史形成的伙住历史风貌建筑溥仪旧居——静园的腾迁整修就是成功的范例。静园建于1921年，1927—1931年，末代皇帝溥仪在此居住4年多时间，其后该建筑几经易主，至2005年腾迁前共有45户居民，院内搭建违章建筑600平方米，房屋损坏严重，环境脏乱（图6）。45户居民在腾迁中得到经济补偿或房屋的妥善安置，改善了居住环境。通过查找历史资料和详细的建筑测绘、价值评估和复原整修，静园恢复了溥仪生活时的建筑外貌和布局（图7），作为国家三A级旅游景区和爱国主义教育基地对外开放，已累计接待中外游客近50万人次，成为展示天津近代历史的一个重要窗口。庆王府为清末大太监张祥斋建造、末代庆亲王载振生活了二十多年的重要历史风貌建筑和市级文物保护单位。2010年原使用单位搬出后，市政府组织了全面整修。通过现状查勘和价值评估，确定了整修方案，保留了原有的建筑布局、建筑构件和基本元素，对结构和防水层严重损坏的地下室、屋顶等进行了加固和防水处理，对污染严重的外墙进行了先进的物理脱污处理，对几经修改的建筑门窗进行脱漆、修补，恢复了原状。整修后的庆王府将复原展示原庆亲王的生活布局，供群众参观体验（图8～11）。原大清邮政津局、原金城银行、原东方汇理银行（图12）、原俄国领事馆、孙传芳旧宅、安里甘教堂（图13）等一大批在天津近代史上具有重要地位的著名历史风貌建筑也遵循上述原则和理念进行了复原整修。一宫花园历史文化街区经过政府和产权单位的投资，有64幢历史风貌建筑得到了复原整修与合理利用。其中，整修后的新意街酒吧餐饮区成为市民休闲娱乐和品读城市历史的重要历史街区；利用历史风貌建筑设置的曹禺旧居（图14）、梁启超纪念馆（图15）、电力博物馆等文化设施，吸引了大量海内外慕名而来的游客，成为著名的人文历史地标。

但在实践中，我们比较注重建筑本体保

图6 静园整修前

图7 静园整修后

护，与世界文化遗产相融合等方面还有很大的差距。如天津历史风貌建筑中有70%是1900—1937年建成的，可以说是中国近代“西风东渐”的最好佐证，尤其是打上了辛亥革命的强烈烙印，是极具代表性的20世纪历史文化遗产。但在这方面，还远未进行深入研究。作为中国近代历史上的一次伟大的资产阶级民主革命，辛亥革命无论在政治、文化、社会各方面均具有深远的历史意义。天津是当时民国政府要员的政治活动后台，民国初期北洋政府的五位总统、二十几位总理、多位部长级要员，还有十几个省的督军，都在天津置办产业，他们在北京执政，回天津密谋，你方唱罢我登场，上演了一场场活剧。而近代中国蓬勃发展的教育事业也在天津起航，如中国第一所大学——北洋大学、私立中学——南开中学等。这些均可以和历史风貌建筑相结合，形成独特的历史文化遗产。

今后我们还将引进和消化更多的先进理念，尤其要按照国际上通用的历史文化遗产保护原则和理念，结合天津的实际，在历史风貌建筑的环境保护、建筑本体保护、建筑历史文化内涵的保护上做更多的努力，确保历史风貌建筑的真实性、安全性和历史文化传承性。2011年恰逢辛亥革命一百周年纪念，我们将重点组织对近现代历史风貌建筑的历史文化遗产价值的研究。

五、保护资金体系的实践与前瞻

在历史风貌建筑保护资金的投入上，天津采取了政府、企业、个人共同参与的机制。以政府投入资金为主，政府资金以两种方式投入：一是以财政资金直接投入历史文化街区环境整修和历史风貌建筑保护，如1999—2007年，政府投入6亿元人民币，整修著名的历史文化街区五大道的环境；二是由政府投资成立的企业，通过市场融资，进行历史风貌建筑和街区的保护，如市政府投资组建的历史风貌建筑整理公司，从2005年开始陆续融资12亿元人民币，对历史风貌建筑进行有效保护，天津海河发展有限责任公司对一宫花园历史文化街区的修缮和保护。也有其他企业、单位和个人投资修缮的，但比例较少，如市邮政公司投资整修

图8 庆王府主楼外檐（整修后）

图9 庆王府中庭整修前

图10 庆王府中庭整修后

图11 庆王府庭院整修后

图12 原东方汇理银行

图13 安里甘教堂

图14 曹禺旧居

图15 梁启超纪念馆

的邮政博物馆，天津天主教爱国会整修的原犹太教堂，重庆道的私产住宅的自我修缮。

历史风貌建筑的保护需要大量资金的支持，政府的投入是必须的，但也是远远不够的，同时也不能期待历史风貌建筑能够在短时间内就有巨大的经济回报，所以应该对保护资金进行更有效、更可持续的筹集。今后我们将在融资上创新模式，也将通过冠名权等方式鼓励企业和个人在历史风貌建筑的保护中投入更多的资金。

六、宣传交流的实践与前瞻

我们十分注重保护工作的宣传交流，在全社会不断营造出浓厚的保护氛围，形成保护合力。一是注重宣传：5年来，管理部门和整理部门累计在各大主流媒体刊发各类报道500多篇条；出版《天津历史风貌建筑》系列丛书，采取图文并茂和中英文对照的形式，对我市历史风貌建筑的人文背景和建筑特色进行了详细解读，成为集可读性、观赏性、史料性于一体的资料；同时管理工作者和专家深入校园社区，进行历史风貌建筑保护的讲座，使众多中小学生对身边宝贵的历史风貌建筑有了更深入的了解，树立起了尊重历史、珍爱遗产的意识。二是加强交流：2007年11月、2010年9月先后组织召开了两届“历史风貌建筑保护与可持续发展国际论坛”，来自法国、意大利、美国、德国以及我国香港、台湾与国内相关省市的代表参加了会议。论坛提倡的“历史风貌建筑可持续发展”理念对我市历史风貌建筑的保护利用工作产生了巨大而深远的影响。通过全方位、多渠道的大众性知识普及，历史风貌建筑在全社会的关注度和认知度不断提高，公众的保护意识持续增强，各界的保护氛围也日渐浓厚，逐步形成一股强大的保护合力。

历史风貌建筑保护是全社会的事情，从保护的过程到保护的成果，均要得到全社会的支持，最终也要惠及全社会。所以，坚持不懈地宣传历史风貌建筑及其保护理念，是我们做好工作的重要前提。今后将进一步加强宣传和交流，尤其加强对大中小学生的宣传，他们是未来的保护者，历史文化遗产的保护需要代代薪火相传。

随着经济社会的发展和进步，人们对历史文化遗产的保护要求会越来越高。天津的实践尚待进一步总结经验，调整方向。我们将认真学习，不断吸收先进的理念和技术，要进一步发挥政府、专家、企业和民间等多方力量，做好历史风貌建筑的保护利用，守住天津历史文化的根。

Chinese Traditional Garden and Philosophy

中国古典园林与传统哲理

孟兆祯（Meng Zhaozhen）*

提　要：中国古典园林以现实主义和浪漫主义创作方法相结合的自然山水园著称于世，讲究“景以境出”、“情景交融”和“寓教于景”。这是由于中国园林艺术植根于中国几千年的历史和绚丽多彩的传统文化。中华民族在特定的自然和历史条件下创造了田园诗、山水画和自然山水园，它们在中华民族的文化体系中一脉相传，派生分衍，彼此间有着千丝万缕的关系，共同接受了古代哲理的影响。中国古典园林追求的境界和评议标准是“虽由人作，宛自天开”、“天人合一”。园林艺术理论作为中国传统文化体系的一脉，园林中“情”、“意”的由来和源远流长的中国古代哲理、美学思想或典故息息相关。而以景象反映哲学观点和传统思想，是中国园林区别于他国园林的主要特征之一。本文论述了反映在山水和地形地貌景观、风景园林建筑、园林植物布置方面的传统哲理和隐喻。探索中国园林艺术和传统哲理之间的微妙关系，不仅有助于深化认识和欣赏中国园林，更对于深入研究园林景观中“形”与“神”之间关系、继承和发展中华民族文化传统，以至创造具有中国特色和时代内容的新园林有重要的现实意义。

Abstract: Chinese Traditional Garden is famous for its natural landscape style which combines realistic and romantic gardening techniques. It emphasizes “images derived from artistic conception”, “integrating images with emotion”, and “implying educational function in landscape”. The art of Chinese Garden has its root in thousands of years of history and splendid traditional culture. Chinese created rural poetry, landscape painting and natural landscape style garden under specific natural and historic conditions. Those three are different expressional forms of the same cultural system, influenced by traditional philosophic principles, and have various relation between each other.

The spiritual realm that Chinese Traditional Garden pursues is “harmony between human and nature”, and the criterion is “it looks natural though it is artificial”. The theory on art of garden is a part of Chinese traditional culture, and the “emotion” and “intention” expressed in gardens is related to Chinese philosophy, aesthetic thoughts and classical allusion. More important, expressing philosophic concepts and traditional thoughts through landscape images is one of the key characters which distinguish Chinese Garden from other Gardens.

This paper demonstrates traditional philosophy and metaphor meanings behind the landscape structure, topography, architectural arrangement and planting of Chinese Garden. Research on the subtle relationship between the art of Chinese Garden and traditional philosophy is not only useful to understand and appreciate Chinese Garden, but also signally important to grasp the relationship between “form” and “spirit”, succeed and develop Chinese cultural tradition, in order to create new garden style with Chinese characters and contemporary contents.

* 北京林业大学教授，中国工程院院士

图1

图1 佚名《热河行宫全图》

中国古典园林以现实主义和浪漫主义创作方法相结合的自然山水园著称于世，讲究“景以境出”、“情景交融”和“寓教于景”。这是由于中国园林艺术植根于中国几千年历史和绚丽多彩的传统文化。因此园林艺术的理论是整个中国传统文化体系的一脉，园林中“情”、“意”的由来和源远流长的中国古代哲理息息相关。而以景象反映哲学观点和传统思想，是中国园林区别于他国园林的主要特征之一。探索中国园林艺术和传统哲理之间的微妙关系，不仅有助于深化认识和欣赏中国园林，更对于深入研究园林景观中“形”与“神”之间关系、继承和发展中华民族文化传统，以至创造具有中国特色和时代内容的新园林有重要的现实意义。在这方面着手研究和发表论文的专家、学者已不乏其人。现不顾浅陋，从四个方面略述如下。

一、中国古典园林追求的境界和评议标准是“虽由人作，宛自天开”、“天人合一”

我国园林界都熟知和赞同计成在《园冶》中总结的八个字：“虽由人作，宛自天开”，认为这是中国园林艺术的总纲领，也是我国园林创作者所追求的境界和用以评议、衡量园林艺术的标准。而这一至要的园林艺术总则正是“天人合一”哲学观点在园林创作的反映。

天与人的关系，是中国哲学领域古老的命题，它反映了中国古代哲学思想的发展和深化。在几千年的争论中形成两种观点：即天人相合与天人相分或天人相调。

前者认为自然现象与人事和社会现象相冥合。战国阴阳学派邹衍将天意与人事现象直接联系起来。认为“凡帝王之将兴也，天必先见祥乎下民”（《吕氏春秋·应同》引《邹子》文）；汉代武帝时期，董仲舒发动了一场造神运动，将天上的神权与人间的皇权联系起来，提出：“事应顺于民，民应顺于天，天人之际，合而为一”（《春秋繁露·深察名号》），他认为社会人事的变动之前总要有某些自然现象的出现，“臣谨按，《春秋》之中，视前世已行之理。以观天人相与之际，甚可畏也”（《汉书·董仲舒传》）。他把历史上的政治事件和自然现象联系在一起。天人关系中另一种观点则认为，天人相分或天人相调。这种观点主要是把天看成自然规律。较早提出这一论点的是管子，他在解释五行说时强调“人与天调，然后天地之美生”（《管子·五行》），主张人应顺应自然规律。战国时期发展为对天道、地道、人道的探讨，概括为“三才说”，所谓“立天之道，曰阴曰阳；立地之道，曰柔曰刚；立人之道，曰仁曰义。兼三才两之，故易六画而成卦”（《易·说卦》）。荀子发挥了这一学说，他主张“明天人之分”（《荀子·天论》）。他认为自然规律和人的职能应区分开来，“天能生物，不能辨物，地能载人，不能治人”（《荀子·礼论》）。他把此三者联系起来，指出“天有其时，地有其财，人有其治”（《荀子·天论》）；强调“制天命而用之”和“应时而使之”（同上）。至唐代，柳宗元提出天人不相预，认为“生植与灾荒，皆天也，法制与悖乱，皆人也，二之而已。其事各不相预”（柳宗元《答刘禹锡〈天论〉书》）。刘禹锡发展了天人学说，认为天与人“交相胜，还相用”，既相互排斥，又互相作用，主张“能执人理，与天交胜，用天之利，立人之纪”（《天下论》），这里已包含有把天与人视为辩证统一的关系。

第一个从哲学思维上给“天人合一”以全面解释的是宋代唯物主义哲学家张载，在其所著《正蒙·乾称》中说：“儒者因明致诚，固诚致明，故天人合一，致学而可以成圣，得天而未始遗人。”这里他是把人正确认识客观规律称之为“天人合一”，是上述刘禹锡《天论》对天人辩证关系认识的进一步发展。

中国哲学史上这一命题对中国古代园林发展有重大影响。从园林史角度探讨天人关系，视天为上帝、神仙，人为帝王。中国古代园林滥觞于周文王之灵圃，中有灵沼、灵台等，既是诸侯游猎之所，也是祭天之地，与帝王封禅之意相同。天与人通、奉天承运的宗旨，加上帝王都有企图长生不老的求仙思想，反映在帝王宫室园圃中，追求的是天人合一。如秦始皇“筑咸阳宫，因北陵营殿，端门四达，以则紫宫，象帝居。渭水贯都，以象天汉；横桥南渡，以法牵牛”（《三辅黄图·咸阳故城》）；汉武帝筑昆明池“中有二石人，立牵牛、织女于池之东西，以象天河”（《三辅黄图·池沼》转引《关辅古语》）。特别是战国末期方士们宣扬海外仙山，秦始皇开始在园林中仿造仙山琼阁以后，“一池三山”便成为中国造园的模式，这都是“天人合一”哲学思想对园林的影响。

而从园林艺术角度探讨天人关系，天为自然，人为人工。中国古代造园，既是自然的再现，又是园林诸要素(山水、植物、建筑等)的重新组合，因此追求的是天然之趣与人工之美的巧妙结合。在造园中“大都自然胜者，穷于点缀。人工极者，损其天趣。故野逸之于浓丽，往往不能相兼”(袁中道《游太和记》)，故明末造园家计成提出：“虽由人作，宛自天开”也是一种“天人合一”的哲学思想在园林艺术理论上的体现。

因此传统园林艺术理论中把参与园林创作的两方面最基本的因素归纳为“天”和“人”。 山、水、树、石和除人以外的生物以及天时、地理、气候、天气等自身及其变化规律都概括为“天”。而把本来也属于自然界的成员、但能用思维和劳动创造物质财富和改善环境的“人”从自然界相对地分离出来，成为矛盾的另一方面。人类社会是艺术的生活源泉，而人类园林建设并不满足纯粹的自然和现实的生活，而是要创造两者相结合之美。亦即风景资源和人文资源的结合。这是中国文化传统和其派生的园林艺术所特别强调，并赖以取得成功艺术效果的重要之理。在处理天和人这一个矛盾的两方面时，强调人对于天的主观能动性。提出“人杰地灵”、“景物因人成胜概”和“巧夺天工”。《园冶》明木刻版在书首就有“夺天工”三个大字。这表示经过人的艺术创作活动，要比纯自然的景观还要理想。因此有人称为“人化自然”。这些观点和“天”的唯心主义解释是截然不同的。不是天决定人的命运，而是人不满足于现实的自然，而要创造更理想的艺术境界。

“虽由人作，宛自天开”并非完全出于不得已才人作，而是认为经过人的不同程度的艺术加工可以提高到高境界而更称人心。但结合天然条件的人为加工要力求外貌的自然化，若天然生成的一样。亦即，在园林的景观外貌要极尽自然，而寓于“形”中的“神”则要极尽人文美，使本来并不具有“情”的景物，通过“迁想”和“移情”的作用而变得神形兼备、情景交融，达到尽可能的完美。在这种认识指导下的创作方法，便是“外师造化，内得心源”。把对立的主观和客观两方面的矛盾统一起来。以杭州西湖为例，天赋的风景资源当然是很好的，三面湖山一面城。南山和北山伸臂环抱一平如镜的西湖，而高耸的南北两峰对峙于湖的南北。西面山林间又蕴藏了飞来峰、烟霞洞、玉泉、虎跑这些泉石奇景。孤山作为北山余脉由伏而起，孤峙于湖之北并将西湖分割出里、外西湖。成为背山面湖、坐北朝南的中峰独秀，的确是得天独厚的山水风景资源。但另一方面也必须看到，这些天然风景资源并不是完美无缺的，它们本身更不能产生耐人寻味的诗情画意，而达到“赏心悦目”的艺术效果。湖面虽大却缺少分隔和层次的深远感，因之空旷有余而幽婉不足。因海水退出而形成的西湖由于水土流失和水草丛生，水浅而不够鲜洁。湖之南北两岸缺乏应有的交通联系。因此，历年来杭州的官吏都视其疏浚西湖的成效来评定其业绩。由于苏东坡等有识的官员兴修水利，才有“苏堤横亘，白堤纵”的景观效果，南北沟通、湖分里外、风景的层次就丰厚多了，因西湖水流自西而东，故苏堤架六桥通水。植柳护岸，构成“苏堤春晓”的景区。挖湖上就近堆岛平衡土方，先做主岛小瀛洲于湖之西南，因控制水源、避免生葑，修建三座石塔为标记，从而产生“三潭印月”景区。由于此岛外围环堤，内留湖面以十字交叉的内堤分隔，形成山中有湖、湖中有岛，岛中有湖的多层包围结构的山水间架。次建湖心亭岛于北面，最后才建阮公墩。三座岛并非同一朝代所做，而三岛的主、次、配的关系是合宜的。疏密有致的间距和尺度、比例的协调宛然若一次规划所成。这说明历代的园林建设是在继承中发展的。交替接力于同一远景，经过几番人为的加工，西湖风景的素质大为提高。

不仅风景的宏观因人成胜概，风景的微观也莫不因人利用天然而成。飞来峰原只有表层岩层不同于附近山体的现实特征，不是砂岩而是石灰岩，并有两股泉水绕山合流而去。其中一股为地下泉，加以林木深郁而已。经印度僧人慧理说此山由印度飞来，而有飞来峰的景名。印僧为证明他的说法，呼来黑白二猿从而形成“呼猿洞”。从地下涌现出的泉水水温较低而称“冷泉”，因而文人墨客即兴问答。如“泉自几时冷起，峰从何处飞来”的提问和“泉自冷时冷起，峰从来处飞来”的以不答为答的佳话，并建了冷泉亭，令人游兴倍增。因苏东坡诗中有“春淙如壑雷”的描写，继而兴建了“壑雷亭”。两水合流处也自然建成“合涧桥”。这充分体现了“文因景生，景借文传”的道理。加以“天下名山僧占多”而兴建了与飞来峰互成对景的灵隐寺。又利用天然石洞制作摩崖石刻。自然风景便因赋予人文美而令人流连忘返了。西湖这个名称固然由于湖在城西，但更由于苏东坡诗中“欲把西湖比西子，淡妆浓抹总相宜”的绝世佳人之喻，故扬名天下。由于人的创造活动在充分利用自然的基础进行适当加工，形成人天交织的风景名胜，而且越积累越丰富。因此苏东坡得出了“西湖天下景，游者无愚贤，深浅随所得，谁能识其全”的结论。风景名胜如此，城市山林则人为加工的程度就更大。可见，从“天人合一”的哲理引申出的园林至理“虽由人作，宛自天开”是以人为主体。为人而设、为人所用、以人情寓入景物便更符合人的理想，同时又注重自然条件。在利用的基础上加以适当改造，发挥天和人两方面的积极性，这是十分科学的，也是行之有效的。

图2

图2 苏州耦园（殷力欣 摄）

二、反映在山水和地形、地貌景观方面的哲理

世界各国无一国无山水，有的甚至是很美的。但有山水的地方不见得都会产生山水画和自然山水园。中华民族在特定的自然和历史条件下创造了田园诗、山水画和自然山水园。它们在中华民族的文化体系中一脉相传，派生分衍。因此彼此间有着千丝万缕的关系，共同接受了古代哲理的影响。

（一）君子比德于山、比德于水

在中国人看来，山水的含义绝不仅是字典中所解释的“地面上的隆起部分”和“江湖海的总称”。这些只是山水的一般含义，只是事物的外表。由于在长期的自然斗争和生产斗争中人和山水的接触，人们由感性而理性、由自然科学和社会科学概括出了哲学的概念，然后又反过来给山水创作以深远的影响。人们寄情山水，而且提出“志在山水”(北京樱桃沟泉源石上的题刻)。人把山水作为崇拜和学习的对象来看待，但不是神，而是人；不是一般人，而是品德至高无上的君子。

儒学的创始人孔子很喜欢观山览水。他在回答学生子张所问“仁者何乐于山也”时说，山“出云雨以通乎天地之间，阴阳和合，雨露之泽，万物以成。百姓以飨”。西汉哲学家董仲舒继承了儒学的美学思想。在《春秋繁露·山川颂》中说：“山则巃嵷藟崔，摧嵬𡾋巍，久不崩陁，似乎仁人志士。孔子曰：‘山川神祇立。宝藏殖，器用资，曲直合。大者可以为宫室台榭。小者可以为舟舆桴楫。大者无不中，小者无不入。持斧则斫，折镰则艾，生人立，禽兽伏，死人入，多其功而不言，是以君子取譬也。且积土成山，无损也；成其高，无害也，成其大，无亏也。小其上，泰其下，久长安，后世无有去就，俨然独处，惟山之意。’《诗经》云：‘节彼南山，惟石岩岩，赫赫师尹，民具尔瞻。’此之谓也。”《荀子·宥坐》载：孔子观于东流之水。子贡问于孔子曰：“君子之所以见大水，必观焉者，是何？”孔子曰：“夫水者，君子比德焉。偏于诸生而无为也，似德；其流也埤下，裾拘，必循其理，似义；其洸洸乎不淈尽，似道；若有决行之，其应佚若声响，其赴百仞之谷，不惧，似勇；主量必平，似法；盈不求概，似正；淖约微达，似察；以出以入，以就鲜絜，似善化；其万折也必东，似忘。是故君子见大水必观焉。”董仲舒在《山川颂》中做了些补充：“水则源泉，混混沄沄，昼夜不竭，既似力者；盈科后行，既似持平者；循微赴下，不遗小间，既似察者；循溪谷不迷，或奏万里而必至，既似知者；障防山而能清净，既似知命者；不清而入，洁清而出，既似善化者；赴千仞之壑，入而不疑，既似勇者；物既困于火，而水独胜之，既似武者；咸得之而生，失之而死，既似有德者。孔子在川上曰：‘逝者如斯夫，不舍昼夜。’此之谓也。”即把水视为包括德、义、道、法、正、志、力、持平、察、智、知命、善化、勇、武等，是最理想的君子。这些哲学和美学思想对文学绘画乃至园林起了决定性的历史影响。我国从肇自周代的灵圃开始用山水。灵台有与山相同的祭祀、眺景等功能，灵沼即水体。后来一直以自然山水园代代相传。直到作为一种园林的体系和民族形式固定下来，都是接受了“人化自然”的哲理的结果，并在其他领域内产生影响。江山成为国家、社稷和政权的同义语。最高尚的音乐是“高山流水”的山水清音。因此帝王宫苑中的戏楼多取名清音阁。最高境界的画也是山水画，而山水又与人心相通。这是富于浪漫主义色彩的艺术观。中国园林“寓教于景”的特色由是而来。

图3 扬州瘦西湖（刘锦标 摄）

图3

（二）智者乐水，仁者乐山；知者动，仁者静；智者乐，仁者寿

中国古代帝王宫苑中的山，无论是天然生成或人工筑山，以万寿山或万岁山命名者甚多。历史上掀起造园高潮的北宋艮岳称万岁山，因地居宫城东北而得名艮岳。元代北京北海的琼华岛也称万岁山。明代北京紫禁城的屏扆也叫万寿山或万岁山，后才改成景山。清代清漪园中的西山余脉也称万寿山。因为朝代虽有交替，而作为统一的哲理却一直因循相传。究其根源便是孔子说过：“知者乐水，仁者乐山。知者动，仁者静。知者乐，仁者寿。”(《论语·雍也篇》)由于封建帝王都把自己看作是最高的仁者。以其乐山，标榜以仁。作为国君要像山那样沉静，当然也向往寿比南山。因此唯帝王宫苑中的山才能称万寿山，就是王公大臣也不能逾制。仁者乐山和君子比德于山是完全相通的。刘宝楠在《论语正义》中说，所谓“仁者乐山”就是“言仁者愿比德于山，故乐山也”。水动山静亦客观可见的规

律，故有“动观流水静观山”之说。但山与寿联系在一起，这不仅由于成山的年代久长，更由于古代的中国人民在自然和生产斗争中对山的一种特殊的认识。上古时曾有洪水为灾，传说鲧用堵截法治水失败，而禹用疏导法治水成功。用疏浚的泥土堆起人工土山，洪水来时人们因爬上自然山或人造山而获救。在人们印象中，山便是救命的仁人。孔子说过：“民之于仁也，甚于水火，水火吾见蹈而死者多，未见蹈仁而死者也。”《尚书·禹贡》载：“桑土既蚕，是降丘宅土。”说明洪水之时民居丘土，水灾过后，于是得下丘陵居平土。郑玄注：“此州寡于山而夹川。两大流之间遭洪水。其民尤困。水害既除，于是下丘土居土以免于死。尤喜，故记之。”可见人工造山是以治水和农田水利建设为发端的，并不一开始就为园林造景筑山。由于在生产、生活斗争中对山产生了认识，崇敬非常，因此人工造山也被视为好事。故孔子说：“譬如为山，未成一篑。止，吾止也。”后来引申为“为山九仞、功亏一篑”。就这样山便和仁、寿相连了。所以《韩诗外传》中也讲：“仁者何以乐山。山者，万物之所瞻仰，草木生焉。万物殖焉。走兽伏焉。生万物而不私。有群物而不倦。出云导风，天地以成，国家以宁。有似乎仁人志士。此仁者所乐山也。”

值得着重指出的是，儒、道在崇尚自然方面是比较统一的。加以我国早期的山水画家东晋至南北朝时期的宗炳(375—443年)在山水画论中，把儒家“仁者乐山”的思想和道家“游心物外”的观点融合为一体，用以作为欣赏自然和山水画创作的主导思想。将绘画的思想境界提高到哲学的高度。他在《画山水序》中说：“圣人含道暎物。贤者澄怀味像。至于山水质而有趣灵，是以轩辕、尧、孔、广成、大隗、许由、孤竹之流，必有崆峒、具茨、藐姑、箕首、大蒙之游焉。又称仁智之乐焉。夫圣人以神法道，而贤者通。山水以形媚道，而仁者乐。不亦几乎？” 中国古代的造园家多是能诗善画的文人，即使掇山匠师也都精通书画。于是这些哲理就随着诗情画意而写入园林。园林便成为以空间为纸，以山、水、树、石、屋为笔墨，富于文人诗画情意的环境艺术创作了。

（三）圆明园的“九州清晏”和邹衍的宇宙观

清代所建圆明园的主要景区是“九州清晏”，意即天下太平。这是因为作为帝王，有“普天之下莫非王土”的占有欲，并要以园林艺术的形式来表现。物质的宇宙和世界何其博大。偌大天下，土地要缩小到有限的园地中是不可能也不必要的。这就必须借助于概括。园林中的九州是中国版图的艺术再现，而中国版图又是借战国末期的哲学家邹衍的哲理来的。

邹衍是约在公元前305—前204年的著名哲学家和阴阳家的代表人物，为齐国人，曾周游魏、燕、赵等国，受到诸侯尊礼。他的研究方法是“必先验小物，推而大之，至可无垠”，提出“大九州说”。他称中国为赤县神州，为小九州，是全世界八十一州中的一州。每九州为一集合单位，称“大九州”，有小海环绕。九个大九州另有大海环绕。再往外便是天地的边际。他认为天是圆的，地是方的，故人们都是“履方顶圆”。关于九州的神话传说在古代亦有不少。《尚书·禹贡》载：“禹别九州。随山濬川。任土作贡。禹敷土，随山刊木。奠高山大川。”意即就国土分其境界。《周公职录》说：“黄帝受命风后，受图，割地布九州。”于是产生禹制九州贡法，并定下高山五岳和大川、四渎。正是在这些思想的影响下形成我国最早的版图和国土规划。根据《周礼·夏官·职方氏》介绍：“东南曰扬州……正南曰荆州……河南曰豫州……正东曰青州……河东曰兖州……正西曰雍州……东北曰幽州……河内曰冀州……正北曰并州。”《疏》：禹贡有青、徐、梁。无幽、并，是夏制。可见历史九州之制是大同小异的。如把《禹贡九州图》与圆明园“九州清晏”景区的平面图相对照，可以发现二者之间的源流关系。只不过“九州清晏”为了表现邹衍宇宙观以海为心和外环大海的思想，将相当于豫州的部分取出布置在西南角。这样中心空处便成为象征海的“后湖”了。

九州的内容和版图还不足以作为“九州清晏”景区创作的全部依据，还必须把邹衍学说中“海”与“州”的关系用山水间架表达出来。圆明园这块地面原称“丹陵沜”，顾名思

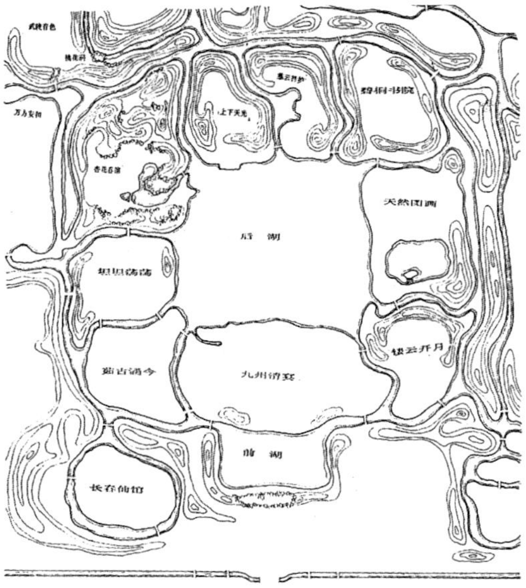

图4

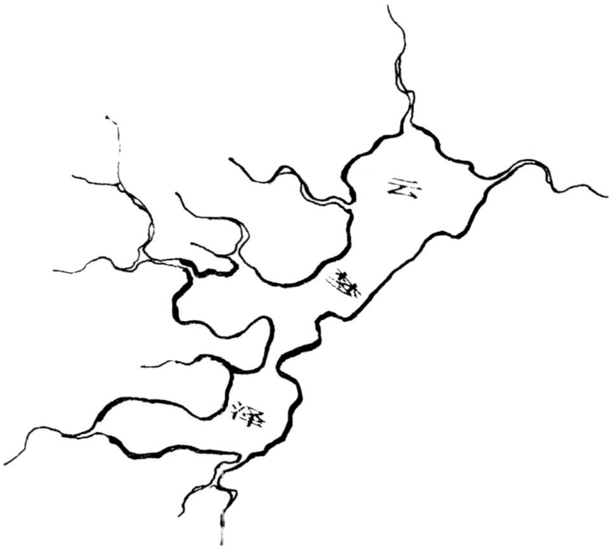

图5

图4 圆明园九州清晏景区平面图
图5 云梦泽河湖相衔示意图

义，是一片具有零星水面的沼泽地。根据这种原地形的地宜，作者按“外师造化，内得心源”的艺术创作方法，选择了古代相当于现湖南、湖北邻界部分的“云梦泽”。它是古代著名的大湖泊。从图5可看出云梦泽由支流汇集成大湖面和河湖交接形成各种港叉的一般情况。这是九州清晏水系所借的天然模式，两相对照，其间的渊源是十分清楚的。树、石、屋为笔墨，富于文人诗画情意的环境艺术创作了。

（四）一池三山制与“山不在高，有仙则名；水不在深，有龙则灵”的美学思想

在中国帝王的山水宫苑中，池中为山是很普遍的做法。而池中山岛之数多为三座，也有五座的。自秦至清，历代相传。山岛虽因环境不一而呈“多式”。但所赖以制约的“法”却是同出一源。“一法多式”或“一法多用”是中国文化艺术的通理之一。帝王在长生不死方面的追求超过常人。从秦始皇开始访道寻求仙山、仙草。他曾派方士徐福去东海寻找仙山，当然一无所得。但这种追求也反映在山水园的兴建中。秦始皇引渭水做长池，并在上林苑中做蓬莱山。汉武帝相继仿造并历代相传。据《列子·汤问》载，渤海之东有岛，“一曰岱舆、二曰员峤、三曰方壶、四曰瀛州、五曰蓬莱。……其上台观皆金玉。其上禽兽皆纯缟。珠玕之树皆丛生，华实皆有滋味。……所居之人皆仙圣之种。”由于在传说中漂走了两座仙岛，故一般称蓬莱、方壶、瀛州为三座神山。这是产生“有仙则名”的一个因素。

若论大陆上的山，则以五岳名声最大。所谓“岳”即指供祭祀的大山。这就是古代帝王的“封禅”活动。《路史》中有“天皇上帝镇立名山，各有所属分野”之说。帝王为表明君权神授和显示政权，每约五年举行封禅。封即祭天，禅即祭地。传说中封禅者有万余家。有史可考者，秦始皇首封泰山。历代皇帝继登泰山。泰山名声大振。此产生“有仙则名”的因素之二。

神仙依赖寺庙供奉，而古代的山林寺庙并不仅是单纯的宗教建筑。寺庙既要远离尘世，而经济上又必然仰仗信男善女和旅游者的施舍。因此寺庙选址必求风景优美的山林地。以此吸引游人和信徒，这才出现了“天下名山僧占多”之说。因此寺庙也是旅游建筑和风景建筑。在飞来峰建灵隐寺，山和寺都相得益彰，知名度也就高了。实际上，神仙是不存在的，寺庙是有的，寺庙仰仗于人，名山也是因人成胜概。

三、反映在风景园林建筑方面的传统思想

（一）延南薰与扇面殿

中国风景园林建筑的平面和造型都十分丰富。但它们并不都是单纯的几何形形体，而是借某种相应的几何形体来表达内在的意境。就以北京北海琼华岛北山坐落在中轴线上的“延南薰”为例，其所采用的扇面亭形式是有其渊源的，这和颐和园“扬仁风”的扇面殿是同出一源。相传虞舜弹五弦琴唱《南风歌》。《孔子家语·辩乐篇》载此歌：“南风之薰兮，可以解吾民之愠兮；南风之时兮，可以阜吾民之财兮。”因为这是表达风调雨顺君爱民的歌，而前三皇、后五帝都是古人心目中有道明君，

反映了天与人合的古老哲理。故清代帝王做扇面亭殿表示要延续和扇被仁风。这样也同样可以了解“扬仁风”的含义。据《晋书·袁宏传》载袁宏答谢安临别赠扇时也说：“奉扬仁风，慰彼黎庶。”南薰便有了恩育万物、普养万民的意思了。

（二）静含太古

向往远古，取法先王，是中国一个重要传统思想。承德避暑山庄有“静含太古山房”的景点，北京恭王府有“静含太古”的额题。在此，作为形容词的“静”包含平静、安详、贞静等多方面的意义。即把太古视为高洁、平静的时代，引人发思太古之幽情。这种寓教于景的做法也受某些哲理的深远影响。“太”是中国的哲学术语，表示至高、至极。太古亦即太上，即远古时代。《晋书·应贞传》说：“悠悠太上，人之厥初。”《汉书·盖宽饶传》也说：“乃欲以太古久远之事匡拂(弼)天子。”因此，太古的人被认为是品德至高的圣人。太古的帝王则更是圣明之君。认为前三皇、后五帝历代有道。这些无论是史实，还是传说，都给后世以很大的影响。

就以承德避暑山庄而论，有不少景点都寓有“静含太古”的内容。乾隆继其祖兴建正宫以后，又在德汇门内建了东宫。东宫最后一座殿堂取名“卷阿胜境”。殿南东西两侧有土山两卷合抱于前。这是“卷”做“曲”解，“阿”指山。卷阿原在陕西岐山之麓。《诗经·大雅·卷阿》形容说：“有卷者阿，飘风自来。”卷阿胜境说的是周时，召康公随成王游于卷阿之上。成王作歌，召康公即兴作《卷阿赋》和之以告诫成王，要成王求贤纳士。这一段几千年前君臣间的唱和包括忠君、爱臣和爱民的思想内容。而清代帝王将古喻今，将东宫临湖的尽端建筑立意为“卷阿胜境”。其用意自然便很容易理解了。又如位于山区松林峪西尽端的“食蔗居”，背山傍溪。在临溪涧处段一所两间的建筑取名“小许庵”，许即许由。许由为上古高士，拥义履方但不愿为官。因此隐于沛泽，尧帝因其子丹朱不肖，不愿将重任传子。听说有布衣之士许由很有贤才以后，他亲自到浮云村访问许由并表达了自己愿意让贤的心意，许由不受而逃，并遁耕于箕山之下，颍水之阳。尧又追去召他为九州长。终因许由不仕，谈判破裂。尧和许由便各奔前程。尧走后，许由唯恐耳受污染，便去溪边掬水洗耳去污以示高洁，适逢许由挚友巢父放牛来。巢父问知细情后牵牛去水之上游。意即我的牛也不饮洗污耳之污水(参见《洗耳记》)。乾隆建小许庵也为表达求贤若渴、崇尚太古高洁品德的心意。

（三）知鱼桥和鱼乐国

在园林的水景中也有几个极为普遍的题材，用不同的园林艺术手法表现同一个内容，即“知鱼”和“鱼乐”。诸如无锡寄畅园的“知鱼桥”、颐和园谐趣园中的“知鱼桥”、北京北海的“濠濮间”等。这些景色从表面形式上看只是鱼和水，但深深吸引和耐人寻味的内容却是带有哲理的一段典故。即战国时两位著名哲学家庄子（庄周，约公元前369—前286年)和惠子(惠施，公元前370—前310年)的对话。据《庄子·秋水》记载：“庄子与惠子游于濠梁之上。庄子曰：‘鲦鱼出游从容，是鱼之乐也。’惠子曰：‘子非鱼，安知鱼之乐？’庄子曰：‘子非我，安知我不知鱼之乐？’”因此后世用以比喻别有会心处和自得赏心悦目之乐的境界。《世说新语上卷·言语》载：“梁简文帝入华林园。颐左右曰：‘会心之处不必在远。翳然山水，便自有濠濮间想也。觉鸟兽禽鱼自来亲人。’”因此在园林中广为流传。颐和园中谐趣园知鱼桥又在这个境界的基础上，发挥了知鸟乐和知水草乐的意境。故知鱼桥石坊有联曰：“回翔凫雁心含喜，新茁萍蒲意总闲。”

（四）万方安和

“万方安和”是圆明园“九州清晏”中“杏花村馆”西邻的一所园林建筑。筑室小湖中，位于矩形小湖之东北。西北、东北、东南三面有桥与岸相通。“万方安和”立意同“九州清晏”，可以说是同义语。但表现的手段和形式又不同于九州清晏。建筑平面呈“卍”字形，亦为万字的异形字。万方亦即万邦，指各方诸侯。《书·汤诰》谓：“诞告万方”，引申的含义指全国各地和各地区。“卍”字亦包括佛教的哲理，它是释迦牟尼胸上的吉祥符号，有佛光普照和万福的意思。这所建筑面南的正室有“万方安和”的额题，建筑共33间。各面阔约4.7米，外周廊各深约1.332米。由于建筑的特殊平面组合，可纳东南凉风而拒西北寒风，因此冬暖夏凉，临水穿风。所以雍正很喜欢在此居住和休息。这说明其立意、造形和建筑的使用功能是统一的。

四、反映园林植物布置方面的哲理和隐喻

中国传统园林的植物布置也不仅单纯从绿化的功能着眼，只藉植物遮阴、防尘和组织视线，更着眼于赋予植物的一些情意。要求凝诗入画，赏心悦目。正如《园冶》所谓：“花木情缘易逗”、“桃李不言，似通津信”。而这些情意也或直接或间接地接受了一些哲理和美学思想的影响。用得比较普遍的是“托物言志”和“洁身自好”，利用植物表达园主的性格和思想感情。不仅山水、建筑可以人格化，植物也可以人格化，而且细腻入微。康熙在《御制避暑山庄记》里强调说：“至于玩芝兰则爱德行，睹松竹则思贞操，临清流则贵廉洁，览蔓草则贱贪秽，此亦古人因物而比兴，不可不知。人君之奉，取之于民，不爱者即惑也。故书之于记，朝夕不改，敬诫之在兹也。”此由可见一斑。

（一）松柏长青

从造字而言，认为松为百木之长而且公，故木字旁从公。《书·禹贡》：“岱畎丝、鈆、枲、松、怪石。”可见松树很早就作为泰岱地区的贡品了。《诗·小雅·天保》谓：“如松柏之茂， 无不尔或承。”我们古代在祭台四周种社木。传说夏侯氏以松为社木。论语有一段话对后世影响尤深。《论语》说：“岁寒然后知松柏之后凋也。”我国古代神话《山海经》载：“大荒之中有万山，上有青松，名曰拒格之松。日月所出入也。”因此也包含与日月同辉，地久天长之意。《庄子》说：“受命于地，惟松柏独也。在冬夏青青。”《荀子》也说：“岁不寒无以知松柏，事不难无以知君子。”由于很多典籍和著名哲学家以文相传，逐渐形成人们所普遍承认“松柏长青”、“松鹤延年”等概念。故皇家园林中经常出现“万壑松风”、“松鹤斋”等景点，也产生松、竹、梅并列的“岁寒三友”之说。北京乾隆花园中的“三友轩”正立意于此。

（二）竹君子

《广群芳谱》说竹子“贯四时而不改柯易叶。其操与松柏相等”。《晋书·王徽之传》载：“吴中一士大夫家有好竹，徽之欲观之。便出坐舆造竹下，讽啸良久。主人晒扫请坐，徽之不顾。将出，主人乃闭门，徽之便以此赏之。尽欢而去。徽之寄居于空宅中。便令种竹。或问其故，徽之但啸咏，指竹曰：‘何可一日无此君耶？’”唐白居易《养竹记》更详尽地阐述了竹为君子的理论；“竹似贤，何哉？竹本固，固以树德；君子见其本，则思善建不拔者。竹性直，直以立身；君子见其性，则思中立不倚者。竹心空，空以体道；君子见其心，则思应用虚受者。竹节贞，贞以立志；君子见其节，则思砥砺名行，夷险一致者。夫如是，故君子人多树之为庭实焉。”诸如此类的理论还很多。如“未出土时已有节，纵凌空处尚虚心。”“宁可食无肉，不可居无竹。无肉令人瘦，无竹令人俗”等诗句。正因为竹子具有高雅的含义，因此在名园中运用很广。宋徽宗在《艮岳记》中载，北宋寿山艮岳：“景龙江北岸石竹，苍翠蓊郁，仰不见天。有胜云庵、蹑云台、消闲馆、飞岑亭。无杂花异木，四面皆竹也。”《洛阳名园记》载富郑公园、苗帅园、董氏西园均有大片竹林胜景。园林中竹石相配合的景色也很多，如苏州沧浪亭中在竹林中置七块山石以成“竹林七贤”之景也是颇有哲理依据的。

（三）梅花香从苦寒来

梅花兼有色、香、味、形之美，尤以清香为最。但梅花之香来之不易，是它和酷寒抗争的结果，这里面实际上寓有“先难后得”的哲理。《谈撰》谓：“卉木皆感春气而生，独梅开以冬。”《癸辛杂识》从形态学方面，说明了一些耐寒的原因：“梅花无仰开者，艺亦自能巧避风雪耳。验之信然。”历代咏梅诗画多以冰雪相衬，有孤身傲霜的性格，故推群芳之首。《事词类奇》说；“水陆草木之花，香而可爱者甚众。梅独先天下而春。故首次之。”梅香之特色为冷香。《宋杨东山梅花说》：“林和靖咏梅，疏影横斜水清浅二句，此为梅写真之句也，梅之形体也。雪后园林绕半树二

图6

图6 南京瞻园（刘锦标 摄）

句，此为梅传神之句也，梅之性情也。写梅形体，是谓写真。传梅性情，是谓传神。”《周之翰爇梅文》赞梅花：“形如枯木，稜稜山泽之臞，肤若凝脂，凛凛冰霜之操。”《明刘基友梅轩记》更把梅花人格化：“人不可以无友，彼将何所取哉？梅，卉木也。有岁寒之操焉。取诸人弗得矣。舍卉木何取哉？且此物非徒取也。凌霜雪而独秀。守洁白而不污。人而象之，亦可以为人也。”但花如人一样，不得以己之优去比人之劣。故又有一寓意深刻的楹联：“梅花逊雪三分白，雪输梅花一缕香。”我国无论风景名胜区或园林种梅很普遍。杭州孤山林和靖故居和墓地附近广植梅花，以烘托梅妻鹤子的林和靖的性格。松、竹、梅因此作为岁寒三友，万代流传。

（四）出淤泥而不染的荷花

《广群芳谱》谓荷花：“花生池泽中最秀。凡物先花而后实。独此花实齐生。百节疏通，万窍玲珑。亭亭物表，出淤泥而不染。花中之君子也。”《爱莲者说》谓：“水陆草木之花，可爱者甚蕃。晋陶渊明爱菊；自李唐以来世人甚爱牡丹；予独爱莲花出淤泥而不染，濯清涟而不妖，中通外直，不蔓不枝，香远益清，亭亭净植，可远观而不可亵玩焉。予谓菊，花之隐逸者也；牡丹，花之富贵者也；莲，花之君子者也。噫！菊之爱，陶后鲜有闻；莲之爱，同予者何人；牡丹之爱，宜乎众矣。”实际上周敦颐的《爱莲者说》在风景园林中的影响是很大的。英雄所见略同的文人雅士，特别是失意于官场的士大夫阶层大有人在。因这很符合古时“洁身自好”的处世哲学。最典型的如苏州拙政园的创建园主明正德年间(1506—1521年)御史王献臣。他因仕途不得志，便以西晋潘岳自比，借潘岳《闲居赋》中：“庶浮云之志，筑室种树，逍遥自得。池沼足以渔钓。春税足以代耕。灌园鬻蔬，以供朝夕之膳。牧羊酤酪，以俟伏腊之费。孝乎唯孝，友于兄弟。此亦拙者之为政也。”园因此名“拙政园”。拙政园以水景为主。筑室多面水，中心建筑也多以荷莲为隐喻。其堂名“远香堂”。堂西侧辅弼的轩称倚翠轩。曾见有介绍为因附近种竹而名。实际上，“翠”亦可喻荷。荷叶如翠盖凌波。《园冶》谓“红衣新浴”，是赞美出水芙蓉，而“碧玉轻敲”则是咏荷叶承雨露的美感。湖中三通堤岛上的六角亭名“四面荷风”。其南石舫名“香洲”指荷香之洲，亦即纯真、高洁和理想的境界。远香堂对面土山上的“雪香云蔚”被解释成种梅和以冬景为主的景区也是值得商榷的。我认为实是以莲花为主题的。先就时令而论，什么季节“云蔚”呢？春雨连阴；秋高气爽，万里无云；冬日晦涩，天空浓密。唯有夏季才是蓝天白云。而“雪香”所指为白色荷花之香，因为在北京圆明园内还有一处根据《爱莲说》建立的“濂溪乐处”，这是赏荷的专类园。为了给游赏者提供良好的观赏点，在主岛东面作水廊突出水面，围水成院，坐廊可俯览。此廊即名“香雪廊”。足见香雪可喻白莲。

文章到此，权作引玉之砖。其中除一些与园林造景相关的传统哲理外，有的属于美学思想或典故。此文承望指教。

An Appreciation of the Imperial Garden of the Qing Dynasty: The 72 Scenes of Chengde Mountain Resort

清代皇家园林赏析——避暑山庄康乾七十二景拾遗

刘彤彤（Liu Tongtong）*

提　要： 承德避暑山庄是中国皇家园林艺术荟萃的典范，其中康熙、乾隆时期命名的七十二景，在点景题名、建筑营建、意境创造等方面，集中了清代皇家园林创作的诸多手法和特色，具有极高的艺术价值和成就。通过梳理这些景名的用典出处、建筑布局及其形式特点，探寻其采用的创作原型、蕴涵的文思理趣、追求的理想境界，以及康、乾二帝的造园思想和创作手法，最终更加深入地评赏以避暑山庄为代表的清代皇家园林的艺术成就，解读中国古典园林的核心艺术精神和园林的本质。

关键词： 避暑山庄，康熙三十六景，乾隆三十六景，题名用典，园林的本质

Abstract: Chengde Mountain Resort is Qing Dynasty's summer palace. It is a vast complex of palaces, imperial gardens and temples of various architectural styles blending harmoniously into a landscape of lakes, pastureland and forests. The 72 scenes, 36 by each of the two highly admired Emperors Kangxi and Qianlong, were excellent works of Chinese imperial garden design. This paper discusses the artistic and aesthetics values of the 72 scenes in three aspects: the name of the scenes and their literary quotations, the layout and intention of building construction, graceful charm and deep mood, which are all highly aesthetic. They were concentrated the methods and characteristics of the imperial gardens design of Qing Dynasty.

Parts of the names of the scenic spots and their literary quotations are listed and divided into natural description, political aspiration, literary interest, and religious consciousness, etc. It is clear that some archetypes and images of scenic spots came from poetry of some famous literati such as Wang Xizhi, Tao Yuanming, Li Bai, and Du Fu, etc. On the other hand, most of these literary quotations are rooted from philosophical implication and life spirit of Confucianism, Confucian school of the Song Dynasty, and Zhuang Zi.

The architectural layout, taking pavilions and mountain buildings as examples, shows the buildings constructed in various modalities on shape, plan, and space composition, which are well combined with the natural surroundings and landscape. That might be the mainly conception and method of the two Emperors' gardens design. Especially to Emperor Qianlong, the habitability of gardens was expanded immensely. In other words, gardens can felicitously accommodate the masters' diversiform daily life.

At last, this paper brings out the essence of garden. Garden is such a shelter, in which human beings can not only settle his body, but also set his soul and mind at rest. Such essence of garden was shown most incisively in imperial gardens of Qing Dynasty. It also gives the best expression to the core artistic value of Chinese classical gardens.

Keywords: The Mountain Resort; 36 scenes recognized by Emperor Kangxi; 36 scenes recognized by Emperor Qianlong; The name of the scenes and their literary quotation; The essence of garden

* 天津大学建筑学院副院长

清代建造的承德避暑山庄占地约560公顷，是中国现存最大的皇家园林。避暑山庄借助自然和野趣的风景，以多种传统造园手法，营建了120多组建筑，其中不乏金山、烟雨楼、蒙古包等融汇江南水乡和北方草原特色的景点，堪称中国皇家园林艺术荟萃的典范。

在中国古典园林的创作与审美中，“景”是一个核心内容和重要范畴。避暑山庄内有康熙以四字题名的三十六景[1]，又有乾隆以三字题名的三十六景[2]，合称“避暑山庄康乾七十二景”。这些景名与自然景色和园林建筑相互交融，营造出美轮美奂、令人遐思的人间仙境。

一、七十二景概述

园林中的点景题名是园林造景的灵魂。文学性的点景题名，具有状物、写景、抒情、言志和记事的功能，往往以匾额、楹联、碑刻、石刻等绚烂多彩的形式出现，与灵活多变的建筑空间相结合，极大地丰富了园林空间的精神内涵，创造出超越视觉形象的审美体验，这正是中国园林区别于西方园林的根本所在。

园林的命名大体可分为记录性、描述性、象征性和表意性[3]。从字面来看，康熙三十六景大部分为描述性命名，以自然景物命名的多达30余处，虽以标明景物特点为主，但使用融入主体感受的文学性语言，使景色的意蕴得到了提炼和升华。而乾隆三十六景命名多是表意性，借景题抒发胸臆，注重表达道德追求、政治崇尚和哲理意趣。

园林题名并非仅为诗文词藻应对之技，而是与造园构思相关联的艺术步骤，还是主人用自己的生活方式、文化修养去体味、享用的艺术性空间。它既对园林意境有所限定，含蓄婉转地点明主题，又给人留下丰富的遐想。

二、七十二景的题名用典

园林景题与意境创造中往往借用文学“用事”的修辞方法，引用古诗文作为园林景题的用典出处，并据此经史艺文原型进行创作。

中国早在南北朝时就出现了文学用典的高峰，当时人们在写文章时竟到了“捃拾细事，争疏僻典，以一事不知为耻，以字有来历为高”[4]的狂热状态。自中唐至宋代以后，随着经学、考据学的复兴，“无一字无来处”的风气遂为文人广泛接受。于是园林题名或赏景吟咏的诗文无不引经据典，使园林与文学达到了高度融合。乾隆就曾明言：“处处书堂选字名，无非道古淑今情。”[5] 按当代解释学的最根本观点之一，对原典的解释即为再创造的过程。

清代皇家园林创作的主题分为五大类型：观赏自然外物、表达政治和社会理想、效仿神仙境界、宗教内容及文人风格。其中对自然景物的观赏中大多体现山水与动植物审美中的比德、比道传统；帝王的政治抱负、社会理想则是儒家社会、伦理和政治理想的具体化；在文人风格的追求中，儒学、理学精神的渗透更是随处流露发现。而具体园林创作中又经常出现“一经数典”的现象，政治理想、文人风格及宗教等主题往往以自然景物的观赏为基础，几种主题结合彼此融为一体。

避暑山庄七十二景同样表现出这样的特点。康熙三十六景虽多以自然景物命名，但用典大多出自古代诗文，尤以唐代诗人的作品为著。而乾隆三十六景则典出广泛，基本涵盖了经史艺文的广域范围，同时更注重对个人心态情致、哲思理趣的表达。

三、七十二景的建筑特色

品味七十二景的题名用典和建筑特色，不难发现康熙帝造园以实用性及对自然的尊重为原则，而乾隆帝则将自然更多地人文化，同时满足更多的实用功能。

（一）亭——天地之心

康熙时期的避暑山庄，规模宏伟且不以豪华嵯峨的建筑群见胜，而是巧于因借以突出自然美，根据居住游憩需要随形随景地布置殿斋亭榭。在康熙三十六景中，亭独立为景或以亭为主体的占据三分之一，且结合周围的园林环境和山水格局精心布置，足以显示其在康熙造园中的地位。其中山区四亭：四面云山、北枕双峰、锤峰落照、南山积雪均位于山庄岗峦之巅，遥相互应，不仅可凭高远眺，而且成为整个山庄景观的控制点。另外，如图1～4所示那样，位于湖区水畔的数座景亭，或全部通敞，或四面有窗；平面形状有方形、六角、八角；顶子形式有单檐、重檐、卷棚，在形式上呈现

[1] 康熙朝定名的三十六景是：1)烟波致爽、2)芝径云堤、3)无暑清凉、4)延薰山馆、5)水芳岩秀、6)万壑松风、7)松鹤清樾、8)云山胜地、9)四面云山、10)北枕双峰、11)西岭晨霞、12)锤峰落照、13)南山积雪、14)梨花伴月、15)曲水荷香、16)风泉清听、17)濠濮间想、18)天宇咸畅、19)暖流暄波、20)泉源石壁、21)青枫绿屿、22)莺啭乔木、23)香远益清、24)金莲映日、25)远近泉声、26)云帆月舫、27)芳渚临流、28)云容水态、29)澄泉绕石、30)澄波叠翠、31)石矶观鱼、32)镜水云岑、33)双湖夹镜、34)长虹饮练、35)甫田丛樾、36)水流云在

[2] 乾隆朝定名的三十六景是：1)丽正门、2)勤政殿、3)松鹤斋、4)如意湖、5)青雀舫、6)绮望楼、7)驯鹿坡、8)水心榭、9)颐志堂、10)畅远台、11)静好堂、12)冷香亭、13)采菱渡、14)观莲所、15)清晖亭、16)般若相、17)沧浪屿、18)一片云、19)苹香沜、20)万树园、21)试马埭、22)嘉树轩、23)乐成阁、24)宿云檐、25)澄观斋、26)翠云岩、27)罨画窗、28)凌太虚、29)千尺雪、30)宁静斋、31)玉琴轩、32)临芳墅、33)知鱼矶、34)涌翠岩、35)素尚斋、36)永恬居

[3] 王其亨，盛梅：《古典园林中的景题与用典》，载《规划师》，1997（02），22～28页。

[4] 黄侃：《文心雕龙札记·事类》。

[5]《题正凝堂》，见《清高宗（乾隆）御制诗文全集》，诗五集，80页，卷四十七。

图1 濠濮间想

图2 莺啭乔木

图3 甫田丛樾

图4 水流云在

图5 食蔗居

出丰富多变的造型和体量。

在所有的园林建筑中，亭最具“虚”的性格特征。亭之虚，一方面表现在其结构的通透空灵和内部的空无一物，另一方面则在其与人精神的虚静之“空”相表里。亭的空间本质，实际最具有《庄子·人间世》中孔子所说“虚者，心斋也”的价值和意义，“旷达于天人之际和廊庙山林，高洁于人格理想与审美，都可在这心斋得到寄托。”[6]

另外，由于古代皇权与士人人格之间的矛盾，士人向精神家园的“归根复命”是其最终的唯一出路，这在山水诗、文人画和园林中得到了很好的体现。难怪宗白华先生在《中国艺术意境之诞生》中说：“中国人爱在山水中设置空亭一所。戴醇士说：‘群山郁苍，群木荟蔚，空亭翼然，吐纳云气。’一座空亭竟成为山川灵气动荡吐纳的交点和山川精神聚积的处所。张宣题倪瓒画《溪亭山色图》诗云：‘石滑岩前雨，泉香树杪风，江山无限景，都聚一亭中。’苏东坡《涵虚亭》诗云：‘唯有此亭无一物，坐观万景得天全。’唯道集虚，中国建筑也表现着中国人的宇宙意识。”[7]

亭，不仅是吐纳云气的点缀需要，又是心灵慰藉的归宿点，在人长途跋涉之精神还乡路上，它更是四面通畅、遮风避雨的中转站。亭，正是宋儒一再强调的“天地之心”在园林中的物化表现。

（二）园林的可居性

中国园林“可居”是区别于西方园林的最大特点，也是园林本质——“精神栖居”的第一意义。郭熙曾强调山水具有“可行、可望、可游、可居”的多重价值，其中“可居则更胜

[6] 王其亨，官嵬：《宁寿宫花园的点睛之笔：禊赏亭索隐》，载《中国紫禁城学会论文集（第一辑）》，1996。
[7] 宗白华：《宗白华全集》，第2卷，合肥，安徽教育出版社，1994。

矣”；而计成的“园地惟山林最胜”[8]，表明“山居”是古人最理想化的园居生活环境。

清代皇家园林的特点，是在满足原先皇家园林狩猎、水操、冰嬉、生产等物质性功能特点的同时，又尽可能地满足园主政治和精神生活的需要。其中，园林的可居性自是必不可少的，而且与不同的园居生活相对应。园林中除正常的园居活动，还包括读书、讲经、礼佛、畜鹤、教童、见山、抚琴、赋诗、赏画、濯笔、垂钓等，而这些活动几乎就是孔子“游于艺”的生活化、具体化。对比康乾七十二景，可以发现乾隆时期的景名以建筑居多，且类型极具多样性——门、殿、斋、舫、楼、榭、堂、台、亭、所、园、轩、阁、檐、窗、墅、居等，几乎包括了园林建筑的所有类型，将园林的可居性发挥到极致。

乾隆还表现出对“山居”行为的格外钟情，西北山区的风景点即大多为乾隆时期兴建。如图5～6所示，这些山地建筑依山就势，形成高低错落的三维空间，使原本就灵活的平面布局被组合得更加丰富有趣。同时，山地建筑的可居性也大大增强，正如乾隆在诗中说：“去年西峪此探寻，山居悠然称我心。”[9]

四、七十二景的意境创造

与其他清代皇家园林一样，避暑山庄一方面大规模地移植模仿江南园林及寺观园林，吸纳能满足精神生活需要的文人及宗教思想；另一方面，将大量政治、外交事务引入园林，如移植藏传佛教建筑经营避暑山庄外八庙等。在原型的选择和意境创造上，主要表现为引述经史艺文作为创作原型，撷取更多和圣王意象有关的文本典故作为创作原型，明确地体现出园主人将园林作为王朝缩影的愿望。在此，从诗情画意、哲学意趣、圣王气象和生命精神四个方面略析七十二景的意境创造。

（一）诗情画意

对汉文化的重视与向往以及成功的早期帝王教育，使得清初各帝都崇尚儒学并致力于文化事业。康熙把儒家学说作为自己的基本价值观，并且作为行使统治的指导思想。作为后继者的雍正、乾隆二帝自然谨遵沿用，乾隆帝更将其发扬光大为“以儒治国”的方针。作为儒学特别提倡和重视的“文”的意象，更是随着对汉民族主流文化儒家思想的主动吸收而被清代皇帝接受，成为其自身不可分割的一部分，从而自觉地贯彻于他们的思想意识和言行起居，尤其在其园林创作和园居生活之中，表现出诗情画意的文人情怀。

诗情画意的表现，在康熙三十六景中达到了极致。如取自李白诗意的青枫绿屿（图7）、云帆月舫（图8）、芳渚临流、双湖夹镜

[8] 参看《园冶·相地》。

[9] 参看《延薰山馆召大学士傅恒、史贻直及内翰侍御诸臣赐膳赋诗辄成首倡》。

图6 凌太虚

图7 青枫绿屿

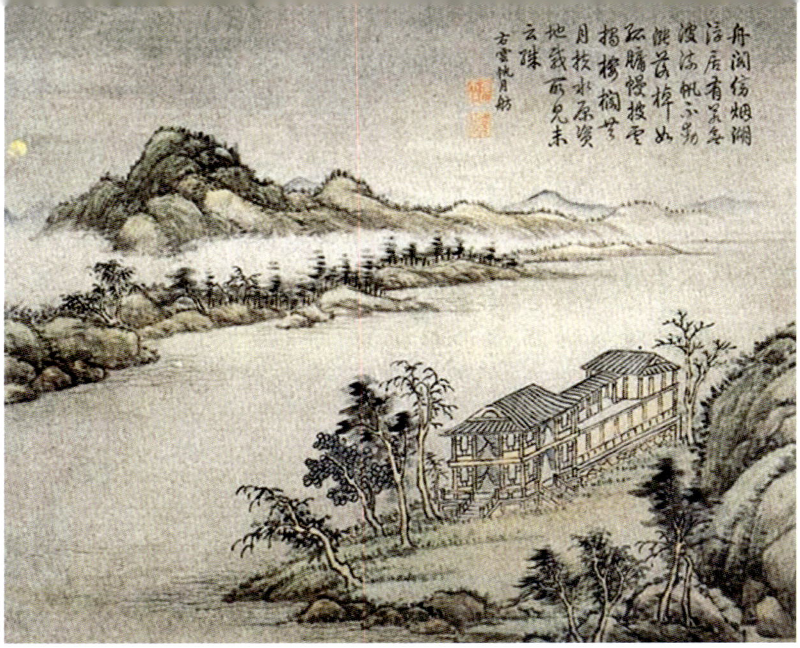
图8 云帆月舫

图9 双湖夹镜

图10 西岭晨霞

图11 万壑松风

（图9）、长虹饮练，杜甫诗意的西岭晨霞（图10）、梨花伴月、水流云在以及仿元何浩《万壑松涛》画意的万壑松风（图11）等，无论景名、题诗、图咏以及园林实景，均是融汇诗情画意与园林意境的佳例。

源于上古祓禊习俗的“禊赏”，因孔子师徒的“曾点气象”而彰显，至晋代王羲之等文人的兰亭集会而登峰造极，始终是中国士人园林的一大主题。对中国士文化仰慕已久的清帝，自然也在内心深处留下了无法解开的兰亭情结，这一主题也屡屡出现在避暑山庄的园林创作和景赏吟咏中。《曲水荷香》诗序曰：“碧溪清浅，随石盘折，流为小池，藕花无数，绿叶高低。每新雨初过，平堤水足，落红波面贴贴，如泛杯兰亭觞咏，无此天趣。荷气参差远益清，兰亭曲水亦虚名。” 如图12～13所示，仅从图咏观其造园意象，二者在园林要素的构成、环境氛围的营造乃至亭廊建筑造型上如出一辙；不仅如此，图咏的意境与文征明“兰亭修禊”之画意何其相似！

（二）哲学意趣

如前所述，理学对康乾二帝影响极深，其对文化传统的浪漫发挥，直接影响了清代皇家园林的题名用典。乾隆御制诗中的大量诗篇，都是描写在园林游赏中的儒家理学意趣。

如图14康熙三十六景之一的“延薰山馆”位于如意洲上“无暑清凉”殿与“乐寿堂”之间，其用典隐含了康熙晚年希冀效舜“无为而治”的意象，又表达对孔子先圣的追慕之情：雨后晨清霁景开，山庄相共赏灵台。智仁乐在

图12 曲水荷香

图13 香远益清

山兮水，赓咏才看邹与枚。岩下仙泉鸣舜乐，庭间温树识尧培。旧时侍从今元老，鸠杖中朝未扈来。 而“乐寿堂”更取意于孔子的“知者乐而仁者寿”，在某种程度上正是园居生活中精神状态的反映。

由于庄子竭力推崇人格的自由和精神上的超越之美，尤其《庄子·秋水》中庄子与惠子的鱼乐之辩引发的“观鱼”主题，与儒学的“鸢飞鱼跃”等存在内在的共通之处，于是也被屡屡用作园林造景的经典命题（图15～17）。如《濠濮间想》：“清流素练，绿岫长林，好鸟枝头，游鱼波际。无非天适，会心处在南华秋水矣。茂林临止水，间想托身安。飞跃禽鱼静，神情欲状难。”《知鱼矶》：“湖水清甘，鱼乐国也。石矶临流，无心垂饵，相忘之适，当非濠上所知。出水轻鯈乐意洋，临矶欣赏会心长。由来万物天机适，安用劳劳辨惠庄？”又如石矶观鱼一景，康熙诗云“羡鱼结网何须计，备有长竿坠钓肥”，乾隆诗云“坐矶竿不把，适可悟《南华》”，意为坐在石矶上却并不垂钓，此时可以深入领会《庄子》一书的旨趣。

清代皇家园林中同一或类似题名还可以多处运用，形成系列。如援典于《庄子·秋水》的“濠上观鱼”及《世说新语》的“濠濮间想”，就有避暑山庄濠濮间想、石矶观鱼、知鱼矶、北海濠濮间、颐和园谐趣园知鱼桥等；又如引申宋儒周敦颐的《爱莲说》，有畅春园观莲所、避暑山庄香远益清、观莲所、圆明园濂溪乐处、曲院风荷及西苑瀛台香远室等。

（三）圣王气象

自儒学被宋儒建立起空前完整的理学体系后，睿智的君主便以此为理论基础，广泛而真诚地总结吸收了几千年的文化精髓，将帝王思维体系推向历史的最高层次，即“内圣”与“外王”[10]的结合。作为“成功的按儒家模式塑造成的杰出的封建帝王”[11]，乾隆始终将“内圣外王”这一儒家至高理想作为不渝的人生追求。同时作为礼乐复合型艺术，皇家园林所具有的大政治功能被充分认识，在引经据典的创作过程中，对“内圣外王”之道的注重、阐发成为这一时期普遍存在的思维倾向，并被独创性地成功运用在皇家园林的艺术实践。

避暑山庄及外八庙的整体建设，正是这种圣王气象的具体体现。“内圣外王”实则为乾隆造园时期居于统摄地位的核心思想，艺术地升华为帝王园居的最高境界——圣王之内修其心的心斋建构和外治其世的万世缔构。

（四）生命精神

宗柄曾在《画山水序》中提出“山水质有而趣灵”和“山水以形媚道”：山水形质与灵趣兼备，山水的感性形态是道的显现。宋代大儒则普遍通过园中的草木鱼虫以观天地万物之生意，进而感受人生在自然之中具有的和谐，并由此达到天人合一、生机流行的最高境界。

宗白华认为“灵境”就是有生命的境界：“艺术家以心灵映射万象，代山川而立言，他所表现的是主观的生命情调与客观的自然景物交融互渗，成就一个鸢飞鱼跃，活泼玲珑，渊然而深的灵境；这灵境就是构成艺术之所以为

[10] 圣，指德行高尚的人；王，指最高统治者。内圣外王一词最早见于《庄子·天下》：“是故内圣外王之道闇而不明，郁而不发。”《庄子·天下》：“静而圣，动而王。”这与《孟子》“穷则独善其身，达则兼善天下”，《荀子》“圣也者，尽伦者也；王也者，尽制者也。故学者以圣、王为师”共同表达的儒家积极入世态度和追求，在本质上是一致的。宋明理学也强调，“儒家绝不满足于只讲内圣而不讲外王，‘博施于民而能济众’的外王事业是儒家所追求的最高理想。”

[11] 戴逸：《乾隆帝及其时代》，北京，中国人民大学出版社，1994。

图14 延薰山馆

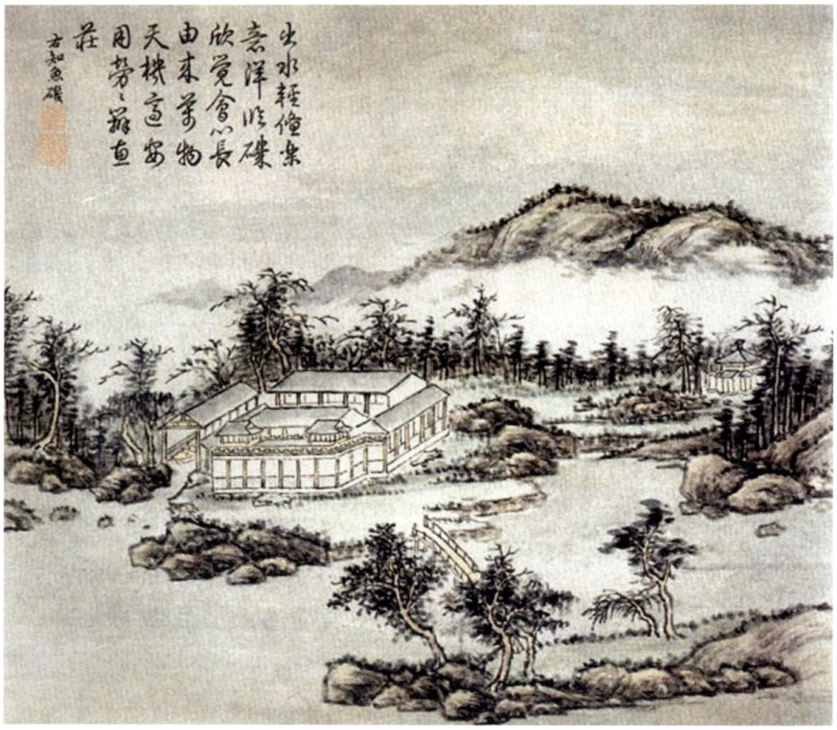

图15 知鱼矶

图16 濠濮间想

艺术的‘意境’。”[12] 所谓意境，就是客观的自然景象和主观的生命情调的交融渗化。

所示按照冯友兰先生的分析，“川上”意象、鸢飞鱼跃、曾点言志，以及后来王羲之的《兰亭集序》、陶渊明的《饮酒诗》等大量文学作品中的自然景物描写，都已经远远超越了道德境界而引向天地审美境界[13]。虽然天地不言，但主体的精神、情感通过参天地赞化育，依然可以与山川景物和自然生气同呼吸共流行，由知天、事天、乐天而达到同天——“万物皆备于我”的最高境界，在“其胸次悠然，直与天地万物上下同流”的人生愉悦中“各遂其性”，从中体会四时之运作、天地之大美的宇宙韵律和生命精神（图18）。

避暑山庄无处不在地表达着这样的意象。康熙皇帝在《避暑山庄图咏》中写道：“无刻桷丹楹之费，喜泉林抱素之怀。静观万物，俯察庶类。文禽戏绿水而不避，麀鹿映夕阳而成群。鸢飞鱼跃，从天性之高下；远色紫氛，开韶景之低昂。”乾隆《避暑山庄后序碑》中也提到“鸢飞鱼跃”的主题：若夫崇山峻岭，水态林姿，鹤鹿之游，鸢鱼之乐，加以岩斋溪阁，芳草古木，物有天然之趣，人忘尘世之怀，较之汉、唐离宫别苑，有过之无不及也。取自杜甫诗意的“水流云在”（图19）等众多园林景致，体现的正是这种和谐永恒的宇宙韵律和生命精神，是中国艺术创作的最高境界。

五、结语

以康、乾为代表的清代帝王，以其“移天缩地在君怀”的气魄，将清代皇家园林艺术推向历史的高峰。深入地评赏以避暑山庄为代表的清代皇家园林的艺术成就，解读中国古典园林的核心艺术精神和园林本质，对于继承、弘扬传统建筑文化都是十分有益的。

在康熙、乾隆为代表的清代帝王眼中，园林景观不仅仅是一处处优美的景色，而是诗、是画、是音乐，可以尽情抒写胸襟，挥洒那些极深奥、极抽象的人生理想与追求；园林在很大程度上是帝王在现实世界塑造的人间天堂，是文治武功、昭示天下的太平盛世，是怀柔安抚四海九州的盛大欢宴，更是身体的安顿和心灵的栖居。

图17 石矶观鱼

图18 孔子在川观水

图19 水流云在

[12] 宗白华：《宗白华全集》，第2卷，合肥，安徽教育出版社，1994。

[13] 冯友兰先生提出由低而高的“自然、功利、道德、天地”四种境界之说，详见：《冯友兰选集》，天津，天津人民出版社，1994。

Correct Naming of the Reliefs in the Sun Yat-sen Mausoleum

中山陵祭堂孙中山像基座浮雕正名

赖德霖(Lai Delin)*

提　要：众所周知，南京中山陵祭堂孙中山坐像及其基座四个侧面之上的六片浮雕为法国著名雕刻家保罗·朗特斯基（Paul Landowski，原译龙图氏，1875—1961年）的作品。但众所不知的是六片浮雕的设计原名。目前的定名为“出国宣传”、“商讨革命”、“国会授印”、“振聋发聩”、“讨袁护法”以及“如抱赤子”。考虑到这些浮雕是孙中山革命生涯的一个概览，现有标题图像学解释的不准确性以及作为一种叙述的不完整性则显而易见。如“讨袁护法”两个事件分别发生在1916年和1917年，而在护法运动中孙中山任护国军大元帅，浮雕像应着军服而非便装，且此后距他逝世尚有8年。根据座像基座设计图纸提供的法文标题，作者认为浮雕应重新定名为“乙未流亡”、“同盟之会”、“当选总统”、“一大会议”、“宣传主义”和“疗疾问苦”。前五片中孙着西装或中山装，表现的是他作为一位革命者的活动，第六片中他着长袍，强调了他作为一国之父的文化象征。

关键词：孙中山，中山陵，雕刻，浮雕，朗特斯基

Abstract: The works of the French sculptor Paul Landowski in the late 1920s such as the narrative reliefs on the pedestal of the sitting statue of Sun Yat-sen in the sacrificial hall of his mausoleum are assumably the representations of the key episodes in his revolutionary career. However, the current naming of these panels, which was publicized by the present administration office and widely accepted by visitors and researchers, appears incomplete chronologically and imprecise iconologically. For example, the last piece in the series is now labeled as "Speaking out against Yuan Shikai and protecting the constitutions." But it is questionable because these were two events that happened nine and eight years before Sun's death respectively, and during the second Sun was the Grand Marshal of the Constitutions-Protection Army and wore military uniform rather than the civilian attire as shown in the relief. Through the research of archives, the author discovered the original titles of these reliefs on the drawing of the pedestal design. They are "Departure into exile" and "The Tokyo conference" on the east, "Election of the president" on the north, "The Canton conference" and "President Sun Yat-sen explaining the Nationalist Program to the people" on the west, and "Dr. Sun Yat-sen caring for the sick and indigent" on the south. They epitomize Sun's uprising against the Manchus, his acceptance of the provisional presidency of the Republic of China from the congress, and his propagation of the Three Principles of the People among workers and peasants. The author hereby argues that these reliefs are the illustration of Sun's pursuit for the Three Principles, or nationalism, democracy, and people's livelihood, three terms that were also inscribed above the three arch entrances of the sacrificial hall. In addition, the south panel, the only one that features Sun in traditional style long gong and refers to no specific event, is more symbolic than narrative. It portrays him as the Father of the Republic of China, whose eternal image is on top of the pedestal.

Keywords: Sun Yat-sen; The Sun Yat-sen Mausoleum; Sculpture; Reliefs; Paul Landowski

* 美国路易维尔大学教授

图1

如果说文化遗物是时间上的历史在今天空间的存在，那么纪念物就是对一种历史的自觉选择、记录、阐释以及人为再现。如果说一个民族国家即为本尼迪克特·安德森（Benidict Anderson）所认为的一种“想象的共同体”，那么纪念物也就是维系这个共同体想象的一种物质纽带。中国民国时期最重要的纪念物无疑是南京的中山陵。作为中国共和之父的安息所在，它自建成之日起就是锚固全球华人国族认同的一个圣地。

中山陵的礼仪中心是祭堂，祭堂的中心是孙中山的白色大理石坐像。众所周知，这一雕像及其基座四个侧面之上的六片浮雕为法国著名雕刻家保罗·朗特斯基（Paul Landowski，原译龙图氏，1875—1961年）的作品（图1）。但众所不知的是六片浮雕的设计原名。

目前中山陵的导游说明及其他有关介绍，包括南京市档案局和中山陵园管理局编著的一些书籍都将这些浮雕依次定名为“出国宣传”和“商讨革命”（东侧），“国会授印”（北侧），“振聋发聩”和“讨袁护法”（西侧）以及“如抱赤子”（南侧）（图2~5）。浮雕命名体现了对于浮雕内容的图像学解释，所以这些标题无疑意在强调孙中山对于中国建立共和所做的贡献。它们的权威性之大，以至于不仅被广大旅游者所接受，而且还被现有关于中山陵的大部分学术研究采纳。这一命名的起始与依据尚待查证，不过它们是否就是雕刻发起者和设计人的原意却不能不令人追问。如果考虑到这些浮雕是孙中山革命生涯的一个概览，而“讨袁护法”发生在1916年和1917年，其时孙中山任护国军大元帅，浮雕像应着军服而非便

图2

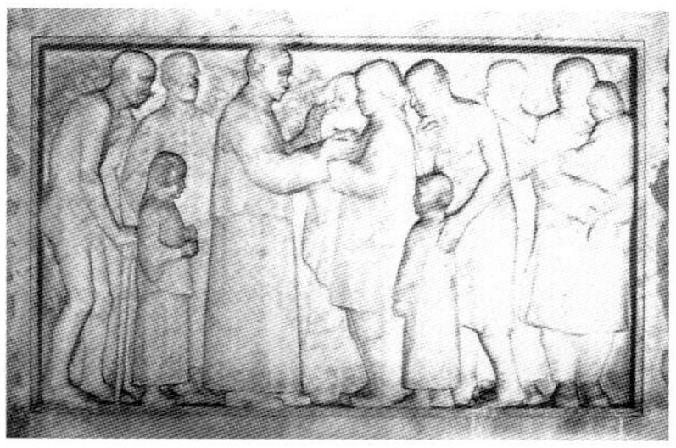
图5a

图3a

图3b

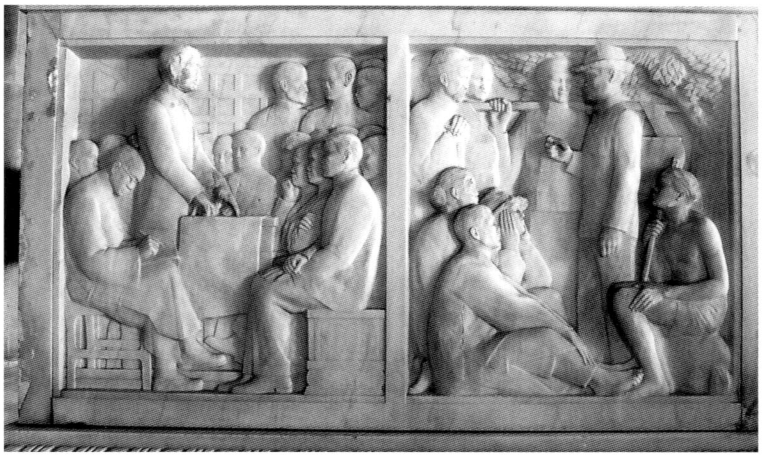
图4

图5b

图1 “法国雕塑家龙图氏在巴黎郊外别墅为中山先生造像”。图片来源：《图画时报》，1929年8月11日）
图 2 保罗·朗特斯基：“出国宣传”、“商讨革命”（现标题）/“乙未流亡”、“同盟之会”（拟改标题）。图片来源：建筑文化考察组编著《中山纪念建筑》（天津：天津大学出版社，2009年）
图 3a保罗·朗特斯基：“国会授印”（现标题）/“当选总统”（拟改标题）。图片来源：同图2。
图 3b保罗·朗特斯基：“国会授印”（现标题）/“当选总统”（拟改标题）（创作稿）。图片来源：同图1。
图 4保罗·朗特斯基：“振聋发聩”、“讨袁护法”（现标题）/“一大会议”、“宣传主义”（拟改标题）。图片来源：同图2。
图 5a 保罗·朗特斯基：“如抱赤子”（现标题）/“疗疾问苦”（拟改标题）。图片来源：同图2
图 5b 保罗·朗特斯基：“如抱赤子”（现标题）/“疗疾问苦”（拟改标题）（创作稿）。图片来源：同图1

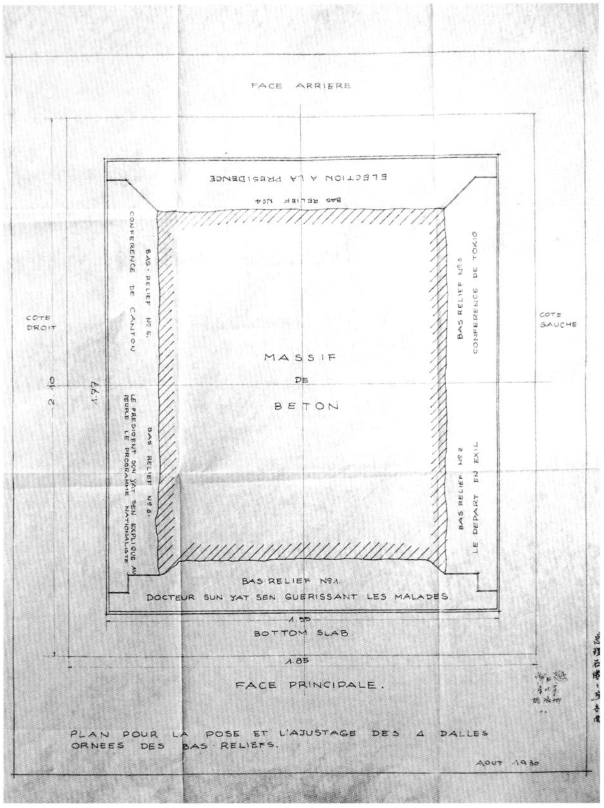

图6

图7

图6 彦沛记建筑师事务所（？）：“总理石像像座剖面”（南京市城建档案馆复制）。图纸来源：南京市城建档案馆档案，编号11100710090-005。

图7 中国国民党中央执行委员会宣传部：“依总理遗教训政”。图片来源：Harrison, The Making of the Republican Citizen, 218-219New York: Oxford University Press, 2000。

装， 且此后距他逝世尚有8年，现有标题图像学解释的不准确性以及作为一种叙述的不完整性则显而易见。

事实上六片浮雕的原标题早已在坐像基座的设计图上标明。这些图纸与大部分其他中山陵设计图纸现存南京市城乡建设档案馆[1]。图纸上标注的浮雕原名为法文，对应于目前的标题，它们分别是Le Départ en Exil（流亡国外）、Conférence de Tokio（东京会议）、Election à la Présidence（当选总统）、Conférence de Canton（广州会议）、Le Président Sun Yat-sen Explique Au Peuple Le Programme Nationaliste（孙中山总统向民众宣讲民族主义大纲，或可简译为“宣传主义”）以及Doctor Sun Yat-sen Guerissant Les Malaces / Doctor Sun Yat-sen soignant Les Maladies Pauvres（孙逸仙博士疗疾问苦，或可简译为“疗疾问苦”）（图6）。 参照孙中山的生平，我们不难判定，除“疗疾问苦”没有明确的时间地点所指之外，其他五个标题均与孙中山革命生涯中的若干主要事件有关。依时间顺序，“流亡国外”当指1895年第一次兴中会起义失败后他的流亡，这次起义历史上又称“乙未之役”，所以浮雕名也可另译为“乙未流亡”；“东京会议”当指1905年他在东京创办同盟会，所以也可另译为“同盟之会”；“当选总统”则是他在1912年就职中华民国临时大总统；“广州会议”当指1924年的国民党第一次全国代表大会，所以也可另译为“一大会议”；“宣传主义”则是表现他在同年1月至8月关于“三民主义”的系列讲演。

尽管这5片浮雕所表现的内容颇可以被视为对孙中山革命生涯的一个历史性概括，但它们在空间安排上又被分为三组，体现了孙的革命三个最主要的方面以及他对现代中国的三个基本理想。如东侧的两片表现了孙中山的反清革命以及他建立以“驱逐鞑虏，恢复中华”为纲领的同盟会，所以其主题当是民族主义。北侧的浮雕“当选总统”表现他受权国会，其主题当是民主与共和的一面。西侧的两片表现了他提出“三民主义”的国民党第一次全国代表大会和他在工农之中对于该主义的宣传，其主题则当是民生主义。因此概括而言，这些浮雕可以说是孙中山“三民主义”奋斗史的图解。而

[1] 南京市城市档案馆档案，编号11100710090-005。

“民族”、“民权”和“民生”六个大字也被镏金镌刻于祭堂入口的门楣之上。浮雕与这边些大字一样，突显了国民党人在孙中山的葬礼活动中对于这一思想的宣传。

“疗疾问苦”位于坐像基座的正前方。它描绘了孙中山面对贫苦的民众，正在伸手抚慰一位母亲怀抱中的幼儿。与另外5片浮雕所具有的叙事性不同，这一浮雕所表现的是一种象征而非一个历史事件，而这一象征就是孙中山的国父地位。尽管国民党正式明令全国尊称孙中山为“中华民国国父”是在1940年，但正如李恭忠已经指出，早在1925年孙逝世之初，各地的悼念活动已经广泛使用“国父”一词来称呼他。视觉材料中对于“国父”的表现同样出现于其葬礼。1929年6月1日中国国民党中央执行委员会宣传部发表的一幅宣传画就表现了孙中山正牵着一个象征“中华民国”的幼儿的双手步上“训政”的阶梯（图7）。不过，不同于宣传画和其他5片浮雕，“疗疾问苦”画面中的孙中山身着长袍和马褂。西装和中山装无疑表现的是孙作为国民党总理的现代政治家形象，而传统装束则强调了他作为一国之父的文化象征[2]。这一新形象最终端坐于祭堂之内，极目寰宇，手展宏图，接受着认同他的理想的人们的瞻礼。

中山陵还有另一尊白色大理石雕像，这就是墓室内的石棺上由旅沪的捷克艺术家高祺（Bohuslav J. Koci）雕刻的孙中山卧像（图8）。如果说高氏表现的是已故的总理，他的政治生涯可以用“乙未流亡”、“同盟之会”、“当选总统”、“一大会议”和“宣传主义”等五个片段简短概括，那么朗特斯基表现的则是永生的国父（图9）。国人永远不会忘记，他在那个灾难深重的时代，对于身处水深火热之中的民众的“疗疾问苦”。

图8a

图8b

图9a

图9b

图8a 高祺（Bohuslav J. Koci）：中山陵孙中山卧像，南京，1930年。图片来源：殷力欣先生惠赠。
图8b 现状
图9 朗特斯基（Paul Landowski）：中山陵孙中山坐像，南京，1930年。图片来源：殷力欣先生惠赠。
图9b 现状

[2] 另据最新披露的资料，朗特斯基同样认为他为雕像确定的服饰具有中国特质。正如他在1928年报10月15日的日记中所写：“从昨天忙到今天下午，终于将孙逸仙像的胸像做了重大的调整，同时我又叫Dulac做了一个穿西装的模型，的确很不相称。真惊讶地看到有些人自己无法判断什么是有价值的东西，他们往往会盲从地受到别人错误判断的影响，一定是因为这种感受使得这些中国人不得不希望一个穿西服的雕像。欧洲对他们有着强烈的吸引力和极大的魅力，他们会以为欧洲人瞧不起他们是因为穿着长袍马褂。他们却没有想到长袍马褂使他们保持了神秘和特色，也使别人对他们刮目相看。”见《法国大师坚持让“孙中山”穿上长袍》，《现代快报》，2011年3月16日。http://news.dsqq.cn/njxw/shxw/2011/03/160850112641.html

The Historical Context, Architectural Composition and Hypothetical Reconstruction of Ta Keo Temple-mountain in Angkor

柬埔寨吴哥古迹茶胶寺庙山建筑的形制与复原

温玉清(Wen Yuqing) * 侯卫东(Hou Weidong)** 顾军(Gu Jun)***

提　要：作为东南亚地区最重要的古代史迹之一，举世闻名的吴哥（Angkor）是公元9世纪至15世纪古代高棉帝国繁盛时期的城市与寺庙建筑遗迹。作为帝国的都城，以吴哥通王城（Angkor Thom）与吴哥寺（Angkor Wat）为代表的四十余组建筑组群及其数百座单体建筑遗构，散布在柬埔寨北部暹粒省逾400平方公里的热带丛林之中。吴哥古迹还包括公元9世纪至12世纪修建的罗莱池（Indratataka Baray）、东池（East Baray）、西池（West Baray）、北池（Jayatataka Baray）和皇家浴池（Srah Srang）等大型古代水利工程设施以及连通各地的道路、桥梁等交通设施，其中有些古代水利设施与道桥至今仍发挥着重要的作用。这些以石构建筑为主体的建筑组群，以其宏大规模和精美的雕刻昭示着古代高棉人民的智慧和创造天才，具有极高的历史、艺术和社会价值。1992年，吴哥古迹被列入《世界遗产名录》。

茶胶寺（Ta Keo Temple-mountain）位于吴哥通王城胜利门东约1公里处，寺西距暹粒河约500米，寺之东侧以神道与东池相接，东南与位于吴哥通王城东的塔布隆寺（Ta Prohm）、班迪克黛寺（Banteay Kdei）等著名寺院遥相呼应。作为国家寺庙的庙山巨构，茶胶寺依然延续着吴哥王朝肇始之初建造巴肯寺（Bakheng）与比粒寺（Pre Rup）时期的形制特征与工艺传统，其完全以砂岩构筑庙山中央五塔的做法，以及主塔四面皆出抱厦与回廊平面格局的出现，开创出庙山建筑新形制。

根据相关的考古调查与研究可以推测，茶胶寺庙山建筑有可能处于一组规模庞大建筑组群的中心，气势宏阔的建筑组群一直延伸到东池的西岸，毗邻东池的石构平台遗迹位于茶胶寺东西轴线之上，由两边列有界石的神道连接至茶胶寺的主体建筑，推测应为茶胶寺庙山建筑组群完整设计构图与建造格局的组成部分。茶胶寺庙山建筑往北经过一段茶胶寺和东湖之间距离相等的距离（大约500米），可以抵达暹粒河与东池之间的一片高地，即茶胶寺组群的北部边界。茶胶寺庙山西侧和南侧方向，也有情况类似的高地出现，推测应为茶胶寺建筑组群的围墙遗迹，惟因其西侧的暹粒河形成的天然屏障阻隔，在1000米×750米的矩形地块内，茶胶寺庙山建筑略偏向此轴线西侧，其间散布诸多与茶胶寺庙山建筑相关的遗迹。例如，东池西堤上的码头平台、东南方向的单独塔殿以及茶胶寺北部区域的建筑遗址等。

茶胶寺的寺名柬语发音为Ta Kev。一般的研究认为，“Ta”意为祖先，“Keo”的发音源自古代暹罗语，意为玻璃、水晶、宝物。因此，茶胶寺也被誉为“水晶之塔”，其最具特色之处即是须弥坛顶层的五座高塔，因为用硬砂岩建造而成，阳光照射下熠熠发光，茶胶寺可能因此而得名。茶胶寺碑铭（编号277）出现了“Hemadringagiri”和“Hemagiri”二词，经研究考证，“Hemadringagiri”一词意为“金角山”（Mountain of the Golden Horn），指Phimeanakas；而

* 中国文化遗产研究院副研究员
* * 中国文化遗产研究院总工程师
* * * 中国文化遗产研究院高级工程师

图1 茶胶寺庙山（陈鹤 摄）

“Hemagiri”意思是“金山”（Mountain of Gold），即指茶胶寺。

高棉帝国的国王罗贞陀罗跋摩（Rajendravarman，944—968年在位）将国都从贡开（Kor Ker）迁回耶输德哈拉普拉城（Yasodharapura，今大吴哥城范围），废弃了原来的巴肯寺，而在巴肯寺南北轴线与东池的东西轴线相交处新建了空中宫殿（Phimeanakas），并作为国寺（Vnam Kantal）以供奉象征国王和湿婆合体的Devaraja。

阇耶跋摩五世（Jayavarman V）于968年继位，起初仍以空中宫殿为国寺，并于975年开始营建自己的国寺——茶胶寺。阇耶跋摩五世信奉印度教中的湿婆神，作为国寺的空中宫殿与茶胶寺显然是为供奉湿婆而建。

在此之后的两位国王优陀耶迭多跋摩（Udayadityavarman，1001—1002年在位）和阇耶维拉跋摩（Jayaviravarman，1002—1011年在位），因其在位时间短，且政局不稳，茶胶寺工程未能继续，直至新国王苏利耶跋摩一世（Suryavaman I）时代的到来。

历经近10年战争，来自高棉帝国东部的苏利耶跋摩一世攻占吴哥地区，自立为国王。改朝换代给吴哥地区带来了许多变革。新建筑形式的引进与宗教的变革，成为促进该时期建筑趋向成熟的重要因素。在苏利耶跋摩一世即位之前，佛教势力已日趋膨胀，急于宗教改革。以苏利耶跋摩一世的即位为契机，国王获得强大的宗教势力支持。苏利耶跋摩一世继续启用婆罗门Sivaic家族的Sivacarya为祭司，以表明自己王位的正统。根据Kok Po碑刻记载，Sivacarya曾于公元978年接受阇耶跋摩五世指派负责空中宫殿工程，主要监督工程进度及质量。苏利亚跋摩一世还将自己的女儿嫁给国师尤基史跋罗·盘迪陀（Yogi·varapandita），在重启茶胶寺营建工程时，委任他作为工程负责人，但该项工程从未完成。

根据G. Coedès的碑刻研究，茶胶寺在苏利耶跋摩一世时期未能完工可能缘于建造过程中遭遇的一次雷击，为了祛除不祥之兆，还举行了一个赎罪仪式。虽然茶胶寺至今保持未完工的状态，但其后并未废弃不用，因为20世纪20～30年代的考古清理中，在茶胶寺曾经出土大量吴哥寺和巴戎时期的雕像，甚至还包括阇耶跋摩七世（Jayavarman VII）时期的碑刻等。

茶胶寺庙山建筑形制，按印度教神话中须弥山意象进行设计和建造，平面布局按照中心对称和轴线对称相结合的方式组织。整体是逐层收进的5层方形须弥坛，坛顶五座塔殿成梅花状布置，一、二层四周绕墙，在东西和南北轴线与其相交处均设有一座寺门，藏经阁和长厅建筑分布在东西轴线两侧，组群外壕沟环绕，东侧有长长的甬道，一直通向东池西岸，以码头平台作为结束。

纵观古代高棉建筑史，茶胶寺的经营与建设正处于庙山建筑形制的转型时期，其建筑形制与总体布局都发生了重要转变。首先寺门在茶胶寺呈现出新的建筑样式，不仅与须弥坛结合在一起，而且结合塔殿的形象形成了假层，空间跨度变小，寺门不再是通过性空间，而演变成为供奉祭祀神像之所，是构成庙山建筑的重要祭祀空间之一。其次，茶胶寺出现了十字等臂平面的塔殿，改变了早期寺庙中方形平面、单独入口的塔殿建筑形象，进一步丰富了吴哥建筑的设计技巧与造型语汇，这也是茶胶寺独特风格的重点所在。再次，茶胶寺首次出现了回廊建筑，回廊的出现更加凸显了庙山建筑的象征意义，同时规整了寺庙的整体布局，强调了组群的整体性。回廊取代了长厅，长厅建筑在茶胶寺之后的吴哥建筑中即行消失。

以装饰细节风格来看，茶胶寺属于吴哥艺术中的南北仓风格建筑。而茶胶寺建筑的未完成状态又赋予了建筑新的特征，形成独特的建筑风格。特别是须弥坛顶的五座塔殿，塔殿外立面上的山花和线脚只粗凿出了轮廓，形成刚硬有力的建筑造型。

庙山建筑是古高棉人山岳崇拜、生殖崇拜和信奉印度教的宗教观念相结合的产物。一般认为庙山建筑是印度神话中神山——须弥山在人间的摹写，其顶部塔殿供奉着湿婆的化身——林伽。在古代高棉本土的“神王合一”的观念中，庙山建筑又是神权和王权结合的地方。因此，庙山建筑的建造与经营，是信仰模式与王权政治的集中体现。作为国家寺庙，其供奉的对象是湿婆和国王联合的化身，湿婆赋予国王在人间进行统治的王权，国王正是依靠建立庙山建筑来彰显天赋神权。

庙山建筑组群的形制布局有其固定的组成元素：逐层收进的须弥坛、高耸的塔殿、围绕须弥坛四周的回廊及建筑外围的水池及壕沟。这些元素按照曼陀罗的空间形式以中心对称的布局模式进行布置。茶胶寺建筑组成中完整地包含了这些元素，各类元素具有不同的象征意义：须弥坛象征着须弥山——印度神话中的神山，高耸的塔殿象征着湿婆居住的地方，围绕的回廊是环绕世界的山脉，壕沟则是宽阔海洋的象征，当人们穿过象征海洋的壕沟的时候，心灵得到净化，以更加虔诚的心情迎接神的启示，进而完整地构筑起印度神话中神仙世界在人间的真实写照。

1993年柬埔寨内战结束，在联合国教科文组织的协调之下，包括中国在内的多个国家和国际组织代表在日本东京召开关于吴哥古迹保护与发展的政府间会议，会议发表《东京宣言》，联合国教科文组织成立专门的吴哥古迹保护国际协调委员会，以协调、评估和管理吴哥古迹的保护修复与研究。自此之后，保护修复吴哥古迹的大规模国际援助行动揭开了序幕。

1998年，中国政府援助柬埔寨吴哥古迹保护周萨神庙保护修复工程正式启动，这是中国政府首次大规模参与的文化遗产保护国际合作项目。在联合国教科文组织的协调下，中国国家文物局和柬埔寨吴哥古迹管理局（APASRA Authority）密切合作，由中国文化遗产研究院主持勘察、设计及施工的周萨神庙保护工程，工程历时十年于2008年末顺利告竣。周萨神庙保护修复工程基本恢复了寺庙原有建筑格局与艺术风貌，赢得了柬埔寨政府、国际组织以及各国同行的高度赞誉。

在完成周萨神庙保护与修复工程后，经中柬两国政府共同协商，中国政府选定茶胶寺作为援助柬埔寨吴哥古迹保护工程的二期项目，国家文物局和柬埔寨有关方面签署了援助项目的合作协议。2009年12月，中柬两国政府签署正式换文，双方确认由中国政府提供4000万元人民币援助经费，用于柬埔寨吴哥古迹茶胶寺保护修复工程。

自2007年至今，在国家文物局的具体指导下，作为中国政府援助柬埔寨吴哥古迹保护修复工程的项目执行机构，中国文化遗产研究院对茶胶寺庙山建筑进行了较为全面的前期研究工作，主要涉及历史、建筑、考古、结构工程、岩土工程、保护科学等诸多学科，取得了重要的阶段性成果。本文内容即是上述研究成果之一，主要围绕茶胶寺的历史地貌与建筑布局、建筑组群外部空间意象与形制源流等问题略作探讨，或可作为茶胶寺保护修复工程的参考。

1. Background

Angkor is one of the most important archaeological sites in South-East Asia, and has fascinated people all over the world since its rediscovery in the mid-nineteenth century. The Angkor site spreads over approximately 400 square kilometers and consists of hundreds of splendid monuments, and a powerful and sophisticated hydraulic system and communication network, fed by rivers running from the Kulen Mountain to the Tonlé Sap Lake. The hydraulic system was the most important factor for rapid population growth and the development of a strong agricultural system. From proto-historic times, trade connections established the sources and routes to promote "Indianization" influences in South-East Asia, such as the Hindu and Buddhist religions, the Sanskrit language, as well as cultural and social patterns. These influences were not only adopted, but, especially after the seventh century AD, transformed into a very characteristic regional culture. As far as possible, a comprehensive understanding of the history of Angkor has been obtained from the numerous chronological inscriptions of the ancient Khmer, historical documents of the Chinese chronicles, and the archaeological evidence in the site. Over several centuries, from the ninth to the fifteenth century, Angkor was the centre of the Khmer Empire. The history of Angkor can be roughly divided into three distinct periods: the pre-Angkor period (first to ninth century AD), the Angkor era (ninth to fourteenth/fifteenth century AD), and the post-Angkor era (about 1431 until today). Angkor is a unique concentration of features that testifies to an exceptional ancient civilization, especially to exemplars of Khmer architectural heritage that are closely linked to their historical, geographical and topographical context as well as being imbued with symbolic significance. Angkor is therefore a historic masterpiece of architecture exemplifying cultural, religious and symbolic values, as well as containing high architectural, archaeological and artistic significance. The archaeological site of Angkor was inscribed in the World Heritage List in 1992. Nowadays, as a coordinator of international community cooperation, UNESCO is fulfilling a crucial role in leading a wide-ranging program, developing conservation strategies and restoration guidelines to safeguard this tremendous site and its surroundings.

During the second phase of the Chinese Government Team for Safeguarding Angkor activities (since the end of 2006), the Chinese Academy of Cultural Heritage (CACH) and the

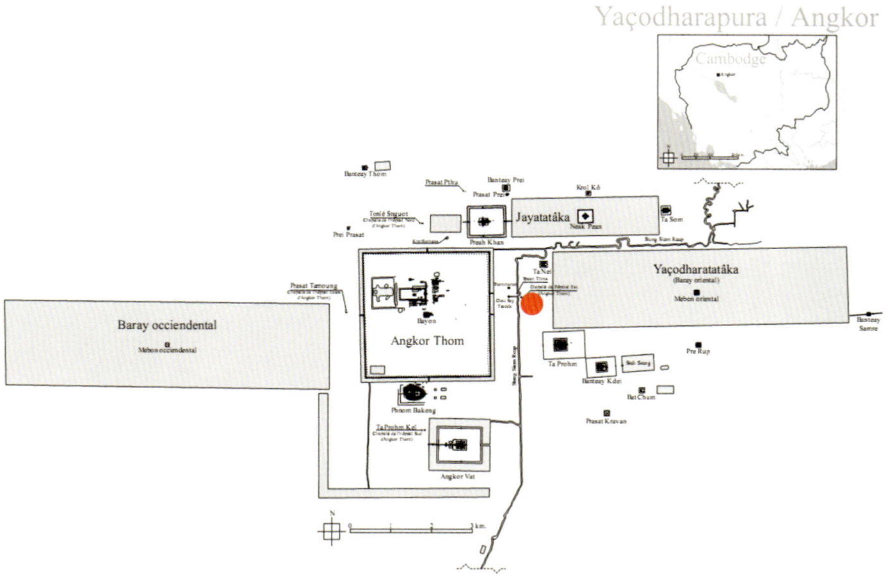

图2 茶胶寺区位图

图3 茶胶寺庙山外观（西北）

图4 茶胶寺古代高棉碑铭遗存

图5 茶胶寺庙山全景（陈鹤 摄）

Chinese Government Team for Safeguarding Angkor (CSA) have adopted a multi-disciplinary approach and comprehensive strategy for investigation, protection, and conservation of Ta Keo temple-mountain, one of the most precious and unique cultural heritage features within the Angkor World Heritage Site.

Many preliminary issues of historical context, architectural composition and hypothetical reconstruction of Ta Keo temple-mountain which partially constitute the CACH and CSA conservation strategies and restoration works are discussed in this paper. Following the documentation and scientific investigation of field missions over the past three years, the authors have carried out analysis and study of Ta Keo temple-mountain as follows: the historical, geographical and topographical context and position in relation to Angkor; the original site layout as a state-temple; the relationship between the Hinduism cult and architectural symbolism; and hypothetical reconstruction.

2. The historical, geographical and topographical context of Ta Keo temple and its position in relation to Angkor

In spite of the unknown reasons for Ta Keo temple remaining unfinished and abandoned soon after the start of its ornamentation, based on the remaining fragments, the currently accepted view is that Ta Keo temple-mountain dates to the end of tenth century AD and the early years of the eleventh century AD. The inscriptions in Sanskrit engraved on the entrance jambs of the inner eastern gopura, relating to donations made to the temple (but not to its foundation) indicate a date of 1007 AD.

"Ta Keo" is used for spelling the name of the temple under discussion. In fact, the temple-mountain has different Cambodian names with indistinguishable meanings: Preah Kèo, Prasat Kèo, Prasat Preah Kèo, Takèo, Prasat Takèo, Banteay Takèo. The last letter "o" of

Kèo could also be replaced by the semi-vowel "v", as in Jacque Dumarçay's treatise Ta Kèv (1971). According to the French scholars, Ta Keo means the ancestor of Keo, while the word "Keo" with its Siamese origin signifies glass, crystal, jewellery, gem, treasure or similar. Moreover, the temple might be named after the visual quality imbued by its greywacke construction, which gives the upper towers an impressive look as if they are "darker, denser, and more lustred than others" , even offering a glazed appearance.

The inscription in Sanskrit with its serial number 277 is the most important of historical records on the naming of Ta Keo temple. According to one interpretative study of inscription number 277, the true meaning of the two words "Hemadringagiri" and "Hemagiri" is "Mountain of the Golden Horn" which is a reference to the symbolism of Phimeanakas and Ta Keo temple in the ancient Khmer's spiritual world.

As the embodiment of the most unique feature of temple-mountains, Ta Keo temple is located in the central zone of the Angkor Site. Leaving eastward from the Victory Gate of Angkor Thom and crossing the Siem Reap River, one can reach Ta Keo temple within a 900-meter distance. The temple is located slightly to the west of the centre of its rectangular surroundings of 1000 × 780 square meters. The east boundary of the surrounding is the west embankment of the Eastern Baray (reservoir), where a dock terrace is exactly in the axis of the principal entry of Ta Keo Temple. Another dock terrace is 200 meters northward, located in the axis of Phimeanakas-Victory Gate of Angkor Thom. Furthermore, the west embankment is also noteworthy as crucial part of this territorial approach.

To the west of the surrounding lies a series of relics, including a hospital built in the period of Jayavarman VII. To the south-east there is a tower with an appearance quite similar to that of Ta Keo temple, and there are many other important relics to the south (Ta Prohm), north (Ta Nei and Neak Pean), and west (ChauSay Toveda and Thommanon) of Ta Keo temple's surroundings.

Such, a temple-mountain is a symbol of the sacred Meru Mountain of Hindu cosmology and Ta Keo was constructed in the end of tenth century AD as the state temple. The human royal beings were the subject of an apotheosis and the whole temple became a residence for them and other gods: it represented a cosmic mountain, a vertical world axis and symbolic mythological centre of the physical, metaphysical and spiritual universe. With these explanations in mind, it may readily be understood not only that the spatial, architectural, stylistic and ornamental principle of the temple is as important as its architectural form, but that the form and its connotative meaning are two sides of the same coin. The space, building, and ornamental style should be understood as a codified text or associative implication of significant religious, historical, ethical and normative mythological concepts. The magic function of the relief served as a royal and godly invocation and brought inanimate building materials to mythological life.

Beyond all doubt is the fact that Ta Keo temple is a typical example, representing the spatial, architectural, stylistic principle of temple-mountain layout and composition, with all its characteristics. Moreover, the unfinished state of Ta Keo temple has outstanding value for explaining how the ancient Angkorian construction came into being; it is the first realization in sandstone of such a structure (generally dedicated to deify nobility) after the Phnom Bakheng that crowned a natural hill serving as its core. Ta Keo temple is constructed with much more care in the systematic cutting and placing of enormous stone blocks, the arrangement of which can be viewed easily due to the absence of almost any molding or ornamentation; and the architectural ornamentation in the temple plays a critical role in its identity. Finally the religious and cultural symbolism of Ta Keo temple can be perceived as a synthesized reflection of Hinduism and local Khmer culture.

Originally, the access to the Ta Keo temple was, from the east, across a moat by means of a paved causeway, preceded by lions in the style of the Bayon and lined with boundary stones. About 500 meters further to the east is the bank of the Eastern Baray. The external enclosure wall forms a rectangle of 120 meters × 100 meters and is in sandstone on a laterite base. The second terrace dominates the first with an imposing molded laterite base and four axial sandstone gopuras. From the courtyard, standing in front of the three tiers that form the fourteen-meter-high central pyramid, one is left with a powerful impression. The upper platform is square and almost entirely occupied by the quincunx-shaped towers in their unfinished state. These open to the four cardinal points by projecting vestibules. The corner towers are set on plinths and are dominated by the central tower set on an elevated base, with the development of its porticoes and frontons adding to its grandeur. Fragments of pedestals and of Lingas are found both in and around the towers.

Leaving eastward from the Victory Gate of Angkor Thom and crossing the Siem Reap River, one could reach Ta Keo temple within a 900-meter distance. As a result of academic studies and archaeological survey, it is currently accepted that Ta Keo temple is the result of different historical components. Perhaps it had been the central area of a specifically large-scale urban planning of the Khmer Empire's capital, not withstanding the integrity of its layout which has completely vanished in the tropical forest. In the inaugural stage of construction, it is presumed that Ta Keo temple probably extended directly to the west embankment of the East Baray, where the dock terrace remains spanning the whole territory of the temple, along a west-east axis . An over 500-meter-long causeway leads to the East Outer Gopura of Ta Keo temple from the embankment of the East Baray. The main existing construction in the causeway is the remains of a cruciform terrace, made of three levels of molded laterite stones. The little construction which should have been built with a wooden structure pavilion upon the terrace was probably connected with a three-step stairs framed by string walls that supported stone lions. The lions were recorded and photographed during the excavation mission in the 1920s but are no longer in site. The stair attains its largest width (approximately ten meters) at the level of the causeway. Along the causeway there are some scattered boundary stones, as well as the debris of the laterite parapet. Archaeological survey finds the parapet seeming to stretch until the foundation of the Eastern Gopura of the first level of the pyramid, hence forming a semi-enclosed space regardless of the unknown height of the parapet. The scale of the parapet can be extrapolated from that in the Baphuon temple site.

To the north of Ta Keo temple, approximately 500 meters, a steep embankment was well connected between the East Baray and the SiemReap River, and presumably, it was the north boundary of Ta Keo temple at some time in the past. In the west and in the south it was not necessary to excavate to find similar landmarks of the boundaries of the earlier extent of the temple. Exceptionally, the Siem Reap River is the natural boundary to the west of Ta Keo temple. In the south direction, along the axis of the temple, a soil-paved road, 500-meter-long, remains. As a result of considering these features it is concluded that Ta Keo temple is located in the center of rectangular area (1000 meters × 780 meters) with a little offset to west side.

图6 茶胶寺庙山入口（陈鹤 摄）

图7 二十世纪初法国进行茶胶寺考古发掘旧影（法国远东学院提供）

图8 茶胶寺古代高棉碑铭遗存

Ta Keo temple is surrounded by a moat with a laterite embankment. The embankment of the moat in the west and south sides is seriously damaged, inadequate for us to deduce whether some paths once existed or not. What appears recognizable is the path across the east and north sides of the moat, and from the measurement of these surroundings, Ta Keo temple's site area can be calculated to be approximately 4.7 hectares. Its foundation shape is rectangular within the size of 106 meters × 121 meters, and its height from the top of central prasat to the ground is approximately 22 meters.

3. A brief chronological analysis of Ta Keo temple

In the light of a multi-disciplinary research project in 1934, the construction project of Ta Keo temple was believed to have been initiated in the late tenth century AD and terminated in an unfinished state in the early eleventh century AD. The construction processing was carried out mainly during the reign of Jayavarman V and that of Suryavarman I.

3.1 Pre-historical context of Ta Keo temple

It seemed to be a tradition in the Angkorian period that each ruler would establish one or more new Vnam Kantals, acting as the state temple, and facilitating worship of his own Devaraja, a symbol of the combination of the ruler and the Siva. Rajendravarman (who reigned 944—968 AD), for instance, moved his capital back to Yasodharapura (probably located where Angkor Thom stands today) from Kor Ker (about sixty kilometers north-east of Angkor, the second capital at Angkor which was built by Rajendravarman in the 960s AD), abandoned Phnom Bakheng, and then consecrated East Mebon (952 AD) on an artificial island in the centre of the Eastern Baray, Pre Pup (961 AD), and Phimeanakas (968 AD). The latter of these two is believed, by the modern scholarship , to be the state temple or to be the state shrine for worship of Devaraja.

3.2 Ta Keo project during Jayavarman V's Reign (968—1000 AD)

Jayavarman V succeeded to the throne in 968 AD, built a new capital on the west side of the East Baray, which he called Jayendranagari (city of Indra the conqueror) and utilized Phimeanakas as Vnam Kantal early in his reign. In 975 AD, he started to construct his own Vnam Kantal, the state temple, Ta Keo temple-mountain, which was dedicated to Siva some time around 1000 AD.

3.3 Suspension of the project

During the short reigns of the successors Udayadityavarman I (Reign 1001—1002 AD) and Jayaviravarman (Reign 1002—1011 AD), the construction of Ta Keo was suspended as a result of an unstable political situation and unceasing civil wars, which persisted until Suryavarman I came to the throne.

3.4 Resumption of consturction during Suryavarman I's Reign (1002—1049 AD)

Suryavarman I enthroned himself after victory in a civil war that had lasted for ten years. The dynastic changes brought not only new social reforms but also the new architectural or artistic forms imported from outside, and then it also boosted the maturation of Angkor architecture. Whereas Buddhist power expanded rapidly in the reign of the former King, Suryavarman I utilized the opportunity to reform religion so as to re-

图9 茶胶寺庙山局部（陈鹤摄）

obtain support from Brahmanism groups. Brahmanism groups were responsible for the formidable fortifications around his Royal Palace and state temple, the Phimeanakas, and also for the construction of the great Western Baray, extending over an area of 8.0 kilometers by 2.5 kilometers. In 1050 AD, his successor created a new and more impressive state temple, the Baphuon, to the north of the temple. Sivacarya enthroned the Brahmanism bishop with the patronage of Suryavarman I. To solidify his power, Suryavarman I married his daughter to his guru Yogiçvarapandita, who then was in charge of resuming the construction of Ta Keo and made use of the lower parts of the temple.

3.5 Terminating the project

The project had never been accomplished when it was terminated probably by reason of a lightning strike disaster. According to G. Coedès, studies on the ancient Khmer inscription with its number K277, an expiatory ceremony was held for conjuring away the evil presage, and in spite of this, the construction was still terminated.

3.6 Later Utilization

In the temple, lots of sculptures of Angkor Wat and Bayon Style as well as the inscription in the period of Jayavarman VII were found, which indicates that Ta Keo temple was not abandoned in spite of its unfinished state.

4. History of research and conservation on Ta Keo temple

Several brief introductions of Ta Keo temple have emerged in historical documents since its initial discovery in the mid-nineteenth century. For instance, in 1863, French Representative in Cambodia, simultaneous the chief of investigation team of Mekong River, Doudart de Lagrée marked the rough location of Ta Keo temple in the map of Angkor relics, and this was the first reference to the rediscovery or description of this temple in the modern historical documents.

After a decennary investigation following the same survey mission, F. Garnier, a member of Doudart de Lagrée whose expedition included a simple description of Ta Keo temple in the 1873 publication, entitled *Voyage d'Exploration en Indochine.* It was the first published description of Ta Keo and its main features: five rectangular platforms, an enclosed gallery dominating the second level, and five towers surmounting the upper level.

In 1880, L. Delaporte, another staff member of Doudart de Lagrée investigation team, published the first layout plan of Ta Keo temple, which was actually drawn by Ratte in 1873, in *Voyage au Cambodge-L' Architecture khmère.* This plan is almost useless because the monument had not yet been excavated from the covering tropical vegetation. And later, in 1883, J. Moura published some dimensions of Ta Keo temple with descriptions of the individual monuments and more complete documentation. In the preliminary study on the meaning of the temple's name, he suggested some elucidative introductions and presumptions, and he extolled admiration for the architectural values of Ta Keo temple. Meanwhile, he also noticed an offset phenomenon of east-west axis of the temple. However, J. Moura checked and modified the dimension of axis offset in his perception so much as to induce some errors of dimension.

After ten years, in 1890, Fournereau and Porcher cited the brief description by J. Moura in the publication of a research report, but did not correct any mistake of J. Moura's publication. In 1904, another comprehensive plan of Ta Keo temple was drawn by E. Aymonier. In the meantime, E. Aymonier also undertook a study on the inscription in Sanskrit at Ta Keo temple. In 1911, E. Lunet de Lajonquière had finished the publication entitled *Inventaire Descriptif des Monuments du Cambodge* in which Ta Keo temple site was registered with its serial number 533. Ta Keo temple was covered by the tropical forest at that time, and therefore his description of location was not quite accurate. In this publication about Ta Keo temple, another plan and section was also included, but the dimension still had many errors. By making modifications to the above-mentioned plan and with reference to Ratte's drawing, L. Delaporte finally finished the best of all the historical Ta Keo plans in 1920. He also attached an elevation of a reconstruction in the publication, which similarly relied on the investigation report of Ratte and Loedrich.

Once the former Cambodian territories, including the Angkor region, were returned by the France-Siam Treaty of 1907, the first director of de Conservation des Monuments du Groupe d'Angkor, J. Commaille, started to implement a project to clear the tropical vegetation which covered Angkor temples. Actually, before setting up the base of operations at Angkor, the École Française d'Extrême-Orient (EFEO) already began the process of eradicating undergrowth and felling trees in 1901. The process of removing and cataloging the fallen stones that had piled up on site was also begun in 1911. The restoration work at this stage consisted in resetting the stones in their original positions. As a unique feature of typical temple-mountains, it is certain that Ta Keo was included in Commaille's grand plan of excavation and conservation.

Unfortunately, J. Commaille was murdered in 1916, so leadership was taken up by H. Marchal in cooperation with C. Batteur's team, de Conservation des Monuments du Groupe d'Angkor, and together they undertook the excavation missions at Ta Keo temple and continued the field work until the end of 1923. During the excavation process, much bulky humus-soil had to be transported away and then the fallen stones and scattered components were piled up with tidy cataloging. Meanwhile, during excavation, a tower was detected in the southern area of Ta Keo temple, and this tower was given a registered number of No.54 in either H. Marchal's plan or G. Trouvé's plan. In April of 1929, H. Marchal had also found a terrace located in not only the western embankment of the East Baray, but also in the main axis of the temple. In the northeast corner of Ta Keo, other smaller relics were detected as late as 1936, but hereafter no further relics or new features of importance were discovered. Another documentation mission for Ta Keo was undertaken by H. Parmentier in 1927. He did not issue any formal publication although he did produce a great deal of sketches. Fortunately, the detail of the above-mentioned activities was recorded in the EFEO's journal entitled *Rapports d'Angkor.*

Deserving acknowledgment, Gilberte de Coral Remusat, V. Goloubew, and G. Coedès launched a chronological study of Ta Keo inscriptions in Sanskrit and ascertained its construction time in 1934. Subsequently, G. Coedès continued to study eight inscriptions in Sanskrit at Ta Keo temple, and translated the full text of the inscriptions into the French language in 1952. Subsequently, either Glaize Maurice or H. Marchal issued a brief introduction of Ta Keo temple in their publications. They had modified the errors of Ratte's plan, and re-drawn a new plan of Ta Keo, which preserved the offset of east-west axis and corrected the location of associated buildings in the outer enclosure.

At the end of the 1960s, J. Filliozat and B. P. Groslier entrusted Jacques Dumarçay with the investigation, survey and documentation of Ta Keo temple and missions were undertaken in 1967 and in 1969. Consequently, *Ta Kèv: étude Architecturale du Temple* was published in 1970 providing not only the accurate dimensions but also detailed descriptions of Ta Keo temple, with abundant measurement data and survey drawings. Prior to the CACH and CSA conservation and restoration project, Jacques Dumarçay's publication was the most perfect documentation work for Ta Keo temple.

As mentioned above, a lot of study has already been done to identify issues and research of the early twentieth century. Owing to the leadership of H.Marchal and the cooperation with C.Batteur's team, de Conservation des Monuments du Groupe d'Angkor, had

图10 茶胶寺一层台基尚未完成的雕刻

图11 茶胶寺台基雕刻（陈鹤 摄）

always undertaken the excavation missions and conservation projects that included Ta Keo temple in Angkor site until 1923. The excavation mission of Ta Keo temple was recorded in the staff member's detailed journals. The fallen stones and scattered components were transported away from the gaps in the temple's northern and southern sides, and were then piled up inside an area of low land around the temple site with tidy cataloging. In April of 1929, the excavation team found a terrace which was located in not only western embankment of the Eastern Baray but also the main axis of the temple. In the northeast portion of Ta Keo, other smaller relics were detected as late as 1936, but, hereafter, no further relics or features of importance were found at Ta Keo temple site.

As a result of this excavation team's careful work almost all of the observable fallen stones and scattered components have been found in conformity with records of the excavation work, and their former locations can be ascertained. Meanwhile, the excavation team had also undertaken another mission that was for consolidation works, mainly in dangerous structural parts, adopting two techniques. One was to erect concrete pillars for the sake of supporting collapsed structures or the declined walls and take up the task of removing the fallen stones from the upper terrace; another was to install iron hoops to strengthen the stonework and reinforce cracked stone components in order to prevent further deformation or decay. As much as the work was limited by the technology available at that time, these temporary consolidation techniques could not provide the ultimate solutions for the structural damage that presented a danger, these consolidation methodologies produced a positive effect in maintaining the structural stability at Ta Keo temple, and their contributions still have considerable value from today's viewpoint.

No major project was undertaken from the end of the 1940s to the 1960s, besides the clearing of vegetation and small-scale consolidation or reinforcement of structures. Later, during the dark years of the Khmer Rouge, when Cambodia became isolated from the rest of the world, many archaeologists were killed, and all research and conservation activities in the country ceased.

Since the 1990's, once Angkor was inscribed on the World Heritage List, it was necessary to establish working mechanisms to promote national and international collaboration. Some excavation and consolidation works were resumed at Ta Keo temple. For example, brickworks were used to provide support in the gaps created by collapses on the four corners of second foundational terrace in order to reinforce the corner tower against structural deformation or deterioration. Many imminent danger zones were shored up with wooden frameworks in order to prevent the further declination of walls and collapse of structures. Through the implementation of these considerable consolidation works, a positive effect was made in preventing further deterioration of Ta Keo temple.

5. Architectural study and hypothetical reconstruction of Ta Keo temple

Ta Keo temple is a pyramid of five-level reaching a total height of 22m. The first two levels form the base of two enclosures with eight in-axis gopuras, the outer enclosure is surrounded by a simple wall and the inner enclosure is surrounded by a rounding gallery. While the last three, though proportionally smaller, are a massive artificial platform for the sanctuaries with a quincunx-shaped layout, that is, with five prasats on the top level of a pyramid platform.

图12 茶胶寺庙山建筑形制复原

图13 茶胶寺整体规划布局复原

The plan dimensions of the three levels of the pyramid platform are: the first level, 121 meters × 106 meters; the second level, 94.8 meters × 89.6 meters; the third level, 60.5 meters × 59.3 meters. The plans of the monument are not rigorously symmetric: not only are the upper levels obviously offset to the west, but are also slightly offset to the south. The height of the three levels from lower to upper are: 2.24 meters, 5.41 meters, and 13.9 meters. The upper level could be divided by three gradients of 5.68 meters, 4.61 meters, and 3.61 meters; the gradients themselves could be further divided respectively by string walls in height: 3.18 meters, 2.51 meters, 2.64 meters, 1.96 meters, 2.18 meters, and 1.42 meters. Adding the 21.20- meter-height of the central tower to the height of the upper level, the monument attains its total height of 42.55 meters.

The monument retains its unfinished state, especially in the aspect of architectural decoration. Some of the decorations remain the roughly-cut state. The most delicately-carved decoration can only be found on the eastern side of the pyramid. In general, the decoration appears more in the upper part of any architectural elements than in lower part, and more on the on-axis gopuras than those off-axis ones.

5.1 Architectural Inventory and Analysis

5.1.1 Temple-mountain architecture

The emergence of Ta Keo markes the mature form of the temple-mountain. Ta Keo is a milestone during the evolution of temple-mountains, along with the earlier Pre Rup, its contemporary Phimeanakas, and its successors Baphuon and Angkor Wat. For the first time, Ta Keo combined the pyramid with the enclosed gallery, which became a typical feature of the Angkorian architecture.

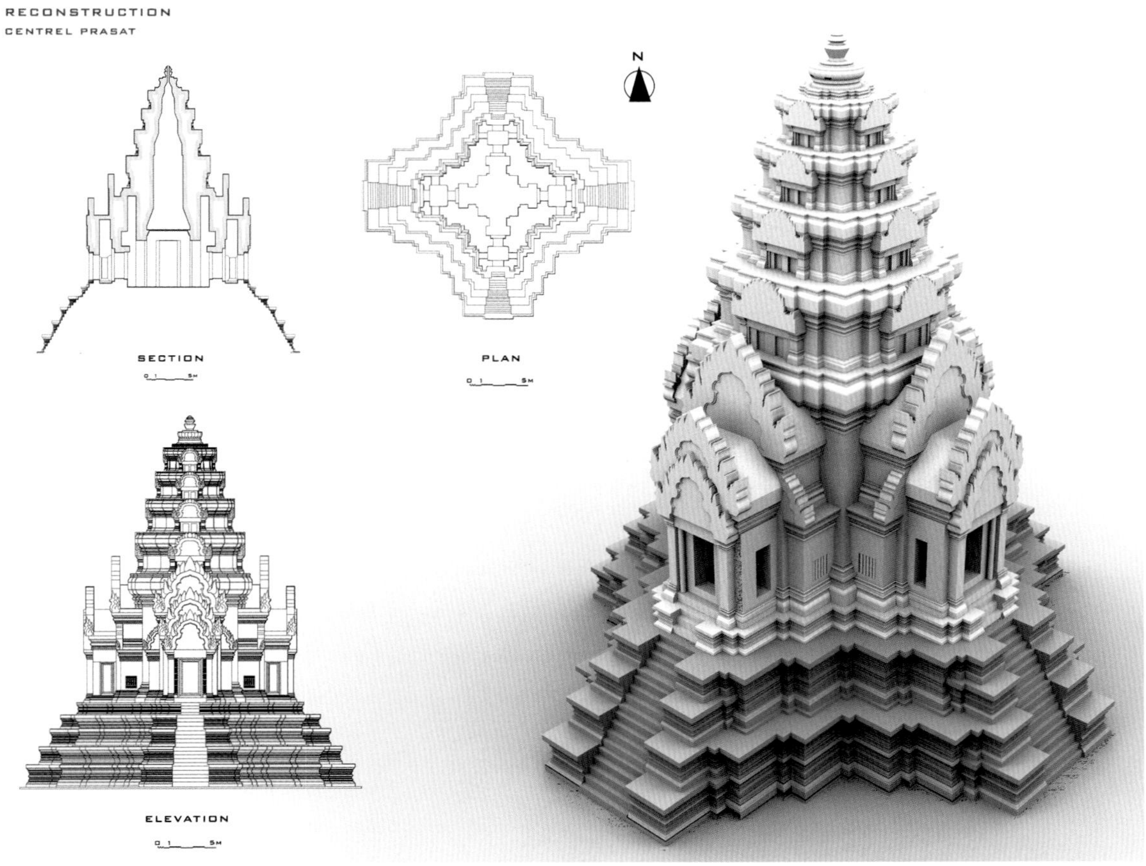

图14 茶胶寺中央主塔现状及复原

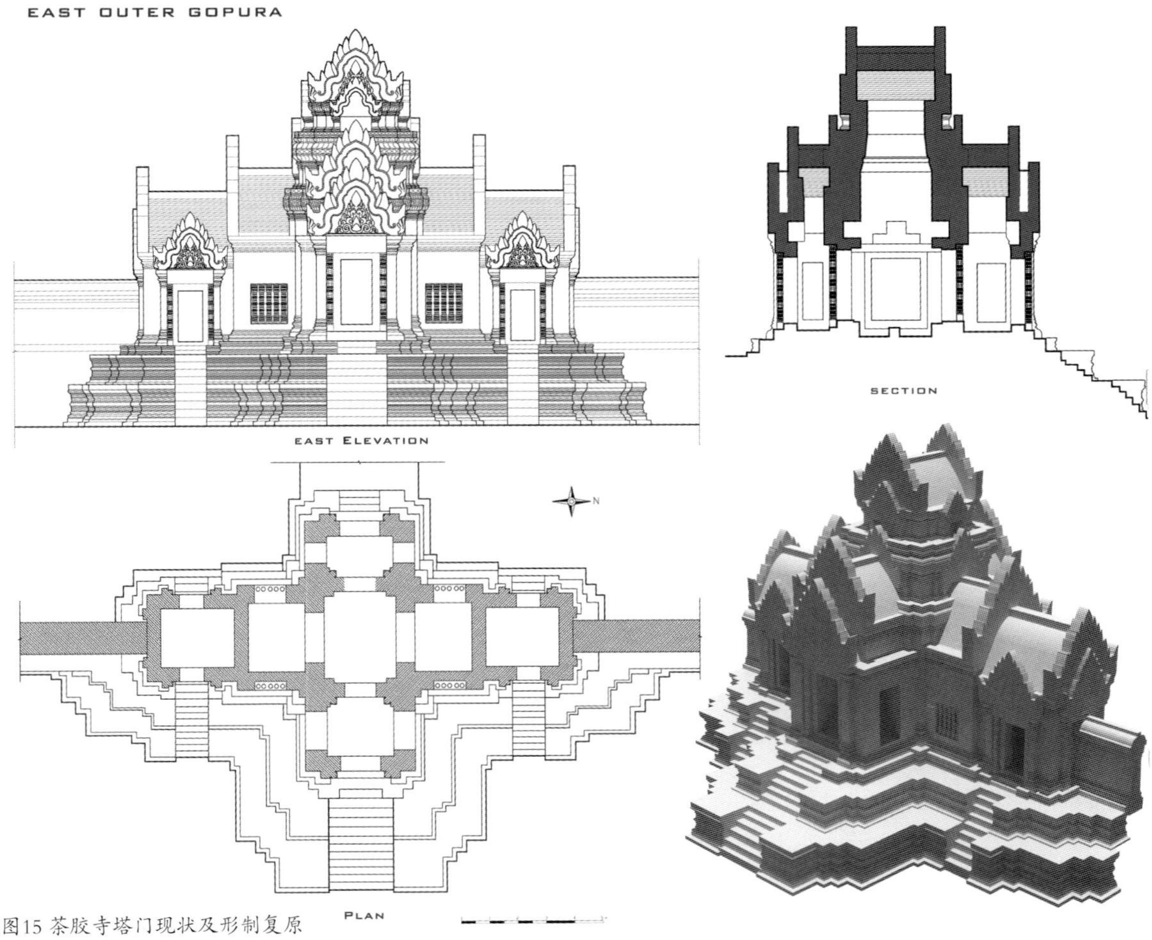

图15 茶胶寺塔门现状及形制复原

Meanwhile, the enclosure wall was replaced, and the long hall, found in its predecessors, lost its popularity.

5.1.2 Site plan

In Ta Keo temple, the integrity of the monument was largely strengthened in design by combining the gallery together with the four corner towers in the second floor as well as the gopuras in both the first and second floors. The central prasat (tower and sanctuary combined) on the upper level, became the core space of the temple-mountain architecture through the development of its cruciform plan with porches and doors opening in four directions.

5.2 Other Issues

5.2.1. The first floor of the pyramid

A series of regularly-arranged holes can be observed on the first floor near the western and southern entries, and some of them are overlapped by the enclosure and gopuras of the first level. The diameter of these holes varies from 330 mm to 640 mm. Based on such observation, it could be inferred that there were once wooden long halls. The halls must have been removed before the enclosure and gopuras were erected. However, the initial function of the wooden long halls along with the alteration date remains unclear.

5.2.2. The second floor of the pyramid

Some relics on the second floor were discovered forming a part of the foundation of constructions that relate intimately to the enclosed gallery. A possible conclusion is that there once existed long halls in the identical configuration of Pre Rup and Eastern Mebon. Furthermore, it seems reasonable to deduce that the constructions on the second floor firstly emerged in the form of long halls (in Jayavarman V's reign) and were later replaced by the enclosed gallery. (in Suryavarman I's reign)

5.2.3. Prasat

Five prasats arranged in a quincunx-shape are made entirely of a kind of very hard sandstone, namely Graywacke. They had a cross-shaped plan and the cell was preceded by four porticoes. In the central tower, which stood on a double crucifix-shaped base platform, there are four vestibules between the cell and the porticoes. The roof, which consists of four gradually diminishing tiers, culminates 45 meters above ground level and is impressive and almost cyclopic in its bare, unfinished state. It can be observed that the remarkable material applied in the base part of the five prasats is different from that in the upper part: arkose for the former and greywacke for the latter, with a noticeable division line. The idea behind this choice of different materials is still unclear.

5.2.4. Gopura

There are a few door frames in the gopuras that have been chiseled and partly cut away at the height of approximately fifty centimeters. According to Dumarçay, this might be due to the religion conversion and consequently the displacement of original large-dimension sculptures (such as statues and linga) and pedestals. Without more evidence, such hypothesis is somewhat far from being proved. (Fig.8)

5.2.5. Library

Two libraries have an interesting structure with a single room inside, but from the outside, because of the two lowered half-barrel vaults resting on the perimeter walls, they appear to have a nave and two aisles.

5.2.6. Gallery

The second level rises to height of 5.8 meters and has an innovative feature, namely a rounding gallery measuring 81 meters × 74 meters with a false vaulted ceiling of corbelled bricks, and blinds colonnaded windows on the inner side.

Conclusion

The emergence of Ta Keo marks the mature formation of the temple-mountain. Ta Keo is a milestone during the evolution of temple-mountains, along with its anterior Pre Rup, its contemporary Phimeanakas, and its successors Baphuon and Angkor Wat.

For the first time, Ta Keo combined the pyramid with the enclosed gallery, which subsequently became a typical feature of the Angkorian architecture. Meanwhile, the enclosure wall was replaced, and the long hall found in its predecessors lost its popularity.

It is well known that Southeast Asia experienced a thorough Indianization, during which process the worship of Shiva, Vishu, and Buddha with the Hinduism and Buddism origins could be found spreading through all social classes in Khmer Empire. The prasats of Ta Keo, with its quincuncial configuration, reflected a mixture of the religious symbolism of Hinduism and local Khmer culture. The central prasat was consecrated for the linga merging both the Shiva worship and local Khmer phallicism, hence being regarded as the embodiment of the king, or more precisely, the king-god. Besides, the linga symbolized strong fertility bringing prosperity to the empire and consolidating its domain. The prasats in four corners offered sacrifice to the ancestors, which was a fundamental tradition in Khmer culture.

The hydraulic system is one of the greatest achievements of the Khmer Empire. The system comprises a crisscross network of canals, various reservoirs, and other water facilities such as moats, ponds, and dams. Within the topography of the Angkor area, there are three huge reservoirs located, East Baray, West Baray and North Baray, among which the first is specifically linked with Ta Keo. East Baray firstly came into being at the end of the ninth century, and was subject to a major restoration during the reign of Rajendravarman II (944—968). In 978, when Jayavarman V began to implement the project of Phimeanakas, he determined the orientation of the temple in accordance with the east-west axis of East Baray. Such a link was particularly emphasized by a dock terrace in the west dyke of East Baray. It is therefore unsurprising to find that the construction of Ta Keo was in a very similar manner to that of Phimeanakas.

The high development of the hydraulic system was stimulated not only by the practical benefit but also by the profound cultural impetus. On one hand, the hydraulic system is so indispensable in the rice cultivation in Southeast Asia even nowadays; on the other hand, water has thus been endowed as a generative power and even a deity. Temples were always built along rivers and barays, and moats and ponds were often dug in and around the building group. As for the linga that was mentioned earlier, while the prasat containing a linga was regarded as a space "being in seed", the seed germinated after a ceremony of cleansing the linga with the water. A typical example can be seen in the "Rivers of a Thousand Lingas" at Kbal Spean or at Phnom Kulen, where creek water flows over the riverbed carved with thousands of lingas, so to purify and to catalyze those "seeds".

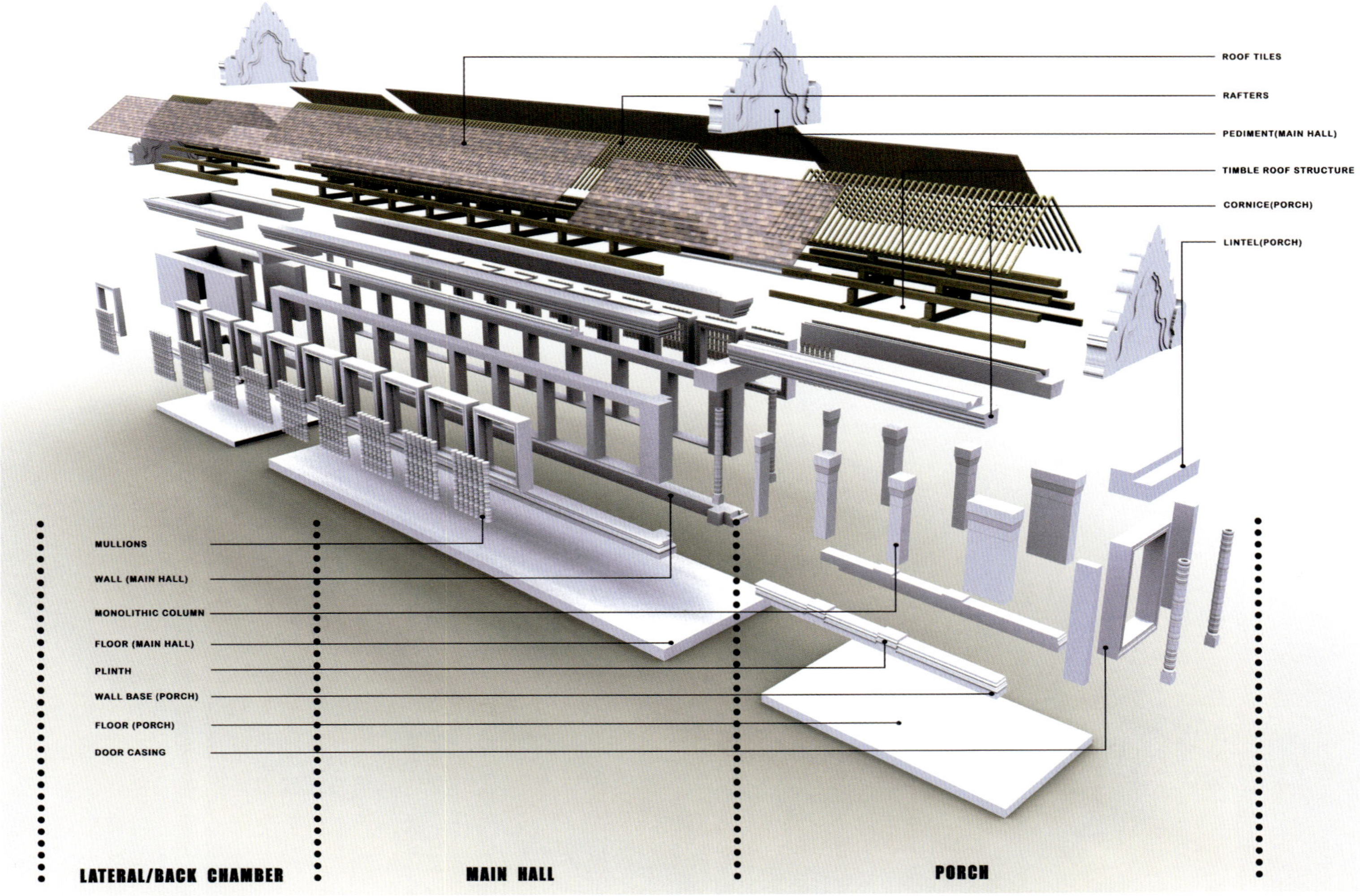

图16 茶胶寺长厅现状及形制复原

Review on Development of Ancient Korean Architecture

朝鲜半岛古代建筑发展之今日反照

李华东（Li Huadong）*

提　要：通过对朝鲜半岛古代建筑文化发展过程的分析，并将其与中国当代建筑文化的发展状况作比较，可以说明：没有坚实的民族文化基础的发展只能受外来强势文化的左右，而为了夯实民族文化基础，一是需要对文化遗产加以有效的保护，二是需要不断地自主创新，才能发展出适应时代要求、保障民族未来所需的文化实力。

关键词：朝鲜半岛古代建筑，中国当代建筑，文化遗产保护，自主创新

Abstract: By comparative research on ancient Korean and contemporary Chinese architecture, We reach a conclusion that: development without solid national cultural foundation is destined to be controlled by foreign strong culture. In order to strengthen national culture, We should protect nation's cultural heritage as well as keep endless independent innovation to maintain cultural power which is a must for nation's future development.

Keywords: Ancient Korean architecture; Contemporary Chinese architecture; Conservation of cultural heritage; Independent innovation

前言

“以史为鉴，可以知兴替。”历经岁月消磨和人世沧桑而幸存的建筑遗产，承载了丰富的历史信息，是我们了解过去、思考今天、规划未来的重要参考。例如，近现代中国、朝鲜半岛、日本之不同发展轨迹以及今日东亚之形势和未来走向，虽有历史学家指出带有一定的偶然性，然而究其实际，这些不同皆是千百年来所种下的“因缘”所结之果。而这种“因缘”，在“木头的史书”——中国、朝鲜半岛、日本的古代建筑中，已然记载得明明白白，只是需要我们更耐心细致地解读。

笔者对朝鲜半岛古代建筑文化的粗浅研究，即是这种解读的初步尝试。朝鲜半岛的古代建筑文化，因其特殊的历史地位，在今天亦能给我们有益的启示。一则中国当代建筑文化的困境与之何其相似，这对于清醒地认知我们当代的建筑文化是极具价值的参考系；二则其发展过程又一次提醒我们强化文化实力和保卫文化疆域的重要性，具体到建筑领域而言，就是建筑文化遗产的研究、保护和价值传播，在强势文化日益动摇着我们精神自立的时代中，具有何等关键的意义。

限于篇幅，难以详述那些作为论据的具体建筑现象，仅以不成熟的“心得”就教于诸位方家。尽管这些“心得”与建筑史的研究本身并无直接的关系，而且早已不言自明，但笔者仍不惮喋喋，以朝鲜半岛古代建筑文化的发展为镜鉴，再一次加以强调。

一、强势文化左右下发展的朝鲜半岛古代建筑文化

中国古代建筑文化就大体而言，是自律发展、自我成熟的。从世界的范围来看，中国虽然堪称幅员辽阔，但在古代的信息交流条件下，却可以被视作一个相对封闭的地理单元。在外来因素成规模地侵入这个地理单元之前，其文化已经趋于成熟。其后的发展是一贯的、自主的，长达两千余年的发展中形成了一整套的思想、制度以及与之相应的形制与工艺，并在相当长的历史时期中，成为占有支配地位的强势文化。早熟而且强势的中国文化使得外来因素只能作为一种补充和点缀，没有对中国古代建筑文化的发展产生过决定性的影响（如佛教对中国与对朝鲜、日本截然不同的影响可为

* 北京工业大学 建规学院

一例）。

与中国古代建筑文化的自律发展相反，朝鲜半岛古代建筑文化就大体而言，始终是在中国强势文化的左右下成长。一则朝鲜半岛上统一民族意识的形成，要晚到统一新罗之后（相当于中国的唐代），民族意识长期处于较弱的状态；二则其文明的发展起步晚、发展缓慢，当中国文化臻于圆熟之际，朝鲜半岛还几乎处在婴幼儿时期，极易受“成年人”的影响。因此在相当长的历史时期内，来自中国的文化因素是决定性的。比如，儒学作为朝鲜社会意识形态地位的确立，甚至改变了其过去的婚嫁方式，进而对其村落布局和住居建筑产生了重大的影响。

由于是在强势文化的主导下被动地发展，因此朝鲜半岛的古代建筑在总体上并不具备内在的连续脉络，其各时代的建筑文化，基本上是对当时中国建筑的片断式引进。如在汉四郡的统治下，秦汉建筑形式与技术的传入，迅速将朝鲜半岛的建筑直接从原始穴居状态提升到地面木结构建筑时代。中国南北朝的对立在朝鲜半岛建筑中也得到体现：在高句丽政权控制下的朝鲜半岛北部的建筑风格与技术呈现出北朝的特点，而在半岛南部百济的疆域内则表现出浓厚的南朝建筑的性格。随后中国又一次进入大一统的时代，在盛唐光辉的照耀下的统一新罗建筑则随之表现出刚健的唐风，其都城规划、宫阙建设、园林构筑、木构建筑形制与技术均以唐为蓝本。此后的高丽建筑则在消化和吸收统一新罗文化积淀的基础上，继续追随中国文化的正统（南宋）因而揉合进了中国江浙、福建等地区性的建筑手法；明代的建立再次成为朝鲜半岛建筑文化发展的转折点，带柱间科的“多包系建筑”一夜成为其木构建筑的主流（图1），如此等等。

但是，朝鲜半岛的古代建筑文化毕竟表现出自身的一些特征，而且这些特征在今日被有意识地加以放大并成为朝鲜半岛文化“固有性”、“创造性”论点的支撑。然而，若对这些特征详加研究，大致可归结为如下几类。

一是中国建筑文化对朝鲜半岛具体地形、气候、社会条件的适应性变化，这些变化大到城市的布局形态，小到木结构的具体做法，均有所体现。例如，从留存至今的朝鲜半岛木构建筑来看，其构架系统的一个重要特点是，绝大部分建筑中只使用长椽、短椽两根椽，甚至景福宫庆会楼这样大进深的建筑，也只使用两椽。一则朝鲜半岛建筑规模一般较小、进深不大，因此没有必要像中国建筑那样由若干段椽随抬梁形成屋顶曲线，只需使用一根短椽（脊椽）和一根长椽（檐椽）即可完成屋面的举折，使得抬梁构架变得更为简单而直接，不需要复杂的设计即可施工（图2a）；二则因为不必裁弯取直、截长就短，也不必对木材作深加工，因此对木材的利用效率更高；三则因为不需要像中国那样成批地加工椽子，这样大大简化了椽的制作和安装过程，用较少的人力、一般水平的工匠也可进行建造。到朝鲜时期，许多建筑干脆连飞子也省略了，檐口那些直接使用原木的粗大椽头，也成为朝鲜半岛木构建筑的明显特征之一（图2b）。

二是在具体的财力、物力和技术能力限制下产生的特点，主要表现为对中国建筑形制的省略和简化。例子之一如颇具特色的朝鲜半岛石塔。佛教初传朝鲜半岛之时，中国楼阁式

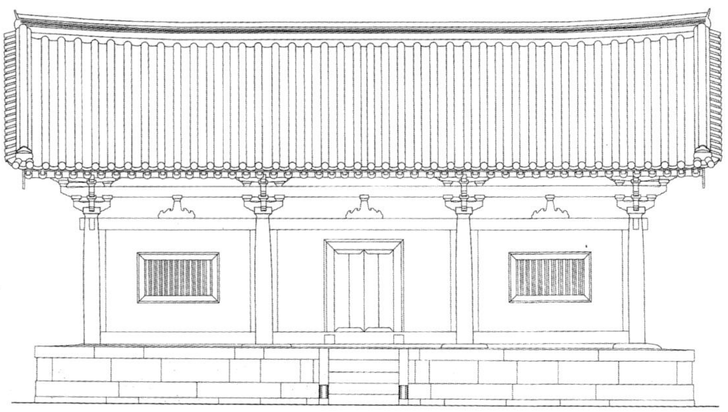

图1a

图1b

图1 片段式发展的朝鲜半岛古代建筑：高丽至朝鲜的迅速嬗变
a.唐风余韵的凤停寺极乐殿（高丽末期）
b.明代性格的凤停寺大雄殿（朝鲜初期）资料来源：《凤停寺极乐殿修理工事报告书》

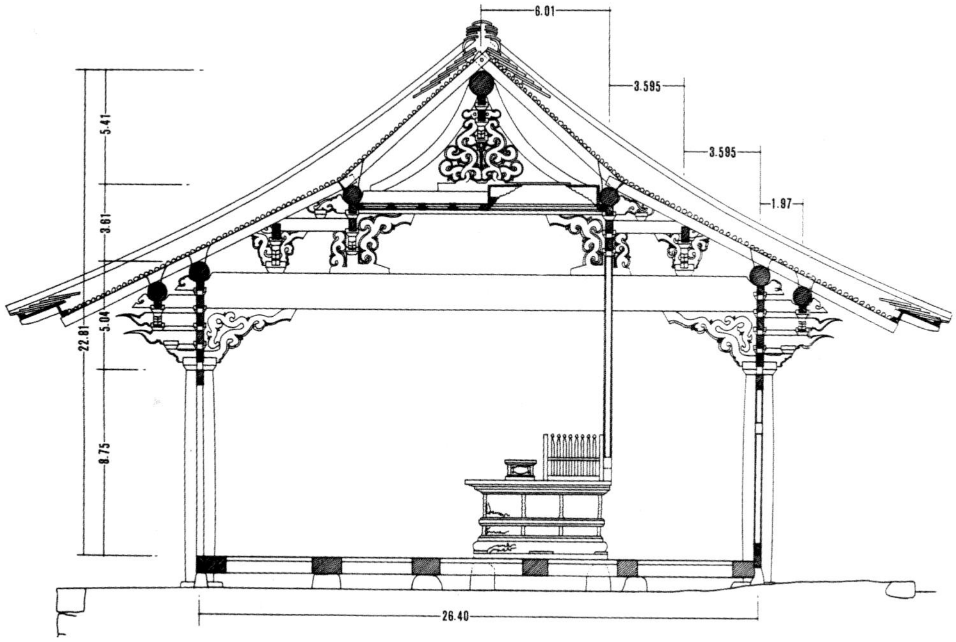

图2a

图2 中国建筑形制对朝鲜半岛自然社会条件的适应
a. 江津无为寺极乐殿断面图（资料来源：《韩国的建筑》）
b. 禅云寺大雄殿檐口细部

图3 对中国建筑形制的简化
a.庆尚南道庆州感恩寺石塔
b.京畿道水原华城八达门剖透视（资料来源：《京畿道指定文化财实测调查报告书：华城八达门》）

木塔的形式和技术已发展得比较成熟，因此一并为朝鲜半岛所接受。高句丽平壤时期、百济和新罗的主要寺刹均建有木塔，有的规模还相当之大，堪与中国比肩，如益山弥勒寺中院木塔、庆州皇龙寺木塔。但是，建造木塔需要的技术非常复杂，需要动用大量的财力、人力，而且容易被火灾和地震毁坏，因此百济、新罗末期，在对中国楼阁式木塔进行简化和缩小规模的基础上，以石材代替木材，对中国的楼阁式木塔进行写意，发展出具有朝鲜半岛特色的石塔，这些特色主要包括较小的规模、没有塔内空间、不能登临等（图3a）。例子之二如朝鲜半岛各地的城楼，因其城垣规模并不大，城楼皆仅取中国式城楼的意向（最明显者就是重檐），规模大为缩小，内部空间低矮，并不负担实际功能（图3b）。

三是其都城、宫殿、礼制建筑、陵墓等受到与中国的礼制秩序局限而表现出的特点，如城门制度、宫殿的规模与形制、陵墓的规模与制度等。如景福宫是朝鲜王朝的正宫，是朝鲜封建秩序中等级最高的宫殿，但在中轴线上只能设光化门、弘礼门、勤政门这三门，是中国诸侯王城的规格。景福宫的正殿勤政殿是朝鲜半岛等级最高的建筑，但其从台基、开间、屋顶、斗栱、陈设、装饰等方面表明了自己与北京太和殿的等级关系（图4a）。又如高丽、朝鲜时代的王陵，与当时明、清的园寝相比，其规制均在亲王等级之下（图4b）。

四是因古代信息交流的困难而造成的对中国建筑形制与技术的误读。由于作为古代建筑文化交流主体的并非建筑工匠，而是前往学习其他知识的留学生、留学僧或官员、商人等，或有通过建筑书籍、图像进行的间接传播，而对建筑形象背后的“技术资讯”本身，总是有所隔膜，存在着“知其然而不知其所以然”的误读现象。例如，高丽时期留存的木构建筑表明，当时对中国木构建筑“椽架平长”的概念并不了解，只是生硬地照搬了其形式。例如浮石寺无量寿殿、修德寺大雄殿等的情况。尽管屋面只用两根椽，在结构上只需要上、中、下平槫就可以了，但是却多设了两根槫，以使得各“步架”看起来更均匀些。这些多余的槫不但在结构上不起任何积极的作用，而且多了一根槫后，椽就从单纯梁变成了连续梁，结构形式反而变得更复杂了（图5a）。又如，中国建筑檐角起翘部分的飞子为了保证侧面与地面保持垂直，随起翘的高度每根飞子的端部均为断面不相同的菱形。而朝鲜半岛建筑在最严格模仿中国的时候也未见过菱形做法，到了后来普遍使用圆椽后就更不会采用复杂难做的菱形断面了。然而发展到朝鲜时期，有些建筑物的檐角飞子开始采用梯形断面，可能是没有搞清中国做法的实际用意，凭“印象”仿造的结果。再如承重构件的开口和组立方式，仅从外表上看更难知晓其加工方法。中国木构建筑外檐斗栱的替木座在令栱的小斗上，直接承托撩檐枋，并不和其他构件发生穿插。而高丽时代留存的建筑表明，其外跳栱却是朝上开口，而且替木为了和其他构件相结合，不得不在中间开槽，这就给结构稳定带来了一定的影响。特别是在角柱斗栱上的替木，在檐角的巨大荷重下多半被劈裂，撩檐枋挠沉，檐角下垂，严重影响了建筑外观。这一点在凤停寺极乐殿、修德寺大雄殿中表现得尤为明显。从现存的朝鲜半岛建筑来看，这样的构造做法还不少见，往往导致檐角的挠沉，在出檐较远的情况下，檐角极易塌陷，因此在朝鲜半岛的许多建筑中，要在子角梁下增设一根称为“活柱”的额外柱子来支撑整个檐角（图5b）。

限于篇幅，不再举例。概言之，关于朝鲜半岛古代建筑的性质，韩国学者高裕燮

图2b

图3a

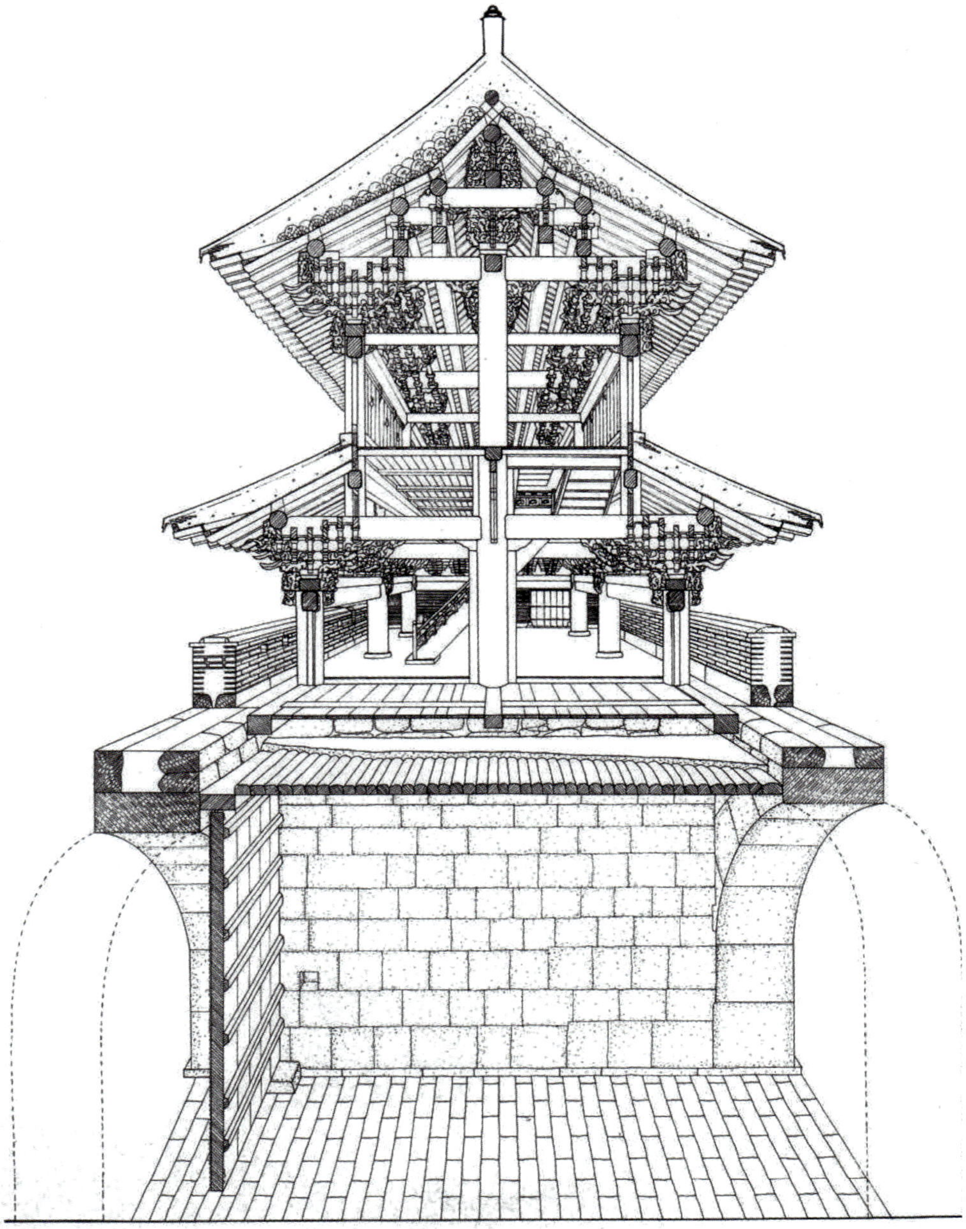

图3b

（1904—1944年）悲观地认为：“朝鲜的建筑，从其手法到形式，均未能摆脱中国本系的样式，而只是在输移的过程中，多少产生了些变化。纵有与中国本系不同之独创，亦为少数。因此，只能说朝鲜半岛建筑是中国建筑样式（在传播过程中）退化的一种结果。朝鲜的建筑系源自中国的样式，而且只是（当时）能力的限制下摄取到的所能够摄取的，这就是朝鲜半岛建筑在东洋的地位。”[1]这一论调也许过于偏激，对朝鲜半岛建筑文化在发展过程中出现的一些独特创造均予抹煞。高裕燮对朝鲜半岛古代建筑的评论是否合理姑且不论，对本文而言，如果把这段话的主角换成当代中国之建筑，它能否成立？

二、当代中国建筑文化

自1949年以来，我们的国家和民族取得了完全的独立，取得的伟大成就有目共睹，在一穷二白的基础上跃升成为今日的世界第二大经济体（相当多学者认为，第一的位置也指日可待）。然而就建筑文化的发展而言，其发展过程却与古代的朝鲜半岛存在着一定的相似之处——始终在强势文化的左右下发展：过去的苏联，今日的西方。尤其是20世纪80年代国门

[1] 高裕燮：《朝鲜半岛建筑美术史初考》，汉城，大元社，1932。

图4a

图4b

再开之后，因经济落后而导致的文化自卑，使得西方文化泥沙俱下地涌入中国，以迅雷不及掩耳之势对1840年以来就被打击得摇摇欲坠、1949年以后才艰难建立起来的民族自信造成了强烈的冲击。就像当年的朝鲜半岛面对强势中国文化时所表现出的那样，今天我们的当代建筑文化就总体而言，存在着如下一些特点。

1. 当代建筑文化的发展缺乏根基

中国当代的发展面临着一个为中国“量身打造”的障碍：农业社会与信息社会的巨大断层。由于历史的原因，中国几乎是在一夜之间就从农业社会进入了信息社会。而西方自文艺复兴算起，起码用了六七百年的时间来完成这个过程。只不过短短的六十年发展之后，我们就貌似拥有了信息社会的身体，可是管理和驱动这一庞大躯体的，却仍然是农业社会的神经与心脏，种种问题，由此而生。就建筑领域而言，数千年积淀而成的中国传统建筑文化已远远不能适应当代社会的需要，而具有新时代精神的建筑文化却远未建立。于是很自然地，在当代全球化的浪潮中，中国建筑只得气喘吁吁地跟在强势文化后面力求亦步亦趋[2]；这一情况与古代之朝鲜半岛相似，而与自律发展的古代中国相反。有学者慨叹中国建筑没有经历过现代建筑运动的洗礼，还需要“补课”。但是历史不会给我们上补习班的时间，而且我们也根本不需要上什么补习班——如果我们有勇气主动去探索、积极尝试建立适应我们社会的当代建筑文化的话。虽然这绝非一朝一日之功，然而筚路蓝缕，只要我们去做，做一天就会进步一天。

2. 缺乏独立探索和勇敢进取的精神

当中华文明最富创造力的光辉岁月远去之后，我们就一直缺乏独立探索和勇敢进取的精神，总是可怜巴巴地等着老师指点迷津——而目前能求到的老师，就只有西方——正如当年的朝鲜半岛只能模仿中国一样。相当一些人不愿意降临人间，去发现我们的城市和建筑存在些什么问题，研究怎么解决这些问题。鸵鸟式的人物就不用说了，还在拿着几十年前的“标准图集”干活；勤快一点的仗着喝过洋墨水，随时“跟踪国际学术前沿”：西方“空间句法”了，就眉飞色舞地“空间句法”；西方“景观都市主义”了，就唾沫横飞地“景观都

[2] 此点仅就整体的情况而言。许多学者、建筑师作出的独立探索是有目共睹、令人敬佩的，本文绝对无意冒犯，只是限于篇幅难以顾全。

图4 礼制限制下的朝鲜官方建筑
a. 朝鲜景福宫勤政殿全景
b. 朝鲜仁陵鸟瞰
（资料来源：《仁陵丁字阁修理工事报告书》）

图5 建造技术的误读
a. 强求“椽架平长的”浮石寺无量寿殿构架
（资料来源：《浮石寺无量寿殿实测调查报告书》）
b. 浮石寺无量寿殿飞子及飞檐下的“活柱”

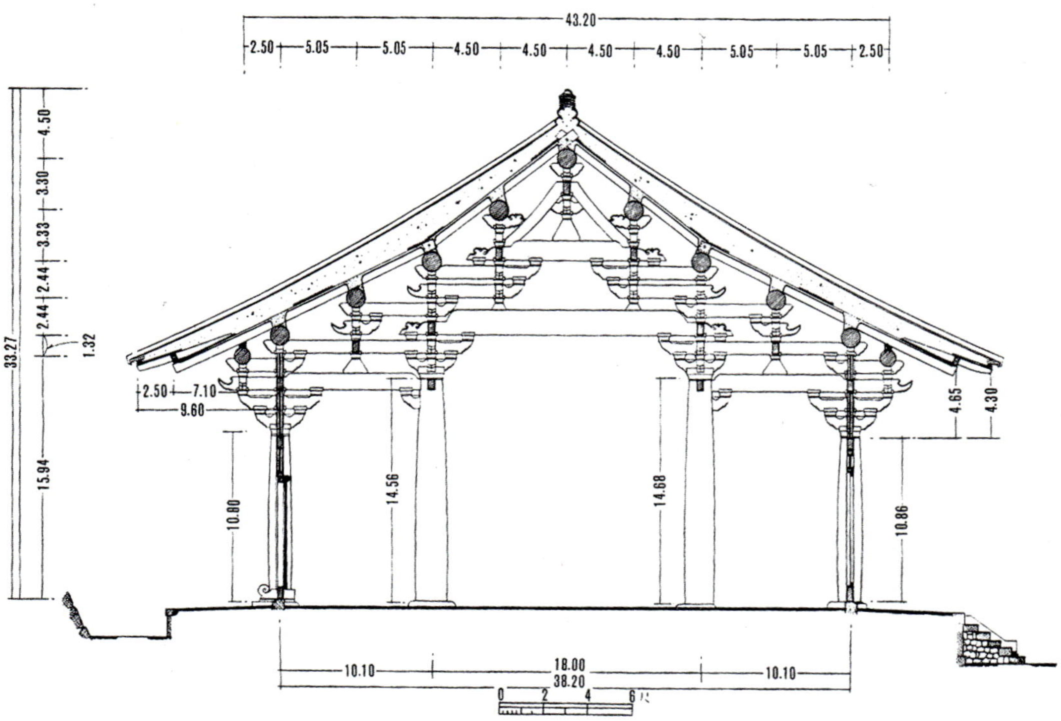

图5a

图5b

市主义”；西方“参数化”了，就风风火火地“参数化”……[3]就笔者所能窥见的小小范围内，有些“学术论文”、“结题报告”不过就是对洋文章的翻译、摘抄和改编，认真些的还能在“结语”里用寥寥几百字空泛地号召“应该联系中国的实际，对此理论进行探索与研究”云云。虽然城市和建筑有许多共性，而且研究西方的经验和教训以及当代理论与技术对我们而言无疑具有非常重要的意义，但在最基本的研究上，我们不能总向西方“等、靠、要”。作为当代的研究者，应该有点自信和勇气。

3. 不知其然，更不知其所以然

由于历史的原因，我们的文化暂时“落后”（要知道我们领先了千余年，“落后”了不过百余年），向先进文明学习是必需的，否则只能更加落后乃至消亡。但是，目前我们当代建筑向西方的学习，在很多方面与当年朝鲜半岛对中国的学习相似，存在着诸多误读和异读现象，主要表现在只能模仿其外在而不认真研究其文化、技术内涵，简单机械地拷贝有着自身发展规律和内在因素的外来“形式”，而漠视其文化、技术、国情背景，形式化倾向严重。比如，现代主义建筑运动中胸怀天下苍生的豪情被今天的人们有意无意地忘却和抛弃，现代主义建筑对中国人而言只剩下了光溜溜的玻璃盒子——多少地方“建设国际化大都市”最直观的追求。狂飙突进的建设活动使得我们无暇对西方建筑进行更深层次的分析和了解，缺乏基本建筑素养的官员迫使我们追求的只能是“眼球效应”，落后的建筑产业技术使得我们的建筑只能在表现图上“看起来很美”……我们的城市和建筑以西方为标杆邯郸学步，却囿于自身的技术和经济发展水平，常常画虎不

[3] 必须郑重声明的是，笔者绝对不敢轻息“空间句法”、“景观都市主义”、“参数化”等先进理论和技术，以及国内的研究者在这方面作出的努力和成就。唯觉可惜：为什么搞出这些东西来的总不是中国人呢？当代中国学人只有捡“洋落”的份儿吗？

成反类犬，四处泛滥的不伦不类的山寨作品，在精神上为民族虚无主义推波助澜，挫伤和削弱着民族自信心和自豪感，也成为当代文化实力严重衰弱的重要表征。

4. 不知在何处创新

朝鲜半岛的古代工匠当然也曾试图创造些新的东西，然而因缺乏连贯发展的文化脉络和技术条件，创新只能是在细部手法中得以体现。中国当代建筑当然也在积极追求创新，可是难就难在不知在何处创新。因为在这个浮躁的时代里，踏踏实实地搞有实质意义的发明创造实在太累、太苦，而且不适合“快速致富”的要求，很可能十年寒窗而一无所获（那么多的企业更愿意把钱投到房地产中而不是扩大对技术革新的投入）；而“老师”那里辛辛苦苦积淀下来的人文精神、理性传统、科学态度学起来太难，我们的社会也不喜欢这些东西，倒腾点洋大人的皮毛迎合当代城市和建筑的狂躁倒是“多快好省”，于是我们干脆就捡起人家扔掉的破烂、抽起了“建筑艺术”的大麻，热衷于什么风格、形式、流派、主义，自欺欺人地“打造”着莫名其妙的“建筑艺术”。“创新”，就更多地表现在手法主义的泛滥，其路子就是变着法子搞怪，搞怪的结果就只能是牺牲建筑的实际价值，浪费更多的资源，造成更多的社会问题。幸亏，财政部、住建部最近在行文，要求避免建筑外形片面追求“新、奇、特”，尽管有人不以为然，但这确实是个进步。

综上所述，我们当代的建筑文化发展，与朝鲜半岛古代建筑的发展，又有多大区别呢？套用高裕燮的说法：“当代中国建筑，从其手法到形式，难以摆脱对西方的模仿，只是在输移的过程中，多少产生了些变化……纵有与西方不同之独创，亦为少数。因此，只能说当代中国建筑是西方样式（在传播过程中）退化的一种结果，只是能力限制下摄取到的所能够摄取的”。但愿这种说法能被证明是错误的[4]。

三、启示

通过对朝鲜半岛古代建筑文化发展过程的粗浅分析，以及对当代中国建筑文化困境的主观评估，也许我们可以得到如下一些启示。希望声明的是，这些启示是不言自明的，笔者仅仅是想再一次加以强调。

1. 文化实力强大才是真正强大

对比中国和朝鲜半岛古代建筑文化的发展过程，我们可以很清楚地认识到，民族文化意识的强盛和自主、健康发展，才是民族文化特色得以存在和进步的根本基础，而在这一基础之上，才能有其他各方面的发展。

当代中国建筑文化发展的困境，并非孤立的现象，而是当代中国民族精神和民族文化弱化的一种表征。尤其是将今日中国之文化实力和文化疆域与1840年前的中国相比较时，对今日民族精神和民族文化的弱化状态的了解更为清晰。如果客观些，我们必须承认当代中国在建筑、艺术、文学、影视等文化方面，在理论研究、发明创造等技术方面的世界性贡献，显然是和国家的经济规模不相称的。在这样的大前提下，对自身建筑文化的研究、分析、总结、提高，对残存的传统建筑和无形建筑文化遗产的保护工作，就成为建设当代中国文化的重要一环。数十年来日本、韩国学者不遗余力地从事这方面的工作，对提高国家的软实力，扩大民族文化的世界影响力，作出了不可忽视的贡献。中国的研究者，亦应将建筑文化遗产的研究、保护与宣教工作，提升到关乎民族未来的高度来认识。

2. 保护建筑文化遗产具有强化文化软实力的战略意义

在当今时代背景下，全球化固然是人类历史发展的必然和时代的要求，但恰恰正是在全球化的背景下，更应该重视民族性的保持和强化。参考生物界的教训，在全球日益趋同的当今世界，为保持人类文明的活力，必须保护文化的多样性。中国文化早期的伟大成就，就是得益于中国文化的多源起源，而朝鲜半岛古代文化力量的薄弱，很大的原因在于其文化来源的单一。我们不能忘记历史的经验和教训。

可惜的是，在某种程度上来说，我们当代的文化是一种“劣杂交”文化。杂交本身具有极其重要的生物学意义——比如，杂交水稻成功地整合了多个优势基因而使得今天的中国人不至于无米可吃。但是，我们的当代文化虽然是杂交的，却很不幸地吸收的都是不良基因——它将资本的劣根和封建的糟粕提炼、融合于一身——以至于它成为一种强大而可怖

[4] 基于忧患意识，本文未提及当代中国建筑的伟大成就，这些成就将随岁月的流逝而更显辉煌。

的新型病毒。虽然国家已经采取了积极的措施应对（比如，古代文化研究领域中"指南针计划"的实施），然而短时间内仍然无药可医。环顾我们社会的种种，如果足够诚实，也许会有人觉得此言并非虚妄。

这种"劣杂交"文化病毒最畏惧的就是优质基因，因此它发自本性地要摧毁一切能够让人恢复健康的东西。在建筑领域则表现在对建筑文化遗产有意无意的破坏。这种破坏又主要表现在两方面：一是从物质上对建筑文化遗产加以消灭（从土地上掘金的人士最喜欢干这个）；二是从精神上漠视、隐藏、歪曲、抹煞建筑遗产的真正价值，使它们最终消失在无数的低俗和恶搞之中（作为类比，文学领域的四大名著已经被文化"精英们"糟践得差不多了）。

在这样的时代背景下，对包括建筑在内的文化遗产的保护，就具有了更深层次的重大意义：如果不希望我们的文化长期这样"劣杂交"下去，那就必须保护文化遗产。它就像婴儿出生时存储的脐带血一样，当有一天我们的躯体病入膏肓之后，它也许还能实现对我们的救赎——如果那时我们还想被救赎的话。

就建筑文化遗产科学价值的挖掘而言，诸多政府部门、学术机构、研究者已经长期坚持并积累了丰硕的成果，然而在价值传播方面，我们做的工作，诚实地说，还远远不够，主要表现在研究成果与大众间的距离越来越远。在信息时代里，只有少数人掌握的信息是没有社会意义的（所以就算国家制定了《信息公开条例》，有些部门仍然有那么多的数据"无可奉告"）。如果大众对某建筑遗产的关注仍然停留在"有个著名的女人在那儿洗过澡"的话，那就是建筑研究者的失败，而且是很关键的失败——因为这意味着我们对建筑遗产进行研究和保护的努力毫无意义。

3. 自主与创新是发展新文化的指针

吸收先进文化的经验和教训是发展自身文化必不可少的手段，对外来文化的排斥的心态必然带来故步自封的落后。朝鲜半岛古代建筑文化的发展亦是此点的有力注脚。

今日中国之建筑文化，必须承认自己在思想、技术、生产方式等方面的落后状态，以开放和虚心的态度吸收国外的经验和教训，不能像义和团那样"斥洋"。在全球化的时代，思维、市场国际化是必然趋势，必将促进我们的进步。以开放的心态吸收先进文化的经验和教训，其根本目的是为了促进自身的发展。

但是，必须先清醒地认识到，学习外来文化的基础，是自主与创新。之所以要继承民族珍贵遗产和借鉴外国文化的优秀成果，目的在于创造符合时代精神和体现时代要求的"中国独特的新东西"[5]。

近十余年来，党和政府把"创新"与"自主"联系起来，并将之提高到国家战略的高度加以倡导。这是洞察时代发展趋势和中国发展需求作出的重大战略决策，也是对二十多年来改革开放经验教训的深刻总结。在文化实力的建设和文化疆域的拓展过程中，自主和创新是文化发展的基石。一味地追随和模仿只能将自己永远置于他人的尾尘之中；只有在自主和创新基础上发展出的文化才能真正适合国情。满足时代的需要，赢得他人的尊敬；只有独立自主创新，才能使当代文化真正融入世界，才能在全球化时代拥有发言权。

结语

改革开放近三十年来，中国在经济上已经取得了举世瞩目的成就，然而在文化上的成果，却仍不能与经济实力相匹配。从历史的经验来看，没有文化实力支撑的经济实力，最多不过是头比较肥硕的待宰羔羊。文化实力和疆域虽然抽象无形，但历史经验表明，它们也是国家安全和发展的重要保障之一。因此，今天的我们已经不能不对重建我们的文化自信，坚持和保障文化独立加以高度的重视。

虽然限于篇幅未能展开，但从上述简略的讨论中，我们可以窥一斑而知全豹地认识到：在历史的转折时期，在复杂的国际形势下，更应当重视对民族文化的保护和强化，这对保持民族、文化和国家的独立完整具有重要的意义。在独立自主的基础上吸取先进文化、不断创新与发展将是在更高的层次上实现对民族文化的保护和强化。

[5] 中共中央书记处研究室文化组，《党和国家领导人论文艺》，23页，文化艺术出版社，1982年。

Conservation of Chinese Industrial Heritage: Talking from ShouGang

中国工业建筑遗产保护——从首钢说起

刘伯英(Liu Boying) *

一、引子

2005年2月，国家发改委正式批复首钢搬迁方案，同意首钢实施压产、搬迁、结构调整和环境治理，在河北唐山曹妃甸建设一个新首钢，在顺义建设冷轧薄板生产线，至2010年年底完成搬迁。2005年6月30日首钢历史上第一座大型高炉准时停产，2006年5月9日世界上炉龄寿命最长的首钢二号焦炉停产。2008年压产400万吨，4号高炉和第三炼钢厂停产。首钢的全面停产从炼铁厂一高炉停风小修开始，到焦化厂四焦炉停炉为结束，持续128小时。2010年12月20日首钢第二炼钢厂最后一炉钢冶炼完成，标志着首钢北京钢铁主流程全面停产。2011年1月13日首钢石景山钢铁主流程停产仪式举行，北京市委书记刘淇颁发"功勋首钢"纪念牌。首钢的停产在我国乃至全世界都是史无前例的，这是20世纪60年代以来我国最大规模的一次工业迁移。

首钢停产之前，北京市规划委员会、北京工业促进局和首钢搬迁办曾经组织对首钢进行了系统研究，包括经济发展、城市规划、环境保护、景观设计等；首钢停产后留下的大量工业建构筑物、设施设备是不是遗产，有没有遗产价值，是留还是拆，留下来干什么，一直是影响城市规划编制、需要重点研究的问题。2006年对首钢工业区进行了工业现状资源的调查和评价，制定了《首钢工业遗产的保护名录》，划定了工业遗产保护区。在之后的城市规划编制和成熟设计过程中，充分考虑了包括高炉和焦炉在内的工业遗产的保护和再利用。

* 清华大学建筑学院教授

图1

图1 从石景山上俯瞰首钢，与远处城市建成区的“千城一面”大相径庭，具有“独一无二”的空间特性和景观的标志性。

首钢工业遗产保护和再利用是继汉冶萍煤铁厂矿旧址成为第六批国家重点文物之后，中国工业遗产保护面临的最严峻的课题。鉴于首钢在中国工业发展历史过程中的重要程度，这个问题解决得好与坏，将直接引领中国工业遗产保护和再利用的方向，并将直接对本钢一铁厂工业遗产群、鞍山钢铁厂、重庆钢铁厂、石家庄钢铁厂、承德钢铁厂等一系列钢铁企业，在实施企业搬迁和工业用地更新后，产生极其重大的影响。

首钢的工业遗产价值主要表现在以下几个方面。

① 首钢工业遗产提供了政治、经济、社会、文化、教育、科技等人们社会活动领域的见证。在每一个领域里，都具有系统化的特征；工业遗产在总体上，形成了完整和宏伟的历史物证大系统。

② 首钢工业遗产具有极强的历史文化价值、艺术表现力和震撼力、科学和产业价值、广泛的社会价值、强烈的情感价值和再利用的经济价值，具有“出类拔萃”和“独一无二”的特征。

③ 在北京城市总体规划上，长安街是北京的文化轴，有天安门广场、故宫、中南海、国家博物馆、首都博物馆等一系列大型历史文化设施。首钢工业遗产由于位于长安街西端，是这条文化轴线区别于其他文化形式的特有的“工业文明”，使北京这条文化轴线内涵更加丰富和完整。

④ 首钢工业区特有的工业风貌，有别于城市其他地区，成为长安街和永定河交会处重要城市空间和景观的标志点。工业区空间开阔，气势宏伟，壮观震撼，具有极强的工业特色和艺术感染力。

从首钢说起，从首钢那些动人心魄的场面说起，你会联想起企业生产时那种热火朝天的情景，仿佛聆听到车水马龙的喧嚣，它让我们永远记住那个辉煌的时代，“一切仿佛就在昨天”。这里铭刻着社会发展的时代烙印，纪念着工业企业的辉煌成就，记载着老职工的沧桑岁月，弥漫着年轻人的朝气蓬勃。这就是工业遗产的价值，这就是工业遗产保护的目的，每个有感情、有良心的人都会有这种认识，就这么简单！工业遗产保护一点都不神秘！

还是让我们追根溯源，从工业遗产保护的源头说起。

二、工业遗产保护的发展与现状

（一）国际工业遗产保护的发展与现状

工业遗产是一项新型文化遗产，1955年英国学生首先提出“工业考古”的概念；1968年第一个工业遗产学术组织——英国伦敦工

图2

图3

图2 工业建筑的巨大体量、简单体形、功能与形式高度统一、色彩艳丽鲜明、材料朴素大方，与民用建筑的尺度、细部、材料形成鲜明对比。在厂区规划中为了提高效率，道路采用方格网布置，严谨科学。厂区内部的自然景观与工业景观和谐共生，相互映衬，在刻板枯燥的厂区中，增添了一曲生动的"变奏"。

图3 占地面积达7平方公里的厂区沿水平方向延伸，耸立的高炉和烟囱是垂直的竖向线条，高低错落、鳞次栉比，好像"工业森林"，呈现出人工的"自然美"。

业考古学会（The Great London Industrial Archeology Society，GLIAS）诞生；之后，澳大利亚的"工业考古委员会"（Industrial Archaeology Committee，IAC）、英国工业考古学会（The Association for Industrial Archaeology，AIA）、美国工业考古学会（Society for Industrial Archeology，SIA）等国家级工业遗产保护组织成立；1972年英国"工业考古记录"（I. A. Recordings）自愿者组织成立；1976年英国发行了第一本专业学术刊物《工业考古评论》（*Industrial Archaeology Review*）；1978年成立第一个工业遗产保护的世界性组织"国际工业遗产保护委员会（TICCIH）"；1982年英国成立了全球第一家工业遗产保护网站——"工业考古记录（I. A. Recordings）"；2003年国际工业遗产保护联合会通过了第一部关于工业遗产保护的国际宪章——《关于工业遗产的下塔吉尔宪章》（*The Nizhny Tagil Charter for the Industrial Heritage*）。

截至2010年，全世界共有世界遗产911处，其中文化遗产704处，自然遗产180处，混合遗产27处；1986年英国的铁桥峡谷第一个进入《世界文化遗产名录》中，目前共有43项工业遗产成为世界文化遗产。从1993年开始，欧盟组织了"欧洲工业文化之路"，欧洲30个国家陆续参与其中，目前共有景点848处，其中重要景点77处，线路景点202处，一段景点569处，组成了钢铁、采矿、纺织、制造、能源、交通运输、水利、服务和休闲设施、工业景观、住宅建筑共10个主题游览线路。

（二）中国工业遗产保护的发展与现状

中国经济高速发展，结构调整，产业升级，传统产业逐渐退出历史舞台；中国城市化进程加快，城市发展迅猛，在城市经济和建设双重作用下，工业企业纷纷从城市中心区搬迁，城市工业用地更新势在必行。在这个过程中，大量有价值的工业建筑被废弃和闲置，甚至被拆除。

中国工业建筑的再利用始于20世纪90年代初期，工业遗产保护起步较晚。2006年国家文物局举办了"中国工业遗产保护无锡论坛"，通过了第一部共识性文件《无锡建议》，下发了《关于加强工业遗产保护的通知》。2010年中国建筑学会成立了"中国工业建筑遗产学术委员会"，这是中国第一个工业遗产保护方面的学术组织，在成立大会暨学术研讨会上，通过了《北京倡议》。一大批学者和建筑师加入到工业遗产保护和再利用的研究与实践当中。

从1961年第一批到2006年的第六批，全国重点文物保护单位共计2 352处，与工业遗产相关的全国重点文物保护单位约有140余处，占总数的6%左右。这些遗产主要集中在古代窑址、古代冶炼遗址、古代矿址、桥梁、古代酿酒、古代水利工程等方面，大多数属于广义工业遗产。但狭义工业遗产，即工业革命之后的近代工业遗产则仅有13项，数量非常有限，形成了我国的遗产保护关心历史（古代）和文化多，关心近代和工业少的状况。第三次文物普查把工业遗产作为重点，发现了一批有价值的工业遗产，在第七批全国重点文物保护单位的申报过程中，也有大量的工业遗产项目，表现出对工业遗产越来越高的重视程度。

近年来，各个城市越来越注重工业遗产保护工作。2007年《北京优秀近现代建筑保护名录》（第一批）中，共有6项23栋工业建筑遗产，占全部71项的8.45%，占总栋数190栋的12.1%。其中包括北京自来水厂近现代建筑群（原京师自来水股份有限公司）、北京铁路局基建工程队职工住宅（原平绥铁路清华园站）、双合盛五星啤酒联合公司设备塔、首钢厂是展览馆及碉堡、798近现代建筑群（原798工厂）、北京焦化厂（1# #2#焦炉及1#煤塔）。上海、天津、重庆、南京、无锡、兰州、太原等城市分别进行了工业遗产的调查和研究工作，制定了相应的保护政策，将这些工业建筑遗产纳入到各个城市的“历史建筑”或“风貌建筑”当中，在全国掀起了工业建筑遗产保护的热潮，基本建立起覆盖全国重点城市和地区的工业遗产保护研究的网络。近年来，工业遗产保护还受到社会各界、新闻媒体、两会代表的广泛关注，形成了全社会共同关注的热点。

三、中国工业建筑遗产的分布

按照中国历史发展和工业建设发展的脉络，以及工业遗产的特点，可以将中国的工业遗产大致划分成以下三个阶段。

（一）古代工业建筑遗产（1840年以前）

中国历史悠久，文化灿烂，古代手工业极其发达，留下了丰富的古代工业遗产，主要集中在矿冶、窑址、酿酒、水利工程等广义工业建筑遗产方面；如大井古铜矿遗址、万山汞矿遗址、钧台钧瓷遗址、大窑龙泉窑遗址、御窑厂遗址、李渡烧酒作坊遗址、剑南春酒坊遗址、龙江船厂遗址、新河闸桥群、京杭大运河、灵渠等。

（二）近代工业建筑遗产（1840—1949年）

1.清末时期（1840—1911年）

（1）约开商埠——中国近代工业的开始

两次鸦片战争（1840—1842年第一次鸦

图4

图5

图4 纵横交错的铁轨，成为厂区的开放空间和景观轴线，焦点直指高耸的高炉，是今后作为景观游览的最好通道。

图5 架在空中曲曲折折的管廊，就像厂区的动脉，为工业生产输送着营养；速度慢吞吞、罐口红彤彤，装着满满铁水的“鱼雷罐车”从你眼前驶过，让人顿时产生烘烤的感觉，不仅有“形”有“色”，还有“热”，斑驳的锈色就是工厂沧桑的“肤色”。

图6

图7

片战争，1856—1860年第二次鸦片战争），中国与英、法、美、俄等国签订了一系列不平等条约（主要有《南京条约》、《望厦条约》、《天津条约》和《北京条约》），开设了一系列通商口岸，给外国租界权、驻军权，协定关税和片面最惠国待遇，使大量外国商品和资本蜂拥而至，在各通商口岸设租借地，开办了工商企业，市政公用设施等。

1842—1844年清朝政府开放广州、厦门、福州、宁波、上海等五处为通商口岸。上海成为商埠之后迅速发展，近代化进程加速，成为中国最大的城市和工商业金融中心，同时也是资本主义进军中国的根据地和窗口，最早的外商企业开始建立。1858年5月，英法联军侵占大沽炮台，并以进攻北京作为威胁，迫使清政府开放牛庄（后改营口）、登州（后改烟台）、台南、淡水、汕头、琼州、汉口、九江、南京、镇江十处为通商口岸；外国商船可以自由驶入长江一带通商口岸；外国人可以到内地游历经商。1860年10月《北京条约》签订，作为《天津条约》的补充，续增条款包括开天津为商埠。这一时期的工业企业以外商开办为主。

（2）洋务运动——中国近代工业的发展

19世纪60—90年代，清政府洋务派在全国各地掀起了“师夷长技以自强”的改良运动——洋务运动，采取“官办”、“官督商办”等形式，建立了一批军工企业和民用工业，1862年曾国藩在安庆设军械所，李鸿章在上海设制炮所，中国的近代军事工业的建设由此拉开序幕。1864年李鸿章在苏州没立西洋炮局，1865年江南制造总局成立，1866年左宗棠在福建设立福建船政，1867年三口通商大臣崇厚在天津开办天津机器制造局，1887年丁葆祯在成都设立四川机器局……全国范围共开办了24所机器局，其中，洋务派就开办了21个。

1875年5月，清政府同意李鸿章等人分别在直隶和台湾试办煤矿。1877年，李鸿章派人筹建开平矿务局。1890年张之洞兴建汉阳铁厂。1881年，中国自己修筑的第一条铁路——唐胥铁路竣工。1885年洋务派成立了中国第一个铁路公司——开平铁路公司。1880年左宗棠创办兰州织呢局，成为中国近代纺织工业的鼻祖。同年，李鸿章也派人创办了上海机器织布局，中国近代纺织业从上海、宁波、镇江、武昌等地向全国蔓延开来。1882年广州开始有了自来水，稍后武昌、上海也相继办起了自来水厂。1887年张之洞在总督府安装了第一台发电机，开始了中国电灯取代油灯的时代。在洋务运动的推动下，中国的民用工业得到了迅速发展，由此奠定了中国近代化工业的基础。

（3）掠夺瓜分——外国资本在中国设立的近代工业

1894年日本向中国发动甲午战争，清政府战败，1895年被迫签订《马关条约》，条约中规定，开放重庆、沙市、苏州和杭州为商埠，允许日本人在清国通商口岸设立领事官和工厂及输入各种机器，利用中国廉价劳动力和原材料，榨取更多的利润。英、美、法、德、俄等国，援引“利益均沾”的最惠国待遇，都同样获得了这项新的特权。从此以后，中国除了作

图8

图6 传送带是原料的“接力棒”，春天盛开的桃花为工人们谱写了“诗歌”。

图7 纵横交错的管道、铁道和皮带通廊，烟囱、煤塔和支撑构架，共同构成壮美的图画，无须精心设计，只要留心发现。一丛丛枯草和散落的矿渣更增添了苍凉的感觉。

图8 整齐划一的焦炉，厚重的炉门像琴键；推焦车、煤塔、配煤盘，经过建筑师的创意，将得到充分的再利用，方式将出人意料，给人一个惊喜，这就是工业遗产保护和再利用的“魅力”。

为国际商品倾销市场以外，还成了国际资本的投放场所；《马关条约》成为外国资本经济侵略中国的转折点。随着外国资本的输入，大量外商办和中外商合办企业开始建立。

（4）自开商埠——中国近代工业的普及

中国自开商埠，始于光绪二十二年（1896年）之吴淞，其后江宁、三都澳、秦皇岛、岳州、南宁、武昌、长沙、济南、潍县、周村、常德、湘潭、云南省城、海州、鼓浪屿等处，陆续奏准自开商埠。随着商业、贸易的发展，城市近代化不断加快，为了满足城市发展和不断增加的城市人口的需要，工业生产在这些城市得到了相对于其他城市更早和更快的发展。

1911年以前，遗存至今的中国工业建筑主要有：金陵兵工厂（1865年）、杨树浦自来水厂（1880年）、汉冶萍煤铁厂矿（1890年）、大益成纺织厂（1894年）、永泰丝厂（1896年）、山西机械局（1898年）、茂新面粉厂（1900年）、长辛店铁路工厂（1901年）、石家庄车辆厂（1905年）、京师自来水股份有限公司（1908年），上义酒厂（1910年），九丰面粉厂（1910）等。

2.民国时期（1911—1949年）

（1）北洋政府时期（1911—1927年）

辛亥革命后，中国在形式上建立了资产阶级民主国家，但政权被北洋军阀所控制，对外依靠帝国主义支持，对内主要代表国内封建势力。清政府官办企业被北洋政府接收并发展，华商企业开始兴办，中国近代工业逐渐走向自主发展。除轻工业在第一次世界大战期间发展较快之外，重工业发展很慢。

1912—1919年，中国民族工业进入“黄金时期”，在棉纺织业、面粉业、火柴、毛纺织、榨油、造纸、玻璃等轻工业方便得到迅速发展。这一方面得力于南京临时政府的支持，北洋政府的鼓励，以及“实业救国”热浪的推动和群众性抵制日货运动；另一方面是由于第一次世界大战，物资短缺，对华输出的资本和商品骤减，外商无暇顾及中国，放松了对中国的经济侵略，使处于夹缝中的中国民族工业得到一次发展的机会。

（2）国民政府时期（1927—1937年）

1927年北伐战争后，历史进入到国民党统治的国民政府时期，由于战事频仍，导致中国的经济建设时断时续，工业建设非常有限。

（3）抗日战争时期（1937—1945年）

日本的侵略使大面积中国领土成为日伪统治的沦陷区；日本一方面不断破坏中国业已建立的工业基础，一方面又通过军队管理、委任经营、中日合办、租赁和收买等办法，“以战养战”，掠夺原料资源，控制工业生产，为侵略战争服务。这个时期沿海城市和沦陷地区的工业企业大量向战略后方和内地迁移，国民党资源委员会在其中起到了关键作用。

（4）国民政府时期（ 1945—1949年）

抗日战争结束后国民政府接收了大量工厂，通过改组和重组形成新的企业；在接收过程中，国民党官员乘机搜刮，设备变卖一空，厂房被“解体处理”，这种做法被形象地称为“劫收”；也有企业被国民党官员接收后转卖给资本家。这个时期中国工业建设基本停顿，通货膨胀严重，生产规模大量收缩，处于且干且停的维持状态，生产设备和厂房简陋；民族资本家新建工业企业和产品深受外国和官僚资本企业和产品的排挤。

中国近代工业有官办、官督商办、官商合办、华商办、外商办和中外商合办等多种形式；早期的近代工业以官办、官督商办、官商合办、华商办为主。1895年，清政府被迫签订《马关条约》以后，外商办和中外商合办企业开始增多。中国近代工业，即使是官办企业，在开始的起步阶段也普遍规模小，设备简陋，技术落后；产品成本高、质量差；绝大多数工业原料、设备和日用消费品依靠外地供应或从外国进口。

这个时期的中国工业建筑遗产主要包括：北京双合盛啤酒厂（1915年）、本溪湖一铁厂（1915年）、鞍钢近代工业建筑（1916年）、石景山炼铁厂（1919年）、恒源畅纺织厂（1932年）、顺德糖厂（1934年）、大成三厂（1936年）、重庆抗战兵器工业遗址群（1937年）、琉璃河水泥厂（1939年）等。

（三）现代工业建筑遗产（1949年以后）

1．国民经济恢复时期（1949—1953年）

1949年新中国成立，工业发展进入了全新的阶段。用多种形式接收外资企业，没收官僚资本企业，从解放区迁来生产单位，建立和扩大社会主义国营经济，同时对私营经济进行扶持；对工业企业进行民主改革，调整公私关系、劳资关系和产销关系；加强企业管理、改进技术措施、提高生产效率，通过国家投资恢复遭到严重破坏的工业。

这个时期遗存至今的工业建筑遗产主要有：新华印刷厂（1949年）、北京京棉一、二、三厂（1950—1953年）、北京人民广播器材厂（1950年）、郑州纺织工业基地（1953）、石家庄纺织工业基地（1953）等。

2．一五、二五建设时期（1953—1966年）

1953年至1957年，中国开始执行发展国民经济的第一个五年计划，确立了以重工业优先发展为主导的新中国工业化发展的主要方向，即“集中主要力量进行以苏联帮助我国设计的156个建设项目为中心的工业建设，建立我国的社会主义工业化的初步基础”。其目的在于：通过“建立和扩建电力工业、煤矿工业和石油工业；建立和扩建现代化的钢铁工业、有色金属工业和基本化学工业；建立制造大型金属切削机床、发电设备、冶金设备、采矿设备和汽车、拖拉机、飞机的机器制造工业”，从而“使我国能够在社会主义大工业的物资基础上改造我国国民经济的原来面貌”。

1958—1960年，我国经历了“大跃进”，出现全民大办工业的热潮，造成工业内部、工业与国民经济其他部门比例关系严重失调，超出了财政支付能力，商品供求关系失衡，工业生产建设经济效益出现大幅下降。1961年开始贯彻“调整、巩固、充实、提高”的八字方针，纠正大跃进的错误和影响；缩短工业生产建设战线，充实和加强薄弱环节。

一五、二五建设，实现了中国独立发展生产的目标。在优先发展重工业的基础上，有计划地建立新厂，并完成了对资本主义工商业进行全行业公私合营的社会主义改造。

“156”项建设是新中国首次通过利用国外资金、技术和设备开展的大规模的工业建设，是在工业基础极端薄弱、建设经验近乎空白的条件下进行的。1952—1966年，经历了创业的艰辛，克服了重重困难，我国完成了“156”项建设，建成了一批核心工业城市和重要的配套工业城市，初步形成了多类型的工业城市群。这些项目与我国自主完成的一千余个限额以上建设项目相配套，形成了中国崭新的工业体系，建立了中国工业化的初步基础。

这个时期的遗存下来的工业建筑遗产主要有：718联合厂（1953年）、兰州水厂（1953年）、长春第一汽车制造厂（1953年）、成都热电厂（1955年）、武汉钢铁公司（1955年）、包头钢铁厂（1955年）、华北制药厂（1955年）、洛阳拖拉机厂（1955年）、洛阳玻璃厂（1956年）、北京炼焦化学厂（1958年）、北京化工二厂（1958年）、北京重型电机厂（1958年）、东方电机厂（1958年）、成都量刃具厂（1965年）等。

“156”项目在厂区规划上一般都设有厂部大楼与厂前广场，建筑雄伟、广场开阔，气势磅礴；具有独特的社会主义计划经济时期的宏

图9 昔日的首钢旁，新建的高速道路蜿蜒着奔向未来。（刘锦标 摄）

图9

大风格，与国庆十周年十大建筑在政治文化背景、建筑美学追求与精神内涵方面一脉相承，是中国社会主义计划经济时期工业建筑遗产最优秀的代表，是具有极其重要价值和非常特殊意义的工业建筑遗产。

3.“文化大革命” 曲折发展时期（1966—1976年）

三五、四五时期，工业建设主要以大三线建设为代表，历时14年（1964—1978年），主要分布在中西部地区的13个省和自治区，涉及600多家企、事业单位的重建、搬迁、合并，建起了星罗棋布的1 100多个大中型工矿企业、科研单位和大专院校，整个工程规模史无前例。

1966年开始的第三个五年计划，以加快“三线”建设特别是国防工业建设为中心，集中力量建设西南和西北的“三线”工程项目，其中西南“三线”又是重中之重。“两基”就是以重庆为中心的常规兵器工业基地和以攀枝花为中心的钢铁工业基地，作为战时军工生产的核心。“一线”就是修建成昆铁路干线，解决西南地区交通问题，满足工业的能源、原材料、零部件以及产成品运输要求。“三线”建设的重点项目有：修筑连接西南的川黔、成昆、贵昆、襄渝、湘黔等几条重要交通干线，建设攀枝花、酒泉、武钢、包钢、太钢等五大钢铁基地以及为国防服务的10个迁建和续建项目；煤炭工业重点建设贵州省的六枝、水城和盘县等12个矿区；电力工业重点建设四川省的映秀湾、龚嘴，甘肃的刘家峡等水电站和四川省的夹江，湖北省的青山等火电站；石油工业重点开发四川省的天然气；机械工业重点建设为军工服务的四川德阳重机厂、东风电机厂，贵州轴承厂；化学工业主要建设为国防服务的项目。如此，形成了中国可靠的西部后方科技工业基地，初步改变了中国东西部经济发展不平衡的布局，带动了中国内地和边疆地区的社会进步。

4．改革开放产业结构调整和升级时期（1976年至今）

（1）农村工业化

改革开放后，工业发展首先在沿海地区活跃起来，凭借“轻、小、集、加”的结构特点，利用较为活跃的市场因素，顺应农村大量剩余劳动力向非农产业转移的迫切需要，调整工业发展思路，着力推进农村工业化；私营、乡镇企业开始发展，出现了农村专业市场和家庭工业相结合的工业模式，掀起了工业化进程新的历史篇章。

（2）经济特区的工业建设

1979年中央决策层采取了从沿海到内地梯度开放的策略，以控制风险，并从局部得到经验和示范。其中一个重大举措，就是在广东、福建两省实行特殊政策和灵活措施，并建立深圳、珠海、汕头、厦门四个经济特区，以吸引外资为主，实行市场调节。

20世纪70年代末，招商局独资在深圳创办蛇口工业区，这是中国第一个对外开放的工业园区，也是中国三资企业设立最早、最密集的片区，它的创立和发展为一年之后的深圳经济特区的创立起了先行官和探路者的作用。招商局也成为第一个来深圳投资兴业的外来企业。深圳特区创造了世界工业化、城市化、现代化史上的罕见奇迹，成为我国办得最好、影响最大的一个特区。通过招商引资力度，利用境外资本和技术积极发展“三来一补”企业和“三资”企业；积极开展同内地实行跨地区、跨行业、多层次、多形式的横向联合，建立了一大批内联企业；与中国科学院合作，创建科技工业园，开始发展高新技术产业；创建沙头角、福田两个保税工业区，促进外向经济发展；通过这一系列开放措施，迅速形成了以工业为主、工贸结合的外向型经济。

1978年由张氏投资有限公司主席在东莞创立的大进制衣厂是最早的“三来一补”企业，1979年11月10日，最早的“三资”企业香洲毛纺厂建成投产。

（3）全面工业化

1993年邓小平南巡后，产业结构调整步伐不断加快，工业增长基础条件明显改善，企业规模不断扩大，经营理念和经营方式进一步创新，企业技术进步稳步推进，工业经济整体素质不断提高。外向型经济迅速发展，企业改革取得突破性进展，多种所有制经济共同发展。

（4）新型工业化

图10

2001年中国加入WTO后，全面成为“世界工厂”，对世界经济的影响不断加强，主要表现在：区域发展的协调性不断增强，产业结构调整加快调整，产业升级程度进一步提高，人力资源优势得到充分发挥，自主创新能力不断增强，资源节约与环境保护取得了明显的成效，可持续发展的目标逐渐建立，促进了经济增长方式的转变，提高了工业经济实力，带动了经济社会发展。

这个时期的工业建筑遗产主要有：嘉陵机械厂（1964年）、攀枝花钢铁集团（1965年）、东方汽轮机厂（1966年）、东方红炼油厂（1967年）、中国第二汽车厂（1969年）、北京电视机厂（1973年）等。

四、结语

有人说：中国的工业发展水平与以英国为代表的欧洲工业发展水平相比较，远远落后；所以，中国的“工业遗产”与世界文化遗产中的工业遗产相比较，其重要程度要大打折扣。还有人说：工业企业始终处于发展中，厂房不断扩建和翻建，设备不断维修和更新，真正“原汁原味”的老物件几乎都没了，这还有什么价值？这是两个摆在研究中国工业遗产的学者们面前必须要回答的问题，关系到中国工业遗产保护的立足点。这两个问题回答不好，工业遗产保护就没有根基，就会动摇，就会给那些想拆的人以口实。

我们认为：所有事情的重要程度都有相对性和决定性两方面，有不同刻度的尺子去衡量。谁家都有“传家宝”，这家和那家的比，虽然价值差很多，但无论价值多少，对这家来说都是最宝贵的。工业遗产也一样。中国的工业遗产主要集中在近代、“一五二五”时期、三线建设时期，它们是中国在特殊的社会和政治背景下的产物，是其他国家和民族所没有的，这不仅对中国有遗产价值，对世界来说它们的价值也是“不可替代”和“独一无二”的。中国的工业遗产既有相对价值，更有绝对价值。工业遗产与其他不可移动的遗产不同，它是“活着”的，是一直在使用、一直在生产的，哪有“一成不变”的道理？这种“动态”的变化，记录着工艺发展的过程，是国家和行业科技发展的见证。因此，不要苛求工业遗产的“原模原样”，那种所谓的“不原真”，也是工业遗产价值的重要组成部分。

图10 首钢全景。雄伟壮丽的工业建筑，见证着一个时代的远去，同时也将迎来一个全新的开始。（刘锦标摄）

Modern Industrial Heritage in Tianjin and Creative City

天津近代工业遗产与创意城市

青木信夫(Nobuo Aoki) * 徐苏斌(Xu Subin) ** 季宏(Ji Hong)***

提　要：天津近代工业遗产是天津近代化遗产的重要组成部分，是中国近代工业革命的摇篮。文章首先对天津近代工业发展脉络和保存现状进行概括。其次，针对工业遗产评价标准认定的不一致，提出工业遗产"群"的概念作为工业遗产评估策略，并指出直隶工业遗产群的重要性。第三，分析天津工业遗产与文化创意产业的紧密联系，提出以塑造"创意城市"为目标的工业遗产保护道路。
关键词：天津，近代工业遗产，工业遗产"群"，创意城市

Abstract: Tianjin's modern industrial heritage is not only an important part of Tianjin's modern heritage, but also the cradle of China's modern industrial revolution. This paper firstly introduces the context of modern industrial development and the current preservation status in Tianjin. Secondly, in response to the inconsistent evaluation criterias for industrial heritage, the paper proposes the concept of industrial heritage "cluster" as one of the assessment strategies, and further points out the importance of Chih-li's industrial heritage. Thirdly, after analyzing the close relationship between industrial heritage and cultural and creative industries in Tianjin, it puts forward the road of preserving industrial heritage in order to shape the "Creative City".
Keywords: Tianjin; Modern industrial heritage; Industrial heritage "cluster"; "Creative City"

为什么要研究天津工业遗产?

"近代中国看天津"，天津是具有复合的历史价值的城市，具有军事化（明清中国北方海防的门户）、工业化（北洋水师大沽船坞等工业遗产）、国际化价值（有九国租界、有港口），在近现代国际交流中扮演了要角色）。就工业价值而言，英国是世界工业革命的发源地，而在中国以天津为中心的旧直隶堪称中国的工业革命的摇篮。

清道光之后，天津作为"畿辅重地"、"京师门户"，在北方率先兴办洋务，引进西方先进科技和军事教育；袁世凯推行新政后，天津的工商业迅速发展，成为"华北最大的商埠、经济中心和最大的贸易港口'，"成为城市发展的立足点，城市的定位也就以提升经济地位和利用自身优势扩大在全国乃至世界的影响为主要目标"[1]。天津也是中国除上海外的第二大工业城市，并创造了多项"全国第一"[2]。这些工业遗产曾在中国工业革命中占有先驱地位，较为著名的工业遗产有北方第一座机器局——天津机器局，北方第一座第一座船坞——北洋水师大沽船坞，中国最早的水泥生产企业——启新洋灰公司，中国最早的近代煤矿——开滦矿务局。到1949年，天津共有4 708家企业，位居全国第二。不仅如此，天津周边矿山、铁道遗产也是天津近代化的重要标志。中国最早的自主的铁路建设始自开平矿山铁路，汉沽有全国最早的铁道桥梁遗址，关内外铁路沿线铁桥和沉箱基础工法的采用都是全国最早的。这些近代工业以天津为中心，兴办范围在清末直隶范围内，其共同的社会经济背景是由于清末直隶总督府设置在天津，但是管辖的范围则是"直隶"。"直隶"不同于今天的"天津"，包括天津、北京、河北的大部分和河南、山东的一小部分，李鸿章、袁世凯作为直隶总督，首先是在自己所管辖的范围内筹办工业。在直隶范围相继出现了一系列产业基地，成为今天天津工业遗产的核心。

* 天津大学建筑学院特聘教授
** 天津大学建筑学院教授
*** 天津大学建筑学院博士研究生

图1 天津解放桥

图1

这样的工业遗产的核心地带成为城市开发的最前线，2006年国务院批准天津成为“北方经济中心”，使得天津城市建设进入前所未有的高速发展阶段。与此同时，文化遗产的保护却没有进入对等的状态。工业遗产研究刚刚起步，评估标准不明确，具体的普查和价值评估严重滞后，致使工业遗产不断消失。就在最近，著名的近代化学工业基地天津碱厂被几乎全部拆除。

特别需要提出的是对于工业遗产的保护我们反对进行冷冻式保护，提倡在评估的基础上进行再生性的保护和利用，遵循联合国提倡的“创意城市”的方向，将工业遗产保护纳入地域文化政策中，使得工业遗产更好地促进地域的经济文化发展。

一、天津近代工业发展脉络

天津近代工业，始于洋务运动中清廷创办的天津机器局。此后，袁世凯在天津推行“新政”，实业家周学熙创办了一批“官督商办”性质的大型产业。到20世纪初期，中国民间产业开始蓬勃发展。天津近代工业发展大体经历了四个阶段。

（一）初始期（1866—1903年）

从1866年开始，洋务派在天津及周边地区逐步建立了一系列的军工产业，天津成为李鸿章北洋基地的核心地区，这一时期也是天津近代工业的萌芽期。

1.洋务派创办的军工产业

第二次鸦片战争之后，清廷“洋务派”开始兴办近代军工产业，作为京师之门户，清廷于1867年在天津修建了当时北方最早、最大的军工产业——天津机器局，包括东局子和海光寺机器局，其中东局子被称为当时世界最大的机器局之一。

1880年清廷为加强海防在津创建北洋水师大沽船坞，这是近代中国北方第一座船坞，与旅顺军港、威海卫刘公岛并称北洋水师的三大基地，1890年始造军火。

2.“官督商办”近代产业的问世

1878年由李鸿章委派买办唐廷枢创办开平矿务局，起初原拟官办，后因清政府财政见绌，才改为官督商办[3]。之后修建的中国最早的电报线、中国第一条自主型标准轨铁路等都为官督商办的产业。这些产业虽为官督商办，但往往“先官后商”[4]，因此天津的“官督商办”产业发展并不顺利。

3.天津早期的外资企业

外资在天津最早经营的近代企业是1874年英国的大沽驳船公司，比李鸿章1872年筹办的轮船招商局要迟一些。至1900年天津共19家外资企业，英、德两国占16家。在19家外资企业中，以对外贸易的企业为主，其中打包厂有11家[5]。早期的外国资本多为小型民用工业。

4.中国民间资本产业的创办

天津的民间资本产业较外资产业晚，1878年由朱其昂创办了贻来牟机器磨坊。万新平先生指出，在1900年以前，天津的机器面粉业并非只此一家。“天津贻来牟机器磨坊，每年获利六七千两，近来添设三四家，每家每年仍可得利六七千两，足见销路日旺。”[6]1884年广东商人罗三佑创办的德泰机器厂是天津第一家民间资本创建的铁工厂，机器制造产业还有1886年开办的万顺铁厂、1897年建成的金聚成铁厂，主要集中于英租界、三条石大街两地。天津著名买办吴懋鼎投资兴办的民间资本产业有1886年成立的天津自来火公司、1897年创办的北洋织绒厂、1898年创办的北洋硝皮厂，都是天津同类行业中最早的。

可见，天津近代工业初始期重要产业约36

[1] 张利民：《略论天津历史上的城市定位》，载《天津市社会科学界联合会·纪念天津建城600周年文集》，89页，天津，天津人民出版社，2004年。

[2] 天津近代工业所创造的全国第一，见附表。

[3] 来新夏：《天津近代史》，113页，天津，南开大学出版社，2004年。

[4] 来新夏：《天津近代史》，116页，天津，南开大学出版社，2004年。

[5] 岳宏：《工业遗产保护初探：从世界到天津》，246页，天津，天津人民出版社，2010年。

[6] 汪敬虞：《中国近代工业史资料》，第2辑，705页，北京，科学出版社。原载：万新平：《天津早期近代工业初探》，天津市社会科学界联合会·纪念天津建城600周年文集》，120页，天津，天津人民出版社，2004年。

图2

图3

图4

图5

家，19家为外资企业。17家民族工业中6家为官办或官督商办产业且多与军事相关，即使为官督商办性质，也多为官所控制。民间资本产业投资较晚，规模较小，类型也并不多。

（二）发展期（1903—1915年）

1902年推行“新政”至民国前后是天津近代工业的发展期，突出表现在河北新区的建设、近代工业教育的繁荣以及民间资本产业的发展几个方面。

1. “官助商办”近代产业的发展

20世纪初袁世凯在天津推行的“新政”为天津工业发展带来了新的契机。1902年，周学熙受袁世凯之托创办北洋银元局，取得成功后又于1906年创建了北洋劝业铁工厂等重要的官助商办产业，河北新开区一度成为重要的工业区。同时，河北新区还创办了直隶高等工业学堂、考工厂、实习工场等教育机构，成为重要的工业教育基地。

2.北洋水师大沽船坞转型

八国联军侵华后，天津军工产业受到严重破坏。北洋水师大沽船坞于1900年到1902年被俄国占领。1906年，大沽船坞作为北洋劝业铁工厂大沽分厂投入生产，并将原大沽船坞的炮厂划为宪兵学堂之用，大沽船坞作为官助商办产业进行运营。

3.商办近代产业发展

“新政”时期天津的民间资本产业得到了发展，在直隶工艺总局的推广下，加上天津的机器工业本身具备一定的基础，三条石大街一带逐渐发展成机器制造工业的中心，同时，工业区范围由河北区沿三条石大街向天津旧城西部蔓延。

1902—1911年，天津出现过的工业企业总计为139家，涉及矿业、水泥、机器制造、纺织、化工、食品等行业。其中纺织居首，41家；化工其次，31家(含火柴、皮革、化妆品、榨油)；食品居三，20家(含烟草)；支柱产业结构初见端倪[7]。这一时期的稳步发展为辛亥革命后民间资本工业的繁荣奠定了基础。

（三）兴盛期（1915—1937年）

民国初至日军侵占这段时期是天津近代工业的兴盛期，这段时期主要表现在商办产业的兴盛，面粉、火柴、纺织、化学、制革等类型在全国占有重要地位。天津逐渐发展成为华北地区的工业中心，全国第二大工业城市。

1.纺织业

"新政"期间周学熙创办直隶工艺总局，1904年直隶工艺总局所属的实习工场下设织机、染色、提花等科目，开始了机器织布工业。此后，天津及周边地区兴办了数十家机器织布工厂。1915年由周学熙创办的天津第一家机器纺纱厂直隶模范纺纱厂建成，1916年章瑞廷创办恒源帆布有限公司，后与直隶模范纺纱厂合并，改名为恒源纱厂。1916年，周学熙退出北洋政府后，致力于实业，创办新华纺织股份有限公司。1918年至1922年间，裕元、裕大、北洋、宝成等纱厂相继建成。1931年仁立毛织厂在津建成，1934年东亚毛呢纺织股份有限公司建厂投产，天津近代毛纺织工业自此开始形成。天津逐渐成为我国北方近代棉纺织业的中心。

2.面粉业

1878年天津已经出现使用机器磨面的磨房。建于1915年的寿星面粉公司（原意租界内）为中日合资，到1919年因抵制日货，该公司停产。1925年，该公司重组，更名为寿丰面粉公司，后逐渐发展成华北规模较大的面粉企业，下设大丰面粉公司，建于1921年，为二分厂；民丰面粉公司建于1923年为三分厂。其他较为著名的面粉企业还有福星面粉公司，建于1919年，生产"蝙蝠牌"面粉；嘉瑞面粉公司建于1924年，生产"牧牛牌"面粉。

3.海洋化工

天津的古代盐业属"长芦盐场"。1914年在北洋政府的允可下，在盐务专家景韬白的支持下，范旭东集资在塘沽创办了久大精盐公司，使用重结晶法工艺生产出精盐，产品商标为五角形的海王星。范旭东另一重要贡献就是创建了永利碱厂，第一次世界大战爆发后，中国进口碱的数量急剧下降，中国人民只能食用"土碱"，并且许多以纯碱为原料的工厂也被迫停工。范旭东等人决定采用当时世界先进水平的苏尔维制碱技术生产纯碱，1917年着手创办永利制碱公司，于1923年完成碱厂基本建设，于1926年6月29日生产出纯碱，定名"红三角牌"。精盐和纯碱的研制成功，打破了外国企业的垄断，填补了我国化学工业的空白。

4.机器加工业

清末机器加工业就开始萌芽的三条石地区经过"新政"时期的发展，到1914年这一地区有铁业作坊、工厂17家，到20世纪二三十年

图2 原天津开滦矿务总局办公大楼，被天津市委接管并使用至今。
图3 天津印字厂
图4 长芦盐业
图5 天津西站
图6 塘沽南火车站

[7] 宋美云，张环：《近代天津工业与企业制度》，34页，天津，天津社会科学院出版社，2005年。
原载：岳宏：《工业遗产保护初探：从世界到天津》，250页，天津，天津人民出版社，2010。

图6

图7

图8

图9

代，发展到鼎盛时期。到1937年前，三条石地区从事铸铁和机器制造的工厂已达300家左右，成为当时有名的“铁厂街”[8]。三条石地区鼎盛时期较为著名的企业有1918年建成的郭天祥机器厂和1926年建成的福聚兴机械厂。

5.其他工业

天津近代民族资本产业在兴盛期除了上述四类规模较大，还有很多类型和著名产业品牌。天津丹华火柴公司是当时全国最大的火柴厂，1921年周学熙创办的耀华玻璃公司，是中国第一家中外合资玻璃企业。1929年陈调甫等人创办天津永明油漆厂，首先制成酚醛清漆“永明漆”，1931年以后，经研发陆续生产醛酸纤维素漆、硝基纤维素漆，1948年又研制成功醇酸树脂漆，即可刷、可喷、可烘的“三宝漆”。天津油漆工业长期处于全国领先地位。

据不完全统计，仅1912—1928年间，天津民营资本厂家就有2 471家，总资本额约82 427 000元，涉及66个行业。其中，纺织1 407家，总资本额为2 687万元，占当时天津民族工业资本额的30％，无论是厂家数，还是资本额均居首位；化工企业有280余家，资本总额1 100余万元；食品工业130余家，资本总额855万元。[9]

（四）日军占领时期

“七七事变”后天津沦陷，北洋水师大沽船坞、永利碱厂、启新洋灰公司等一大批企业被日军占领。北洋水师大沽船坞被日本人占领后，变成“军事劳工监狱”。天津六大纱厂先后为官僚资本和日资所兼并。日资在天津又新建成裕丰、上海、双喜、大康等4个纱厂。

日占期间天津成为侵华战争的后方基地，为提供军事侵略所需物资，日商在天津建设了部分与军事相关的企业，如日商华北机械股份有限公司、日商中山钢业所等6家钢铁企业。

新中国成立后，这些工厂成为当时工业的重要组成部分，如日商中山钢业所更名天津钢厂，日商东洋化学工业株式会社汉沽工厂更名为天津化工厂，日商华北机械股份有限公司为今天的动力机车厂。原日本人在华的纺织企业被接收后成立了中国纺织建设公司。

三、天津近代工业遗产的保存现状

2006—2009年间天津的几大棉纺厂陆续夷

为平地，三条石大街一带高档住宅相继落成。天津近代工业遗存所剩无几，旧工业区整体保留下来的极少，很多保留下来的近代工业遗产也多是单体厂房、办公楼或者宿舍之类，除天津船厂（原北洋水师大沽船坞）、天津化工厂（原日商东洋化学工业株式会社汉沽工厂）外，几乎没有保留整体格局和工艺流程的老工业区，而天津船厂（原北洋水师大沽船坞）、天津碱厂（原永利碱厂）、天津化工厂由于地处塘沽区，避开了之前天津中心城区的大规模建设。但是近年来随着滨海新区的建设，这三座重要工业遗存也面临危险。最近天津碱厂大部分已经被拆除。根据天津市、滨海新区国民经济和社会发展第十一个五年规划指导意见和中共塘沽区委《关于制定国民经济和社会发展第十一个五年规划的建议》精神，确定塘沽区的总体功能定位是：临港产业和海洋产业聚集区，“一个基地、两个中心”的综合服务功能区，开放文明、宜居生态的现代化国际港口城市标志区。到2020年，把塘沽建成海洋和港口特色突出、技术领先、服务配套、辐射带动作用强的先进制造业和现代服务业聚合区域，建成港城一体、经济发达、社会和谐、发展持续、代表滨海新区综合发展水平的现代化国际港口城区，在全市、全国率先实现现代化。塘沽地区工业用地布局规划分为：海洋高新技术开发区、临港工业区、中心商务商业区、海滨休闲旅游区、西部产业拓展区、滨海都市渔农业示范区等部分。

笔者对天津重要工业遗产进行走访，到目前为止，天津存留的主要工业遗产记录如下。

①洋务派早期军工产业——天津市内早期军工产业原本就数量不多，天津机器局东西局子于1900年八国联军侵华毁掉。现存仅有北洋水师大沽船坞。

②早期官督商办产业——早期官督商办产

图7 黄河化学工业研究社旧址
图8 北洋水师大沽船坞旧址之一
图9 津浦路西沽机场旧址
图10 天津碱厂

[8] 岳宏.工业遗产保护初探：从世界到天津[M].天津：天津人民出版社.2010：251

[9] 岳宏.工业遗产保护初探：从世界到天津[M].天津：天津人民出版社，2010：251.

图10

图11

图12

业目前还保留有开滦矿务局办公大楼、天津电报总局1924年新建的大楼。唐山地区保留着开滦矿务局、启新水泥厂等企业，华新纺织厂唐山分厂于2009年宣布破产，正进行资产清算。

③新政后官督商办产业——新政后官督商办产业有北洋银元局、劝业陈列所。

④民间资本产业——民间资本产业还保留有久大精盐公司办公楼、天津碱厂（原永利碱厂）、黄海化学研究社、华新纱厂水楼、宝成纱厂、东亚毛纺厂办公楼和男宿舍、天津西站、塘沽南站、天津机车车辆厂（原津浦铁路天津机车厂）。

⑤外资企业——天津的外资企业还保留有天津化工厂（原日商东洋化学工业株式会社汉沽工厂）、天津印字馆、比利时电车电灯公司、北支丰田自动车株式会社、原英国亚细亚石油公司办供楼、天津动力机厂（原日商甲裴铁工厂）、法国电灯公司等。

上述工业遗产中有的已是文保单位，有的是天津市历史风貌建筑。

四、天津工业遗产刻不容缓的工作

（一）进行彻底的普查

2006年天津博物馆曾经组织了近代工业遗产的初步普查，其成果于2007年9月在博物馆举办了展览；从2008年开始天津大学中国文化遗产保护国际研究中心开始结合教学进行塘沽地区的遗产总体调查；2010年中国建筑学会工业建筑遗产专业委员会成立，在建筑学术界试图推动工业遗产的研究；2011年中华人民共和国工业和信息化部（简称工信部）在天津设置工业遗产调查机构；2011年天津市规划局决定和天津大学及天津博物馆合作，启动工业遗产的普查，目前正在在天津大学试点进行普查。

目前工业遗产的普查已经刻不容缓，需要继续进行多方面的共同协作，综合调查，从而全方位地进行评估，但是问题依然十分严重，最严重的是调查的信息不能很快统合，不能很快公开，例如三普调查数据目前不能公开，不能及时受到社会的监督，而很多三普刚调查的遗产已经被拆除[10]。

另外需要由天津市组织统筹各个单位协助进行调查。

（二）天津近代工业遗产的评价标准共识

国际产业遗产保护委员会（The International Committee for the Conservation of the Industrial Heritage，简称TICCIH）是工业考古学研究、工业遗产保护振兴等为目标的国际团体。

TICCIH于1973年在英国进行的工业遗产保护国际会议（the International Conference for the Conservation of the Industrial Heritage）第一次大会后设立，三年召开一次国际会议。2000年以后由国际古迹遗址理事会（ICOMOS）的工业考古学方面的顾问进行工业遗产的世界遗产评价，是工业遗产保护国际权威机构。2003年在俄国下塔吉尔召开了国际会议，会议上制定了国际宪章《关于工业遗产的下塔吉尔宪章》（2003年）。

中国对于工业遗产有《无锡宣言》（2006年），但是没有具体评估标准。我们认为应该根据《关于工业遗产的下塔吉尔宪章》进行判断。该宣言中明确阐述了工业遗产的价值，特别指出两点：一是这些价值是工业遗址本身、建筑物、构件、机器和装置所固有的，它存在于工业景观中，存在于成文档案中，也存在于一些无形记录，如人的记忆与习俗中。二是特殊生产过程的残存、遗址的类型或景观，由此产生的稀缺性增加了其特别的价值，应当被慎重地评价。早期和最先出现的例子更具有特殊的价值。说明了工业遗产应该考虑工业遗址、建筑物、构件、机器、生产过称残存、不同遗址类型或景观。

例如天津碱厂的价值并不在于厂房建筑，而在于不可多得的有历史价值的生产线，而如果忽视了生产线，自然不会对碱厂作出比较准确的价值评估。碱厂被拆除告诉我们价值评估定位的重要性。

（三）工业遗产评估策略：“群”的概念

1994年世界遗产委员会通过了“构筑均衡的世界遗产一览表的世界战略”。根据这个战略，作为确保世界遗产的信赖性的手法，需要对复数的资产大范围地探讨，同样在工业遗产领域，英国的Cornwall and West Devon Mining Landscape 2006年等应用系列提名（Serial Nomination）的手法申请了世界遗产。在日本，近年工业遗产随着结构转型面临被破坏的危机，很难用单个建筑来阐述工业遗产的价值，于是开始通过地方史、产业史等的编辑和整理，对相关的工业遗产综合进行价值评估。2007年日本经济产业省召集了13名工业遗产专家组建了“产业遗产活用委员会”，5月从各地征集了工业遗产，经过委员会讨论，以便于普及的是再次提供给各个地方。在此基础上经过四次审议，确定了33个近代产业遗产群。对于对地域活性化有帮助的近代产业遗产进行认定，授予认定证和执照，现在对“近代产业遗产群”还在不断充实。最为典型的是“九州、山口近代化产业遗产群”，现在正在申请世界遗产。该遗产群是西洋以外地区近代化的先驱——日本的原点，是重要的遗产群，具有很高的价值。

国家文物局准备将大沽船坞和马尾、江南造船厂联合列入申报世界遗产候选名单，这也是一种系列提名的方法。

我们认为，直隶工业遗产群（包括天津及其周边）是十分典型的代表中国近代工业革命的遗产群，但是目前没有引起高度重视，笔者认为应该在上述普查和价值评估的基础上尽快

图13

图11 北洋水师大沽船乌旧址之二
图12 北洋水师大沽船乌旧址之三
图13 津浦路西沽机场旧址内水塔

[10] 刘欣随：《是谁拆了天津“三普”登记建筑》，中国文化报，2010年。

确认遗产群的评定策略。

五、工业遗产保护的目标：塑造“创意城市”

我们强调文化遗产的保护和再利用应该纳入地区经济循环的大策略中，反过来说，发展地域经济不能没有文化。

20世纪70年代，为了解决城市的再生问题出现了“世界城市”的概念。“世界城市”的概念是在全球化背景下产生的现代城市概念，其特点是以金融为经济核心，城市的主角是多国籍法人，城市间的关系是金字塔式的等级关系，城市是超大型规模，循环模式是全球性的经济中枢带动地方经济活动。

但“世界城市”并不是十全十美的，“世界城市”的全球性循环特征也带来种种问题，特别是20世纪80年代以来纽约、伦敦、东京等特大城市的泡沫经济、金融危机显示了特大城市在逐渐失去其魅力，取而代之的是“创意城市”。

“创意城市”（The Creative Cities）是在20世纪90年代以后开始受到广泛关注的，是当代西方城市经济复兴和转型背景下出现的重要概念，其提出最早可追溯至被称为文化经济学创始人的约翰 拉斯金（John Ruskin）和威廉•莫里斯（William Morris）。“创造城市论”可以举欧洲创造城市团队为例。这个团队（Comedia）诞生于1978年的英国，主要是从事城市生活，文化和创造相关的项目，成员是不断变化的，目前已经完成了世界上500多个城市规划项目并出版了100多种出版物，已经是具有国际影响的团队，代表人物是英国的兰德里（Charles Landry）和弗罗里达（Richard Florida），前者的著作是《创造城市》（*Creative City*，2000），后者的著作是《创造阶级的勃兴》（*The Rise of Creative Class*，2002），两者均为畅销书，对于城市的决策者影响很大。

“创意城市”的特点是以文化和艺术为经济核心；城市的主角是文化、信息、技术产业，是文化技术的创造阶层；城市间的关系是网络联系；城市规模是中小型；地域内循环走向国际大循环，对国际产生影响力。

“创意城市”主要强调以文化经济、创意产业推动城市复兴和转型，塑造大规模工业生产完全不同的柔性城市经济系统，建立新的城市发展方向，强调城市的个性和多元。在这一概念中，城市的物质遗产和非物质遗产充当了其他任何要素都不能取代的重要角色，这些遗产是地区的识别标记，可以唤起对城市历史的记忆，树立该城市在全球化背景下的独自定位，通过与过去对话而启发灵感，形成“传统和创意”相互影响的过程。

2002年联合国设立了创意城市联盟（The Creative Cities Network of UNESCO's Global Alliance for Cultural Diversity），是UNESCO全球多样性文化联盟的一个部分，开始在全球范围内发挥重要作用。目前中国深圳（2008年）、上海（2010年）、成都（2010年）都已成功申请“创意城市”。

中国目前的城市建设以什么为目标是值得深思的。“世界城市”给我们太多的影响，很多城市都以“世界城市”为自己奋斗方向，然而是否可能或者是否有必要在中国再造一个纽约、伦敦、东京？难道不应该珍惜我们自己城市的价值，重新在全球化背景下为自己的城市定位，利用城市的传统再创造有活力和文化品位的新城市？“创意城市”的概念为我们审视文化遗产的当代价值提供了重要的参考系，文化遗产将成为推动新型城市经济的重要资源。

在天津，工业遗产更与新兴的文化创意产业具有天然的紧密联系。在城市经济转型中，工业遗产既是传统文化的载体，又能成为培育新型产业的容器。而天津滨海新区的工业遗产，正处在这一“传统”和“创意”对话的交点，在这一背景下研究工业遗产的再利用，对探索中国当代城市经济发展方向具有推动意义。以天津碱厂为例就是工业遗产可以尝试带动创意产业绝好的实例，很多相关机构、专家、社会都对其极其关注，国家文物局也专门下函保护。就我们天津大学建筑学院文化遗产保护国际研究中心所作的工作而言，我们多次进行现场调查，已经进行了价值评估研究，并且准备和英国诺丁汉大学著名的城市设计专家Tim Heath教授联合设计，打造天津滨海新区新的文化产业形象。Tim Heath教授是英国文化遗产保护和城市设计著名专家，他对该遗产给予了极高的热情，他试图通过一个出色的城市综合设计能够说服天津很好利用这个遗产，但是

图14

无不遗憾这个凝聚了无数历史的真实性并保存了最早的完整的氨碱生产线的珍贵遗产竟在没有听取文物专家的意见的情况下，在几天之内被拆除！实际上滨海新区另外一个极为重要的文化遗产北洋水师大沽船坞虽然已经有保护规划，但是最近进行的“大沽船坞文化创意和媒体园”设计公开[11]，让人担心已经通过政府批准的保护规划是否能被有效执行。

碱厂被拆除等一系列事情已经告诉我们天津缺乏“创意城市”的宏观战略，天津最急需的不是绘图意义上的规划师，而是需要像Comedia那样的智囊团，从更为宏观的角度把握城市的定位和总体发展方向，注入文化政策研究。现在政府各个部门、开发商、建筑师、市民、媒体多方面和城市建设有关，他们使力的方向不一致，我们承认各方有不同的利益，但是正因为如此需要决策者有睿智的决策，通过政策调节引导城市的总体方向，把大家分散的力量变成合力。我们认为天津不适合走“世界城市”的道路，而应该更多探索独自的“创意城市”的道路。

感谢：本文撰写中得到本中心研究生闫觅的帮助。

金研摄影

图14 新河船厂码头

[11]百年大沽船坞修复遗迹华丽转身[N].城市快报，2011-04-07.

Zhang Jinqiu: to Retain the Charm of the Ancient Capital with Wisdom is the Mission of the Age

张锦秋大师—用智慧砌筑古都新韵

赵敏 (Zhao Min)

编者按：2011年4月28日，第41届世界园艺博览会在西安举行。它宣传绿色文明，提出了“天人长安，创意自然”的主题，为人们勾画出城市与自然和谐共生的未来图景。这次盛会历时156天，一座21世纪西安的新地标建筑——长安塔，将在世园会上绽放它的风采。这是年逾七旬的全国人大代表、中国工程院院士、中国建筑西北设计研究院总建筑师张锦秋院士的最新力作。

《建筑创作》杂志社自2006年3月起便承编了张锦秋院士《长安意匠——张锦秋建筑作品集》的各卷《圣殿记》、《芙蓉园》、《群贤庄》、《物华天宝》以及2011年即将出版的《延安革命博物馆》，金磊主编是张院士的老朋友，他说：“进入21世纪，张锦秋的设计新品迭出：富于革命传统文化的‘延安纪念馆’、满载盛唐记忆的‘大明宫丹凤门’、迎接第41届世界园艺博览会的标志建筑‘天人长安塔’……我们认为这些或感动、或震撼、或绝妙的精品之作，不仅会让四海宾朋纷至沓来，更会给中国建筑界留下串串思索：何为中国优秀建筑作品的成功创作途径？何为一代青年建筑师提升设计的城市文化品质的经验借鉴？何为实践一位设计大师与一个城市建设的完美结合？何为现代化理念下用作品与思想对东西方文化的论衡？愿海内外城市建筑规划设计者都能从她语淡、言真、意深的作品集阅读中感受到这一切，更希望通过不断省思，再激起对未来的更多期许。”

带着上述问题，我们对张锦秋院士做了特约专访。

Editor's note: On April 28th, 2011, the 41st World Horticultural Exposition will be held in Xi'an, the World Horticultural Expo 2011 is themed as “Green leads the trend”, presenting the future picture of a harmony between city and nature. During the 156 days of this grand exhibition, the 21st century landmark building—Chang'an Tower, the newest masterpiece of Ms Zhang Jinqiu, over 70, who is the deputy to the National People's Congress, the member of the Chinese Academy of Engineering and the chief architect of China Northwest Architectural Design and Research Institute, is going to reveal its charm at the Expo.

From March 2006, *Architectural Creation* edited Ms Zhang's book, *Chang'an Artistic Creation*—a portfolio of hers including volumes of *Saint Palace Records, Lotus Garden, Sages Village, Good Products from the Earth Are Nature's Treasures*, and the book *Yan'an Revolutionary Museum*, which is going to be published this year. Mr. Jin Lei, the chief editor and an old friend of Ms Zhang, said, “Entering the new century, Zhang Jinqiu's new designs came out one after another: Yan'an Revolutionary Museum presenting the traditional culture of revolution, Danfeng Gate of Daming Palace filled with memory of the glorious age of Tang Dynasty, Chang'an Tower—the landmark to welcome the 41st World Horticultural Exposition...... Not only attracting visitors all around, those touching, shocking or exquisite masterpieces will also cause the deep thinking of China's architects: What is the way to design a successful building in China? What is the lesson that young architects draw from her experiences? What is a perfect integration of a designer and urban construction? What is the balance of east and west cultures achieved by works and thoughts under modern concepts? I hope urban planners and architects from home or abroad can perceive these answers from her concise, genuine and meaningful works, and expect more in the future through introspection.”

With all those questions, we arranged a special interview with Ms Zhang Jinqiu.

第一次与张锦秋接触，是为采访报道2010年10月在京颁发的第17届何梁何利奖。有报道称，它是目前在中国公信力和权威性极高的科技奖项，张锦秋是获得何梁何利基金科技最高奖项——“科学与技术成就奖”的第一位女性。在建筑行业里面，张锦秋早就闻名遐迩，她是我国首批建筑设计大师，也是首批中国工程院院士，并享有很高的国际声誉，曾多次应邀出国参加学术交流、进行学术讲演。对于这些荣誉和奖励，张锦秋不太在意。“建筑师就是个服务行业，不必看得那么高。”说话时，她带着一丝微笑，慈祥，谦和。谈及开心处，她时常掩面大笑，发出“真逗”的感慨，和蔼亲切，一见如故。

建筑，功能为本

作为当代中国知名的建筑大师之一，张锦秋参加了近十年来很多重要建筑的评审，著名的国家大剧院、水立方、北京CBD中央电视台新办公楼、广州新电视塔、西安大明宫遗址公园等，很多都是她力荐的方案中选。也许有人会问，一个在设计中主张历史主义与现代手法结合的建筑师，怎么会评选出那么多形式新颖各异的建筑来。带着很多年轻建筑师的疑虑，采访那天我们向她提出的第一个问题就是：“您认为建筑的功能性会束缚创造性吗？”

张锦秋毫不迟疑地回答：“我怀疑这个问题是不是由建筑师提出的。”她坚定地说：“建筑最基本的要求就是实用、安全、美观，实用应该是建筑的第一属性。人类最早建筑房屋就是从实用出发，远古时代人们筑巢、打洞，不是为了美观，而是为了居住。建筑的产生首先是应对功能的需求，而这个基本需求直到现在还是不变的。”她语重心长地讲到：“美观是建筑的要素之一，但美观不能成为建筑唯一的功能。你可以把美观理解为功能之一，但是作为建筑的最基本功能是不对的，它仅仅是建筑的第二功能，欣赏的功能。”

澳大利亚的悉尼歌剧院是20世纪最具特色的建筑之一，也是近半个世纪以来人们对建筑的功能与美观孰重孰轻，讨论不断的焦点。1957年，丹麦设计师伍重在悉尼歌剧院的设计方案竞标中意外获选，设计方案新颖飘逸的外

张锦秋，1936年10月生于四川成都，1954年就读于清华大学建筑系，1966年清华大学建筑系建筑历史和理论研究生毕业，师从梁思成、莫宗江教授。1966年至今在中国建筑西北设计研究院从事建筑设计,1987年至今现担任院总建筑师。

研究成果与设计成果

代表作包括：西安大雁塔景区三唐工程、陕西历史博物馆、西安群贤庄小区、西安钟鼓楼广场、陕西省图书馆和美术馆群体建筑、黄帝陵祭祀大殿及大唐芙蓉园、曲江遗址公园、延安革命纪念馆等。陕西历史博物馆与延安革命纪念馆新馆被选入新中国成立六十周年百项经典工程。

获奖情况及荣誉称号

1991年获首批“中国工程建设设计大师”称号，1994年被遴选为中国工程院首批院士，1996年被母校清华大学聘为双聘教授，1997年获准为国家特许一级注册建筑师，1999年和2004年当选为中国城市规划学会常务理事，2001—2005年担任中国建筑学会副理事长，2001年获首届“梁思成建筑奖”，2004年获西安市科学技术杰出贡献奖，2005年当选亚太经合组织（APEC）建筑师，2007年任住房与城乡建设部历史文化名城专家委员会委员；2010年10月获何梁何利科学与技术成就奖，2011年3月获陕西省科学技术最高成就奖。

陕西历史博物馆

设计时间：1983—1987年
竣工时间：1991年
建筑面积：45800m^2
主要合作者：王天星、安志峰

陕西历史博物馆是国家“七五”计划重点工程，是我国改革开放以来首座突破了传统博物馆模式，具备当代新型博物馆功能的国家级的大型博物馆，兼有文化交流、教育服务和科学研究的设施和职能。馆内设施均达到设计同期的国际水准。在艺术上陕博建筑成为陕西悠久历史和灿烂文化的象征。该项目获得中国建筑学会首届创作奖（1992年），中建总公司优秀工程设计一等奖（1992年），建设部优秀设计二等奖（1993年），全国优秀工程设计铜质奖（1993年）；2009年入选新中国成立六十周年百项经典工程。

形深深打动了评委会主席、著名建筑师沙里宁。但是由于其设计理念大胆前卫，加上开支严重超出预算而受到多方的质疑，伍重被迫于1966年辞去总设计师的职位，由一位澳大利亚的设计师接任。其继任人依然延续伍重的风格，但结构形式、室内音响设计等内容均做了很多调整。著名建筑评论家、清华大学的陈志华教授曾经这样评价悉尼歌剧院——它很美，像个大型的城市雕塑，从外形的角度来说，它是很好的，但是作为建筑，它的功能性非常差。张锦秋也发表了自己的看法："悉尼歌剧院作为世界建筑遗产，也可以称得上是巨型的城市雕塑。但是若说它是优秀的建筑设计，我认为不准确。20世纪50年代我在清华大学的时候常阅览外国杂志，那时刊登的悉尼歌剧院竞赛中标方案，比建成的要漂亮很多。设计采用了飞扬、流畅的造型，像帆又像花瓣，出挑深远，非常潇洒，我们看到后都非常喜欢。但那个方案在技术实施上实在困难，达不到预想的效果。伍重最初的设想是应用薄壳结构，建成后却是钢筋混凝土密肋结构，竣工后不是中标时的造型。虽然现在的歌剧院也很美，但还是比方案图逊色。当今中国年轻建筑师大概都不知道原来的方案，它的艺术性在那个时代和环境里是无可超越的。所以当有建筑师提出功能是不是制约外形的创作，我认为这样的建筑师在什么是建筑这个问题上，他的认识是不及格的，这也反映出现在的建筑教育很成问题。"

张锦秋接着讲述她的观点："1999年UIA在北京召开第20届世界建筑师大会，佛兰普登教授的发言引起了大家的关注。他将建筑分为两类：一类属于'产品形式'，突出建筑的技术与功能，就像汽车、电视机一样，要技术与功能先进，且可以用在任何地方（如机场、体育建筑、火车站等）；还有一类叫'地域形式'，比较强调地域的特征。在那次大会上通过的《北京宣言》中强调了地域建筑的现代化和现代建筑的地域化，这是21世纪建筑发展的主流。这两种途径异途同归，它们是并不相悖的。从那时至今的12年里，中国建筑的形势发生了翻天覆地的变化。随着我国经济的发展、城市化进程的加速，城市建设引进了很多国际上有名或无名的建筑师到中国做设计，也引进了国外存在的一种唯形式的建筑。像你刚才提出'功能会束缚创造性'这种问题的建筑师，所追求的大概就属于唯形式的建筑。"

建筑，要表里如一

在几十年的创作生涯中，张锦秋的创作风格几经转型，她的设计与时俱进，充满了时代的朝气。但是，她却始终如一地坚持某些原则。她认为，建筑和人一样，要有自己的品格，要表里如一。

话语间当我们谈及美国著名建筑大师弗兰克·盖里时，她跟我们说："我在1998年曾应邀赴美国参加中美文化交流，其间我们参观了明尼苏达州密西西比河畔一个由盖里设计的美术馆。在到达之前，文化交流活动的主席讲这也是他第一次参观盖里设计的建筑。盖里最擅长使用金属外壳，我们都想看看建筑的金属外壳和内部结构空间是不是有机结合的。我们参观时见到那个美术馆，外观是典型的金属壳自由体，而内部却还是矩形空间。于是主席说这样的建筑设计他不欣赏，是形式主义。"还有一个例子是美国麻省理工学院建筑学院的新教学楼，也是请盖里设计的。张锦秋回忆说："我走进学院的展厅，发现里面放着盖里为新学院楼做的几个工作模型，展示了他几个阶段性的设计思考过程。"张锦秋分析起来，"开始还是常规思维，布局、功能、体量有机发展，接着是内部功能一步步地深化，后来局部加了一点金属外壳，最后整个模型都覆盖上流线形的金属外壳了。我想，至少在那个时候，盖里的设计还是先从布局、功能、体形着手，最后才加上那个外壳。这是我亲眼所见，每个步骤都拍了照片。我亲身体验接触的他的作品只有上面两个。"

张锦秋从不妄加评论建筑和设计师，她这些年参加过很多国内最重大的竞赛评审。她说，有些作品是合乎逻辑的思路，另一些则明显就是先做建筑后加外壳，包括我们的国家大剧院（国家大剧院在不同的几个观众厅和不同布局外面生硬地加上一个半圆形玻璃壳）。张锦秋说："1999年国家大剧院国际招标，我是评委，恰巧最后一轮评选时我因在国外未能参加，后来我是反对最后中选方案的一人。2002

年哈佛大学请我去参加一个关于东方建筑文化的论坛，我介绍了中国的情况和我的学术观点。那次安德鲁也去了，他重点介绍了国家大剧院。听众中有很多哈佛大学的学生和老师，问他能否把外壳去掉，里面明明是几个功能不同的剧院，为什么要加一个壳把它罩起来，对于这个问题他无法回答。”

建筑是城市里最大的造型艺术体，但是建筑又和雕塑不一样，它的基本属性是功能、安全、美观。饱受争议的CCTV大楼，张锦秋也是设计评审委员会成员之一。张锦秋向我们描述了当时的情景：“有人说CCTV办公大楼难看，我觉得审美是仁者见仁、智者见智的。我给一家日本公司、库哈斯的OMA公司和华东院的设计都投了赞成票。虽然投了赞成票，在会上我对中选方案的安全和造价提出过质疑。负责结构设计的APRUP公司结构专家解释说这个大楼不是两条腿站在地上，而是一个环形结构，他们可以很好地解决抗震和平衡问题。随后我又提出造价应请甲方进行经济方面的比较。但是工程竣工后，我去年参观时发现他们的设计并没有很好地解决平衡问题——结构在地下设计了十几米厚的、实心的钢筋混凝土，好像秤砣压在下面，才达到大楼整体平衡，跟方案答辩时不一样。如果设计采用可使用的地下建筑空间达到平衡那是设计师的本事，可见最后计算平衡不了才会这样做。”

张锦秋也是新广州歌剧院方案竞赛的主要评委，她的发言对最终方案的中选起了很大作用。最终中选的方案敲定的是国际顶尖女建筑设计师扎哈·哈迪德的设计作品“圆润双砾”。张锦秋评价说：“这个方案满足标书的要求，造型犹如两块顽石，不是任何几何体，放在珠江边上也很切题，图也画得很漂亮。后来听说施工周期很长，难度在于画得很漂亮的外壳施工做不出来。我在想，如果建筑师设计一个方案，用什么施工方法做，他起码要心中有数。当时选它是因为它的非几何体造型，结果它的很多想法和意念是当代技术落实不了的，很遗憾。我不是反对追求形式。一个伟大的建筑没有造型、没有特色，在城市里面起不到标志作用，也是失职的。但我还是要说，作为设计师一定要在各方面尽你的职责。’

张锦秋担任评委会主席，选出了北京2008奥运会重要建筑国家游泳馆和广州2010年亚运会重要建筑广州电视塔。这是两个全中国人民都喜爱的建筑。国家游泳馆是一个蔚蓝色的、充满童真的泡泡式建筑，老百姓给它取名“水立方”；广州电视塔高大修长而极富动感，好像一个少女回首俯视广州城，亚运会开幕式上，电视塔上绽放的烟火真似火树银花，老百姓叫它“小蛮腰”。张锦秋说：“广州亚运会的‘小蛮腰’，那个塔大家很喜欢，我当时也极力推荐。电视塔全世界都有，广州这个城市秀丽而优美，它既不是北京也不是上海，珠江既不是黄浦江也不是长江，所以我说这个电视塔的线条不能很硬，要跟广州城市的性格相符，要体现广州的秀美，有女性的柔美。”

归根结底，建筑不同于城市雕塑、工艺品和摆设，把功能和造型结合起来正是建筑师的工作。如果认为建筑形式与内容无关，是“唯形式论”。张锦秋补充说：“我们总说做人最好要表里如一，建筑也是如此。建筑这个行业涉及的因素太多，有城市规划，有业主，有政府……他们的意向对设计有很大的影响。现在很多造型奇特的建筑，令人分不清是写字楼还是宾馆。我的想法是，不能让形式拘泥于功能，而是要让形式反映功能，要内外统一。”

和谐建筑

张锦秋认为，当代城市建筑体现了科学主义思潮和人文主义思潮的汇合。当代城市艺术的最大特点是综合美。这种美具有多元性和多层次性，其最重要的特性是和谐。她把和谐建筑分为两个层次：和而不同、唱和相应。

张锦秋说：“现在很多人没有认识到建筑的复杂性，认为只要是自主创新就一定要跟过去的东西没有任何瓜葛，必须采用最新的技术、最新的材料和没有见过的造型。实际上创新二字针对不同对象、不同环境，有不同的内涵。我想，建筑师应当站在历史的高度看待建筑，你要知道它的过去、现在，才能更好地设想未来。此外，建筑师还要站在城市的高度。常听一些建筑师责备城市规划制约了建筑，规定得太死，对建筑的风格和色彩都束缚。可是如果建筑师站在城市的高度俯瞰建筑设计，就

延安革命纪念馆

设计时间：2005年4月—2006年10月
竣工时间：2009年8月28日
建筑面积：28 581.40m^2
主要合作者：王军、张煜旻、徐嵘

新建的延安革命纪念馆在已成为危房的老馆基址上就地重建，新馆遵循老馆与彩虹桥已形成的南北轴线布置，建筑呈“ ┌┐ ”形布局，其超长尺度所体现的张力和呈围合态势的控制力奠定了纪念馆在延安市区内实现标志性和纪念性的基础。该项目着意体现中国共产党在延安十三年间的建筑文脉，构建一整套室内外纪念性空间体系，达到了预期效果。2009年该项目入选为新中国成立六十周年百项经典工程。

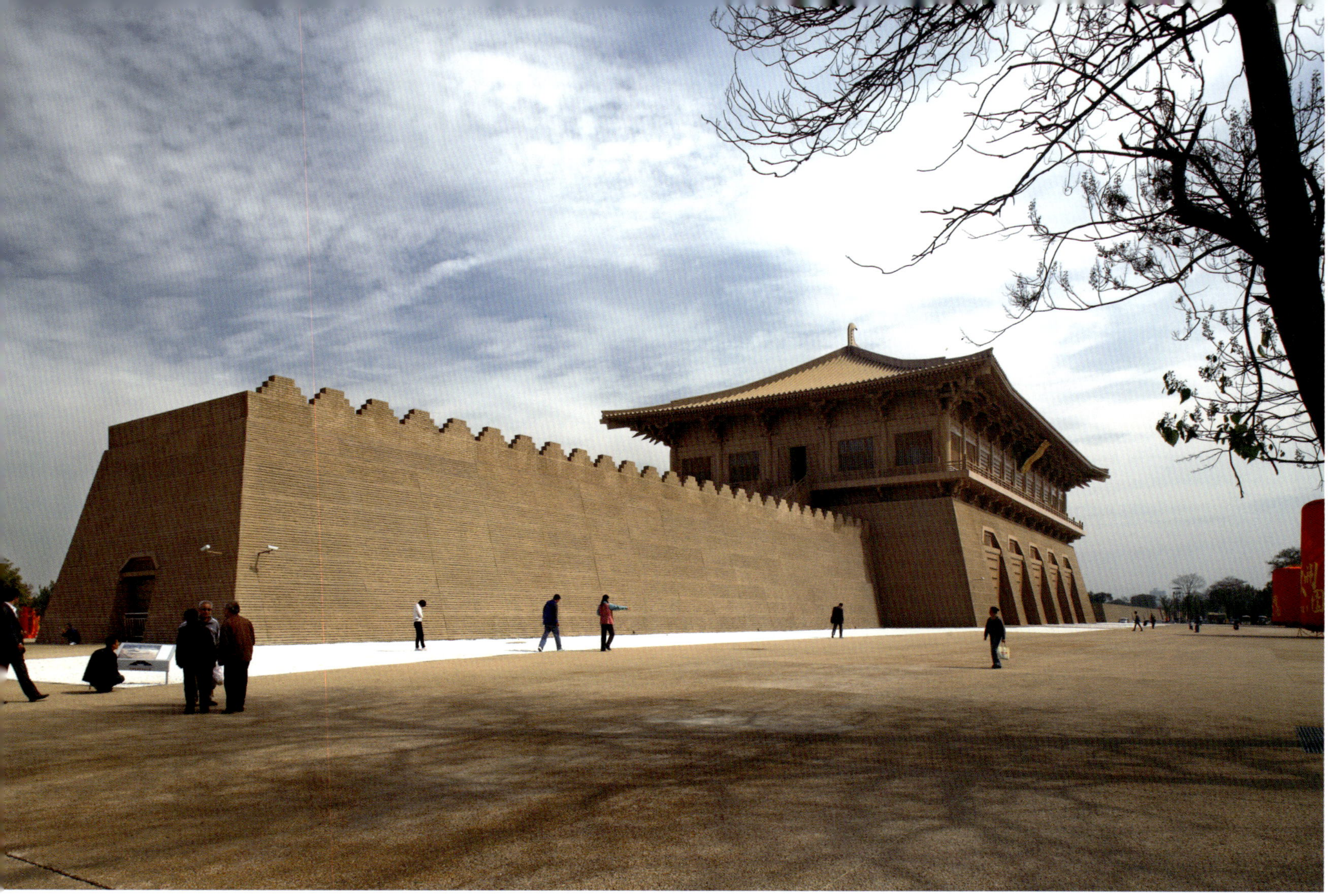

丹凤门遗址博物馆

设计时间：2009年2月
竣工时间：2010年9月
建筑面积：11 474.2 m^2
主要合作者：杜韵、王涛

西安唐大明宫丹凤门遗址博物馆设计从城市文化出发，依托大唐长安与现代西安的城市背景，诠释创造一种能沟通历史与未来的建筑理念。

建筑造型尽量切近唐丹凤门的建筑特征和风采，色彩高度抽象为单一的土黄色，赋予这座遗址保护展示建筑以明显的现代感，在城市空间中成为一标志性形象，有如一座巨型雕塑。

在技术上遵循国际及国家有关文化遗产遗址保护的要求，采用了新技术、新材料及可逆的工程技术手段。结构为大跨度全钢结构。瓦陇屋面、仿木构的外露部分均采用铝镁锰合金板预制轻型组合构件。外围护体均采用节能环保措施。

会知道你设计的建筑在城市中扮演什么角色。生活中有很多建筑师觉得拿到项目就是表演的机会，他不知道建筑与雕塑不一样，既是精神财富，也是物质财富，需要政府或企业拿出大量的资金才得以实现。”

张锦秋在谈话中倡议建筑师们应站在城市的角度考虑问题。她把城市比作一台大戏，她说如果建筑师设计的建筑不符合城市的需求，就破坏了这台戏。她强调说：“现在一些建筑师在设计时没有站在历史和城市的高度，建筑师需要责任感。设计要讲究和谐，需要考虑历史演化的进程和城市规划的全局。建筑师的作品只是沧海一粟，建筑不会处在真空里。”

在2010年11月召开的中国民族建筑论坛上，张锦秋向大家介绍了她的和谐建筑的新观点。她主张建筑“和而不同”、“唱和相应”，亦即建筑既要有自身特点，又要不破坏整体。她指出：“创新是有条件的，不能你擅长什么就创造什么。在城市这个历史的大舞台上，建筑如果跟其他角色对不上话不行。建筑可分为三种类型，在建设项目启动之初，项目的业主和建筑师就应该明辨本项目的类型，然后分类对待。”

第一种属于对现代建筑的多元探索

在广大的城市新区以及城市规划对建筑艺术无特定要求的地方，可以比较放手地进行现代建筑的多元探索。突出现代生产技术与功能的“产品形式”和强调反应所在地域特色的“地域形式”（民族形式）都可以发挥。现代建筑地域化（民族化）与地域（民族）建筑现代化的途径正在成为当今关注建筑文脉的建筑师创作的主流。这类建筑创作的走向更多取决于业主的要求和建筑师的意匠。以西安为例，在新区建设中“产品形式”居多，但一些文化、教育、政府行政的建筑则是地域特色与时代感并重。

第二种是有特定历史环境保护要求和有特殊文化要求的新建筑

此类建筑是指在历史文化名城的旧城区内、在文化遗产保护区周围的建设控制地带、在非法定保护的文化旅游景区以及与历史文化主题有关的标志性建筑等。这往往是制约较多、最容易引起各方关注，也是最容易意见纷纷的建筑类型。这类建筑首先承担着保护所在区段及其周边的历史文化遗产和历史环境的任务。有法定要求，当然可行之有据；没有法定要求的新设计的建筑也必须与保护对象和谐共生，和而不同。这类建筑势必在空间布局、形式、风格、色彩、尺度等方面与保护对象具有一定的共同基因。当然，这些基因如何取舍自然会仁者见仁、智者见智，因人而异。一般来说，在这个领域设计者发挥的空间也很大。

第三种是古迹的复建与历史名胜的重建

按照国际和我国文化遗产保护的政策规定，不允许在进入保护名录的古遗址上恢复或重建。但我国在法定保护范围以外的文化遗产还非常丰富，全国各地星罗棋布着许多历史名胜，甚至有些物亡名盛。随着人们文化精神生活要求的不断提高，旅游事业的大力发展，古迹的复建，历史名胜的重建，在所难免。其实中国自古就有不断修建名胜的传统，有的就地重建，有的甚至异地复建。这样做，美好的历史故事和特色景观才得以传承。如绍兴的兰亭和鹅池、镇江的金山寺、杭州的灵隐寺等。现代复建的黄鹤楼、岳阳楼等也已为人们所接受。当然，确定以上这类建设项目要慎之又慎，不能泛滥。虽然这些不是法定的遗产保护，但其设计尤其要注意历史性、科学性和艺术性，实际上存在着高低文野之分。

天人长安塔

2011年春天，西安拉开世界园艺博览会的大幕。西安世园会的理念为“绿色引领时尚”，释义为“简单而不奢侈，低碳告别高耗，回归自然，不饰雕饰，绿色生活成为追求的时尚”。据了解，长安塔、自然馆、创意馆和广运门并称西安世园会的四大标志性建筑。其他三个项目均是采用的国际招标，只有长安塔，西安市政府指定由张锦秋来做设计。张锦秋说，世园会跟文物古迹没有关系，应该体现现代时尚。这个塔取名为“天人长安塔”，寓意“天人合一，古都长安”。她觉得，一个城市应该有几个标志性的建筑，西安在中轴线上有大雁塔，但在城东没有这种标志建筑。翻看西安的历史，城西曾经有木塔寺，里面曾有一对西安最高的木结构高塔。让张锦秋设计长安塔，是现代的还是古典的，世园会方面没有提出任何限制要求，给了她充分的发挥余地。

张锦秋说："我想长安塔不仅是世园会的标志，更是西安的标志之一，所以它必须有西安的地域特色和文脉。但是我不会完全按照唐代的风格设计，这样的设计跟世园会不搭边。长安塔设计需要与现代结合。最终的设计方案取材于木塔寺的97米高唐塔，呈方形。设计取材于它，但高于它，世园会长安塔设计高度为108米（后因航空管制的原因被压低了高度）。它有唐代塔的基因，但构造形式既不是木结构更不是钢筋混凝土结构，而是采用了钢框筒结构。它在视觉上通透轻盈，让人与自然更加亲近，与整个世园会的生态环境融为一体，也是对'天人合一'理念的呼应。"

中国古代的很多塔（例如西安大雁塔）是砖塔。它们都是封闭的藏经塔，不能让人登临欣赏风景。而长安塔是具有观光功能的现代建筑，它有传统的根基，又符合现代审美。塔体地下1层，地上7个明层、6个暗层，共13层。塔内设有空调、楼梯、观光电梯和各种服务设施，结构外露部分采用亚光不锈钢饰面，外围护采用玻璃幕墙。张锦秋介绍说，透过透明的外表皮，游客可以直接欣赏到各明层内部的塔心筒——它由一张通高约34米，宽约44米的巨型菩提树油画包裹，在每层用楼板隔开，彰显一个绿色主题。在室内装修阶段，画家就进驻现场作画了。长安塔的屋面也是钢构全玻璃顶，安装了可自动调控的百叶，增加了建筑内部的舒适性。张锦秋说："在方案设计阶段，曾有人建议把塔的外形设计成曲线，或者扭动的造型，但我坚持了现在的思路。我想，在世园会这样国际化的场合，越具中国特色的设计就越有生命力。

经过40多年艰苦的西部生活和工作，张锦秋付出了青春和才智，也得到了社会和人民的认可。她在垂暮之年步入了自己人生收获的黄金季节。看到蛰伏多年的西安，正以脱胎换骨之势成为世界瞩目的新焦点，张锦秋高兴地表示，将更加努力和年青人在一起，在祖国的沃土上为创造具有中国特色的和谐建筑开拓、创新、求实、奉献。

还记得2010年底，在何梁何利奖的颁奖典礼上，张锦秋感慨地说："我站在领奖台上，惭愧多于欣喜，激励大于激动。百感交集的我不由得回想起上个世纪60年代，我曾作为首都研究生在人民大会堂听过周恩来总理的毕业赠言报告，'到艰苦的地方去，到祖国需要的地方去'的豪情至今激励着我。"张锦秋代表获奖者发言时说："我愿借此机会感谢培育我的母校和老师、养育我的三秦父老和对我无微不至关怀支持的家人。我深感这个大奖并不属于我个人，这是我和我的团队的光荣，同时也是献身于祖国西部大开发的建筑人共同的荣誉。"

Chang' an Tower

In the spring of 2011, Xi' an will raise the curtain of the 41st World Horticultural Exposition. The concept of the expo is "Green Leads the Trend", advocating the concept of "Love of simplicity; Striving for a low carbon lifestyle; Returning to nature — Making green our fashion pursuit." As is reported, the main building includes Chang'an Tower, Greenhouse, Theme Pavilion and the Guangyun Entrance. The Chang' an tower project was specially appointed to Zhang Jinqiu by Xi' an government, while the other three were carried out by the way of international competitive bidding. Zhang Jinqiu said that, the Expo has no relations with culture relics, but represents the modern fashion. Naming the tower " Chang' an" means "Nature and People in One in Chang'an." She thought that a city should have several landmarks. However, Xi' an only has Wild Goose Pagoda at its central axis, but no such landmark in the east. In history, there was a wooden pagoda temple marked by a pair of timber pagodas, the highest structures of the city at that time. When asked to design Chang' an Tower, She faced no requirements about whether it should be modern or traditional. There was adequate space for her to create.

Zhang Jiuqiu said: "Chang' an Tower will not only be the symbol of the Expo, but also the symbol of Xi' an. In that case it must represent the local characters and context. However, I am not going to totally reproduce the architectural style in Tang Dynasty which will not blend with the Expo. The design needs to be combined with modern concepts. The quadrate design of the tower is based on the characteristics of the 97m high pagodas in Chang' an in Tang Dynasty, with a higher design height of 108m (reduced by air traffic control later). It has the genes of the timber pagodas of Tang, but neither timber structure nor reinforced concrete structure was applied. The entire tower adopted advanced steel framed-tube structure. It looks transparent and feathery, bring spectators closer to nature, blending in with the ecological environment of the Expo and responding to the concept of "man is an integral part of nature."

In ancient China, there were a lot of brick pagodas, such as the Wild Goose Pagoda. Most of them were inaccessible, closed libraries of Buddhist texts. However, Chang' an Tower is a contemporary building with the function of sightseeing. It is based on traditional culture, and keeps in line with contemporary aesthetics. The tower has seven stories and one story underground, with six blindstories which makes a totally 13-story structure. The exposed structures are made of brushed stainless steel with glass curtain walls behind. It facilitates with air condition, staircases and scenic elevators. Ms Zhang introduced that, through the transparent cover, visitors can enjoy a 34m high and 44m wide oil painting of bodhi tree wrapping up the center tube, which is separated by each story to interpret a green theme. The painters began to work on site since the interior decoration phase. The roof of the tower is also steel structured covered with glass, equipped with automatic controlled shutters to provide more comforts inside. Ms Zhang said, "At the beginning, somebody suggested to curve or twist the exterior of the tower, but I refused and insisted my own thought. In my opinion, on an international occasion like the Expo, the more Chinese characteristics, the more life force.

天人长安塔

设计时间：2009年6月—2009年10月
竣工时间：2011年4月
建筑面积：13 060 m^2
建筑总高度：95 m（从室外地坪到塔刹最高点）
建筑层数：地上13层（7明6暗）、地下1层
主要合作者：徐嵘、万宁

天人长安塔是2011西安世界园艺博览会的标志性建筑，体现“天人长安、创意自然”的主题。塔体坐落在园区主山“小钟南”山体上。塔形采用木构唐塔的形制，体形舒展、出檐深远，远观有鲜明的“长安”特色。全塔采用钢框筒结构，楼梯、电梯、管道井在塔心筒内，四周界面、屋面、挑檐等均为LOW-E安全玻璃，外露构件均为亚光不锈钢材，因而全塔晶莹剔透、绚丽夺目。在中景及近景审视中，全塔具有强烈的时代感。塔既融入自然，塔中游人也被自然所吸纳。七个明层中塔心筒墙壁所绘巨幅油画是以象征圣洁、和平、永恒的菩提丛林来创造塔内空间不受四时季节影响的万古长青、绿色永恒的意境。

Zhu Qiqian: the Forerunner of Society for the Study of Chinese Architecture

中国营造学社先贤朱启钤概述

崔勇（Cui Yong）*

提　要：本文结合历史文献与实地调查论述历史文化名人朱启钤的生平、创建中国营造学社的历史贡献、文物整理与研究、改造旧北京城市道路交通与建设、兴办中兴工矿、创办北戴河公益事业诸多方面的功绩。

关键词：中国营造学社，营造法式，朱启钤，中国建筑文化遗产保护与研究，文物整理与研究

Abstract: This essay has an introduction about Zhu Qiqian's academic values and his historical contribution based on the analysis of his achievements in academic thoughts,development strategies,his research methodologies and his organization capabilities.

Key words: Zu qiqian; China construct society; academis thoughts; historical contribution

一、朱启钤生平简介

朱启钤，原名朱启伦，字桂辛，晚年号蠖公，祖籍贵州开阳。1872年，朱启钤生于河南信阳，3岁时，因父丧而寄居在湖南长沙外祖父家。1889年，17岁的朱启钤与驻英国、法国、比利时参赞陈菘生（曾国藩二女婿）的过继女陈光玑成婚。19岁时，朱启钤随姨夫瞿鸿机到四川，并作为瞿鸿机幕僚代理阅读宗卷及料理有关事务，从此开始了他的宦途生涯。瞿鸿机任职期满离开四川后，朱启钤则留在四川继续任职。1896年，朱启钤负责修凿云阳大荡子新滩工程施工事务，从此与工程实业结下了难解之缘，工程事务管理实践才能初现端倪。

1900年后，朱启钤由于机警与聪慧及实绩过人，先后历任京师大学堂译学馆监督、京师内城与外城巡警厅厅丞、东三省蒙古事务局督办、津浦铁路北段总办等职。瞿鸿机任军机大臣时，朱启钤是瞿鸿机的有力助手。1904年，经徐世昌举荐，朱启钤到天津筹办一所劳动教养性质的游民习艺所。1905年，徐世昌出任巡警部尚书，朱启钤被调任北京内城巡警厅右丞、外城巡警厅右丞。任职期间，他常常走街串巷，了解北京城市市政状况，并对比五朝帝都市政布局的历史脉络，朱启钤谋划安全消防布局，开创了北京警察统揽市政基础建设的制度，致力于市政事务。

1907年，瞿鸿机被弹劾革职后，朱启钤辞职离位，却又被时任东三省总督的徐世昌委以重任，负责贯穿南北大动脉的津浦铁路的修筑工程，奠定了实业基础。

北洋军阀期间，朱启钤先后担任交通总长、代理国务总理、内阁内务总长等要职。1915年，袁世凯复辟帝制，朱启钤曾一度参与其内政，并担任大典筹备处处长，袁世凯垮台后，朱启钤因此而被通缉。1918年后，历任晚清、北洋、民国三朝要员的朱启钤再也无心于在政界游历，决意退出政治舞台而沉于实业。正阳门的改造，天安门广场千步廊的拆迁。南北长安街、南北池子、拱形门的设计，社稷坛的修缮，中央公园的兴建等工程项目的实施，就是在此期间完成的。

1919年，朱启钤受徐世昌总统之托赴上海以北方代表的身份出席南北议和会议，途径南京期间，在江南图书馆发现手抄本中国古建筑

* 中国文化遗产研究院研究员

图1

图2

图1 满清时期的朱启钤先生
图2 朱启钤先生与周恩来总理

专著——宋李明仲《营造法式》。朱启钤如获至宝，于是组织人力和物力对之予以校对，于1925年付梓刊行，遂萌发成立专门研究机构研究《营造法式》并探究中国建筑文化来龙去脉的念头。

1930年的阳春三月，朱启钤在通融了政治、文化、实业、教育、金融各界人士基础上正式成立了中国营造学社，自任社长，集合国内外达能贤士，用现代科学测绘技术与中国传统的朴学相结合的方法致力于作为国学之一的中国古代建筑的研究与创新发掘，并设立法式部和文献部，确立了“研求营造学非通全部文化史不可，而欲通文化史，非研求实质之营造不可”的治学指导思想，制定了《中国营造学社研究计划书》。随着梁思成和刘敦桢从国外学成归来参与中国营造学社的事业，并分别担任法式部和文献部主任之后，中国营造学社的研究遂显生机。至1945年，中国营造学社同人们汇集遍及大江南北的古建筑测绘成果，结合历史文献先后出版《中国营造学社汇刊》、《清营造则例》、《中国建筑史》、《中国建筑设计图集》等重要著作，奠定了中国建筑史学的基础，成为一个辉煌的里程碑。

此外，朱启钤在文物收集与整理、创办北戴河公益事业、兴办山东中兴工矿企业等文化实业方面所取得的成就无疑也为中国近代民族文化事业增添了光彩。

正因如此，新中国成立后，朱启钤备受周恩来总理厚待，兼任中央文史馆顾问研究员，当选全国第二、第三届政协委员。1964年，朱启钤溘然长逝，但他“以视实齐所谓古人之学通于事物者”，而不令国学成绝学的热衷弘扬中国文化事业的伟绩，后人当永志不忘。

翻开中国近代学术思想史的史页，我们会发现一个很奇特的文化现象，那就是对一些于中国近代学术思想有极大贡献的较复杂的历史人物，由于某些社会原因而被学术界置之高阁，以致悬而不论，致使对他们在历史上的学术思想贡献不能予以客观、公正的历史评价。朱启钤就是一个典型的实例。由于朱启钤历任晚清、北洋、民国三朝政府的官僚要员，拥有广泛而又复杂的中外社会关系，而且曾经为袁世凯的复辟帝制做过一些事与愿违的事，很长时期以来，学术界将朱启钤置之度外，甚至视之为反动的政客而忽视其在中国近代学术文化事业上的历史贡献。这样做的结果，导致许多学术研究问题被历史的尘埃所遮蔽而无法澄清。今天，社会科学与民主的文化氛围日益昌明，许多被社会政治历史所误解的历史人物得以被重新认识与评价。如思想家陈独秀、学术大师胡适之等，在学术界的历史贡献与历史地位都得到了客观的评价与应有的尊重。面对朱启钤这样的一位对中国古建筑研究卓有贡献的开创性的学术研究先驱者，我们也应当予以重新审视与评价。

二、发现《营造法式》

（一）《营造法式 》被发现

1919年朱启钤受徐世昌总统的委托，赴上海以北方代表的身份出席南北议和会议。就在这次赴上海途径南京时，朱启钤在江南图书馆发现了手抄本宋《营造法式》一书。于是通过江苏省震严省长，将该书借出委托商务印书馆影印出版，以传后世。这就是被后人称之为丁本的《营造法式》。但由于丁本《营造法式》经屡次辗转传抄，错漏难免。朱启钤认为这样珍贵的古籍一定要尽可能使之更为完善，因此委托版本专家陶湘及傅增湘、罗振玉、祝书元、郭葆昌、吴昌绶、吕铸元、章钰、陶珙、陶祖毅、阚铎等搜集各家传本译注并校对。为此“时阅七载，稿经十易”[1]，于1925年付梓刊行。丁本《营造法式》经陶湘校对、装帧并刊布之后，致使朱启钤“自得李氏此书，而启钤治营造学之趣味乃愈增，希望愈大，发现亦愈多”。于是便有了组建专门研究中国古代建筑的私人机构营造学社的愿望。“众里寻她千百度，蓦然回首，那人却在，灯火阑珊处”，这不是偶然又是什么？其必然性则是因为朱启钤作为晚清、北洋、民国时期的政府官员不仅掌管过许多与建筑工程相关的实业，而且对中国古代建筑始终有着浓厚的兴趣和热爱。鉴于此，罗哲文也说《营造法式》的被发现，“这可以说是历史选择了朱启钤先生，也可以说是朱启钤先生选择了历史。这也是历史必然与偶然统一的结果”。

朱启钤与陶湘使“陶本”《营造法式》刊行后，瞿兑之发现《营造法式》有六大有价值的学术要点，即：“疏举故书义训，通以今释，由名物之演嬗，得古今之会通，一也；北宋故书，多有不传于今者，本编所引，颇佚文异说，足资考据，二也；凡一物之制作，必究察其形式尺度程序，咸使可寻，由此得与今制相较，而得其同异，三也；所用工材，虽无由得其价值，而良蓏贵贱，固可约略而得，四也；程功之限，雇役之制，搬运之价，并得当时社会经济状况，五也；华纹拂琳狮子频伽化生之类，得睹当时外族文化影响，六也。”[2]瞿兑之的见解引起了当时营造学社同人们的重视，于是，研究工作自此开启。

（二）《营造法式》的版本源流与要目

论及《营造法式》的被发现，对其版本的沿革和理解应该要有一个说明，这样便于读者对《营造法式》的版本源流及其编修者李诫有一个总括的了解，由此也可以感悟后来的中国营造学社的同人们为什么不惜一切致力于《营造法式》的研究与弘扬的原因之所在。需要申明的是，由于笔者无力搜集相关的考证史料，对《营造法式》的版本源流的介绍基本上援用了林洙《中国营造学社史略》一著中的论述。在此，笔者要对林洙及其辛勤的研究成果给予的启示致以特别谢忱！同时，笔者也结合一些文献资料，就《营造法式》版本源流问题也尝试着作一些补充说明，也算是在这个问题上多少做了一些力所能及的工作吧。

今天看来，在中国建筑历史上，《营造法式》是北宋官订的有关中国古代建筑设计、施工的专业书籍。它略似今天的建筑设计手册与规范。从学术研究的角度来看，《营造法式》是中国历代古籍中最完善的一部建筑技术专著，是研究中国古代建筑必不可少的文献。

李诫，字仲明，北宋的建筑学家，出生年月不详，卒于宋徽宗大观四年（1110年），河南郑州管城县（今河南省新郑县）人。李诫出生于官宦之家，宋神宗元丰八年（1085年），他荫官效社斋郎，后任曹州济阴（今山东菏泽县）县尉，从哲宗元佑七年（1092年）以承郎而为将作监供职，前后达13年之久，历任将作监主薄、监丞、少监和将作监。将作是古代隶属于工部的土建设计施工机构。李诫在将作任职13年期间，负责主持过大量的新建与重修的工程，包括王邸、宫殿、辟雍、府廨、太庙等不同类型的建筑。这使得李诫在实践中积累了非常丰富的建筑技术知识和经验。建筑是他一生中最主要的工作。绍圣四年（1097年），李诫奉旨针对当时建筑工程中存在的严重浪费和贪污现象制定有关建筑工程的工料定额，重新编修《营造法式》。在李诫编修《营造法式》之前，将作监已奉诏编修《营造法式》一书，于元佑七年（1092年）成书。李诫修订之版本于元符三年（1100年）成书。徽宗崇宁二年（1103年），《营造法式》颁行。李诫博学多才，不仅在工程的规划、组织、管理等方面有丰富的经验，而且精书法、善绘画、喜著书。除《营造法式》之外，他还著有《续山海经》十卷、《续同姓同名录》二卷、《马经》三卷、《六博经》三卷、《古篆说文》十卷等，

[1] 陶湘：《李仲明营造法式》，转引林洙《中国营造学社史略》，41页，北京，中国建筑工业出版社，1995年。
[2] 瞿兑之：《李仲明八百二十周忌纪念》，载《中国营造学社汇刊》，第一卷，第1期1930年。

可见其学识非同一般。李诫因《营造法式》这部中国建筑史上的经典文献而受到国内外建筑学界的瞩目。

李诫所编修的《营造法式》，全书共有三十四卷。各卷的编排是：

第一、二卷是“总释”；

第三卷为壕寨制度和石作制度，“壕寨”指的是土石方工程，“石作”指的是台基、台阶、柱础、石栏杆等；

第四、五卷是大木作制度，如梁、柱、斗拱、椽等；

第六至十一卷为小木作制度，包括门、窗、栏杆、龛、经卷书架等的做法；

第十二卷为雕作制度、旋作制度、锯作制度、竹作制度；

第十三卷包括瓦作和泥作制度；

第十四卷是彩画作制度；

第十五卷是砖作和窑作制度；

第十六至二十五卷是诸作“功限”，即各工种的劳动定额；

第二十六至二十八卷是诸作“料例”，规定了各作按构件的等第大小所需的材料限量；

第二十九至三十四卷是诸作图样，在各卷之首又有看详一卷目录一卷。

崇宁二年（1103年），李诫曾上书言：“窃缘上件法式，系营造制度工限等关防功料最为切要，内外皆合通行，臣今欲乞用下字镂版，依海行束令颁取进止。正月十八日三省同奉圣旨依奏。”于是刊刻颁行。这是《营造法式》最早的版本。北宋末年，金人入侵汴京。忽经一炬，宋室故物荡然无存。尔后的20年就有重刊的需要了。绍兴十五年（1145年），平江军府事提举王唤将《营造法式》重行刊刻。宋代仅有崇宁、绍兴这两个版本。

目前我们所知道明代流传的《营造法式》抄本有四种：一是《永乐大典》本，二是范氏天一阁本，三是唐顺之《裨编》抄本，四是明末清初钱谦益绛云楼抄本及陶宗仪《说郛》著录。钱氏绛云楼《法式》有二，其中抄本转手述古堂钱曾，另存一梁溪故家镂本。顺治七年（1850年）绛云楼大火，楼书皆毁，后人再也没有见到梁溪故家的镂本。

清代流传的《营造法式》抄本较多，有

图3

图3 1935年朱启钤、刘敦桢、梁思成等考察天坛修缮工程

天一阁抄本（即明抄本）、述古堂抄本（即降云楼本）、丁丙八千卷抄本、陈氏带经堂抄本、瞿氏铁琴铜剑楼抄本、陆氏皕宋楼抄本、蒋氏蜜韵楼抄本，还有杨墨林刻本及山西杨氏刻丛书本。杨墨林刻本及山西杨氏刻本均未见流传。天一阁本进呈朝廷，其中缺三十一卷，由《永乐大典》本补全，即后来的四库本。清初述古堂抄本，即后来钱曾得自钱谦益的明抄本，是由绍兴本抄下来的。其后张金吾，购买到述古堂的影写本。道光年间，张蓉镜又影抄张金吾抄本，丁丙八千卷楼藏本，据说即张蓉镜的抄本，但未最后确证。根据谢国桢考证，清代民间流传的这些抄本都是由绍兴本影抄下来的，大都影自钱氏、张氏的抄本。1907年江南图书馆成立，收购了丁氏嘉惠堂（即八千卷楼）藏书为馆藏基础。1919年朱启钤在江南图书馆发现的《营造法式》是丁丙的抄本。在朱启钤的努力下，不久就由商务印书馆影印出版，这便是丁本《营造法式》。

1921年，朱启钤因公赴欧洲，“见其一艺一技皆备图案，而新旧营建悉有专书，益豁然于仲明此作为营国筑室不易之成规。还国以来，搜集公私传本重校付梓”[3]。于是，在朱启钤领导下，陶湘与傅增湘、罗振玉、郭世五、阚铎、吴世绶、吕寿生、章钰、陶烘、陶洙、陶毅等人，以四库文渊阁、文津阁、文溯阁三阁藏本及蒋氏密韵楼本和“丁本”互相勘校，又与老工匠核实对照。所以大木作、彩画作都是重为绘画。在陶湘等人校勘过程中，又从内阁大库散出的废纸堆中发现了宋本残页（第八卷首页之前半）。因此，书的行款字体均仿宋刊本，并在书后加以附录，集录诸家记载及题跋，陶湘还在“法式讥语”中对《营造法式》的版本流传作了详细的考订，并参阅了大量的历史文献。陶湘刻书素以装喷考究，校勘精良，且纸、墨、行款、装订务求尽善尽美而闻名。“陶本”的刊行也是如此。因此，“陶本”的《营造法式》刊行之后，在当时曾引起国内外建筑学术界的极大关注。

1926年，陶湘受聘于故宫图书馆，主持故宫殿本图书编订工作，并于1932年在故宫殿本书库发现抄本《营造法式》，版面格式与宋本残页相同，卷后有平江府重刊的字样，与绍兴的许多抄本相同。此外，还有钱尊王（述古堂主人）之印。估计这个抄本若非述古堂原本，亦是直接影抄自述古堂，抄工亦较其他本工整。这是一项重要发现。故宫殿本发现之后，由中国营造学社刘敦桢、梁思成、谢国桢、单士元等人，以“陶本”为基础，与《永乐大典》本、丁本、四库文津阁本、《读谈本》，与故宫殿本相校，又有所校正。其中最主要的一项就是各本（包括“陶本”）在第四卷“大木作制度”中提出“造拱之制有五”，但各本中仅有其四，究其全遗漏了“五日慢拱”一条四十六个字，唯有“故宫本”这一条独存。“陶本”和其他各本最大的缺憾得以补偿。《营造法式》的校勘在朱启钤领导下陶湘等人做了大量的工作；在“故宫本”发现之后，中国营造学的研究人员又再一次进行了细致的校勘。后来中国营造学社梁思成、刘敦桢的研究工作，都是以那一次校勘的成果为依据的。

三、创建中国营造学社

（一）1925年初创“营造学会”

事实上，中国营造学社的成立不是一蹴而就的事，其过程经历了一番苦心积累的酝酿、准备、筹措。这一过程中的学术动机与学术思想特征都是值得我们予以深入研究的。关于这一点，笔者采访杨永生的时候，他说过：“朱启钤先生在南京发现《营造法式》是1919年，从1919年到1925年这一段时间，至今无人去研究。其实研究朱启钤先生这一段时间的学术思想动态是非常有意义，也是非常有价值的。”[4]在笔者看来，《营造法式》被发现之后，不仅1919年至1925年间学术界几乎无人去关注，即便是1925年至1929年间，也没有人去细察其间的蛛丝马迹。而实际上，从1919年至1929年间，正是中国营造学社成立之前的一个非常值得引以为重的精心准备阶段，可谓有“十年磨一剑”之辛苦遭逢。

《营造法式》被发现后，朱启钤一方面组织陶湘等版本专家对《营造法式》进行校勘，另一方面，他于“辛酉（1921年）二月出使法国，代表徐公（徐世昌）接受巴黎大学博士学位，并游历英、意、比、德、美、日六国”[5]。在这次远涉欧美的旅途中，朱启钤“见其一艺一技皆备图案，而新旧营建悉有专书。益豁然于明仲此作为营国筑室不易之成规”。《营造法式》虽然是在1925年正式刊行，但在1923年就已经校勘完备、大功告成。于是，朱启钤决定脱离政界而闭门读书，并开始组织人力整理研究资料，从事营造学的研究。1925年，陶本《营造法式》问世后，在国内外学术界引起了极大的反响。这对朱启钤无疑是一个极大的促进。朱启钤认为：“盖自太古以来，早吸收外来民族文化结晶至近代而已也。凡建筑本身，及其富丽之物，殆无一处不足见多数殊源之风格。混融变幻以构成之也。远古不敢邃谈，试观汉以后之来自匈奴西域者；魏晋以后之来自佛教者；唐以后之来自波斯大食者；元明以后之来自南洋者；明季以后之来自远西者。其风格格律，显然可寻者。”[6]他对东西方建筑关系已有觉察。于是，1925年，朱启钤私自成立了“营造学会”[8]，与阚铎、瞿兑之等共同搜集中国古代营造散佚史书、图籍。同时，朱启钤还组织同人们制作了一些古建筑模型，《哲匠录》、《漆书》等论著，自此也已经开始辑录。由此可见，朱启钤私自建立“营造学

[3] 朱启钤：《重刊营造法式后序》，李诫《营造法式》，上海，商务引书馆，1933年。

[4] 朱启钤：《重刊营造法式后序》，李诫《营造法式》，上海，商务引书馆，1933年。

[5] 崔勇：《杨永生采访录》载《中国营造学社研究》，福建，东南大学出版社，2004年。

[6]《朱启钤自撰年谱》，《护公纪事——朱启钤生平纪实》，北京，中国文史出版社，1991年。

[7] 朱启钤：《中国营造学社开会演讲词》，载《中国营造学社汇刊》，第一卷，第1期，1930(1)，1。

会”，并非失意政客在社会上谋取功名，而是他长期对中国古代建筑悉心研究与兴趣所致。“营造学会”的建立，在中国营造学社创办经过中，是一个有力的前奏。

（二）1930年创建中国营造学社

为了扩大“营造学会”的影响并推动学术研究的进程，1928年，朱启钤在当时的中央公园（即今天的中山公园）举办了一次展览会，展出了历年来所收集、制作的书籍、图纸、古建筑模型等。据林洙的有关研究介绍，为此，朱启钤出售了他多年来收藏的历史文物及一批珍贵的丝绸，集资达14万元，竟致负债累累[9]。但这次展览会引起了社会各界对中国古建筑研究的普遍关注。中华教育基金会也予以高度重视，并表示愿意拨款援助研究工作。

这时，朱启钤以前政界旧友周贻春提示朱启钤可以正式上书给中华教育基金会申请补助。至1929年6月3日，朱启钤特撰《致中华教育基金会函》，其曰：“敬启者夙闻：贵会对于科学文化极力提倡甚深佩仰，鄙人研究中国营造学已二十年。近因环境关系，无力完成尚拟继续进行甚愿。贵会格外设法予以协助，兹特以研究计划之大概送请。察其如荷，同意不胜感激。……营造学实包括美术科学及文化三者，而文化委员会实负有扶持发育之使命。鄙人昌明绝学，阐扬国光概念，世界之大同，重违同人之公意，用特具函贵会商请协助预计完成中国营造学之专门著述。期五年来，此五年中，其前三年经费约需八千元，后二年，或须稍增如荷。”[10] 同年11月19日，中华教育基金会给朱启钤复函，其中写道：“迳复者准十一月十日。台函称拟自十九年一月起开始研究中国营造学，同时依照所编预算按季支用补助，拟请准由本年度补助费内开支，移居及设备等项费用并附。”[11]

自此，“营造学会”有了中华教育基金会应允的每年拨款一万五千元的补助。朱启钤感叹地说：“中国之营造学，在历史上，在美术上，皆有历劫不磨之价值。自刊行宋李明仲营造法式，而海内同志始有致力之途辙。年来东西学者，项背相望，发皇国粹，斐然从风。方今世界大同，物质演进。兹事体大，非依科学之眼光，作有系统之研究，不能与世界学术

图4

图4 朱启钤手迹（为中国营造学社题词）

[9]《朱启钤自撰年谱》，载《护公纪事——朱启钤生平纪实》，北京，中国文史出版社，1991年。

[10] 林洙：《中国营造学社史略——叩开鲁班的大门》，第15页，北京，中国建筑工业出版社，1995年。

[11]《社事纪要》，载《中国营造学社汇刊》，第一卷，第1期1930(1)，1。

名家公开讨论。无似。年事日增，深惧文物沦胥，传述渐替。爰发起中国营造学社。纠合同志若而人，相与商略议例，分别部居。庶几绝学大昌，群材致用。晚近以来，兵戈不戢，遗物摧毁，匠师笃老，薪火不传。吾人析疑问奇，已感竭蹶。若再濡滞，不逮数年，阙失弥甚。曩因会典及工部做法，有法无图，鸠集师匠，效梓人传之画睹，积成卷轴。正拟增辑图史，广征文献。又与二三同志，闭门冥索，致力虽勉，程功尚少。劫运无常，亟为此惧。亟欲唤起并世贤哲，共同讨究。或以智识，相为灌输；或以财物，资其发展。就此巍然独存之文物，作精确之标本。又不难推陈出新，衍继成书，以贡献于世界。”[12]从这里可以看出，朱启钤研究中国营造学的决心和志向更远大了，他又有了新的运筹帷幄之念。

笔者在搜集资料过程中发现，目前学术界关于中国营造学社成立的时间主要有两种说法。第一种说法是中国营造学社成立于1929年，持这种说法的是陈明达[13]和陶宗震[14]；第二种说法是中国营造学社成立于1930年，持这种说法的是林洙[15]和朱海北[16]。根据史料的真实记载，陈明达和陶宗震的回忆与史实有出入，第二种说法是符合事实的。理由有三：其一，朱启钤在自撰年谱中写有，民国十九年（1930年）“僦居北平，组建中国营造学社，得中华教育基金会之补助，纠集同志从事研究”[17]；其二，同年11月19日，中华教育基金会给朱启钤复函，其中写道：“迳复者准十一月十日。台函称拟自十九年一月起开始研究中国营造学，同时依照所编预算按季支用补助，拟请准由本年度补助费内开支，移居及设备等项费用并附”[18]；其三，朱启钤在中国营造学社成立大会上的演讲中说：“今日本社假初春胜日，与同志诸君一相晤聚。荷蒙联袂皆临，宠幸何极。溯本社成立以及经过情形，与今后从事旨趣。有应举为诸君告者。”[19]朱启钤的这篇演讲词发表于1930年3月16日。此年、月、日当是中国营造学社成立之准确时间。特别是，倘若没有中华教育基金会的经济补助和社会各界人士的关怀，中国营造学社是难以自持的。原“营造学会”就是因此而无法维持。故，笔者认为以朱启钤的演讲词为发端，中国营造学社于1930年3月16日正式成立，办公地点临时设在北平珠宝子胡同七号。此乃真相。

四、朱启钤领导下的中国营造学社的历史功绩

（一）起始的文献整理工作

中国营造学社一成立，有了经济保障的朱启钤消除了过去因势单力薄难以维持“营造学会”的苦楚，即刻设置文献部，请阚铎为文献部主任，瞿兑之、刘南策辅助之。同时，朱启钤还制订了起初的五年研究计划报中华教育基金会备案。其要目是：“第一年工作，整理故籍，拟定表式；第二年工作，审定已有图释之名词；第三年工作，制图撰说；第四年工作，分科编纂；第五年工作，编成正式全篇。”[20]从这一五年研究计划的要目中，我们不难看出，在朱启钤的领导下，中国营造学社起初的学术研究比较侧重文献的收集与整理，继续保持了“营造学会”时期注重文献考证的晚清朴学特色，还未意识到对古建筑进行实地考察与测绘的重要。这样的研究特色一直沿袭到1932年刘敦桢加盟之后才有所改善。故不少人认为这一期间的学术成就不显著。自1930年至1937年，文献部做了如下研究工作。

①编纂“营造词汇”。编纂“营造词汇”的目的是为了便于不熟悉中国古代建筑的读者认读与识别古建筑。这项研究工作主要由国学功底甚厚的阚铎、刘南策、宋麟徵及有志于研究中国古代建筑的日本建筑师荒木清三来具体操作。

②再次校订《营造法式》。这一工作的重复，主要是因为1932年陶湘在故宫本库发现了《营造法式》抄本，同人们不得不再次对之予以详细的校订，以求完善。

③收集整理营造算例。这项研究主要是基于民间许多不成文的营造则例，为统一规范，朱启钤决意通过搜集整理，使在大木做法、小木做法、土作做法、瓦作做法、石作做法、桥作做法、琉璃瓦料作做法等方面的则例统一为“营造算例”。梁思成加盟后的第一件研究工作就是整理与研究营造算例，并完成《清式营造则例》。

④收集整理出版重要的古代建筑典籍。如《园冶》、《梓人遗制》、《工段营造录》、

[12] 朱启钤：《中国营造学社缘起》，载《中国营造学社汇刊》，第一卷，第1期，1930年7月。

[13]《中国大百科全书：建筑 城市规划 园林》，256页，北京，中国大百科全书出版社，1988年。

[14] 陶宗震：《继往开来、温故知新——纪念中国营造学社成立60周年》，载《华中建筑》，1990(2)。

[15] 林洙：《叩开鲁班的大门——中国营造学社史略》，北京，中国建筑工业出版社，1995。

[16] 朱海北：《中国营造学社简史》，载《古建园林技术》，1999(4)。朱海北系朱启钤之子，现已故。

[17]《朱启钤自撰年谱》，载《护公纪事》，北京，中国文史出版社，1991。

[18]《社事纪要》，载《中国营造学社汇刊》，第一卷，第1期，1930年7月。

[19] 朱启钤：《中国营造学社开会演讲词》，载《中国营造学社汇刊》，1930(1)，1。

[20]《社事纪要》，载《中国营造学社汇刊》，1930(1)，1。

图5 部分朱启钤门下学人（左起）：梁思成、刘敦桢、林徽因、刘致平、陈明达、莫宗江

图5

《明代营造史料》、《同治重修圆明园史料》、《中国建筑设计资料参考图集》等。

⑤编辑《哲匠录》。中国古代历史上，工匠们创造了辉煌的建筑成就，但向来不为人所关注，朱启钤觉得有必要为那些无名英雄留下雄迹芳踪。于是，朱启钤指定梁启雄、刘汝霖协助他从事这项整理工作。故，《中国营造学社汇刊》自第三卷至第六卷均有《哲匠录》一栏对自古以来的工匠进行专门的辑录。

⑥保护收集珍贵的建筑文物历史记载。明清时期，有关“样式雷”的资料和图样散失严重。基于此，朱启钤特向中美庚款基金会申请获得一笔专款购得样式雷的资料及图样，并对之进行了系统的整理与研究，以便于后人的研究。

（二）调查与测绘华北地区的古建筑

1931年，梁思成应邀正式来到中国营造学社。在研究营造算例及《清式工程做法则例》的过程中，梁思成觉得对中国古代建筑的研究不能止于古籍整理的层面上，应当用现代科技的方法与手段对建筑实物进行调查与测绘。基于此，梁思成特向朱启钤提出了两项建议：其一是必须开展田野调查与测绘工作；其二是要由清代建筑向上沿波讨源，唯此才能探索出作为东方三大体系之一的中国建筑体系脉络。朱启钤听取了梁思成的学术建议，也认识到“须为中国营造史，辟一较可循寻之道路，使漫无归束之零星材料得一整比之方，否则终无下手处也。物质演进，兹事体大，非依科学的眼光，作有系统之研究”[21]。由此可见，作为社长的朱启钤不但善于接受新的科学思想与方法，而且也很重视专业人才的学术主张。

华北是中华民族文化重要的发源地。于是，中国营造学社同人们在梁思成和刘敦桢的率领下，从1932年起到1937年日本入侵之前，在华北地区137个县市，调查了古建筑堂房舍1 823座，详细测绘的建筑有206组，完成的测绘图1 898张[22]。中国营造学社同人们循着历史的足迹跋山涉水、历尽艰辛，基本上摸清了中国建筑自辽代至清代的轨迹，积累了丰富的第一手研究资料，为中国建筑史学研究打下了坚实的基础。中国建筑历史上一些影响很大的古建筑遗构，如独乐寺、佛光寺、赵州桥、应县木塔、嵩岳寺塔等，都是在这一阶段所发现与测绘的。这是中国营造学社学术研究成就最为辉煌的时期，在国际上引起了极大反响。

（三）《中国营造学社汇刊》第一至六卷的学术成就

建筑刊物的发行是建筑学术思想发展的一个显著标志。20世纪20～30年代，在欧美各国，有关建筑的刊物已经是充塞于书肆。其中最为著名的是英国的*The Builder*（《建筑》）和美国的*American Builder and Building Age*（《美国建筑界》）。前者是一种周刊，已有90余年的历史，在英国建筑刊物中是资格最老的杂志，内容以建筑图样为主；后者也有50多年的历史，属月刊，内容则以家庭布置与小住宅设计图样并重。然而，相形之下，中国的建筑界到1930年止，还没有一份属于中国人自己的建筑刊物。研究中国古代建筑，没有一个学术阵地是不行的。于是，对中国营造学社来说，创办《中国营造学社汇刊》势在必行。

《中国营造学社汇刊》正式创刊于1930年7月。其宗旨是要“研究中国固有之建筑术，协助创造将来之新建筑”[23]，“编译古今东西营造论著及其轶闻，以科学方法整理文字，汇通东西学说，借增世人营造之智源”[24]。《中国营造学社汇刊》起初为不定期刊物。第一、二卷主要是刊登一些国学先生研究整理历代建筑工程方面的古籍文献。从1932年的第三卷开始

[21] 朱启钤：《中国营造学社缘起》，《中国营造学社汇刊》，1930(1)，1。

[22] 林洙：《叩开鲁班的大门——中国营造学社史略》，第94页，北京，中国建筑工业出版社，1995年。

[23] 朱海北：《中国营造学社简史》，《古建园林技术》，1999(4)。

[24] 朱启钤：《中国营造学社缘起》，《中国营造学社汇刊》，第一卷，第1期，1930(1)，1。

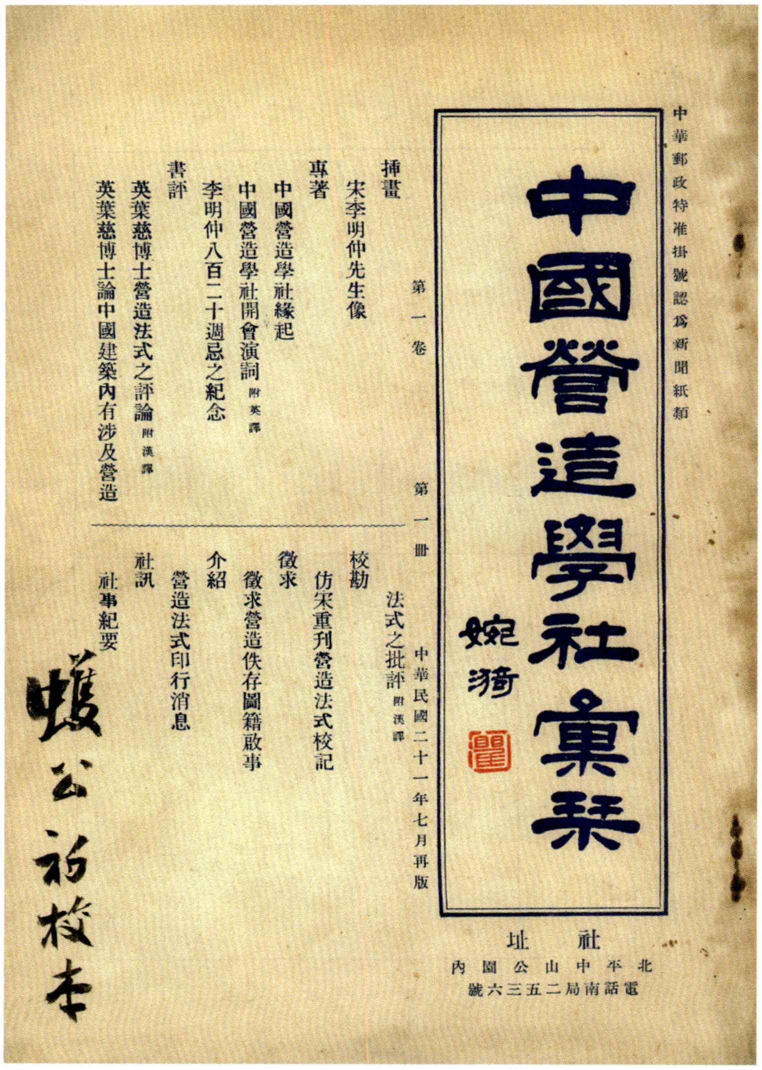

图6

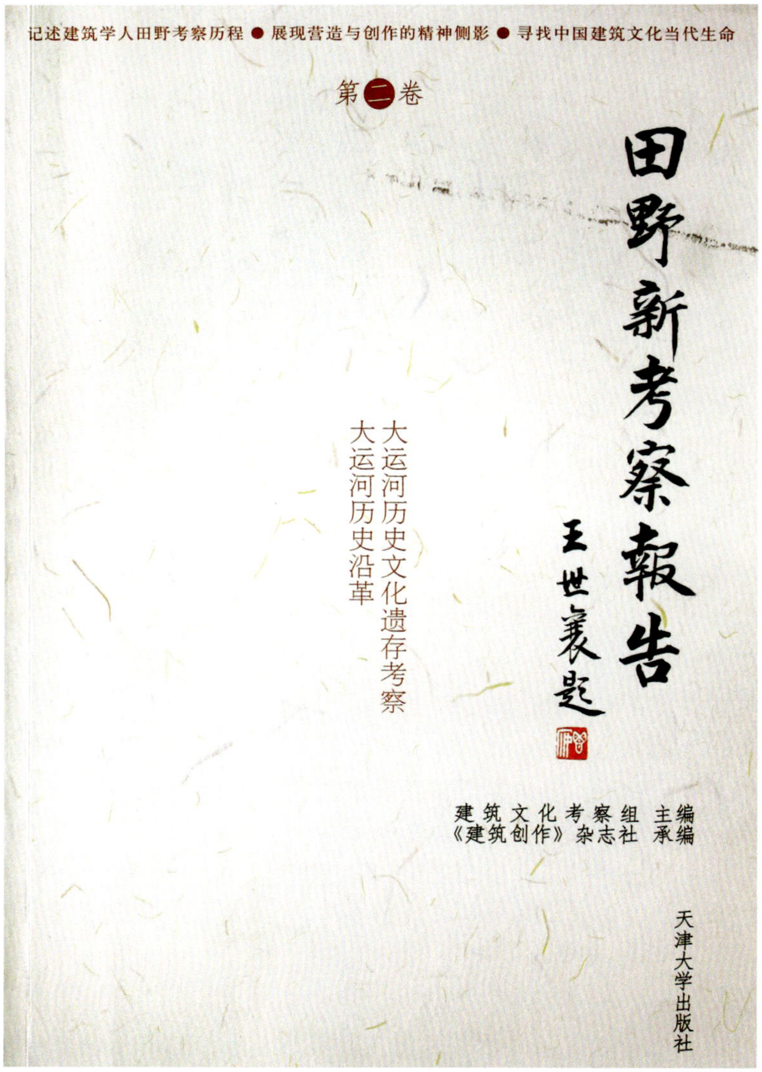

图7

图6《中国营造学社汇刊》第一卷第一册书影

图7 中国营造学社70年后，建筑文化考察组为追寻其学术传统而编撰之《田野新考察报告》

改为季刊，并以登载同人们详细建筑实例调查报告为主，同时也发表了部分翻译文章。

因此在第三、四两卷中刊有蓟县独乐寺、宝坻三大寺殿、北京智化寺、大同古建筑等详细报告和全部实测图以及初步分析材料等。尤其是梁思成1932年3月发表在《中国营造学社汇刊》第三卷第2期上的《蓟县独乐寺山门考》一文，这是中国人自己写的第一篇古建筑调查报告，引起了国际学术界的震惊。后来，由于工作进展很快，调查报告积累日益增多，已非期刊所能容纳。于是，自第五卷起，正式改版定名为《中国营造学社汇刊》，只刊登调查简报纪要，至于详细的调查报告、测绘图样以及专题研究报告，则另出专刊，并确定专刊第一册为《塔》专著（其他专著请参见本文所附录：中国营造学社出版图书目录）。

1937年6月，正当《中国营造学社汇刊》出至第六卷第四期专刊时，因抗日战争的爆发，北平沦陷，中国营造学社的工作不得不停下来，《中国营造学社汇刊》也因之不得不暂时停刊。至此，《中国营造学社汇刊》出刊六卷，共计21期，各类文章125篇。

《中国营造学社汇刊》无疑是中国营造学社同人们学术思想的集中反映，不仅继承了中国传统的治学方法，也吸收了西方现代科技思想与测绘方法，从而有力地证明了中国人的学术研究能力与水平。它的刊行不仅在国内学术界产生极大的影响，在国际学术界也有很大的反响。欧美不少国家争相转载《中国营造学社汇刊》的学术研究文章。李约瑟博士在他的《中国科学技术史》中，曾评价《中国营造学社汇刊》是“一种包含了极其丰富的学术资料的杂志，是任何一个想要透过这个学科表面，洞察其本质的人所必不可少的”[25]。

五、朱启钤组建中国营造学社的动因

关于朱启钤组建中国营造学社的动因，笔者结合相关史料作如下辨析。

（一）素尚实学的求实精神

如果我们将1930年中国营造学的正式成立作为朱启钤正式从事中国古代建筑研究的起点，并以此进行回顾的话，就会发现，自青年时代起，朱启钤多年主管建筑工程工作，是促使他从事中国古代建筑研究的重要动因。除了这个主要的动因之外，还有一个重要因素也深深地影响了朱启钤，促成他从主持建筑工程，以至发展到从事研究中国古代建筑的工作。朱启钤身受清末实学思想的影响，一贯注重实学，轻视辞章和考据。他幼年接受了较好的旧式教育，有深厚的传统国学基础。他平时也多喜爱读古诗词文章，但却重视工程技术等方面的实务工作，轻视辞章之学，以为务虚不如务实实在。因为在朱启钤看来，只有工程技术等实际的应用学科，才真正有裨实用；吟风弄月，无补于社会。正因为朱启钤注重实学，轻视辞章，才使得他退出政坛后，没有像北洋政府高官那样去以诗词曲自谴，附庸风雅，而是以极大的热情投入到实实在在的实用之中国传统绝学——营造学研究之中。

同时，朱启钤也轻视清代对古代名物考据之学，认为那“训诂之儒，徒骛架空之论”[26]，与现实距离相差甚远。正因为如此，所以朱启钤在从事中国古代建筑研究时，并非单纯地沿袭清代乾嘉以来就文献考证古代名物的老路，而是积极倡导新学，注重实际调查，并引进现代科学测绘的研究方法，从而成为中国古代建筑研究现代范式的主要奠基人之一。当然，朱启钤也并不是全盘否定乾嘉学者的考据之学，他的学术思想也显然受到了乾嘉学术思想的影响，只是他反对的是脱离实际调查的考据而已。因为清人曾对宫室建筑制度和古代名物进行过考据，经近年来考古发掘的检验，大体上是符合实际情况的。因此，中国营造学社成立伊始，朱启钤率领同人们所作的重要研究工作仍然是文献考证与名词释义。

（二）弘扬国学的爱国之心

朱启钤虽然祖籍是贵州紫江，但他实际上是在湖南长大的，终生未到过贵州。湖南在中国近代史上是知识分子群集的省份。朱启钤受此影响很大，再加上传统的儒家文化教育，他有着强烈的爱国思想。抗战时期，他居北京，在日本侵略者的威逼面前，保持了民族气节，不与日本人同流合污。这种爱国之心表现在学术研究上，就促成朱启钤发扬中国营造绝学，使我国学者中国古代建筑研究水平居于世界领先地位的社会责任心。因此，1919年朱启钤在南京发现手抄本宋《营造法式》时，他揽古抚今地深感“惜也积习轻艺，士大夫弗讲，仅赖工师私相授受，书阙有间识者憾焉。自欧风东渐，国人趋尚西式，弃旧制若土苴。乃欧美人来游东土者，睹宫阙之轮奂，惊栋宇之飞翻，群起研究以求所谓东方式者。如飞瓦复檐，科斗藻井诸制以为其结构，奇丽迥出西法之上，竞相则仿”[27]。面对西方人开始研究中国建筑的局面，中国人自己应感到自惭形秽。中国自古是文明之故都，其文化历史渊源流长，在世界上别具一格。出于爱国之心，朱启钤认为自己有弘扬中国古代营造学的责任，“夫以数千年之专门绝学，乃至不能为外人道，不惟匠氏之羞，抑亦士夫之责也”[28]。朱启钤就是怀着这种借文物而怀想古代文明的心情，开始了搜集整理营造学文献资料的工作，并先后组建了营造学会和中国营造学社，呼吁“世有同好者，尚于斯篇之外，旁求博采，补所未备。参互考证，俾一线绝学发扬光大，尤所欣羡焉”[29]。

从以上的论述中，我们不难看出，朱启钤之所以在退出政坛后从事中国古代建筑的研究，是他多年主管工程建筑经历的一种延续，而他的崇尚实学的思想和强烈的爱国之心，又是促成这种转变的两个重要因素。这均与朱启钤终生怀抱实业救国的信念是一脉相承的。

六、朱启钤对中国建筑史学的历史贡献

朱启钤虽然非常热忠于中国古代建筑及文化学术事业，并且有丰富的工程事物管理的经验与才能，但他毕竟对建筑专业本身并不熟悉。组建中国营造学社，身为社长的朱启钤的主要工作是组织管理和筹集资金以及广交社会文化人士的参与，而不是具体的建筑研究工

[25] 刘致平：《忆“中国营造学社”》，载《华中建筑》，1993(4)。
[26]《梓人遗制书后》，刊《护国文存》卷下。
[27] 朱启钤：《石印营造法式序》，《护公纪事》，北京，中国文史出版社，1991年。
[28] 同[27]。
[29] 同[27]。

图8

图8 2009年4月14日举办的中国营造学社80周年纪念会，单霁翔、罗哲文等各界人士参加。 刘锦标 摄

作。因此，本文对朱启钤于中国古代建筑研究的历史贡献将从以下诸方面来予以具体论述。

（一）缜密的学术研究组织路线

中国营造学社在多方鼎力相助下而得以成立之后，朱启钤基于过去组建"营造学会"的经验教训，备感要进行深入的研究，"非依科学之眼光，作有系统之研究，不能与世界学术家公开讨论。无似。年事日增，深惧文物沦胥，传述渐替，爰发起中国营造学社，纠合同志若而人，相与商略议例，分别部居，庶几绝学大昌，群材致用。"[30]不仅如此，朱启钤还认识到"中国营造学社者，全人类之学术，非吾一民族所私有"[31]。为便于研究工作顺利开展，朱启钤在以下四个方面进行了精心的安排：其一是在物力上筹集中华教育基金会的赞助资金与中英庚款的到位；其二是在组织机构上作了统筹安排，设立了内外有别的职能部门；其三是引进人力资源（如邀请梁思成和刘敦桢加入中国营造学社分别执掌法式部及文献部主任，同时广泛聘请社会各界文化名士共同参与中国营造学社的研究事业）；四是加强与已对中国建筑研究卓有成效的日本学术界进行学术交流（如邀请伊东忠太到中国营造学社进行学术讲座，同时吸收日本学者松奇雄鹤与桥川时雄成为社员共同参与建筑词汇编纂工作）。这一系列举措足见其非凡的组织管理才能和远见卓识的策略思想。由此，朱启钤与梁思成、刘敦桢构成三足鼎立的稳健的学术研究组织，相互取长补短、齐心协力，勇猛精进，开启了筚路蓝缕的中国古代建筑研究的学术征程。这在中国近代学术史长廊上是叹为观止的学术景观。

（二）严谨的学术研究指导思想

李诫《营造法式》的被发现，对于版本学家来说也许只在书斋里又增添了一本珍贵的藏书，但对于中国古代建筑研究有素的朱启钤来说，却有着更深层的意义。在朱启钤看来，中国古代"工艺经决之书，非涉俚鄙，即苦艰深。良由学力不同，遂滋隔阂。李明仲以淹雅之材，身任将作，乃兴造作工匠，详悉讲究，勒为法式。一洗道器分途，重士轻工之痼习。今宜将李书读法用法，先事研究，务使学者融会贯通，再博采图籍，编成工科实用之书"[32]。显然，朱启钤已经意识到要研究中国古代建筑非明了《营造法式》的用法、做法不可，因为"为法学者，先明读法析以数理，自当迎刃而解"[33]。自此以后，朱启钤组织中国营造学社同人们以《营造法式》作为对中国古代建筑研究的入门，同时编纂古建筑名词术语、考证历代算例与营造则例、汇集中国古代历史上被人忽视的哲匠录。特别是自梁思成和刘敦桢加盟中国营造学社之后，朱启钤觉得如虎添翼，充分发挥了梁思成和刘敦桢学贯中西的学识与才能，积极开展了田野调查和测绘制图及对中国建筑史学的全面、系统的研究。文献考证与实地考察是朱启钤始终坚持的学术研究指导思想，其汇聚并吸纳东西学术研究思想之精华的兼融并收之度，即便是今天也令人仰慕。正是有了正确的学术研究指导思想，中国营造学社同仁们通过对华北和西南地区的历史文物古迹的广泛调查与测绘，从而对中国几千的建筑历史遗构基本上有了较清晰的认识与了解，而且也基本上掌握

[30] 朱启钤：《中国营造学社缘起》，《中国营造学社汇刊》，第一卷，第1期，1930(1)，1。
[31] 朱启钤：《中国营造学社开会演词》，载《中国营造学社汇刊》，第一卷，第1期，1930(1)，1。
[32] 朱启钤：《中国营造学社缘起》，载《中国营造学社汇刊》，第一卷，第1期，1930年7月。
[33] 朱启钤：《营造法式重刊后序》，李诫《营造法式》，上海，商务印书馆，1933年。

了自北魏至清代的建筑实物资料，为后期对中国建筑历史予以整体研究奠定了扎实的基础。

（三）高瞻远瞩的学术研究文化视野

在制定创办中国营造学社宗旨中，朱启钤明确地指出过："本社命名之初，本拟为中国建筑学社。顾以建筑本身，虽为吾人所欲研究者最重要之一端，然若专限于建筑本身，则其全部文化之关系仍不能彰显，故打破此范围而名以营造学社。则属实质的艺术，无不包括，由是以言。凡彩绘、雕塑、染织、髹漆、铸冶、砖埴，一切考工之事。推而极之，凡信仰传说仪文乐歌一切无形之思想背景，属于民俗学家之事，亦皆本社应旁搜远绍者。"[34]可以看出，朱启钤认为建筑研究的文化视野不能局限于孤立的建筑本身，而是要广开思路，拓宽视阈，视建筑为人类文化事业之一部分，营造比建筑更富有深邃的哲理，故"研求营造学，非通全部文化史不可。而欲通文化史，非研求实质之营造不可。"[35]为扩大中国营造学社的影响，将中国营造学思想推向世界，朱启钤于1930年2月17日，因中外人士纷纷索取中国营造学社研究成果和校勘书籍，决定发行不定期学术研究汇刊，并取名为《中国营造学社汇刊》，目的是为了"以见李（明仲）书之流播欧美，中国营造发皇之影响，而社事影响亦附之"[36]。这一切，均基于他对中国建筑的文化认同，那就是"建筑是民族文化的结晶，也是民族文化的象征。吾民族文化进展，其一部分寄之于建筑，建筑于吾人最密切。自有建筑，而后有社会组织，而后有声名文物。其相辅以彰者，在可以觇其时代，由此而文化进展痕迹显焉"[37]。这便是朱启钤的过人之智。

（四）对中国建筑体系研究的整体观照

朱启钤经过多年的悉心研究，逐渐形成了对中国建筑整体观照的看法，他认为中国建筑不外乎两大流派，"黄河以北土厚水深，质性坚凝，大率因土为屋，由穴居进而为今日之砖石建筑。长江流域上古洪水为灾，地势卑湿，人民多栖息于木树之上，由巢居进而为今日之楼榭建筑"[38]。朱启钤这种整体观照的看法酝就了对华北与西南地区进行调查的路线。

中国建筑体系问题，最早是由伊东忠太在其《中国建筑史》中提出来的。他认为中国建筑体系是有别于欧洲建筑的东方三大体系（中国系、印度系、回教系）中最雄视世界者[39]。在此基础上，伊东忠太构建了中国建筑体系的历史脉络，并抢先写就了《中国建筑史》。由于受伊东忠太的这种体系思想的影响，后来，林徽因也提出了中国建筑体系问题的构想，其曰："中国建筑为东方建筑最显著的独立体系，渊源深远，而演进程序简纯，历代继承，线索不紊，较其他两系——印度及亚拉伯（回教建筑）享受特长，通行地面特广，而艺术又臻于最高成熟点。即在世界东西各建筑派系中，相较起来，也是个极特殊的直贯系统。"[40]但此时，中国营造学社因忙于古建筑测绘，还无暇、也无条件编写中国建筑史。1944年，中国营造学社在调查与测绘了华北地区古建筑基础上，又完成了对西南地区古建筑的调查与测绘，积累丰厚的史料，并基本上弄清了自汉代至清代古建筑的历史脉络，同时也基本上掌握了自北魏至清代的建筑实物资料，编写中国建筑史的准备工作已就绪。这时，中国营造学社因经济拮据到已无法开展田野调查研究工作，因而有时间整理调查研究资料，加之中央博物院和国立编译馆之邀请，梁思成才真正开始了编写《中国建筑史》等著作，于1944年、1946年在中国营造学社同人齐心协力的协助下，先后完成了《中国建筑史》和《图像中国建筑史》的编著。这不仅了却了梁思成多年来想编写中国建筑史的夙愿，也是中国现代建筑史学体系建立的标志。

七、朱启钤其他方面的历史贡献

朱启钤的历史贡献除创建中国营造学社，组织中国营造学社同人们研究与发扬光大中国建筑文化事业外，由于他的爱国主义的热诚和对中国传统文化的深厚底蕴，在其他方面也有独到的历史贡献。关于这方面的论述林洙在《中国营造学社史略》中有详论，无须赘述。笔者在此只根据《护公纪事——朱启钤先生生平纪实》一书中的材料，作一些扼要提示。

①文物收集与整理：从朱启钤编著的《存素堂丝绣录》和《存素堂文物账册》二书来看，他不愧为地道的收藏家与文物鉴赏家，他苦心地收集了铜瓷器、漆器、木器、竹器、银器、锦绣、书画碑帖、古墨、石章、古装饰等大量珍贵的文物。抗战时期，为了这些文化宝藏不被日本人所掠夺，他不惜生命予以保护。

[34] 朱启钤：《中国营造学社开会演词》，载《中国营造学社汇刊》，1930(1)，1。

[35] 朱启钤：《中国营造学社缘起》，载《中国营造学社汇刊》，1930(1)，1。

[36]《社事纪要》，《中国营造学社汇刊》，第一卷，第2期，1930年12月。

[37] 朱启钤：《中国营造学社开会演词》，《中国营造学社汇刊》，1930(1)，1。

[38] 朱启钤：石印《营造法式》序，《护公纪事》，北京，中国文史出版社，1991年。

[39] 伊东忠太：《中国建筑史》第6页，陈清泉译，第二版，北京，商务印书馆，1998年。

[40] 林徽因：《论中国建筑之几个特征》，载《中国营造学社汇刊》，1932(3)，1。

图9 朱启钤抢救的中国营造学社古建筑测绘图纸之一

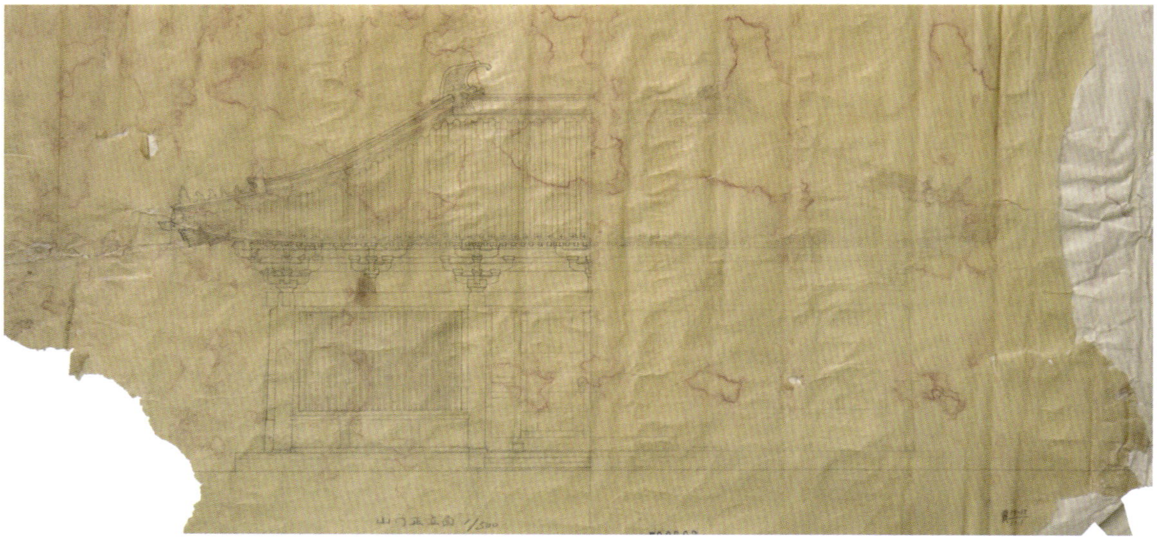

图9

②改建北平城市交通及中央公园：朱启钤在清末任内外城巡警厅丞时，袁世凯特赐给他一把银镐（现存清华大学建筑学院资料室），拆去旧城墙上的第一块砖，由此而改建了正阳门，打通东西长安街，开放南北长街、南北池子，修筑环城铁路，改社稷坛为中央公园。

③创办北戴河公益事业：1918年，朱启钤有感于外国人以宗教名义在北戴河肆意侵占中国的海滨领域，并且插手中国的民事纠纷，决定创办地方自治公益会并亲自担任会长。自此，在朱启钤统一领导下，建立北戴河疗养区，并由中国人自己管制，捍卫了民族尊严。

④兴办山东中兴工矿企业：1917年，朱启钤脱离政界之后，一方面潜心研究中国传统的国学（包括古建筑），另一方面决意从事实业救国的工作。于是接手经营创办于1899年的山东中兴煤矿公司，并身任董事长。中兴煤矿公司是旧中国唯一由中国人自己经办的采矿业，不仅抵制了日本人在工矿业界的骄横之气，同时也为中国近代民族企业增了光。

鉴于以上诸多贡献，1998年4月18日，为弘扬朱启钤爱国主义、热衷公益事业、开拓中国建筑研究的先河、发扬并保护民族文化的精神，以教育后人，经中共中央及国务院两办办公厅批准，由朱启钤海内外亲友集资修建蠖公亭[41]。朱启钤的一生，“以视实齐所谓古人之学通于事物者”[42]，后人当永不忘怀朱启钤在中国近代文化史上所作出的历史贡献。

附录 朱启钤年谱

朱启钤先生生平纪实》（中国文史出版社1991年9月版）一书所提供史料编撰而成。该书中收录了朱启钤《朱启钤自撰年谱》一份，记述了自1872年至1936年间的生平事迹。因此，笔者编撰的朱启钤年表中1872年至1936年间的记事，以此为准。1936年至1964年间的记事，则是笔者从史料记载中提炼而成）。

1872年：出生于河南信阳，祖籍，贵州开阳
1889年：与陈嶐生（曾国藩次婿）的过继女陈光玑成婚
1891—1893年：姨夫瞿鸿禨赴四川典试，朱亦随伺左右
1894年：到泸州盐务局印签所任职，其家属亦随迁泸州
1896年：调管灌口水军兼救生红船事。后又调专管云阳打汤子新滩工程，这是朱接触的第一个工程
1897年：云阳工地失火，住屋被烧毁，但幸免于难。四月陈夫人病故。七月续娶于夫人
1898年：瞿鸿禨按试苏松、太仓地区，朱又随其左右
1899年：在上海出口捐局任职，又合家迁居上海
1900年：义和团起义，朱母傅太夫人病故，朱奉母灵柩回长沙守丧
1902年：由瞿鸿禨推荐入路矿总局任职，不久，奉张文达派任译学馆提调
1903年：升译学馆监督，于是全家迁来北京
1904年：经徐世昌介绍，与袁世凯相识，识后即辞去译学馆职，候政北洋
1905年：赴天津主持天津习艺所工程
1906年：北京巡警部设立，任京师内城巡警厅厅丞，后又调外城巡警厅厅丞，创办京师警察市政
1907年：瞿鸿禨被清庭罢相归里，亦自请开缺，居长沙一年
1908年：袁世凯推荐徐世昌任东三省总督，徐奏调朱任蒙务局督办
1909年：袁世凯被摄政王罢职，徐世昌亦调离东三省改任邮传部尚书，朱被迫辞去蒙务局职务
1910年：到徐世昌主管的邮传部任丞参，兼任津浦铁路北段总办，筹建山东乐口黄河桥工程
1911年：袁世凯东山再起，朱任津浦铁路督办
1912年：袁世凯就任临时大总统后不久，即任朱为津浦铁路督办，七月任交通部总长
1913年：兼代国务总理，七月内阁改组，转内务部总长
1914年：督办京师市政，充第一二届知事试验主试委员长
1915年：政事堂改制，仍留内务总长任，兼任交通总长

[41] 戴复东：《朱启钤先生纪念亭——蠖公亭创作小记》，载《建筑学报》，1999(10)。
[42] 瞿兑之：《社长朱启钤先生周甲寿序》，《中国营造学社汇刊》，1932(3)，3。

1916年：袁称帝失败，6月病逝，朱亦辞去职务，移居天津
1917年：脱离政界，从事实业，经营山东泽县中兴煤矿公司
1918年：第二届国会选为参议院议员、副议长，未就。瞿鸿禨故，赴上海会丧。被推选为煤矿公司总经理，显示出杰出的管理才能
1919年：受徐世昌总统委托，赴上海以北方总代表的资格出席南北议和会议，就在这次赴沪途径南京时，朱在江南图书馆发现手抄本宋《营造法式》一书，于是通过江苏省震严省长，将该书借出委商务印书馆影印出版，以传后世
1920年：创北戴河海滨公益会。改建北平樱桃斜街贵州会馆
1921年：二月出使法国，代表徐世昌接受巴黎大学博士学位。向留法勤工俭学人员捐款5万元。并游历英、意、比、德、美、日六国，八月归国
1922年：为病妻养疴计，营蠖园于天津南郊之吴窑村
1923年：前年与陶兰泉校印《营造法式》历两年告成。撰《丝绣录》和《女红传徵略》
1924年：闭户读书，以蠖园为冬居，蠡天小筑为消夏之所
1925年：创立营造学会，与阚铎、瞿兑之搜辑营造佚书史及图纸，且制作古建筑模型。始辑《哲匠录》、《漆书》等
1926年：于夫人病重。病疾中儿女环侍蠖园，遂亲课次子渤、五女、六女读书
1927年：中兴煤矿劳资交困，遂至停工待食者万家，叹莫能助也。十一月于夫人病故于蠖园
1928年：营葬于夫人莲峰山之麓，并穿石为生塘。国民军攻克山东，曾没收中兴煤矿议改国营，集股东会请愿，输饷百万方免。刊印《素存堂丝绣录》，于中国工艺美术研究极富参考价值。是年，在中央公园展出历年收集、整理之书籍、图纸、模型等，引起社会各界对古建筑研究的重视
1929年：煤矿复业解去总经理职，卖故藏丝绣、书画了清宿债。合刻外祖父傅青余公（澹勤室）、杨剑潭先生《芋香馆诗》成
1930年：得中华教育文化基金会补助，组建中国营造学社，纠集同志从事中国古建筑研究之工作
1931年：邀梁思成、刘敦桢入中国营造学社，从事论著，其道始行
1932年：得明岐阳王李文忠世家文物，为之著录
1933年：着手编《家乘》、撰《瞻怀外纪》，整理先世手泽
1934年：九月赴长沙扫墓，且置傅太夫人墓田
1935年：为撰行状而始搜集贵州乡贤遗著，拟修《开州志》
1936年：处置分家之事并立遗嘱，促印《家乘》，请瞿兑之整理业稿，名曰《蠖园文存》
1937年：日军攻占北平。中国营造学社停办而南迁，留北平，并将学社资料图书存入中山公园，出资雇人保管。是年，以王克敏为首的伪临时政府成立，欲请出面捧场，但朱启钤面对日伪的威逼，坚决不就伪职
1938年：伪政府头目王克敏下令强行以低价征购朱启钤赵堂子胡同的住宅。朱启钤被迫移居北总布胡同直到抗战胜利，一直居家装病，以示不同流合污
1939年：是年秋，天津发大水，学社存在麦加利银行地库中的全部调查测绘资料惨遭损毁，电告梁思成、刘敦桢设法抢救这批资料，但胶片被水浸泡而无可挽回
1940年：二月，日伪华北临时政府实业部函询中兴煤矿公司的状况，要求与日伪合作，限期派员去京接洽，商谈改组合办事宜，逾期不办，将公司财产归伪政府处置。对公司上层不予理睬，表现了民主气节和爱国精神
1941年：十二月。太平洋战争爆发，因通货膨胀、物价剧变很大而感叹不已，关心社会疾苦
1942年：由于开支太大，入不敷出，累年亏损，朱启钤不得不出让王蓬心册页和王毂祥手绢等文物，以维持生计
1943年：又出卖钢琴和一些文物，以维持生计
1944年：再次出卖李公麟手绢和旧锦一匹，将换得之钱用以印书或雇人抄书。儿媳妇徐恭如代为记帐
1945年：抗战胜利，为迎候中国营造学社光复迁回北京，曾亲笔写启事向社会各界募捐，以便重操旧业。在募捐启事文中写有“绝学不堕，邦家之福，老朽之年，有厚望焉。”
1946年：一月，周恩来作为军调处三人小组的中共代表到北京视察时，特派章文晋（其外孙）看望，并与之商议恢复山东枣庄中兴煤矿生产事宜
1947年：因在家院中散步跌跤，引起高血压病而住院
1948年：中兴煤矿事业受损，几近殆尽。自是年始，完全是亲自握笔记载自家生活帐目《存素堂帐目》。历代名人如此记帐目者之认真者，极少见
1949年：五月，上海解放，朱启钤寓居上海。周恩来总理授意章士钊写信，劝留大陆。上海解放后，周派章文晋到上海接至北京，安置在中央文史馆任研究员兼任古代文物修理顾问。定居于东四八条胡同
1950年：捐明岐阳李文忠世家名贵文物给故宫博物院
1951年：与梁思成、林徽因等人将保存在清华大学营建系的学社古建筑模型、图片等资料取出，在北京午门举办古建筑展览。同时受国家文物局委托派人将山西大同辽代海慧寺的“一斗三升”斗拱实物一并展出。这是学社的调查、研究成果在新中国成立之后的第一次重要的展示
1952年：中兴煤矿公司拥护新政府的对资改造政策，实现了公私合营。身为董事长的朱启钤被选为全国政协委员
1953年：五月，被聘为中央文史研究馆馆员
1954年：与梁思成一道将学社发表和未发表的资料以及铜版托交中国工业出版社，同时将梁思成之《清式营造则例》、刘致平之《中国建筑类型及结构》与《中国居住建筑简史》、刘敦桢之《中国住宅概况》、童寯之《江南园林志》、姚承祖之《营造法源》等著作也一并交出版社
1955年：被选为第二届全国政协委员，参加民族组文化工作
1956年：参加全国政协民族工作组工作，搜集少数民族书籍和历史资料
1957年：是年秋，周恩来总理到北京东四八条胡同看望，并亲切交谈。得知周嘉深曾为门生，周恩来总理以晚生待之，叹相见恨晚，早生了30年
1958年：朱启钤将其家藏书记全部捐出，大部分捐献给北京图书馆（现国家图书馆），有关贵州的资料捐献给贵州，还为王世襄《髹饰录解说》一书的油印本题字
1959年：五月，得知建筑工程部部长刘秀峰主持召开编写《中国古代建筑史》会议，甚慰，特请罗哲文将会议有关情况相告
1960年：“全国建筑史学术讨论会”后，接受王其明、王世仁、王绍周等“三王”的拜访，并与之讨论北京四合院的历史知识
1961年：90岁寿辰时，周恩来总理特送花蓝祝贺，还在政协小礼堂举行小型祝寿宴会。尚整理旧辑《漆书》，并向文化部副部长徐平羽建议要注释《营造法式》
1962年：继续整理旧辑《漆书》，并指导陈从周协助对《贵州碑传集》、《哲匠录》进行增补
1963年：章士钊得清何绍基墓志铭手稿，请为撰跋语，即援笔写出，为文逻辑严谨、笔力不凡，此乃绝笔
1964年：因感冒继发肺炎，医治无效，于2 月26日与世长辞。经中央批准，葬八宝山革命公墓，以示永志

Three Protagonists for Safeguarding Architectural Heritage in Italy

意大利建筑遗产保护的三个杰出人物

刘临安（Liu Lin'an）*

提　要：19世纪末期以来，意大利凭借拥有的文化遗产的优势，开始在文化遗产保护领域发挥引领作用。这时期，在建筑遗产修复与保护学科中，相继出现了数位具有影响的人物，从理论探索到技术应用发挥着重要作用。本文主要介绍波依托、乔瓦诺尼、博兰迪三位杰出人物关于建筑遗产修复与保护的基本思想和理论观点以及意大利建筑遗产保护的基本脉络。迄今为止，他们的思想和观点在国际上依然存在着重要的影响。

关键词：波依托，乔瓦诺尼，博兰迫，历史建筑，修复，保护

一、卡米洛·波依托

卡米洛·波依托（图1）是19世纪末期意大利最为活跃和最有影响的建筑保护的杰出人物、建筑保护的理论家和实践家。他出生在意大利的罗马，毕业于威尼斯艺术学院的建筑学专业。在学校期间，他接受的是欧洲折中主义建筑设计和法国风格式建筑保护的教育，酷爱意大利中世纪的艺术。波依托早期的建筑保护思想与他所接受的建筑教育是分不开的。在1873年的威尼斯展览会上，展出了名噪一时的法国建筑保护大师维奥莱-勒-杜克[1]所做的法国的Carcassonne城堡和Pierrfonds城堡的保护方案，他深切地流露出对于这两个方案的敬佩。

但是这并不等于波依托从思想上折服了维奥莱-勒-杜克，他仍然在发展着自己对于历史建筑保护的思考。1879年，在罗马举行的第一届工程师和建筑师的大会上，波依托就提交了一篇论述古代文物建筑修复的论文。在这篇论文里，他提出了自己对于建筑修复的一些独到的想法。例如：在修复之前必须对建筑上面那些各种年代积累下来的改造和加建进行研究，征求各方面专家的意见，公正地听取各方面的评价，确定哪些该保留，哪些该去除，而不是不加区分地拆除。应当区分清楚历史建筑的哪些部分是“正常状况”，哪些是“实际状况”，这些差别应当予以区分，以求尽可能地固定、保存或者活化属于“正常状态”的东西。在1882年工程师和建筑师理事会颁布的一个暂行的建筑修复与保护的技术准则中，就采纳了波依托当年提出的一些建议，作为历史建筑修复的技术准则写入了有关条文中。

到了1883年，在罗马举行的第三次工程师和建筑师的大会上，波依托开始大胆地对维奥莱-勒-杜克的建筑保护思想提出挑战，他提交

* 北京建筑工程学院建筑城规学院院长

的论文在会议上引起了不小的争论。实际上，波依托一直没有停止对于以维奥莱-勒-杜克为代表的完美的浪漫主义和以约翰·拉斯金[2]为代表的绝对的历史主义的思索。

波依托认为维奥莱-勒-杜克的方法非常冒险，这种方法主要根据历史建筑的时代风格来指导修复建筑，会把建筑修得不伦不类，令人难辨真伪。他做过这样一个比喻：一个历史建筑就像一篇历史手稿，如果手稿中存在着一段缺失，历史语言学家仅仅根据行文的时代风格和上下文关系对缺失文字进行补足，那么，这种做法将是一种多么大的风险。因此，他把这种依据历史建筑的时代风格来修复建筑的做法斥责为“作伪”。“这种修复犹如扯谎，修复得越好、谎就扯得越圆。”[3]同时，他也不认同拉斯金的绝对历史主义的观点，认为这种观点只是被动地保存或维护历史建筑，不去进行主动地修复，会对历史建筑产生更深的损害。这种损害通过经年累月的积累，反而会使得历史建筑发生不可避免的瞬间的或猛然的破坏。“只护不修”看似是对历史建筑的呵护，但是，这种虚伪的呵护实质上是对历史建筑不负责任的做法。

什么是历史建筑？当时，意大利教育部在一份文件中对纪念性历史建筑做过这样的定义：“纪念性历史建筑是一部历史文献，建筑的每一个部件都反映了已逝去的历史。纪念性历史建筑的保护并非首先强调建筑本体的结构，所有伴随建筑发生的改变和增加都应当视为与历史建筑具有一样的效力，都应当予以保护。”[4]基于这种定义，在历史建筑修复与保护中，无论是完美浪漫主义的方法还是绝对历史主义的方法都很难找到满意的解答方案。

波依托一直试图从完美浪漫主义与绝对历史主义这两种对立的建筑保护方法中找到一条适用的方法。从1884年到1893年，凭借着参与多项历史建筑修复的经验，他将自己多年来对于建筑修复与保护的经验概括为八个要点。它们是：

①历史建筑的新旧构件在样式上存在的差异性；

②历史建筑的新旧构件在材料上存在的差异性；

③以新的构造形式安装在历史建筑中的填充模块或装饰构件；

④在修复历史建筑过程中，在历史建筑的附近展示那些拆卸下来的建筑构件；

⑤施用到历史建筑中的新构件要有日期铭文（或某种常用标识）；

⑥历史建筑上要设置说明修复工程的碑文；

⑦修复工程各个阶段的带有照片的记录和说明，这些记录应当保存在历史建筑中或附近的公共建筑中，这个要求也可以采用相同内容的出版物来替代；

⑧修复工程中造成的可见的败笔。

实际上，这些要点后来都被写进了意大利政府颁布的《文物修复宪章》[5]，成为国家层面的规章制度和技术准则，之后也被国际保护组织和一些国家写入它们的保护文件中。波依托提出这些要点的根本意义在于保存或保护建筑的“原汁原味”，即保护建筑的原真性。

从历史建筑保护的科学性方面，波依托根据建筑建造的时代把它们进行了性质上的分期：古罗马时期的建筑、中世纪时期的建筑以及文艺复兴以来的现代时期的建筑。古罗马时期的建筑要重视它的考古的价值（Archaeological Value），中世纪的建筑要重视它的图景般的外貌（Picturesque Appearance），现代建筑要重视它的建筑学的美感（Architectural Beauty）。对于历史建筑的修复应当依照建筑的时代性质，从上述三个侧重点来实施具体措施。后来，这三个侧重点被概括成考古修复、图景修复和建筑修复。

考古修复常常是考古发掘成果的展示，历史建筑的每个部件都有如建筑整体那般重要。因此，可以采用任何支撑与加固的方式来保持或维护历史建筑“处于原来正常的状态中”。就像罗马广场上的斗兽场或凯旋门，拱券即将倒塌瞬间的“状态”都被红砖加固体给“凝固”住了。

图景修复的做法见诸于威尼斯的总督宫，总督宫大柱廊的柱础由于海水浸蚀和重力作用，不少已经被替换掉了。圣马可大教堂的大理石饰面和马赛克画面后面的砖砌墙体，也有许多部分被新材料替换掉了。无论怎样，这些

图1 卡米洛·波依托（全维忻 绘）

[1] 在建筑修复中注重建筑的形式与风格，体现一种浪漫的完美主义。

[2] 约翰·拉斯金（John Ruskin, 1819—1900年），英国著名的文艺批评家、社会思想家和诗人，建筑学理论著作《建筑的七盏明灯》的作者。他的关于艺术评论的影响在19世纪的欧洲相当广泛。

[3] J. Jokilehto: A History of Architectural Conservation，199-200页，Elsevier，1999。

[4] 同[3]，201-202页。

[5] 意大利在1932年颁布了第一部《文物修复宪章(Prima Carta del Restauro)》，实际上，该宪章是在波依托1883年发表的文章的基础上形成的。

图2 古斯塔弗·乔瓦诺尼（金维忻 绘）

中世纪建筑“图景般的外貌”仿佛依然如故。对于这类历史建筑修复的最大赞美就是来自于社会民众都认为“这座建筑看起来什么都没有修”的反映。

对于建筑学美感的修复，可以用威尼斯圣马可钟塔来说明。圣马可钟塔的建造记载是公元9世纪，但是，后来保留下来的样子是16世纪的。1902年7月4日，圣马可钟塔轰然一声不幸倒塌。当天威尼斯市政委员会就宣布紧急拨款50万里拉重建该塔。在制定修复方案时，官员和专家们分为两种声音，支持修复的和反对修复的。最后决定按照“原址原样（Dov'erae com'era）”的原则进行修复。修复工程的主持人是卢卡·贝尔特拉米[6]。他是波依托的得意门生，也征求了波依托的意见。钟塔要按照原来的样子修复，施工过程中的监督非常严格，特别是钟塔上部的凉廊，因为倒塌时没有摔得粉碎，基本是按照原样复原。但是，钟塔的内部结构却使用了混凝土和钢材。修复工程拖拖拉拉地进行了快10年，新塔的竣工仪式选择在1912年4月25日，这天恰逢圣马可的忌日。(图4)

波依托对于发展意大利建筑遗产保护政策的重要贡献有两方面：第一，通过他在意大利政府部门的任职，初步建立了一套意大利国家层面的建筑遗产修复与保护的管理体系和技术准则，建筑遗产修复与保护受到政府机构的管理和监督；第二，他批判性地接受当时公认的建筑遗产修复与保护的理论与方法，同时积极探求建立适宜的修复与保护的方法，并把这些方法融入到意大利的保护规章中，这些规章后来逐渐成为建筑遗产保护的技术准则。

二、古斯塔弗·乔瓦诺尼

古斯塔弗·乔瓦诺尼（图2）是一位土木工程师、建筑师、城市规划师、建筑保护理论家，1895年从罗马大学工程学院的土木工程专业毕业后留校任教。在大学读书时期，他就对历史和艺术很感兴趣。毕业后，他一方面继续在土木工程专业上深造，满足作为教师的要求；另一方面，他又拜师阿道尔夫·文图里（Adolfo Venturi）教授，刻苦学习艺术史和建筑史。古斯塔弗·乔瓦诺尼说：“我要非常刻苦地学习这些东西，要去保护和维护那些‘被遗忘的’或处于‘危急状况中的’文化遗产。”[7]由于他具有扎实的土木工程知识，再加上对艺术的天然悟性，乔瓦诺尼很快地就在建筑设计方面展露才华，1905年被提升为公共建筑学的教授。

从那之后，乔瓦诺尼逐渐把学术热情投入到建筑修复与保护领域，追随卡米洛·波依托的建筑保护思想。1910年他被选为罗马的建筑艺术家协会的主席[8]。该组织成立于1890年，宗旨是推广历史建筑和艺术遗产的知识，推进遗产保护的创新，促进社会对于遗产保护的觉悟与行动。这一时期，他凭借着在建筑艺术家协会的作用以及在罗马建筑保护界的影响，成功地在罗马建立了一座高等建筑学院。后来，这所学院成为一所具有大学性质的学院（即罗马大学建筑学院的前身）。他在那所学院里从事历史建筑修复与保护的教学与研究，并于1931—1935年担任学院的院长。

作为教师和学者，乔瓦尼诺十分重视对青少年的培养。他在教学实践过程中逐渐成熟了“全才建筑师（Architetto Integrale）”的理念，认为全才建筑师应当具备艺术表现与技术实现两方面的才能。这个理念的产生基于乔瓦诺尼对于文艺复兴时期建筑师的深入认识，像布鲁乃列斯基、米开朗琪罗、贝尔尼尼等人，都是集艺术修养与工程知识于一身的建筑师。乔瓦诺尼特别推崇安东尼奥·达·桑伽罗[9]的建筑作品，认为达·桑伽罗能够把丰富的考古知识和超常的建造技术巧妙地结合在一起。也正是这个理念一直鼓励乔瓦诺尼从未放弃建筑修复与保护的教育。

乔瓦诺尼一直认为：维奥莱-勒-杜克的建筑保护理论是违背科学的。以表现建筑时代风格为指导思想的修复容易引起莫名其妙的作伪或是粗暴的干预，造成某个建筑是在某个时期由某个建筑师一手建造出来的错觉。这是一种人为建造出来的错觉，这种错觉会对建筑师、工匠、民众甚至学者造成一种虚假的预设，让他们凭借着这种预设来认识这座建筑的兴衰和风格，而实际上，他们根本是被误导了的。例如，依照维奥莱-勒-杜克的意图在巴黎圣母院中厅上面建造的那个瘦尖的钟塔，一直都令人无法在哥特建筑原理中找出合理的答案，这种做法

[6] 卢卡·贝尔特拉米（Luca Beltrami, 1854—1933年），意大利建筑师、建筑史学家，曾是波依托在波雷拉美术学院的学生。主持过多项建筑遗产修复工程，其中最知名的是米兰的Sforzesco城堡。

[7] Alessandro Curuni：Gustavo Giovannoni-pensieri e principi di restauro architettonico, 279-280页。

[8] 该协会的全称为L' Associazione Artistica tra i Cultori dell' Architettura，简称AACA，总部设在罗马。

[9] 安东尼奥·达·桑伽罗（Antonio da Sangallo，1484—1546年），也称小桑伽罗，文艺复兴时期著名建筑师，曾师从勃拉孟特学习建筑学，大部分建筑作品在罗马，例如梵蒂冈的圣彼得大教堂、罗马的法尔奈赛宫、劳莱托的圣玛利亚教堂等。

图3

图4

直至今天还受到越来越多的批评（图7、图8）。

乔瓦诺尼继续沿着波依托的思想在不断地成熟。他的关于建筑保护的基本思想在1929年发表的一篇名为《关于建筑历史与建筑生命的若干问题》（*Questioni d' Architettura nella Storia e nella Vita*）中得到了明确的阐述。他认为：历史建筑修复中诸如维护、修缮和加固乃至于利用现代技术来施用保护手段，其根本目的是保护建筑的原真性，尊重历史建筑整体的“艺术生命”而不是某个阶段的生命。任何在历史建筑上面用来加固或修复的附加物都应该视为整合修复的一个部分，而非仅仅是一个施加上去的一个构件，这些附加物都应当标示出时间。而且，一定要经过缜密的考虑和研究才能够决定是否施用附加物。实际上，这些建筑保护思想的基本意义都被融入了1931年的《雅典宪章》。

乔瓦诺尼坚持认为，在科学的修复理念指导下，修复方法可以是多样的，或者是几种方法的结合使用。他根据建筑本体的不同状况总结性地提出五种建筑修复的方法。

①简单结构加固（Semplice Consolidamento）：将历史建筑上面那些遭受残损破坏以至于不堪重负的结构部分进行加固处理，使其恢复承载荷重的能力，这种方法不对建筑本身施行“开膛剖肚”式的维修。

②落架复位维修（Ricomposizione）：将历史建筑的受损或倒塌的部分拆除，主体结构落架后经过重新加固和修缮再复位，进而施行全面地维护和保护。这种做法国外现在常用的术语称为anastylosis。

③恢复建筑原状（Liberazione）：把后期附加在历史建筑上面的赘余物去除，恢复历史建筑的原貌或原状。

④缺失补全复原（Completamento Eripristino）：利用严谨的科学考据将历史建

图6 切萨莱·博兰迪（金维忻 绘）

筑上面的缺失部分施行嵌补，恢复建筑局部的或整体的完整。但是，嵌补部分与建筑本身应当在材料的质地、颜色和肌理上有所区分。

⑤创新做法（Innovazione）：提倡以积极的态度看待历史建筑修缮和维护过程中采用新方法、新技术、新措施以及现代材料，可以采用实验进行可行性的论证，不赞成孤立地或绝对地看待建筑的历史性质。

乔瓦诺尼提出的关于历史建筑修复的新观点是如何处理好新与旧的关系，也就是建筑的历史性和现实性。这个新与旧的定义是广泛的，可以是建筑功能的、结构的、形式的、材料的等。他在工程实践中，认为在必要的时候，可以在新与旧之间进行一些调整。这样做可以更合理和有效地保护历史建筑，将修复方法僵化地固定在某些单纯的标准上实际上是不可能的。例如，他接受了拆除罗马万神庙主入口上面两座中世纪加建的钟塔及其他附加物的修复方案，目的就是要展现出万神庙的原本意义，去掉中世纪哥特建筑给这座公元前一世纪的建筑蒙上的含糊不清的文化意味。

20世纪初期的欧洲建筑理论界，流行的是未来主义和功能主义的思想。在一些城市规划的方案中，充斥着形式与体量的奇异、速度与力量的炫耀，历史赐予城市的艺术风貌和气氛荡然无存。乔瓦诺尼不认为将来的城市是那种样子，他坚持认为：城市应当充满两种内容，那就是“生活（Vita）”和“历史（Storia）”，前者表现出城市的现代化发展和现代生活的特色，后者意味着尊重历史价值、艺术价值以及历史城市的环境特征。他强调：历史城市中那些“不起眼的建筑（Architecttura Minore）”与那些庞大光鲜的宫殿相比，前者蕴藏着更多的大众性和大众意志。城市是因为时间的累积而发展起来的，不同时期的建筑具有不同的风格，应当展现不起眼建筑与豪华奢侈宫殿之间产生的视觉特点、景观特点和对比奇异感，他认为这些不起眼的建筑是建筑学的散文，需要进行认真的研究[10]。因此，他在罗马展开了许多关于文艺复兴时期街坊（Quartiere del Rinascimento）和住宅的研究。

通过上述案例，可以更为清晰题看出乔瓦诺尼提出的“使用科学的修复语言”的含义。他在教学和研究写作中，特别强调建筑保护中的“评价和科学”的方法。这些观念都为他后来提出科学性修复（Restauro Scientifico）的理论打下良好的基础。科学性修复理论被广泛地运用到文物建筑、历史建筑，甚至是历史城市的保护。

三、切萨莱·博兰迪

切萨莱·博兰迪是一位艺术批评家、历史学家、建筑修复与保护的理论专家。切萨莱·博兰迪（图6）出生在意大利的锡耶纳，1928年毕业于佛罗伦萨大学的文学专业。1930年开始他的职业生涯，最初在锡耶纳市的古迹与画廊管理局工作。1933年在博洛尼亚市的文物与美术作品管理局任职时，他筹备建立了意大利第一个文物修复实验室。1938年，36岁的博兰迪受命去罗马，组建意大利第一个国家级的文物修复与保护的机构——文物修复中央研究院[11]，次年出任院长。从此以后，意大利的文物修复与保护工作开始置于国家层面上进行管理和指导，修复与保护了大量的建筑遗产。博兰迪在保护理论的研究上提出了更为深邃的见解，在保护技术的指导与监督方面做出了突出贡献。后来，中央研究院成为意大利遗产与文化事业部[12]的主要组成部分。他在中央研究院院长的位置上工作了23年，退下来以后，分别在巴勒莫大学和罗马大学教授艺术史和建筑遗产保护。同时，作为意大利《晚邮报》的专栏投稿人，他写了许多关于艺术评论与建筑保护的文章。20世纪90年代末，他的重要著作《文物修复理论》[13]相继被翻译成英、法、德、日、希腊、西班牙文，甚至是波兰、罗马尼亚、塞尔维亚等12种语言，在全世界60多个国家发行。博兰迪无疑是战后以来意大利最为活跃的建筑保护理论家，甚至在欧洲和美洲的许多国家也有影响。

20世纪30年代以来，法国人维奥莱-勒-杜克和意大利人贝纳戴托·克罗切[14]的修复与保护理论已经越来越受到专业界的诟病，对于理论的关注点也逐渐转向德国哲学家和史学家，像胡塞尔、海德格尔、潘诺夫斯基[15]等人。这时期，博兰迪写了不少关于绘画、雕刻、建筑

[10] J. Jokihleto, A History of Architectural Construction，222页，Elsevier出版，1999年。

[11] 文物修复中央研究院（Istituto Centrale del Restauro），初建于1939年，2007年更名为修复与保护高级研究院（Istituto Superiore per la Conservazione ed il Restauro），为意大利遗产与文化事业部的直属部门，主要负责意大利的文化遗产的修复与保护的技术管理。

修复与保护的论文，从哲学的角度探讨艺术品的性质，认为艺术品本身具有一种独特的创作过程。同理，对于艺术品的理解也存在一个评价的过程。这些论点在当时的艺术批评领域中显示出一种富有抗争性的清新力量。

博兰迪认为，艺术品是一个整体，它不是每个构件的几何总和，而是艺术家或建筑师将所有元素（物质的和非物质的）共同构成的一个整体。如果把一件马赛克镶嵌画分开来的话，一片马赛克不是一件艺术品，专门收集一堆马赛克也不能称其为一个艺术创作。举历史建筑为例，建筑理念所反映的主题并非由一堆材料构成，而是由每个构件和空间结构体系所构成。对于观察者来讲，建筑材料除了形成一个物质现象的存在外，还具有传达建筑理念的功能。建筑作为一件艺术品，具有比物质现象更多的东西，这些蕴藏在建筑理念中的东西是非物质的，我们可以称之为建筑的文化内涵。因此，对建筑形体的观察和对建筑内涵的感知对于理解建筑都是非常重要的，建筑修复的每个阶段都要仔细地斟酌这两个要求。

博兰迪揭示说，艺术品都具有一对相对的特性（Istanza），那就是审美性与历史性，以及形成整体的一种潜在的统一性。历史性是独立于审美性而存在的，而且与日俱增。在历史建筑修复中，这两种特性都应当被给予周到细致的考虑。建筑的历史性可以举材料为例来说明：一旦材料成为人类营造活动的结果，材料就开始历史化。假设在同一个采石场生产的两块大理石，一块是在建筑建造之初取走，另一块是在建筑修复之时取走，两者在时间上可能会相差几百年。从大理石的理化性能上来看，

[12]意大利遗产与文化事业部（Ministero Per i beni e le Attivita' Culturale），意大利文化遗产保护的最高行政部门，相当于我国的文化部.

[13]《文物修复理论》，意大利文为"Teoria del Restauro"，博兰迪著。该书共分八章，分别从修复概念、历史特性、审美特性、空间、材料、作用、意义等方面论述艺术品和建筑的修复与保护，1963年由Einaudi出版.

[14]贝纳戴托·克罗切（Benedetto Croce，1866—1952年），意大利艺术评论家，写作题材广泛，包括哲学、艺术史、历史学和美学，对20世纪初期的意大利艺术研究有较大影响.

[15]胡塞尔（Edmund Gustav Albrecht Husserl, 1859—1938年）,德国哲学家、数学家、现象学理论的创始人；海德格尔（Martin Heidegger, 1889-1976年）,德国哲学家，存在主义和现象学哲学理论的奠基人，以研究"存在问题"著称，其撰写的《存在与时间》被认为是20世纪最重要的哲学著作之一；潘诺夫斯基（Erwin Panofsky, 1892-1968年），出生在德国，主要学术活动在美国，以研究肖像学而著称，著有《肖像学研究》、《文艺复兴艺术的人文主题》等著作，影响较广。

两块石料是相同的材料；但是从已有的外观和用途上来看，两块石料却存在着不同的历史意义。一块可能被称为大理石艺术品，另一块则还是大理石石料。这个事实是无法掩饰或伪装的，因此，重建的建筑与原初的建筑就不可能具有相同的历史意义。如若不是这样，就成了艺术的或者历史的作伪。另外，材料表面的积垢（Patina），它是经年累月附着上去的一种物质，从意义上讲，积垢已经成为材料表面上的一种艺术效果和一种历史证据。轻易地除去积垢也就意味着抹去了这种效果和证据。

"审美性与历史性"这一对无时不在的相对特性在修复工作中是无法回避的，不能采取迂回或妥协的方式，除非要针对艺术品本身进行内在改变。这种特性是艺术品的存在本质，而且历史性往往处于次要的地位。当一栋历史建筑还保留着审美性与历史性的内在统一时，建筑上的附加物或多或少地会混淆或干扰它的艺术形象，那么，从审美性的特性来判断，就要移除这些附加物。

例如罗马万神庙上面的两座钟塔（图5），这一点是毋庸置疑的，问题是应当考虑如何采用合适的方法记录这次移除的事实，而且在测绘档案的记录中还要保留这些附加物，不然，这次移除又会成为建筑的一次重新起头的工作，成为一次"有败笔"的修复了。因此，对于历史建筑的附加物，任何时候都要审慎地考虑这种移除，要在建筑的审美性和历史性的价值权衡上作出明智的判断。

博兰迪并不同意波依托提出的"考古修复"的通常做法，认为那样会造成从纯粹历史的视角来看待建筑遗存。即便是废墟也具有艺术品遗存的性质，就应该贯彻与艺术品一样的评价过程。在修复与保护的实际工程中可以发现，建筑遗存的年代常常不是纯粹的，年代较早的建筑遗存有时会成为另一个年代较晚的建筑的一个部分，进而成为另一个艺术品的一部分。在这种情况下，对于年代更晚的建筑，应当从建筑结构的整体性上对于不同时期的结构咬合或叠加予以适当的考虑。但是，在一个古典建筑的立面上重新修复了一个中世纪的竖棂窗就很难认为是一个合适的做法，因为这并不是从结构整体性上考量的结果，而且，从"审美性与历史性"来判断也是不统一的。但是在现实中，这种"关公战秦琼"的做法在欧洲国家的建筑修复与保护的案例中并不鲜见。

博兰迪对于历史建筑的整合修复给出了三条原则：

①任何整合修复手法都应当在近距离时能够被察觉出来，但是，它又不能与建筑的"审美性与历史性"的统一相冲突；

②材料对于建筑外观的直接作用是不可替代的，它所形成的作用应当是针对建筑的面貌（Aspetto），而不是建筑的结构（Struttura）；

③任何整合修复手法都不应当对于未来的干预形成障碍，应当为未来预留出便利。

实际上，博兰迪并不认同再建威尼斯圣马可广场的钟塔，他认为，1902年的修复仅仅是出于对钟塔竖向要素的要求，例如是钟塔那种"鹤立鸡群"的视觉作用或者是钟塔对于圣马可广场的统辖作用，而不是出于对整体建筑再建的要求[16]。

博兰迪的理论总结了艺术品修复以及建筑修复与保护的基本理念，重申了它们的特殊性和历史评价的作用，强调了历史原真性和艺术原真性的重要性。博兰迪的理论所描述的评价方法是经过深思熟虑的，这种评价方法已经成为修复与保护的技术语法，应当时刻体现在修复与保护的工作中，因为今天的社会已经具备了比任何时期都更为成熟的历史意识。博兰迪的理论深刻而系统，具有广泛的适用性，因而能够成为《威尼斯宪章》的重要参考。1972年，博兰迪本人应邀参加意大利政府组织的《意大利修复宪章》修编工作。此次修编的目标是整合不同类型的遗产资源，诸如古董、建筑、绘画、雕刻、城市历史中心和历史城镇等，提出相同类型的修复与保护措施的原则。此次修编中，吸收了博兰迪在《文物修复理论》的一些基本观点和定义。

今天，博兰迪提出的修复与保护理念已经被许多国家所认同，在国际保护组织文件和指南中采用，成为包括罗马ICCROM[17]国际培训课程在内的各国修复与保护学校教材的指导读本。

[16] J. Jokihleto, A History of Architectural Construction，237页，Elsevier出版，1999年。

[17] 全称为国际文化遗产修复与保护研究中心（Centro Internazionale per lo Studio della Conservazione e Restauro dei Beni Culturali），简称ICCROM，位于罗马。该机构成立于1959年，是联合国教科文组织设立的一个独立的国际科学机构，其宗旨是保护古代建筑，历史遗迹和世界艺术珍品，以及为此而开展的修复与保护工作的技术指导和专业人员的培训。迄今，已有包括中国在内的129个国家成为该机构的成员。

Carry on the Past and Open a Way for Future Interview with the Famous Architectural Historian, Professor Wang Qiheng

重道图新—著名建筑历史学家王其亨教授访谈

刘江峰（Liu Jiangfeng）*

提要：中国建筑历史学科自20世纪30年代因中国营造学社之创立而奠基，先后产生了朱启钤、梁思成、刘敦桢、刘致平、陈明达、傅熹年等几代卓有成就的学者，取得了一系列开创性的研究成果。近20年来，又有一批学者继承前辈的优良学风，成为这个学科的中坚力量，王其亨先生就是其中的代表人物之一。

现工作于天津大学建筑历史与理论研究所的王其亨教授长期从事中国古代建筑历史及理论的教学和研究，多项课题获得国家自然科学基金及教育部博士点基金资助，尤以大规模古建测绘、明清皇家陵寝与园林研究、清代“样式雷”图档整理以及古代建筑图学成就、传统建筑设计理论和方法（包括风水理论）等方面的成果斐然知名学界。1989年获国家级优秀教学成果特等奖；2003年荣膺教育部全国高校“国家级教学名师奖”。

2010年12月23日在天津大学新园村家中，王先生面对访谈记者殷力欣和刘江峰，就相关“建筑史学及其方法论”、“古建测绘”、“样式雷图档研究”、“遗产保护”、“建筑教育”、“个人成长历程”等问题，结合几十年的切身体验，提出很多看法和相关建议。
关键词：王其亨，史学研究方法，古建测绘，样式雷图档研究

Editor's Note: The Chinese architecture history as a subject was established since the Society for Research in Chinese Architecture's foundation in 1930s. It has processed several generations of scholars, Zhu Qiqian, Liang Sicheng, Liu Dunzhen, Liu Zhiping, Chen Mingda, and Fu Xinian, and has made a series of pioneering contribution. Recent 20 years, a group of scholars carry forward the good tradition, to be the key personnel of this subject, Mr. Wang Qiheng of Tianjin University Architectural History and Theory Institute is one of the representatives.
Key words: Wang Qiheng; History research method; Ancient building surveying and drawing; Qing Dynasty "Yangshi Lei" figure document research

*《建筑创作》杂志社建筑学编辑

图1

图2

图1 王其亨先生(左三)及其团队主要成员
图2 王其亨先生与访谈记者合影

一、“以史为鉴，可以知兴替”：建筑史学研究的意义

记者：对于普通读者来说，大概都知道古建筑、各方名胜古迹，但是，未必明白现代人为什么设立“中国建筑历史与理论”学科。您能否给一般读者浅显地解释一下建筑史学科的价值和意义？您的思路和观念都很吸引人，研究课题都很有气势。请教一下您的史学研究方法是什么？

王其亨：建筑历史研究，归根结蒂，表面上是回顾历史，而根本目的则在于指导现实，展望未来。梁思成说建筑历史研究是一种逆潮流的工作”，但它的价值，至少如汽车后视镜，总要知晓过去的路途，才能放眼前方。广义地讲，人类全部的活动都是历史的，我是极力主张创新的。要创新就必须掌握先进方法，你要熟悉科学史、哲学史，熟悉理论思维的方法史，这就不能不关注历史。恩格斯在《自然辩证法》里一再强调：“理论思维的科学就是历史的科学”，“你要提高自己思维的水平，只能向历史学习”。不能是把历史当作包袱，离开历史的创新是无本之木、无源之水。

1.“总结前辈学者得与失的经验，是史学研究的重要方法之一”

王其亨：中国古代建筑历史研究，需要三方面的能力——测绘能力、文献功力和理论思维水平。此外，要研究这个学科的发展历史——“回采”[1]。我在申报明清皇家陵寝研究时，曾经有人说是“缺少创新性，是跟踪性的工作”、“无明显科学意义”，殊不知“跟踪性的研究”在科研中是绝对不可缺少的环节。正如开普勒依循毕达哥拉斯的“天体谐音”理念回采第谷的观测记录而发现行星三大定律，拉瓦锡回采既有的燃烧实验摒弃“燃素”说而实现“化学革命”等。科学史上的众多范例所表明的有效运用跟踪开拓和回采的研究方法，也是中国建筑史学自身发展不可或缺的需要。

我前后几十次翻阅《中国营造学社汇刊》，结合不同专题而有所侧重，每次都有新发现。比如目前搞样式雷研究史，牵涉到样式雷设计的几个亭子的时间、地点、人物等我全都统计；对刘敦桢《同治重修圆明园史料》（此为刘敦桢先生篇幅最长的一篇学术论文，引征文献也最为丰富），我逐个统计他的史料出处，还要参照《刘敦桢全集》所载其他相关文章的所有引证文献；又重新梳理朱启钤《样式雷考》的来龙去脉。通过这种反复的深入的研究，获得重新认识。这就印证了我力主的方法——回采——反复审视前人的成功方法，就会发现前人已经获得成功的路径中，还是有被后人忽视的地方。

任何学科的研究，都希望有重大课题、重大突破，而成败的关键，往往在于细节的把握。细节决定成败。比如我对名词“靴头”、“马蹄”等的考证、对样式雷图档每张图的鉴定，或者对《刘敦桢文集》整体学术思想的把握，都有赖于细节。再比如在古建筑测绘中必须注重细节。我们在清代建筑测绘中发现官式建筑“椽当坐中”，经大量实测数据的分析，均无例外。但以此套用西北地区的建筑则行不通，因为那里的做法有椽花，不重视细节就难以觉察到。再如明代至清雍正朝以前，北京官式建筑均为“勾头坐中”，之后，皇家建筑一律变成“滴水坐中”，这也是经大量测绘及文献研究所发现的细节。而这些细节，是关乎整体立论的。做研究工作就是这样。

2.关于梁思成“以算求样”的匠作思路

记者：能否谈一下中国营造学社所谓“以

[1]“回采”一词源自煤矿业，意指煤层最丰厚之地，需反复开采。初次为了维系采煤区的稳定，而留有许多矿柱，初次采矿之后，可下次再采，直至开采殆尽。此方法用于科学研究，称之为“回采”方法。

图4 王其亨早期古建考察速写之一
图5 王其亨早期古建考察速写之二
图6 王其亨古建考察速写之一
图7 王其亨古建考察速写之二

匠为师，沟通儒匠”的意义？

王其亨：我在读研究生阶段有幸跟随恩师冯建逵先生，他为我树立了“知之为知之，不知为不知”的治学榜样。1982年2月，冯先生讲“清式营造法”，涉及歇山的一套图，我翻阅梁思成《清式营造则例》。此书原来读过，但不甚了了，因为前面只是抛砖引玉，引导读者至之后的重心——《营造算例》。此次深究至此，总算明了了以往不甚了了之原因。据梁思成所说 “一个极可喜的发现”，就是“以算求样”：根据后面的算法可以推出构造做法、形式。自梁思成以后的研究并没有介绍这个方法，也没有相关研究成果。我当即请教冯先生，冯先生坦承也未深究，命我“自己弄，有问题到北京请教”。 于是，我先后请教了北京的于倬云、祁英涛、杜仙洲等。我曾推演出垂带斜下来和地面接平的叫“马蹄”，而垂直切一刀叫“靴头”。我请教祁英涛先生时，他说有道理，“工人就把山花板和搏脊与水平相交的那块叫马蹄”。这也给我一个重要启示——必须采访工匠、跟踪工匠。

因冯先生坚持“实事求是”的学风，1982年以来，我有幸接触一系列当时建筑史学界的权威专家：冯建逵、陈明达、于倬云、祁英涛、杜仙洲、单士元、罗哲文等。

3.在陈明达指导下明确中国古代建筑是数理关系而非几何体系

王其亨： 1982年下半年，开《营造法式》课，冯先生坦承自己研究不深，命我再访名师。我将我过去读《营造法式》及柞关学者研究成果系统地梳理一遍，详细地做笔记，最后确定必须向陈明达先生求教。经冯先生与当时的中国建筑技术发展研究中心（今中国建筑技术研究院）联系，1982年年底，陈先生同意单为我开设《营造法式研究》课程；同时，我在北京做样式雷图的整理工作。陈先生的课程，对我影响至深。

陈先生重点地讲述《营造法式》的研究历史和其不断发现问题、解决问题的治学历程，他讲课的要点着眼于未来的发展和创新。陈先生尤其注重讨论。我因为阅读过他的著作，自己又有数学史的知识背景，认为陈先生绘制应县木塔图使用很多西方构图分析方法，是几何分析的。于是，我与陈先生讨论，说中国古代的数学强调的不是几何分割而强调比例关系，更多的是数字比。比如，分数是中国人发明的，所有关系都采用口诀性的数字比，如黄金分割比是“九五顶五九，八五两边分”，再比如3：2或8：5都是在古代建筑文献中经常用在建筑平面、立面设计当中的数字关系，但是绝没有外轮分割或用几何做图。陈先生很同意这个观点，他自己也在做回归中国方法的尝试，他举出很多实例，如正八边形口诀、工匠怎样做出八棱柱等。陈先生“教学相长”的大师风范，对我影响非常大，我更加坚信：为促进创新发展，要不断提出新的发现和问题。

西方科技史表明，科技的发展就是对前人的局限、缺点直接提出批评。当然，这是要相当慎重的。记得研究生答辩时，我论文绪论中提到：在清代陵寝研究中，梁、刘二师20世纪30年代工作当中留下的误区，我极力强调了自己在这当中做的工作，当然并没有标榜的意思。答辩委员会主席单士元先生在答辩过程当中很委婉地讲，作为后进者应该体谅当时的艰辛和局限，很多材料他们看不到，很多实物（比如地宫）没开放，而我研读的时候，至少有乾隆、光绪、慈禧、容妃的地宫都开放。单老此言令我感到振聋发聩，不是不该去发现前人所做工作的错误或者空白，但是必须体谅前人所处时代的局限性。谈科学研究的得失，要对事不对人。为贤者讳是中国文化传统，更重要的启示是：不是我们有多少创新，而是我们在发现前人的遗憾的同时，必须深思前人更为本质的那些优秀传统、方法，在我们这一代是否得到了继承。

4.“回顾中国营造学社，我认为很多优秀传统有待继承”

王其亨：在此之后，如何重新发现前辈的治学精髓，是我随时思考的问题。我系统地了解了中国营造学社，包括中国建筑史学的来龙去脉，我认为：中国营造学社的很多优秀传统有待继承。

第一，文物保护的目的是让全社会都认识到它的价值。营造学社社长朱启钤极为重视对收藏文物的展示。他的这个做法，直接促成了对样式雷图档的重现，乃至引起世人的关注。

图4

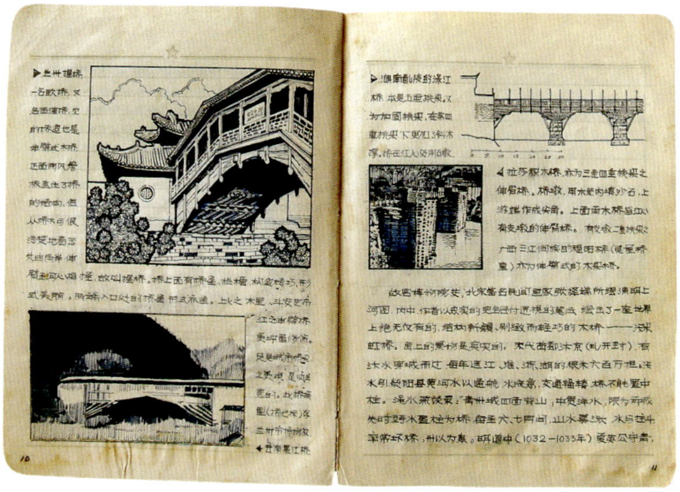

图5

图6

图7

梁思成先生说：文物保护的根本大法就是公示，让全社会都关注认识到它的价值。按照这一宗旨，学社期间从来没断过举办各类展览。单老直至临终，都在积极策划各种古建筑展览。很可惜，这个传统后来就丢掉了。所以，近年来我也试图恢复这一传统，如策划样式雷图档展、建筑院校测绘成果五校联展、颐和园保护规划、北海保护规划展览等。我们必须重视“向社会公示”这个被遗忘的传统。

第二，强调工匠传统。我曾一再在多种场合呼吁强调工匠传统。文物修缮的主体是工匠，他们可能并不识文断字，但他们与士大夫阶层一样继承着中国文化传统，故营造学社提出“以匠为师，沟通儒匠”。故宫曾成立一个专门组，维系工匠的师承关系，但这一做法没有在全国得到反馈。新中国成立初期，文整会也曾集结很多优秀工匠（如路建堂等），可惜不久就因故解散了。我们丢弃了建筑文物遗产保护的一个优良传统。重读《中国营造学社汇刊》，梁思成、刘敦桢和杨廷宝等，他们的著述中都对工匠怀有感恩戴德之情。现在，做建筑史学研究很少有工匠参与，许多相关会议只有学者、管理官员而没有工匠参加。工匠的培训、工匠的职称都不受重视，这是一个重大传统的遗失。

第三，“学术乃天下之公器”。通过对中国营造学社的不断解读，我发现，他们把开拓性的工作看得非常重要（朱启钤称之为“伟业”），但同时，他们更深知这个事业的开拓，需要几代人的薪火相传。因此，营造学社的一项重要工作就是出版《中国营造学社汇刊》，及时把工作成果整理刊行，激起更多人的关注，也坦诚希望各界匡谬。朱启钤《哲匠录》序讲得很明确：之所以编撰《哲匠录》，是因为工匠是中国古代建筑文化的载体在实施过程当中的主体——立意是文人，但离开工匠，这个文化载体则无法建构。之后，单士元先生编写《明代营造史料》，目的也是如此。

重读前人著作，我理解到：我们不断去寻找梁、刘等人著作中的疏漏，而这些前辈本来就希望后人及时发现他们的疏漏。他们这种大气度的学术传统，在当今学术界尤其应当大力倡导。过去陈明达先生研究《营造法式》，主

图8

图8 天津大学测绘成果——北海南坡
图9 天津大学测绘成果——悬空寺

要应用学社期间公开的数据资料。为此，陈先生一再强调：那些数据资料可能有错，需要重新实测，以期有新的突破。

5.“没有朱启钤的奠基工作，古代‘有无设计’将永远是不解之谜”

王其亨：起初，朱启钤曾试图将样式雷图档由国家图书馆独家首创，未果，就编辑纵览各个藏家的图档目录。如果没有这一富于远见的奠基工作，古代建筑除了营造这一部分以外，是否有专门的设计，将永远是不解之谜。之后，学社开始系统整理样式雷图档，逐步发现这项工作与大规模的实物调查工作密不可分。此外，也意识到脱离设计者（样式雷家族），工作也无法深入下去：第一，无法断定年代；第二，无法断定作者。

于是，朱启钤先生迅速调整方针，抓紧收集样式雷的家谱、世系，排出一个从事建筑活动的时间尺度。如嘉庆朝是雷嘉玺、雷景修，而之后又会是谁，等等，这些图的断代就得意明了了。朱启钤设想把分散于故宫文献馆（第一历史档案馆）、国立图书馆、中法大学等处的所有图汇合整理，而且，一定要有懂建筑的专才主持。第一个受命者为刘敦桢先生。他依托营造学社（包括单士元发现的清代内务府档案）所藏资料、样式雷记录的日记体上谕档、堂司谕档等，将圆明园重修工程（附带重修前的沿革）共约12项工程的图一举梳理明晰。这在方法上，无疑引领了后世的样式雷图整理，体现了朱启钤先生倡导的综合性研究的方法和“学术乃天下之公器”治学精神。

朱启钤另一贡献，是无私地提携后辈。《营造算例》、《清工部工程做法》等，本是朱启钤在内务总管任上收集的营造资料，全部交付梁思成先生，促成了梁先生《清式营造则例》的问世；他为研究圆明园而采集史料、档案，数量之举，举世罕见，但很快转手于刘敦桢先生；多年编撰《哲匠录》，又转手就给了梁启雄……我所接触到营造学社那代人，尤其单士元、陈明达先生，都具有这种大气度。我们今天作建筑史学研究，直接得益于这个优良学风的传承。

二、为什么要长期坚持古建筑测绘

记者：古建测绘是天津大学独特教学体系中最引人注目之处。每逢酷暑您带着上百学生“飞檐走壁，上房揭瓦”，声势浩大，蔚为壮观。这经历实际上变成了天大建筑学院学生的集体记忆。在此过程中。天大培养了学生对古

建的认知，树立了他们“尊重传统”的观念。

王其亨：李诫说“谨言慎思”就是去潜心思考，测绘在古建学习中是举足轻重的，梁、刘能有成果首先是集体成果，天津大学有这个好传统，也是继承自营造学社，从张镈、卢绳、冯建逵、童鹤龄乃至徐中，都一向恪守如金科玉律。

1.“我为什么要长期坚持在古建测绘的第一线”

王其亨：最早是1986年12月，中国建筑工业出版社召开我的《清东陵与西陵》书稿评审的时候，徐伯安先生对我说：“你是建筑史界的战略家。测绘不给钱你也去干，而且是有战略目标的系统测绘，明清陵寝、园林，没有一个测绘单位是这样的。”徐先生对我的评介过誉了，但天大坚持测绘，的确是战略，事关学科发展的战略。所以，明知经费匮乏，困难重重，我也必须坚持。我曾在情急之下说：“你不给钱，老子一天一顿饭也在那干！带着学生睡地铺也干！我自信行业内没有谁比我爬的房子多。”2008年在义县奉国寺大殿，王贵祥教授对国家文物局单霁翔局长讲，他吃不了王其亨这样“一日一餐、与学生睡地铺”这个苦，引得单局长来天大参观，致信说“天津大学师

图9

图10 天津大学古建筑保护规划成果——孟庙总剖面图

生们淡泊名利的科研境界和一丝不苟的工作态度令我颇为感动”。其实不是我有吃苦受累的瘾，而是不得已：从事这项工作，我深知其基本方法，那就是以测绘为基础。

记者：您在20世纪80年代被破格提为正教授，这是否也与测绘成果突出相关?

王其亨：此事可采访罗哲文先生。1987年，我当时只是讲师，但系统组织完成了北海所有建筑的测绘，受到各界的好评，说我们的测绘工作达到资料性、科学性和艺术性的三结合，同时强调高校是古建筑研究与保护的重要的基础力量，为后面团队建设、基地建设埋下伏笔。罗哲文等先生说：“王其亨根据他的研究功力，已有的成果当中随便挑出两篇论文就应该提教授。”第二年（1988年8月），我本来只报副教授，最后却被校长联合提名，破格提升为正教授。我并没有追求这些东西，很感惭愧，以后就拼命工作。当然，1988年被破格提正教授也不是没有基础。第一，我研究生论文答辩，到目前为止仍然是天津大学唯一的一份决议：全部答辩委员会学术委员推荐申请博士学位。1987年，当时国务院学位委员会郭湖生申请推荐霍英东基金时，评价我关于样式雷图档研究的论文已经完全达到二级学科博士学位水平，甚至用了“厥功甚伟”四个字。1990年，在中国学位制度10周年之际，被评为“为祖国作出突出贡献的中国学位获得者”。

天大的古建筑测绘成果，1989年由我组织申报，在中国教育史上作为高等学校优秀教育成果，获得国务院颁发的国家级特等奖。得到的评价是，天大测绘中有很多亮点：周期长，长期坚持；规模大，重点明确；具有创新性，是一个学术思想的突破——测绘更多地由单体转向注重组群——组群的立面、组群的剖面，不再仅仅是组群的平面。过去测绘，侧重于建筑单体，现在则是大量的组群图，所有的测绘项目都包括组群的布局。中国建筑的基本特点是群体空间，其特点是整体布局。我们注意到了这个要点，获奖算是对我们的认可。

2.因测绘上的突出贡献而获得“国家级名师”称号

王其亨：建筑历史研究还必须与时代的技术进步同步。1990年开始，我着手利用计算机技术从事本学科的科研。当时建立电子管工作站，结合学生毕业设计，完成了北海万福楼测绘。1992、1993年，这一成果在日本神户展示，引起轰动，因为当时日本也还没有在这个领域引进计算机技术。随着电脑普及，着手使用计算机墨线图，将所有测绘成果一律数字化。1997年，第二次获得国家教育部的优秀教学成果奖。之后，全面引进除计算机以外的新的测绘技术，组织编纂第一本建筑测绘教材，这在东亚建筑体系里是开创性的，又获奖——教育部的国家级精品课程，教育部的国家级优秀教学团队。2003年，我被评为当时全国百名国家级名师之一，是建筑界唯一的一个。这个评选的条件很严格：博导，带了大量的博士生、硕士生，有高水平的论文，有大量的国家课题，有大量的经费，最后一条是：长期坚持本科教学，必须有本科教学的工作量。随后，我获得了建筑学会的建筑教育奖。

3.测绘成果转化成大量的申报世界遗产及保护规划

王其亨：上述或个人或集体的获奖荣誉，

图10

并不重要，真正重要的是产生了相关的社会影响，对文化遗产保护事业有所贡献。我们这个团队，长期坚持，并及时实现成果转化和进一步的扩展研究，做了很多国家重点文物保护单位甚至世界文化遗产的保护规划、修缮设计。我们很认真、成系统地在文物保护规划、文献挖掘、价值评估方面做出自己的努力。现已经完成的规划计有：麦积山的保护规划、明显陵的保护规划、明凤阳皇城和皇陵的保护规划、蓬莱的蓬莱阁和蓬莱水城的保护规划、颐和园保护规划、北海保护规划；正在进行的规划计有太庙、清西陵、圆明园等，其重要性不言而喻。其中，明清皇家陵寝申报世界文化遗产名录的成功，我们测绘明显陵、清东陵、清西陵等工作，发挥了相当大的作用。国家文物局明确表态“高校的学者介入申报的过程，明显让世界遗产的申报工作提升了一个档次”。

这次申报，也是向外国同行讲授中国建筑文化课程，使他们理解了中国明清陵寝设计的设计主题、设计思想：环境是创作的本体，建筑是从属于环境的。这样的设计理念是中国建筑的核心价值观，和西方环境从属于建筑的理念截然不同。他们赞叹到“这就是中国人的智慧、是非常现代的理念，值得全世界学习”。

4.在测绘的基础上做了大量修缮工程并研究工艺

王其亨：另外，我们还做了大量修缮工程，并在这个过程当中挖掘传统工艺、材料。比如针对青海省乐都县曲坛乡的瞿昙寺（明初洪武至洪熙年间，以故宫为蓝本修建），从1993、1994年开始，在国家文物局的推荐下，我们做了大量的基础测绘、全国文物保护单位的申报、修缮工作。在这过程中，就现甘肃、青海地区的一些做法与我们熟知的明清官式做法甚至江南苏州帮的做法，是完全不同的一个体系。因此，我们当即策划了甘青地区传统建筑研究课题，着手整理专门术语，记录木作、石作、瓦作等方面的特殊工艺，形成初步的研究成果。

5.在测绘过程中发现亟须保护多样性的地域文化

王其亨：近年来，我所思考的问题之一，是地域文化的多样性。比如明清建筑，过去，我们只重视梁思成《清式营造则例》以及以北方官式建筑为研究方向的书，除《营造法原》还在江南起作用外，全国都变成了官式黄马褂，这有违自古以来地域、文化、民族等多重因素并存共生的特点。我希望这个思维方式能与更多人交流。早在20世纪80年代，我测绘四川阆中古建筑时，当地工匠传统引起我的兴趣，经常带着学生拜师当地的大木匠。但毕竟个人能力、精力有限，于是建议重庆建工学院尽快把川东、川西、川北、川南不同的匠作，列为博士论文的课题。在1988年东南大学的中年学者讨论会上，我也呼吁这个问题，即发表在《建筑师》37期的《探骊折札——中国建筑传统及理论研究杂感》。

三、“样式雷图档研究的意义和现阶段的进展”

记者：“样式雷图档”能申报世界文化遗产及进入“世界记忆”[2]，应该说与您多年来的努力是分不开的。“样式雷图档”为什么会是您在倾力整理？您对“样式雷图档”的整理、

[2]“世界记忆”可以说是全世界各族人民共同的记忆，它对保护各民族的文化特性，对塑造本民族的未来有重要的作用。档案文献遗产应该说是世界记忆的主要部分，但也是最容易遭到破坏的部分。从概念上讲，世界记忆工程是世界遗产目录项目的延续，有助于提高人们对文献遗产的重要性和保管的必要性的认识。

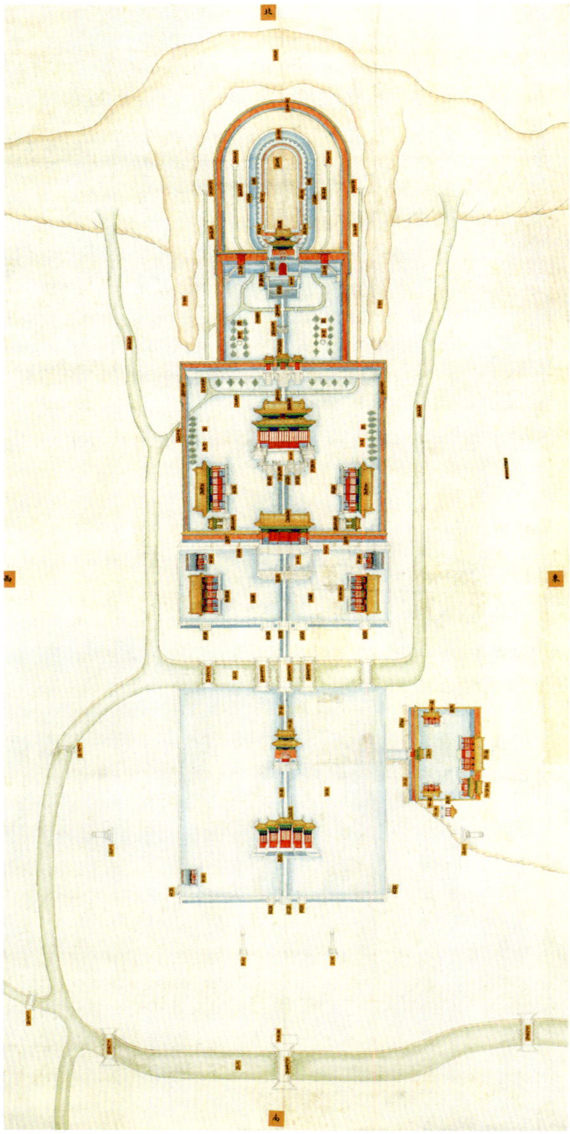
图11

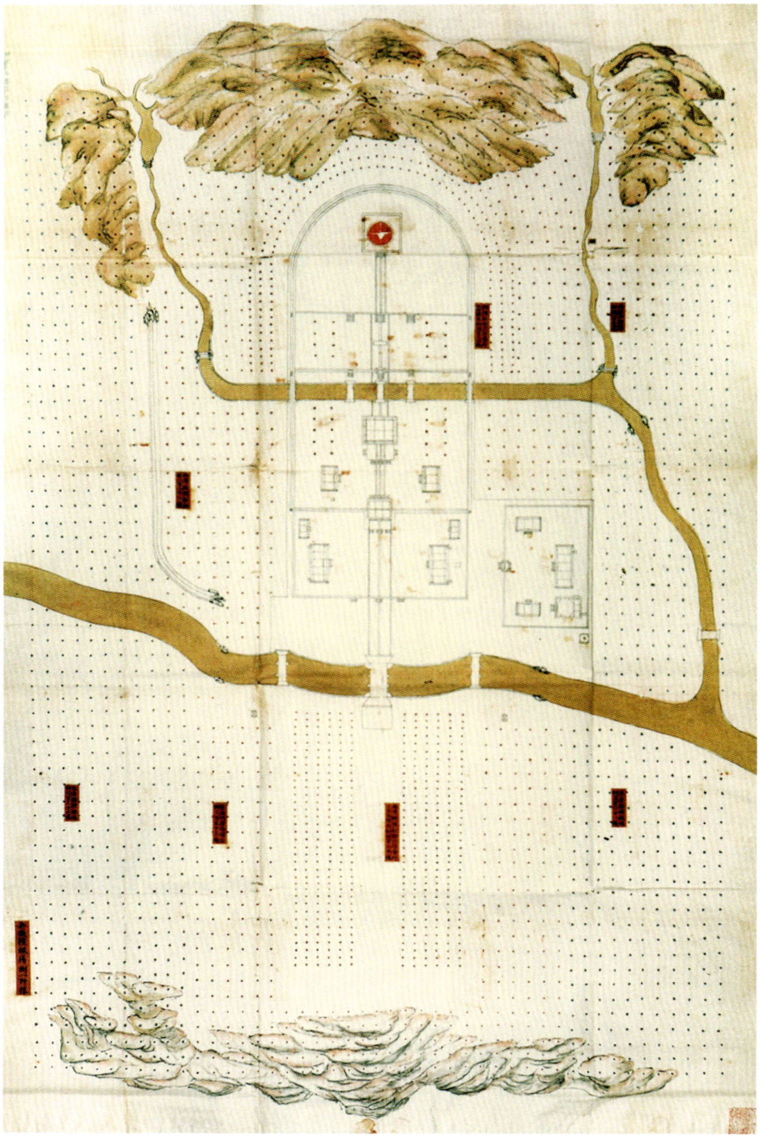
图12

图11 样式雷图档之一：金龙峪风水形势图（中国国家图书馆藏）
图12 样式雷图档之二：昌西陵地盘画样（中国国家图书馆藏）

研究工作最重要的贡献是什么？

王其亨："样式雷图档"是全人类古代最辉煌的建筑档案。自20世纪30年代中国营造学社搜集圆明园史料起，就引起了各方面的重视。社长朱启钤先生对"样式雷图档"的价值认识和收集整理贡献卓著。但是经过80年的时代更迭，这批档案已经逐渐成为无人能懂的天书，再加上始终没改变它的无序状态，更增加了理解它的难度。我是因为从硕士论文研究古代帝王陵寝选址开始涉猎。我们的贡献在于：首先，认识到样式雷图的珍贵价值；其次，通过实物与档案相结合的二重证据法，初步整理，改变了这批档案的无序状态；第三，通过档案整理，明确了认识——中国古代建筑是经过设计的，有完整的设计思路和方法——从而打破了"中国只有工匠，没有建筑师"的历史歧见。

1.进展缓慢是因为测绘实物和档案查阅的工作量都十分巨大

王其亨：样式雷图档入藏国家图书馆80年，很多人涉猎而未能坚持一贯，因其背景工作量相当庞大繁杂。我沿袭营造学社的思路，首先是投入大规模的实物测绘，因为这些图都源于实物，或为创作过程当中的一些经验变化，也就是所谓的"世界记忆"，反映了当时的设计理念和方法，无实物佐证，很难有较深入的理解；其次，清代皇家建筑的基本特点之一是大量的文献、档案，这就必须有长期坐冷板凳的心理准备。

这个过程看似简单，其实不然。比如惠

陵，其中仅一个桥就有几百张图。这个难题困扰了建筑历史学界八十年——这是史学研究的重要课题——“中国建筑是怎么设计的？”：首先是“有没有设计”，第二个是“设计过程是怎样的”。因为清代以前的资料异常稀缺，而清代近两万件样式雷图档这么大量的设计图像档案资源，无疑补遗了这个缺憾。仅围绕样式雷研究，我本人抄录了上百万字的档案，又动员大量的学生去抄档案，结合研究生论文布置课题。为了配合图档研究，历年来，我们大规模组织学生，基本上把与样式雷图关联的绝大部分清代皇家建筑进行了测绘，前后投入了数千人次，仅皇家陵寝部分，即达两千人次，均由我带队；在此基础上，投入第二个工作，即专注于图档本身，不放过任何细节。那些图绝大部分没有题名，不知道什么项目，没有朝年，没有具体时间——这样的图档整理，其难度之大可以想见。

2.“样式雷图档”研究的突破：初步实现从无序到有序

王其亨：就这样，从1982年开始，我做样式雷研究的准备工作，1984~1987年，系统整理出关于陵寝部分的五千多件图。当时郭湖生等认为是“厥功甚伟”。但是，1987年国家图书馆迁馆，竟13年内无法接触到图档。因此，我由陵寝转向皇家园林。1985年开始，相继系统测绘北京北海、承德避暑山庄等。1999年，终于重新启动样式雷的研究项目。从此以后，我们得到国家图书馆等相关单位的合作，2004年举办“样式雷图档展”（包括一些流传国外的图）。吴良镛院士在开幕式上说“异彩纷呈超乎想象”，又说“全国学建筑的都应该看看这个展览”。之后清史专家戴逸带着他的团队去看过这个展览，傅熹年院士也率部参观；之后又在法国、英国办展，计划明年在日本办展。

2004年后，开始布置研究生做所有陵寝的个案，从选址、勘测、设计、施工，全部依照档案，将实物与图档结合起来。园林部分也是如此，如清漪园、颐和园、圆明园等，根据工程量大小、研究的深度，安排硕士、博士研究生介入，预计大体到2011年年末可告一段落。根据样式雷图的分布，陵寝图量最巨。现有个案研究包括慕陵、慕东陵、昌西陵，定陵、定东陵，惠陵、崇陵。如惠陵，根据档案，按照选址、勘测、设计、施工的作业过程一一记录，不放过每一天的相关记录，如此鉴定图档，其工作量可知。再如圆明园，现在已知图纸约三千件，一个硕博连读的研究生连续工作六年，方可将其一个个鉴定：首先确定其究竟是否属于圆明园；其次明了其为圆明园的哪个部分；第三要知晓其是哪个部分、哪个时期的图，或者是不是方案图，其年代如何，作者是谁；最后的目标，首先是能分类，园林中具体到哪个项目，南苑、静寄山庄、香山静颐园、玉泉山静明园等。总之，皇室花园、王府、坛庙乃至营房、公主阿哥园寝等，全部图档都将如此地系列安排。根据这一思路研究下去，至少可以彻底改变现在的无序状态，为以后更多学者的相关研究，搭建一个可资利用的平台。

四、关于个人成长历程

记者：据一般情况看，受“文革”影响，您这一代大学毕业生大都分配在基层或者边远山区，很少有机会回到高校。这从天津大学师资的年龄构成上就很明显：比您年纪大或年纪小的教授，相差至少10岁。也多亏您在承上启下，传承着一个学校的教育风格，否则就断代了。我们的疑问是，您是如何在独特时代环境中成长为建筑史学研究极有成就的学者的？

王其亨：“极有成就”似乎过誉，但我这一代知识分子确实值得一谈。关于我个人的背景情况是这样的。我出生在知识分子家庭，在成都长大，特定环境困惑了我，也造就了我。

1.“知识分子家庭影响我两点：实事求是和独立思考”

王其亨：我受我父亲影响很深，首先是科技强国的观念根深蒂固，这无疑来自父亲的影响。从20世纪30至40年代，父亲就一直在铁路工程部门从事具体的最艰苦的隧道工程的线路勘测、隧道施工。20世纪50年代末，他参与组建了我国第一个隧道研究所，即今天的铁道部西南研究院。我自幼喜欢美术和科技。记得小学时看到科普读物《爱迪生传》，扉页印了发明大王爱迪生的一双手，我就拿出自己的手做比拟。成都当时是个和平解放的文化城市，我从小学四年级养成了泡书店的习惯，又有老师

图13 样式雷图档之三：崇陵立样全图（东京大学东洋文化研究所藏）

指点，得以大量地阅读，重点是科技，希望将来能当一名优秀的科技工作者。那时兴趣迁移不定，既喜欢读书，又喜欢画画，初中毕业时也曾经想考美院附中，但父亲问我："画画能强国吗？"这对我影响很大。

父亲对我的第二个影响，是实事求是的做人原则。我父亲长期搞铁路工程，是高级知识分子，始终跟踪包括发达国家的科技情报，附带了解到西方国家历史、政治、经济等各方面的信息。1953年我看到成渝铁路修通后的《成渝铁路工程总结》，发现与当时的广播和报纸所述内容不尽一致。我感到不解，就问我父亲，因为他是工程参与者，"书是真的，媒体那是宣传"。父亲回答说。我从此开始独立思考，绝不盲从。这样就决定我的一生，甚至"文革"。"文革"一开始我就持怀疑态度，下决心不当牺牲品，一定要准备日后国家恢复正轨后用真才实学去报效祖国。整个文革期间，我被分配到攀枝花，一放假我就去图书馆，从早至晚不停地读书、抄书，坚持信仰——科学技术是我们国家复兴的必由之路。因为有这些背景知识的储备，改革开放后，我就得以将平日所学运用于我最终选择的建筑史学研究上。

2."爱学习的习惯使我在本科时建筑学和结构都优秀"

王其亨：在1964年的政治气候下，当时不了解自己的家庭出身，就报了天津大学，考上了建筑系。当时建筑、结构不分家，强制性地让我这个考分高的学生读结构专业。我服从组织分配，但不放弃自学我钟意的建筑学。就这样我在建筑、结构两方面都下过一番功夫。

在兼顾两科的读书过程中，我发现我们的建筑结构教学就是三大力学体系——理论力学、材料力学、结构力学作为基础，但忽略了实验力学这样一个体系。于是，我又读了实验力学的很多书，包括悬挂屋盖等。受此影响，我经常跑到学校土建馆，跟实验员了解各种材料强度指标是怎么测定的。另外，严格的工科训练注重实验，与中学实验极为不同，大学的工科实验（化学、物理、电工、材料等），都要求定量，其中很核心的是误差理论，这是我过去没有接触过的。这也促成了我日后及时认识三维激光扫描的重要性，预先打下了基础。

记者：现在的建筑学人可不敢妄谈结构，您对结构有发言权。记得您在课堂上讲过，中国杂技作为一种超静定状态，在结构力学体系中是不存在的，在现实中却是能实现的。应县木塔是否也是不能用三大力学体系来计算的?

王其亨：现有的理论力学、结构力学、材料力学，建立这个体系的基本思维方法是先建立边界条件，之后在假设条件上进行计算。比如结构力学或材料力学里杆件和长度方向相比，它的截面是忽略不计的。这个理论上的假设，在现实当中绝对不能成立。一个柱子立在地上，它就必须按照边界条件假定是刚接，但是作为中国古建筑，应县木塔全部都是浮搁在地面上的，这样，理论力学、结构力学、材料力学都不能够计算，因为不满足边界条件。当然，西方有实验力学，日本大量的抗震建筑，其地基和基础脱开或者放橡胶垫或者放滚轴，通过实验力学而不是通过理论力学来解决，这和中国建筑浮搁在地上是一样的。可是，在我们的教学体系中，实验力学基本上是盲点。

3.不甘寂寞，曾以科普工作作为人生追求、求解职业困境

王其亨：我大学毕业，派遣到大三线的核心攀枝花（当时叫渡口市），在一个专门建设煤矿的工程处当工人，整整十年。那时，第一栋宿舍楼、第一栋办公楼、学校、医院、厂房，都是我和工人师傅们共同奋斗出来的，甚至自己做设计。没有施工机械，车钳铆焊、机械原理等全都自学。抱着为国家建设添砖加瓦的热情，我也获得工人和下层领导的充分信任。但当时那个管理体制下，我的努力并不被相关部门重视。

1978年科学大会以后，我曾经在各种媒介上发表了一系列的科普文章。例如我国第一篇介绍爆炸加工技术的，发表在《科学画报》上，[3]谈如何把火炸药机械切割焊接成形，是我在"文革"当中积累的成果。我居然有研究火炸药的历史的十几个笔记本，因为火药是古代四大发明最亮的一点。另外，我在大学读书期间关注实验力学，关注实验室，所以我写了《形状与受力》，1984年被评为"全国科普佳作"。我大概前前后后发表了三四十篇论文，

[3] 王其亨：《爆炸加工技术》，原载《科学画报》，1979年。

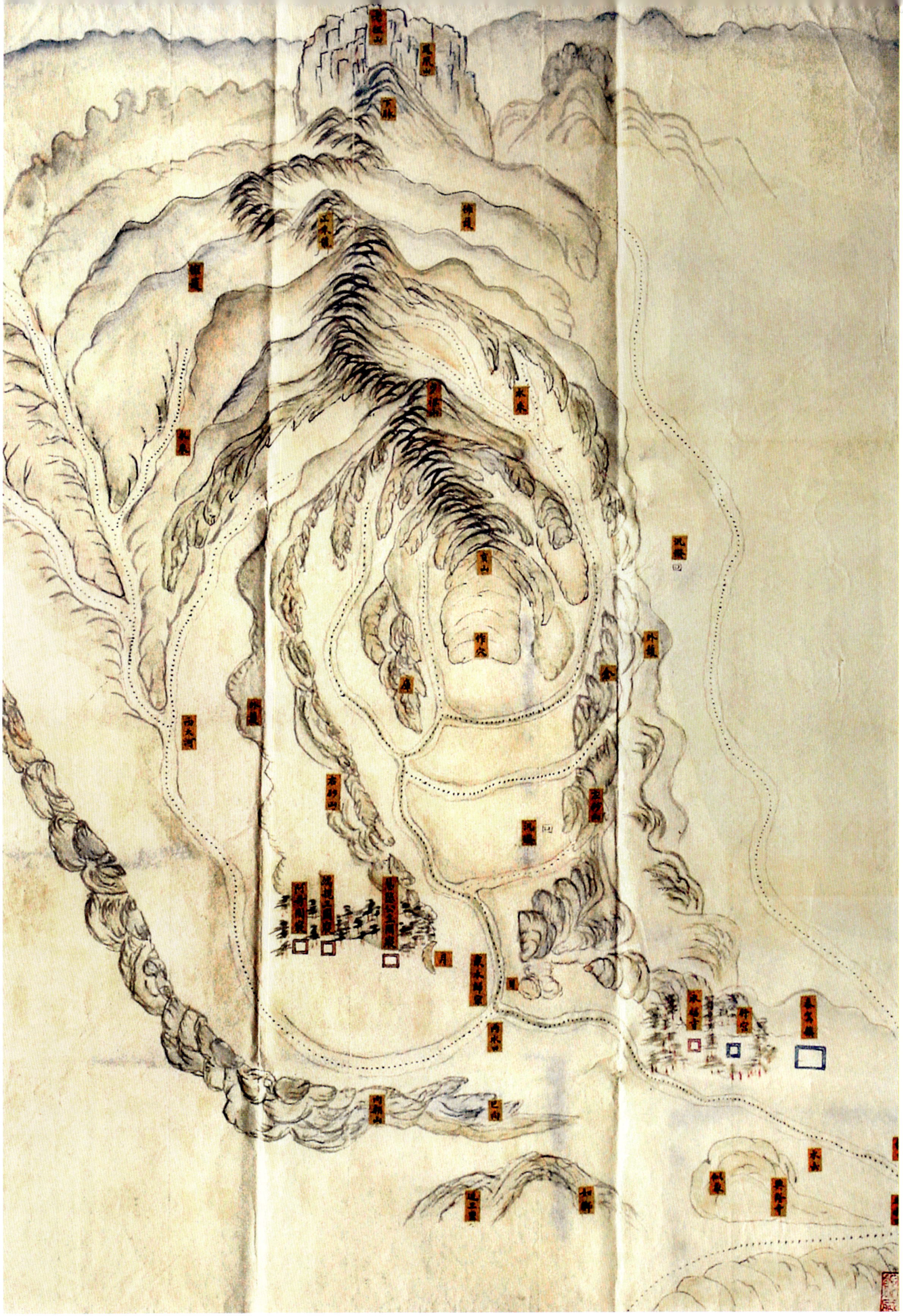

图13

包括冶金技术史的。由于管理体制的限制，我觉得很多精力在攀枝花发挥不出来，无法报效国家，最后决定重回大学校园。从初中高中大学一直到今天，实事求是地独立思考，是我所一贯坚持的。

4.“曾努力做中国的李约瑟，以科技史的思维深度归纳建筑史的问题”

王其亨：1978年，我考入重庆建工学院建筑学本科进修班。“文革”中毕业的在西南三省的建筑学专业的本科生，包括清华、东南、同济、天大、重建工、西冶等60多个考生，招收了8名学生，我是唯一的一个学结构的。在重建工，我亡命徒一样去补缺少的正规训练。从1979年2月至1981年8月，我在跟随唐璞等大师补建筑设计的专业课的同时，从事现代建筑设计的科研课题——工业化住宅体系研究[1]。唐璞、白佐民等老师都觉得我是可造之材，希望我留校，但我的原单位不同意。最后，重建工为我开具介绍信，瞒着原单位报考天大的研究生。这样最后1982年2月，我又回到天津大学。

5.“化学起源于巫术，天文学起源于占星术，风水也不能扣上迷信的帽子一棍子打死”

王其亨：遇到恩师冯建逵先生后的短短二年半里，我一方面拼命地读书、工作，另一方面，着重思考：一定要迅速地对所涉及的建筑史学有明确研究思路，已经走过的路当中，哪些是应该继承发展的。这一点，陈明达先生也一再强调。后来知道，梁、刘二公也是同样的观点。建筑史学的研究本质是建筑创作的主体的设计思想、设计理论、设计方法，包括结构背后的设计思想，牵涉到古人的核心智慧。这是经陈明达先生1982年点拨，到今天为止刻骨铭心的一点。所以，我后来更多地做的工作，像梁、刘、陈等先生一样，是站在古人的思维方式上思考、分析认识问题，借鉴今天相关的哲学思维方式，跟踪西方当代哲学、美学，用以全面解读古代的文献，还原古代的设计理念、方法，包括蕴藏于表面下的核心价值观。我做的课题，不外乎此。我认为，我目前较成功的是明清皇家陵寝体系研究，除传统研究的构造做法以外，更多是选址、设计、设计背后的思想，由此引出没有任何迷信内容的风水理论。这也得到了前辈的鼓励，否则这个禁区很难进入。此外，利用档案，确实发现风水的主体没有迷信内容，没有因果报应，没有祸福，只是术语体系不一样而已，翻译成今天的话，就是古人讲的“工程地质、生态、景观、环境容量”这四方面内容，这在明清历代皇帝皇后亲王的档案文献中说得非常清楚。我原来确实认为风水是迷信，做硕士研究生期间涉及这个领域，郭湖生先生来信，认为难度大，阻力大，甚至可以考虑放弃。我很庆幸我还是坚持下来了。有实物，有档案，有大量样式雷图等实证，我确信风水理论没有迷信内容。更重要的是，正是通过陵寝的风水研究，引导出了“样式雷图档”。从1982年开始投入，与古建筑测绘工作相同步，迄今29年。

五、关于国际合作交流

记者：为什么您总能打动世界教科文组织的国际专家、世界文化遗产的评审专家？您研究中国传统建筑思想，思路总是暗合国际潮流。您在国际合作交流方面有何感想?

王其亨：这方面我确实有所感触——往往越是中国的，越具有现代性。

比如那次受矶奇新邀请在日本讲课，第一个系列是建筑界的大师讲都市规划，第二个系列是规划界的顶级权威讲城市。最初选定了美国讲纽约、英国讲伦敦、德国讲柏林、西班牙讲巴塞罗那、意大利讲那不勒斯，没有中国的内容。1994年，在一个非常特定的情况下，我与矶奇新有过一次对话。那是在蔡国强的现代艺术展上，我做学术报告，矶奇新就发现了中国建筑文化的奇妙价值，向组委会建议由我来讲北京。我更多地讲了古都北京的创意——“平地起蓬瀛，城市而林壑”——如何把北京打造成一个宜居的充满人性与诗意的城市。这在日本也获得了一致好评。

这个讲座还曾在新加坡、意大利、法国举办。我在与欧盟的合作交流过程中，顺便举办了样式雷图档展。与西方合作，一方面了解到他们的教育状况、研究状况，另一方面，我试图就在西方文化中心论至上的情况下展示和争取中国人话语权。我们几千年文明的积累，那种深层智慧，是他们并不了解的。我们的样式雷展览，很让他们感到震撼。

[4] 王其亨：《山城重庆的临街住宅（插图）》，原载《建筑学报》，1981（11）。
王其亨：《功能·造型·结构山城住宅建筑》，原载《城市规划》，1982（2），与他人合作完成。
王其亨：《山城工业化住宅体系刍议》，原载《重庆建筑工程学院学报》，1982（2），与他人合作完成。
王其亨：《山西晋城明代民居》，原载《村镇建设》1984（1）。

前年年末，法国文化部组织的中法关于遗产教育交流会上，我提交了报告，展示天津大学多年来如何注重遗产教育。天津大学所有的学生通过古建筑测绘等课程，没有人完全对古代文化遗产采取虚无主义。建筑教育围绕培养现代建筑创作人才，一定要避免学生进入一个现代迷信的误区：对古代文化遗产不尊重或者漠视。虚无主义不论对学生还是对未来社会的发展，都是很不不好的倾向。

这方面的典型实例是：围绕2008年奥运会，从南端北京火车南站至最北端奥林匹克森林公园，北京城市中轴线清一色的设计者都是参加过古建测绘课程的学生。如设计北京南站的周铁铮，1987年测绘快雪堂，现在他连细节都记得；姜维担纲国家大剧院的中方设计者，二年级时参加测绘；赵晓钧，1987年测绘画舫斋；李兴钢，也由我点名他参加测绘。森林公园由张豆提出方案，最后中标。他的这个方案就在我家的茶几上改。原来的仰山高70多米，我建议他去登景山或万寿山体验，并参考我们常年测绘、调查的圆明园、北海，最后定了41米。在2010年召开的关于六十年风景园林的国际会议上，哈佛很得意地介绍这个森林公园，殊不知这是在我的茶几上完成的。

六、关于测绘基地建设

记者：国家文物局把第一个高校测绘基地建在天津大学，这并不令人感到意外，甚至觉得这测绘基地早就应该挂牌。请问测绘基地在今后会有什么样的进展?

王其亨：基地建设就是把教学、科研、学科建设融汇一体，可以参与分析、解决一些文化遗产保护与研究事业的现实问题，所以很受国家文物局的重视。因为经多年的努力，天大的测绘被公认为是具有资料性、科学性和艺术性。文物界十余年来条块分割，很多人认为高校测绘是“中看不中用”，我们的工作，以事实说明：

首先，文物遗产保护本来就是从建筑教育家梁、刘二公起步的，以其最早的测绘和最早的研究，奠定了学科基础。以后条块分割，高校难以介入。仅仅因为按照教学要求，培养人才必须有测绘训练，所以在五六十年代，这门课保留为必修课，但经费匮乏。后来十一五规划，国家文物局强调要打破条块分割，才使局面有所改观。1989年，故宫博物院古建部到天津大学商议全面展开故宫测绘，即利用高校力量，我当即表示，本校的测绘绝不会是“中看不中用”，只要给出合理条件、技术标准，高校受过专业训练的学生和老师，完全能够满足要求。最后的结果，这次有高校参加的工作是很成功的。因为有这些准备工作，经过国家文物局专家组极力撮合，1992年三峡库区的文物保护工作吸纳了天大、清华、北建工、重大建筑学院等高校参加。

继续这个思路，根据十一五规划，我们报请在天大设立测绘基地。其基本出发点，即协助国家文物局整合社会资源，而不是天津大学一家垄断测绘，是国家文物局为高等建筑院校提供一个平台。这个基地在策划过程当中比较成功，但目前仍存在若干需要改进之处。

图14 王其亨手绘测稿——裕陵妃园寝之一

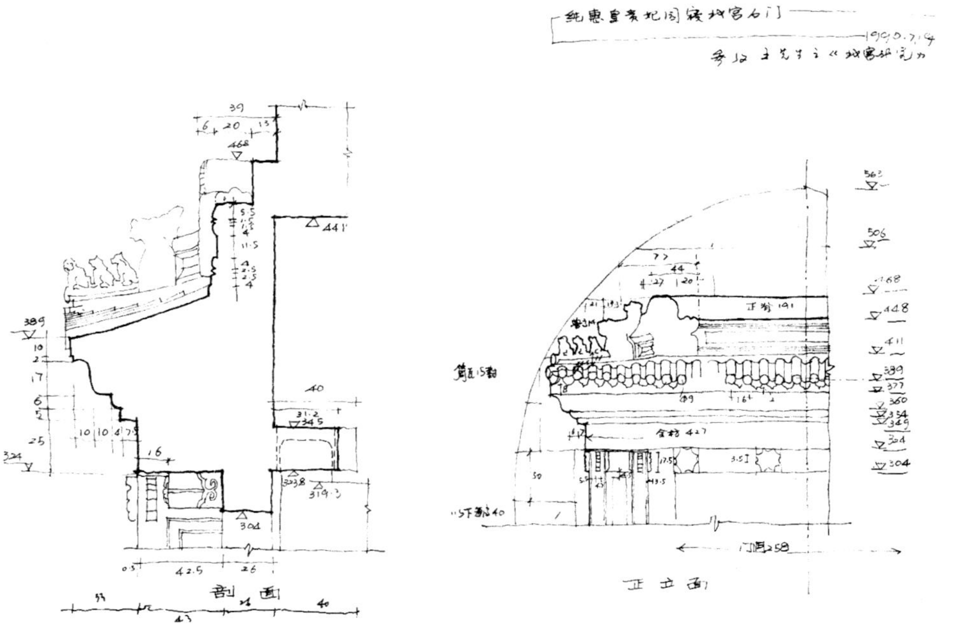

图14

Travel Notes abount Ancient Buildings Investigation in Xinning, Hunan Province(I)

湖南新宁古建考察纪行（一）

刘叙杰（Liu Xujie）*

编者按：东南大学建筑学院刘叙杰教授是著名的建筑历史学家，长期从事刘敦桢先生的文集整理与研究工作，并在上古建筑史研究方面卓有成就。作为中国建筑历史研究学科奠基人刘敦桢先生的哲嗣，刘叙杰先生秉承家学，尤注重文献考证与田野考察之相互倚重，读万卷书、行万里路，数十年身体力行、乐此不疲。此篇古建筑考察记，就是这种中国营造学社严谨笃实学风的真实写照。今年适值刘叙杰先生八十华诞，本刊意外得到先生以八十高龄完成的新作，编辑部全体同人欣喜、感动之余，特向这位学界前辈致以深深的敬意！

祝叙杰先生生日快乐！

关键词：湘南，地域特征，宗祠，寺观，廊桥，传统村落，古街

Editor's Note: Professor Liu Xujie, a famous architectural historian in the Architecture School of the SouthEast University, has been engaged in collection and researching of Mr Liu Dunzhan for a long time, as well as does ancient China from Zhou dynasty architectural history research successfully. As the wise son of the founder of China Architecture history studies in China, Liu Dunzhan, Mr Liu Xujie, adhering to the family, especially focused on documentary research and field investigation. He read many books, and as well travelled thousands of miles in decades personally. This investigation of ancient buildings is of the method of the Chinese Construction Society. Coincided with Liu Xujie's new work in his 80th birthday this year, our editores express our respect and happy birthday to him!

Key words: Investigate geographical features of the ancestral hall; Temples; Bridge; Traditional villages; Ancient street in the southern Hunan

2009年11月13日我赴长沙湖南大学建筑学院，参加庆祝先父刘敦桢先生与柳士英先生在该校授课多年的纪念会。此时承蒙家乡领导和父老乡亲的深情厚意，我被邀请回新宁考察访问。15日下午，由县文化局曾德华等同志专程前来迎接，我们一行人当即乘车出发，经邵阳、武岗，于次日上午11时到达新宁。在午宴上，县长李小坚及各位领导介绍了县内情况，得知当前主要有关文物的工作，除了进行全县文物普查外，就是崀山地区的申报世界文化遗产和刘氏宗祠的申报国家文物保护单位。关于崀山地区的自然地质和地貌特征及其在自然遗产方面对人类的贡献，均应由地质、地理和生物学家论证，我对这些学科是门外汉，完全没有发言权。自己目前能够做到的，只是在这次考察以后，从古建筑和历史文化遗产的角度，向县内领导和父老乡亲提供一点个人浅见。

以下就将此次行程及在县内外各地的参观考察日程、内容及情况分别综述于后。

一、参观考察日程

11月15日（周日）：17：35自长沙出发，20：40抵邵阳，行程220公里。

11月16日（周一）：08：10出发，经120公里达武岗；11：00抵达新宁，寓小百花宾馆；13：10出城，南行16公里抵石田村，考察刘氏宗祠；返程参观城北放生阁。

11月17日（周二）：全日阅读清光绪十八年（1892年）《新宁县志》及其他有关资料。

11月18日（周三）：09：00出发，9：20至

* 东南大学建筑学院教授

图1

白沙古街，10：05离开；13：10至三渡水镇，参观何氏孝节石坊；14：15观三渡水镇石桥；15：25抵迴溪桥（廊桥）；16：00至小西村参观民宅。

11月19日（周四）

① 08：40出发，经江口桥，未下车。因廊桥原有之木结构及瓦檐已全部被拆除，仅余石桥墩；

② 08：55，至金木村龙潭桥（廊桥）；

③ 09：50，至连村，访邓氏故居；

④ 10：25至金石镇柳山村，参观迴龙桥（廊桥）；

⑤ 返回市区，11：10观绵绢街43号民宅；

⑥ 西城门城墙遗址；

⑦ 武庙；

⑧ 邵阳会馆；

⑨ 古井二，分别位于升平街6号及68号——（龙皇庙）。

11月20日（周五）

向县委、县政府领导汇报此行收获观感，及对我县今后文物工作的若干建议。

11月21日（周六）

09：50离新宁赴凤凰县。

二、参观考察项目

（一）刘氏宗祠

县南16公里有石田村，为县内巨族刘氏族人清末大吏刘坤一的出生地。他因同治年间对太平天国作战有功，后累官至两江及两广总督；晚年退隐还乡，于光绪四年至七年（1878—1881年），捐资兴建了一座刘氏宗祠。该祠现位于村西毗邻大道之砖石台上。依台南沿，有宽约三米之东西向砖铺道路横亘祠前，因此入祠需先自侧面登台。

祠堂总平面呈南北向矩形，依中轴作对称式布署（图2-1）。主要入口三处均辟于南墙，正门居中，二旁门分列左右两侧。进入正门，依次为门廊、前院、大堂、过厅（两侧有东、西后院）及后堂。经由东、西旁门进入祠内，即通向侧廊与其后之若干附属房屋以及辟于侧墙之后门。现东侧附属建筑保留尚称完整，西侧之北端已部分不存，由外部仅可见大堂与后堂之曲线形屏风山墙（图2-2）。就其规模而言，在我国各地现存家族宗祠中乃属中等。而它的木架与砖石结构、建筑局部构造以及内檐装修、外部彩绘等，都表现了较多的地方特点。如祠堂的正立面为由两座硬山山墙中联以长垣之式样（图2-3），墙体大部为青砖砌造之空斗式，墙下勒脚则粉以水泥。檐口下有较宽之带状彩绘装饰。正中之大门采用简洁的石库门式样（图2-4），两侧旁门则为圆券门。既未构建有柱梁之正规门屋，亦未施用木、瓦构造之门檐或砖砌门罩。侧面山墙上部之曲线屏风墙造型及比例俱佳，其上部边缘亦绘有若干与正立面相似之彩画。此外，檐端与屋角处之各式兽形装饰，均极为活泼生动。在平面上，无论大堂或后堂都是面阔三间，但进深略有不同。大概是为了扩展后堂祖先神位处的面积，

图1 刘叙杰教授考察湖南新宁古建筑
图2-1 新宁刘氏宗祠全景

图2-1

图2-2

图2-3

图2-4

图2-5

所以在其北端另增添一步架进深。在结构上，都采用了常规的抬梁和穿斗式梁架，未见特殊变化，其外形亦皆朴实无华。但是在若干部位，仍表现了非同一般的现象：

①大门外的石阶使用棕黑色条石砌就，两侧未建有垂带石。其后端于门框前两侧亦无抱鼓石设置。就其外观与制式而言，似不符正规祠祀建筑之标准。现祠内廊中存有圆形大抱鼓石一具（图2-5），体例硕大，形象优美，估计应为原建时遗物。

②前院地面亦用上述石料铺设，表面既不平坦，尺度亦不划一。此种不正规做法在现存国内各地已见诸家祠中尚为首例。经审视整修前之照片，庭中杂草丛生，故知其原本并非如此。

③门廊、侧廊及大堂檐下均施以“曲轩”式遮椽板，似为他处祠堂之非常用手法。

④其入口处理比较简单，在县内诸家祠建筑中并不突出。对比先父1937年返乡时所摄县城内李氏宗祠大门门屋的照片，即可看出其间差距。就文献所载及其实际规模，此乃刘坤一所在之金城房支祠，而非全县刘氏宗族之总祠。故其历史地位受到一定的客观影响与制约。

此祠建于清代晚期，至民国时依旧沿用。但新中国成立后，此类过去为封建地主家族服务的宗法建筑自然被列为封禁之列，因此多予以废弃拆除或改做他用。原有宗祠一切旧有之设施用具，自然亦被撤除与破毁。而建筑本身亦因使用不当或年久失修而受到一定损坏。因此该祠目前虽经大力整修，尚恐未能恢复其旧有水平，例如祠内槅扇、门窗之制式，棂格装饰之纹样，室内置放之案、台、桌、椅，悬挂之匾额、对联，供奉之祖先画像、神主，旧日列陈之香炉、烛台……除前院中有慈禧太后所赐之功德石碑外，其他如历代祖先所立之遗训及族规，家祠落成及历次修葺之纪事……亦多应勒石刻碑，或立于庭际或嵌砌在墙壁，用以激励或警示族人。凡此类得以多面反映家族历史及内容之实物，目前在本祠中缺厥尚多。虽有若干陈列，但某些或不符要求，或出现错误。如悬挂于大堂正中之匾额“整齐严肃”（题记年代为1999年，亦不知其依凭为何？）

与殿内陈列之某些著名族人画像以及后堂神座与柱之装修与制式等，皆有认真研究与调整修正之必要。因为若将它与全国各地同类型之国家级文保单位（如安徽绩溪胡氏宗祠、广州陈氏祠堂）相比较，在多方面都存在着较大差距。对此我们必须有一个客观与必要的认识。

（二）放生阁

此阁位于县城之北。《新宁县志》载为明代知县王韦庵所创，又经后令胥丕丞增扩。据称修建时曾掘得古碑，上镌“放生”二字。因以命名。该阁耸立石岸之上，北面临水，远望群山，风景绝好。是以县人率多来此项礼三宝并放生祈福，或登楼观景与悠游燕饮，遂成为当地一大胜地。明末崇祯甲申革变，祝发遗臣僧人一念云游南来，驻留于此凡二十余载，后被邑中尊为大德，致使斯阁之名更为彰著。

该阁现总体平面大体呈矩形（仅西北偶略有缺阙）（图3-1），东西广20米，南北长40米，占地约760平方米。建筑布局为非对称式样，大致可划分为前、中、后三区（有关各区内容另述于后）。现规划复原之殿阁建筑有一、二、三层不等，总建筑面积共约800平方米。由于年久失修，阁内佛像及原有各项设施已全部无存，因此它在佛教中应属于何宗何派，原来供奉何类佛像，一念和尚在此二十余年进行过何种重要活动以及当时驻留僧人多寡……现均无确切资料可考。

此建筑之外观亦甚有特点。其临东西大道之正立面朝南，为于二端建屏风山墙，其间再联以高垣之对称式样。但入口不位于中央而偏于西侧，且其上之门檐位置甚高（可能在此处置有标示阁名之匾额）。除南面外，建筑之其他三面皆高踞水畔之石岸上，建筑形象与总轮廓线亦有变化。现其西立面之前、中二部因叠经修理，且窗户形状亦有矩形和拱券形二种（图3-3），恐已均非旧有形制。非但与我国习见之传统建筑形式大有出入，而且与后部待建之楼屋、亭阁亦甚不调和。

建筑内部之标高变化亦多，尤以东侧之建筑为突出，以致东、西二侧建筑间之交通，不若单侧建筑间便利。这种现象在他处建筑中亦属罕见。

图2-2 大堂与后堂刘氏宗祠之曲线形屏风山墙
图2-3 祠堂正立面由两座硬山山墙中联以长垣之式样
图2-4 祠堂庭院
图2-5 刘敦桢先生1937年返乡时所摄县城内李氏宗祠大门门屋

图3-1放生阁全景

图3-1

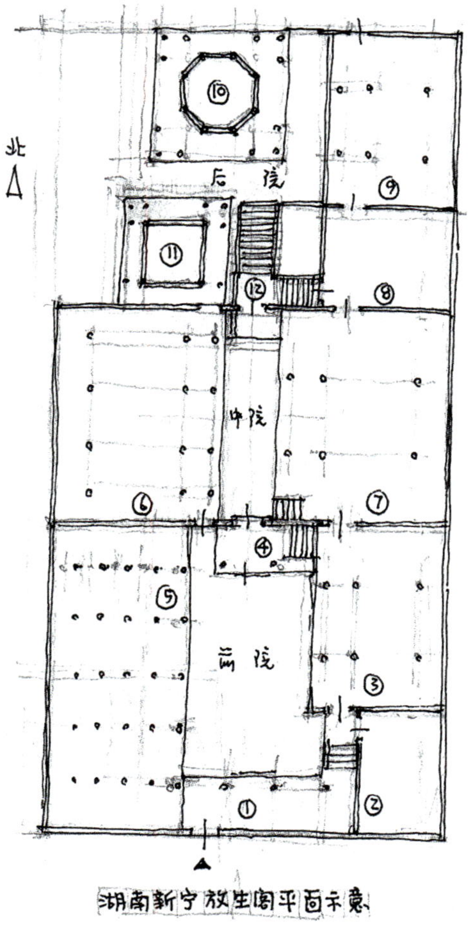

图3-2

图3-3

图3-4

殿堂等建筑之整体结构仍使用木柱梁传统形式（图3-4）。外围护结构则采用上部砌空斗砖墙下部施卵石砌体之混合式样。为增加上部墙体之刚性，每层空斗下叠砌水平砖二层。外墙表面亦曾施以粉刷。

阁内建筑布局不循常规，且各处之用途皆不甚明了。为有利于表述，现将其编为①至⑪号，置于前列之平面示意图上。就阁内之前区建筑而言，除①、④为门廊，②为杂屋外，③、⑤估计应为佛殿。（图3-2）其中尤以⑤之面阔五间，室内空间高敞，宜于安置多尊佛像，也便于礼佛者进入后先行祭拜。而中区东侧之⑦号建筑亦有类似特点，虽开间数仅三间，较⑤号建筑为少，但其各间面阔及室内旋回空间则又过之。加以殿内地坪较狭长之内院高出2米，似乎在强调此建筑之重要性。因此它极可能是阁中最重要的殿堂。西侧与之相对之⑥号建筑则建有上、下两层，体量之巨居阁内之冠。依一般砖木构建之佛教建筑惯例，下层多不宜用做佛殿，但或置法堂于此，亦未可知。其上层高度甚低，除东侧有通长之木栏杆外，又在室内之中部另分隔为若干小间，似供作僧众起居。后区建筑皆二或三层，虽面积较小，其功能恐以观景、游息为主。内中尤以位于西北隅之三层八边形亭阁高踞于各殿堂之上，在全体建筑中最为突出。

此阁名为放生，可知该项活动应为阁内当时主要内容之一。但经由何处并通过何种具体方式操作？目前均无资料可供稽考。但有一点可以肯定，就是被放生之物（如鱼、龟之属）不得自高处投放，否则放生效果将适得其反。据现有情况，阁内各处建筑皆距水面甚高，难以达到上述要求。唯有北区⑨号建筑北墙西端辟有一门，可能当时有梯道由此下达水面。但这仅是一种猜测，是否如此，尚待证明。

放生阁在本地十分有名，经查阅《嘉庆大清一统志》卷三六〇至三六一（此书资料止于嘉庆二十五年，即1820年，早于目前县中所存光绪十八年即1892年之《县志》），得知当时之新宁县志乃包纳于宝庆府志中，而所载之祠庙、寺观，皆未见放生阁之名，不审何故？是否该阁尚有他名？或已因年久失修而被弃用？或出于其他原因？

目前该阁已被列为湖南省级文物保护单位，并正在大力整修。然而其原始状况究竟如何，历年又经过哪些翻修补建，均有待进一步调查考证，以便最大可能地还原其本来面目。

（三）白沙古街（图4-1～4-3）

古街目前为县内唯一存在之村镇古街，但至今尚未经较详尽之正规科学调查，以致大量数据厥如。此街长约300米，方位大体为南北向，街宽约3米，路面正中由较大青石板铺砌，两侧夹以不整齐之较小石块，路边另建排水明沟。据目前观察，此街除中段较为完整外，其首尾已多遭破坏或废弃。且若干临街建筑之正面及街沿，已改为砖砌体并涂抹水泥，有的还另增添踏步。建筑山墙之墀头形式甚多，有的依托下垫之木板而伸出颇远。街道旁又多有狭巷，其二侧房屋之构造亦不完全一律。

古街北侧尽端之外，建有辟园券门之门墙。门外一小庙吉祥殿，内陈神像多躯。其造型较为粗糙，显系后期作品，且部分复经近人染涂，更显伧俗。从上述情况及神案上尚有花烛供奉来看，此殿香火依然未竭。殿中列石碑二方，其一记载修建该殿之公众捐赠姓名及金额，另一所刻字迹模糊欠清，一时未能通读。

古街已年久失修，两侧建筑中人迹甚少，且房檐、墙垣多有损毁倒塌。现存建筑大多由木架构与土墙构成。因未及进入建筑内部观察，故其木架构暂时无从报道。有关土墙之构筑，则有如下特点：

① 土墙下部大多以河卵石斜列叠砌一至三层，既能加固墙脚，又可大量使用当地取之不尽的天然建材。

②上部用土坯砖砌筑墙体，可建造高达6～9米的二三层民居。间或于墙体内或近墀头处平置较长之木板予以加固（板厚约3cm）。

③ 楼层之地板梁，亦搁置于山墙内之土坯砖上，但大多在梁头下加垫一陶砖或木块。此项梁头往往伸出墙体外达7～8cm，似亦未作防水处理。

④ 土墙砌成后，表面先遍涂拌入稻草之稠泥浆，后抹以白灰粉面。亦有表面不作上述处理者。

⑤ 就某些裸露之土坯砖观察，其表面已有若干由于天然降水形成之缝隙，缝纹虽形状曲折，但浅而偏细，对土坯形成之损害不大，表明此种土坯抗水侵蚀力颇强。因此对它的组合成分及制作过程以及对应力压、弯之强度，都应进行科学调查及测定，以便今后之全面应用及推广。

其他山墙墙脚之构造，有用不整齐之石块或青灰色陶砖砌成之实体。

目前古街已大部受损。现存建筑亦多百孔千疮，或摇摇欲坠，或被居民改修。为保存我县现存之唯一古街，对其全面作出科学界定及拯救性抢修已迫在眉睫，为此必须引起县内有

图3-2 放生阁平面图草稿 刘叙杰 绘
图3-3 殿堂等建筑之整体结构仍使用木柱梁传统形式
图3-4 放生阁庭院鸟瞰

图4-1 白沙古街街景之一
图4-2 白沙古街街景之二
图4-3 古街北侧尽端之外，建有辟圆券门之门墙，门外一小庙吉祥殿，内陈神像多躯

图4-1

图4-2

图4-3

图5-1

图5-2

图5-3

图5-4

关单位及人员之高度关心与重视。

（四）小西（溪）村民居（图5-1～5-4）

村畔有小河流经，并建有一墩二水道之廊桥跨越水上，是该村与对岸交通之主要通道。

村内大道、小巷、墙垣、住宅之风貌，几与苏南、皖南之典型著名村落不相轩轾。所稍异者，为村内建有一条水道（部分地段为上有盖板之石渠），除供村内排水，尚兼消防之用。目前较大之住宅均建于清代，较完整者尚有十余座，部分损坏并无人居住者亦如之，其他则已拆毁。据现场观察，村内民居有如下数端可予介绍。

若干较大住宅将入口置于二侧，其间建以通长大砖壁。村内多见曲线形围墙，墙身大多采用空斗式陶砖砌造，少部使用土坯砖实砌。多数住宅之山墙及围墙上建有施砖、石窗棂之漏窗、小窗或盲窗。其造型及尺度变化甚多，且极为美观，使村内景观生色不少。

住宅入口大门上多置有砖砌门罩，有的且用如意斗栱支托，是为江南江浙地区所未见。大门之木构瓦檐门楼及侧屋外檐处，其下两侧常各用大插栱一具承托。栱身及挑梁上又多以浮刻之纹样为饰。木门、窗棂格具有多种几何装饰纹样。民居大门之屋脊正中，有施瓷质“贵”字脊花者，而其表面通体又细饰若干图案，甚为少见。木屋架大多使用正规之抬梁形式。木梁有用月梁或扁长之矩形梁。柱下石础造型美观，一般仅有二层相叠，较之他处简约明快。山墙或围墙之檐下，常施各种题材之带状装饰，除绘几何纹、花卉外，尚塑以宝瓶等。甚至墀头正面亦有花鸟之浮塑。室内天井较狭窄，多铺以整齐石板，或建有花台。四周排水沟亦甚显著。

村内亦有小店一处，形制与石田村刘氏宗祠旁侧者大同小异，可为相互印证与研究。

按刘氏宗祠东侧有村民住房数间，其中之一为传统式样之小商店。特点为于正面之两次间处辟有对外之柜台，柜台台面甚宽，上下均为木构。柜台与檐下之枋间现已改为固定之木板墙及方格窗扉，但原应置有可拆装之垂直木板。然室内梁架与其他设置均与普通民居无殊。此种传统式样之小店，除若干见于古街外，于一般村落中仍有少量保存，虽外貌极为平凡，然仍不可忽视其建筑文化之价值。

（五）桥梁（图6-1～6-5）

县内有古桥多座，大多为砖石构成之拱券桥，约占90%以上。小部为由石墩支承之木梁柱结构桥身、上覆瓦顶之廊桥。现举例如下。

1. 迴溪桥

在前述之小西村侧，桥上覆有廊屋。此桥规模不大，仅有一墩两跨。登桥门户置于桥两端之正面。内部梁架结构式样为抬梁式四柱七檩，中央辟为过往通道，两侧置栅栏及供行旅休息使用之通长坐凳。此等制式，皆为县内各大小廊桥所习用。梁表面施有凸出之迴纹雕刻，造型十分精致美观。为本县及全国各地廊桥所罕见。而梁上置有精美雕刻之驼峰及梁端施象首等刻饰，均表明制作此桥时之殚费心力。脊檩下有墨书建桥之纪年题字二行："皇清嘉庆二十一年（1816年）□□□□□"，"季秋月下浣五日之吉合建巩固"。另有工匠题名二则，其一为 "武冈州锯匠林胜文（林胜）武"，其二为"东邑工师陈惟秀（陈惟）庄"。均为甚可宝贵之资料，在县内已存诸廊桥中可称孤例。对研究当地及省内传统建筑匠师历史及工艺有重要参考价值。

桥面满铺厚木板，尚为旧时传统，因限制重载通行，故目前保护尚好。桥上层顶通覆以小瓦。中部桥面局部升高为二层，建一歇山小屋顶，以增立面之变化，亦为当地廊桥之常用手法。桥内中部于背面一侧特增出一架以纳神龛。现置有关帝像（后世所塑）及上列香炉、烛台之神案。此时尚有余香未尽，表明民间常有供奉。

2. 龙潭桥

桥在金木村与龙潭村间之龙潭河上，方位为东南走向西北，亦为廊桥形式。

此桥规模甚大，共有六跨五墩（墩由青石砌），全长约80米，桥门置于二端之侧面。桥身中部屋顶上亦加建一小歇山顶。

桥身内置木梁架共三十跨，每跨间距约2.5米。另二端各增一跨，似专为桥门入口处木构架而设。桥内木架除脊童柱两侧伸出狭长之翼形栱外，他处俱无装饰。且各木构件表面均保持平整，亦未经髹漆保护。总体外貌朴素无华，乃属当地廊桥之最常见形式。

图6-1

图6-2

图5-1 村内多见曲线形围墙，墙身大多采用空斗式陶砖砌造.
图5-2 多数住宅之山墙及围墙上建有施砖、石窗棂之漏窗、小窗或盲窗
图5-3 大门之木构瓦檐门楼及侧屋外檐处，其下两侧常各用大插栱一具承托
图5-4 古村落全景

图6-1 仅有一墩两跨的迴溪桥
图6-2 内部梁架结构式样为抬梁式四柱七檩，两侧置栅栏及通长坐凳

图6-3

图6-4

图6-4

图6-3 全长约80米的龙潭桥
图6-4 迴龙桥全景
图6-5 迴龙桥内部结构

图7 何氏孝节石坊全景

3.迴龙桥

此位于金石镇柳山村侧之小河上，亦为廊桥形式。其长度、形制、外观与龙潭桥甚为相近。梁架榀数亦复相同。但其用料并不十分考究，如柱身即有稍弯曲者。两侧之木栅栏仅及柱高之半，并未至顶。桥中央廊顶上亦增一小歇山屋盖。入口在桥正端，但部分路面已改为水泥，以利轻载车辆上桥。近桥端之桥堍亦涂以水泥，今后整修时均应取谛。桥上所覆之陶瓦正面均印有楷书“迴龙桥”三字，表明该瓦乃属专用。此种方式于其他廊桥极为少见。

4.二渡水村石桥

该桥跨村外二渡水河上，桥名待考，建造时间亦不详。下构石砌券式拱洞三孔。桥上未建有亭、廊等建筑。桥侧有石栏，但未置望柱，不审是否原状即如此?

桥上未镌刻桥名及其他文字资料，亦无任何石刻等雕饰纹样，总体印象平素无华，而以雄伟简洁取胜。

（六）三渡水村何氏孝节石坊（图7）

石坊位于村外 ，建于清道光三年（1823年），以表彰村民李赵饯妻何氏之孝节。据《通志》载，其“虽早寡，仍勤苦力作，奉姑抚子”。嘉庆二十四年（1819年）予以旌表。

该坊为三间四柱五楼，高约10米，全由青石凿刻而成。此坊之各楼正脊部分受损，仍可知其端部均以鱼龙为饰。正楼檐下承以五踩插栱四攒，其间之栱眼板饰以园形镂空石雕。夹楼及边楼下又各置不同之几何纹石板透雕。

坊上之装饰题材亦有龙、火珠、麒麟、狮、仙鹤、人物、花卉等。此外，柱前之抱鼓石及其下须弥座之雕刻，均甚为精美。就此枋之整体比例、建筑造型、装饰及细部处理与仿木手法均堪称完善，可列为本地石坊中之佳作。据《县志》载，县内原有牌坊三十一座，内中宋代一，明代十六，清代十四，现已大多不存。

（七）县城内古建筑

1.武庙

县内武庙主要建筑为大殿三间，但两侧配殿及其他际属建筑均已不存。大殿之梁柱高巨，属城内之冠。其他主要木构亦多存留，然装修已大部残毁。如明间上部硕大之藻井仅余八角形空洞。殿前建月台，现该庙属废弃状况，亟待整修。

2.邵阳会馆

该会馆在县内红卫街30号。会馆原有入口已被后建筑筑遮挡，未能显现其原来面目。目前二楼壁上尚嵌有“邵阳会馆”石匾额一方，下为原会馆之二门，其背面上部门枢尚在。此门二侧嵌有石碑，载清光绪乙丑年（十五年，1889年）重修经过及捐款人名录。会馆后部建筑大部残破。

3.古井二处

①西井：在县城内升平街6号大道旁。井口园形，直径约80厘米，其上部井栏已改为钢筋混凝土。井身每层用弧形石七块（约40cm×25cm）砌成。目前井内已无水。

②东井：在升平街68号龙皇庙内。上部石栏仍保存良好，井中有水。其他情况同西井。

4.城墙遗址

依《县志》，明景泰三年（1415年）我县始建土垣。成化六年（1470年）改护以石，高二丈，周长三百二十九丈。辟有城门四，即北门翼云（清改怀远），东门迎阳（清改拱极），南门保安（清改振文），西门镇远（清改永阜）。门上均各建城楼。城垣后又经明嘉靖三年（1524年）及清道光二十九年（1849年）再修。城上垛口六百十九处，女墙高五尺。城门外包铁皮，固以铁钉。此城垣于1949年前尚存。新中国成立后坍毁，并于1964年被拆除。四处城门亦不复存在（其拆除顺序为先北门，次南门，再东门，最后西门）。现仅存

图7

图8-1

西城门内条石砌造近地表之墙体一段。

三、此行观感（图8-1～8-4）

新宁县地处湘省西南边陲，过去因交通欠发达。与外县交流受到一定限制，但也因此能够保存较多的传统文化。

此行时间紧促，仅能参观考察少数地区，未及对县内作较全面深入的访问，更说不上细致地探索与研究了。因此，以上资料甚为简单粗略，有些还存在遗漏和错误，所以只能作为初次探访的原始记录以及个人体会到的阶段性收获，还有待于今后继续深入了解和探索。

（一）寺观

由于佛、道二教在中国的长期存在和广泛传播，并成为旧社会中大多数人（上至帝王将相，下及百姓庶民）诚笃信仰对象，因此佛寺与道观已成为中国传统建筑中极为重要的组成成分，并于全国各地无往而不在。据《新宁县志》（光绪十八年，1892年）记载，清末全县尚有大小寺庙、观堂一百四十二座。新中国成立后由于破除迷信，僧尼、道人还俗，原有寺观被改建用作他途或被完全拆除，致使这些宗教建筑存留无几。

此次对县内佛教建筑的调查，仅及放生阁一处，就建筑规模而言，该阁乃属中等。但其建筑布局，既非我国早期佛寺自西域传来的塔院制式，亦不同于日后普遍流行源于民居宅第的四合庭院式样，更非随地形起伏而兴建的自由式布局。因此，采取此种建筑布置制式的佛教建筑，国内实属罕见。在功能上，它并非习见的正规礼佛寺院，而是兼有行善放生与公众休闲的多重内涵。除了从它的现有命名，另由它内部建筑的布署与组合上也应有所反映。但这些都是我们目前还不知晓的。因此，如何解读以上的奥秘，认识它与一般佛寺或道观不同的特殊内涵，乃是今后最需要解决的。

（二）廊桥

县内原有多座廊桥，由于近代交通的发达，致使它们中的若干已被通行量更大的公路桥梁所取代，以至走上消亡，如江口桥即是。目前县内存在的廊桥已经不多，规模从五墩六跨到单墩二跨不等，其结构与造型也大致相仿，虽然在规模与装饰上不及广西桂林的花桥

图8-2

图8-1 新宁城内小巷
图8-2 新宁罗洪桥

和三江的程阳桥，在结构与构造上也与福建晋宁等地的有较大的差别。但它们作为新宁县内最普遍与习见的明、清时期传统交通建筑，仍然是有着强烈的地方风格与时代特点。

1.值得注意的当地廊桥

① 迴溪桥虽仅为二跨一墩之小型廊桥，但桥内梁架制作精美，除了使用外形呈曲线之虹梁及驼墩以及多种形象之梁头雕刻，并在梁面施凸出之迴纹装饰，使整个梁架更形华丽优美。此外脊檩下除有建桥之年月题字外，又有建桥工匠之署名二则。以上这些非同都大大增加了该桥的建筑文化与历史文化的价值，使其成为研究建桥历史及工匠业绩的重要资料，在同一廊桥中具有如此多的特点，在我国已知诸实例中实为罕见，故此桥之历史价值与建筑价值都堪称上乘。

② 虽然廊桥有大小、长短之别，但其结构与造型基本都十分相似，仅在局部出现若干变化。例如桥的入口，虽然都置于桥的两端，但有从正面和侧面登桥的两种形式，这大概和通向廊桥道路的走向有关。其次是建于桥身中部附加的小屋顶，大多采取平面为矩形的歇山式样，个别也有用方攒尖的。此部大多在背水流一面的廊、金柱间置一神龛（常供奉关帝像）。为此，龛后施封闭之木板壁，而非他处之空透栅栏。若为突出此部空间，而将板墙突出于廊桥以外时，则其上再加一披檐小顶，在外观上更增加了变化。

③ 在构造上，迴龙桥将入口处第一榀梁架之金柱改为悬空的垂莲柱，这就在不影响结构的情况下增进了美观，也在一定程度上强调了入口处的变化，是一个颇具匠心的手法。另

外，迴龙桥屋面所盖的陶瓦，瓦面均刻有该桥的名称，也是他处少见的罕例。

④ 为记述建造该桥的史实，在桥畔岸边勒石刻碑以示后人，但现存之例已经不多。一般石碑多采矩形断面，而迴溪桥碑则近似方形，其上更施方攒尖顶，造形颇存古意。

2．其他桥梁

我国桥梁历史极为悠久，所用材料、结构种类众多，形制又因地理、气候、人文等条件不同而异。此次所观我县之桥梁，均位于地势平坦开阔之处，其建于山间峡谷者尚未得见。虽然未闻有飞桥、索桥等较特殊之品类，但占有我县桥梁90%以上之平桥与拱桥，其遗构迄今经调查者仍为数不多，殊为可惜。

（三）传统村落及古街

此次访问旧时居民聚凑之地，仅限于小西村及白沙古街二处，前者是以居住为主之村落，后者乃以经商为重之市街。虽然二者性质有别，目前保存的状况亦不尽雷同，但都属我国传统建筑中之要点，均应予以宣视。由于社会经济、文化的发展以及人们思想意识的变化，这些建筑群体已受到多方面的影响，从而产生若干蜕变甚至濒临消亡，表现在旧有的生产与生活方式的巨大改变，居民人数的显著减少以及对传统文化的淡漠和排斥。旧事物中不适应发展规律的自然要被淘汰，但其中合理的部分将保留下来并被继承，也就是我们需要予以研究与发扬的。

因此，我们需要对上述建筑的组群和单体有一个全面系统与深化的认识，例如，它们是在何时与何种条件下产生与形成的，其具体形态与展延范围如何，内部的组成与划分是通过事先规划还是自然形成的，所依托的规律又是什么，居住人口的状况（包括数量、从事职业、年龄分布等），建筑保存的情况……只有对上述情况有了充分的了解，才有可能提出相应与合理的对策。对于不同用途的单组（或户）建筑，应了解其典型平面、立面、剖面，采用的建筑材料和结构形式，在建筑构造上和艺术上的特点以及它们与其他地区建筑的区别和不同，它们又采取了哪些手段来适应当地的地理环境、地质条件、气候变化和水文状况的，其结果所表现的成功和不足又在何处。

以上这些内容，我们不但要以建筑实测和对比研究的方式来表现它们的具体物化形象，还要从历史、文化等更为广泛的角度，进行深入的综合探讨。这样才能为我们真正、全面的了解与继承过去，为保护和发扬在世界上独一无二的中华建筑文化遗产，作出最大的贡献。

至于仅匆匆一瞥而过的连村、三渡水村等地，其建筑外观与结构、门窗装修与装饰题材方面，也有许多值得发掘与保护的建筑遗产，因此也应当予以重视并继续开展相应的工作。

就小西村内民宅而言，其规模及建筑艺术价值都极具水平，除目前尚在使用的，对那些部分已遭受损坏和暂时空置的，都应尽快给予抢救性修整，以免形成更大的破坏，导致产生无可补救的损失。为此特别提请有关单位及人员注意。

（四）城内古建筑

城市的出现，在人类社会中是一个进步的标志，也是这一地区的政治、经济、文化等中心。在建筑方面也是如此，即使是地方县一级的城市，当地最重要的建筑如衙署、祠庙、寺观、宅邸、仓廪等，都集中于此，我县自不例外。然而随着社会的进化，许多建筑都已消失或被改造，目前已所剩无几。

此次在县内见到的古建筑有武帝庙大殿、邵阳会馆、西城门残迹及古井两处。其中以武庙大殿的木架构保存尚好，虽然构于清代，但在县内仍属规模最大，可修复的条件也较好。但其大梁上悬挂着裸露电线，是引起火灾的最大隐患之一。此与在白沙古街所见，沿民居木建筑及墀头布置电线的情况甚为相似，均需提请有关方面特别注意。至于邵阳会馆，因破坏程度较大，经改建处亦多，恢复比较困难。两处古井的特点均不甚突出，但其内容还可进一步发掘，如对其兴造年代、使用变迁、构造特点等。然而城内若干临街传统民居，还保存了不少旧有形象和内容。虽然它们的规模都不大，一般为面阔一间，层高一至二层。仅就其外维护结构而言，除卵石与土坯混合砌体外，还有木板墙、竹笆抹泥墙等多种形式。至于是否还有其他隐而未露的建筑特点，还值得给予更多注意和进一步研究。

社会在不断进步，城市也在不断变化。

为了今后的建设，旧有城市不可能全部无条件按照原有形制存留下来，但传统建筑文化仍然要继承和保护。如何解决这一矛盾，这是一个目前在全国各地都未得到十分满意解答的问题。我个人建议，县内首先须对今后城区（也包括城郊）的发展和保护，作出一个长远与全面的规划。为了妥善保存城内有代表性的传统建筑（寺观、民居、商店、街巷等），并使它们形成一个较为完整的面貌，最好能划出一条或几条街巷，或者一个小区，将这些建、构筑物全部集中于内，既有利保护管理，又有利旅游、观光及进行多学科的学术研究。比较类似的做法，如香港“宋城”、无锡“唐城”等的建造，但都出于旅游目的，且内中建筑都是仿建，并非传统原物。这与我们首先出于保护要求而做出的努力完全不同，其历史文化价值更不可同日而语。当然，上述街巷和小区都要经由城市规划和建设部门以及古建专家的联合规划设计，尽可能依照原有的实际情况不变。如果实物不足，可将城内其他地带符合古建保护要求的建构筑物（如各类建筑以及牌坊、桥梁等），依原有制式迁移来此。

（五）牌坊

牌坊也是我国古建筑中极有特色的内容之一。一般来说，在外形上，可分为牌坊（其上无屋顶）和牌楼（其上有屋顶）两大类。其所用建筑材料，则以木材和石料为主。由此形成了大小不等的规模（依开间和柱数的多寡），和类型与题材不同的装饰（有木、石雕刻、彩画、预制琉璃件等）。已知最早的木坊形象出现在元代，经过不断的发展，至少在明中叶已十分成熟完善。

三渡水村何氏孝节坊可称是此类石构物中之杰作。我个人认为，它不仅在我县，而且在省内甚至全国都堪称上品，特别是在其石刻装饰的多样化和精美程度上。为此除了要对它作全面与翔实的测绘，还应进行更深入的研究与总结。

牌坊在我国明、清时期曾被普遍应用，在我国城市、乡间经常可见。在我县，此类建筑绝非仅止此一处，希望在境内能够再作进一步的调查探索，以发现其他更多更好的实例。

此次返回故乡的时间很短，得到了县内的大力支持，但还是来不及对县内已有的古建筑作较多和详尽的调研，也没能向家乡的父老乡亲和专家们多多请教。回到南京后，面对薄薄的几页记录和所摄为数不多的照片，虽然涉及的古建筑数量有限，但内容却十分丰富，许多都是自己过去闻所未闻的，其中隐藏着大量涉及建筑历史文化与技术、艺术等尚未解析的问题，亟待进行研究与解读。为此自己深感愧疚，未能及早为家乡丰富的古建筑遗产作点力所能及的工作。此篇“纪行”十分简单肤浅，仅仅是这方面工作的开始，今后定将继续努力，奉献出自己绵薄的力量。

最后，还要再次对家乡各级政府领导的深切关怀，对文化局上下提供文献、照片和外出参观等方面的全力协助以及在接待工作中所有人员的辛勤服务，表达自己最诚挚的谢意！

图8-3

图8-4

图8-3 新宁狮象桥
图8-4 新宁太和庙

Ideas on Conservation of Archaeological Sites in China

有关中国大遗址保护规划的几点随想

陈同滨（Chen Tongbin）*

一、缘起

大遗址，是我国文物保护领域自1990年之后从遗产保护和管理工作角度开始运用的一个重要概念。起初，这一概念由考古学家苏秉琦先生基于学术角度提出，用于专指中国文明与文化史上重要发展阶段具有综合代表性的大型考古遗址，诸如中国历史上的帝国都城遗址等。随后因这些考古遗址在保护管理方面呈现出有别于其他遗产类型的特征——由大规模土地资源利用问题而引发的社会关联程度，即遗址保护与所在地的居民生产生活、社会经济发展存在着直接的关联，进而受到文物行政主管部门与社会的广泛关注。特别在我国近15年来持续急速增长的城市化、现代化进程中，大遗址与所在地的社会经济与文化发展关系日趋密切，受到了国家不断提升的重视与社会的广泛关注。

目前，“大遗址”在我国文化遗产保护领域专指占地规模大、文物价值突出的各类遗址遗迹，一般包括在我国文明与文化史上不同发展时期的重要遗址遗迹。遗址类型可包括古人类遗址、各发展时期的聚落遗址、宗教遗址（含石窟、石刻、祭祀等遗存）、城市遗址、建筑群遗址、历史园林遗址、手工业遗址（含矿料采冶、陶瓷烧造、盐业等）、大型工程遗址（含军事、水利、交通等设施）以及帝王陵寝与各类大型墓葬群等。这些大遗址具有不可再生、不可替代的资源特性，属于国家重大历史文化资源。

二、关联

在上述大遗址类型中，除了古人类遗址之外，其余各类型直接属于广义的“建筑遗产”。而古人类遗址的住居方式——无论是进洞、挖地的穴居方式，还是树居与架空的干阑式住居方式，都与“建筑”起源阶段的人类行为与环境直接关联，具有显著的“建筑遗产”历史信息与文化价值。

颇为值得注意的是，国际古迹遗址理事会（ICOMOS）曾于2004年发表了一份专项评估报告——《世界遗产名录：填补空白——未来行动计划》（2004/2005）(简称ICOMOS Gap Report)。该报告对1975年至2004年间获准列入《世界遗产名录》的600多项世界文化遗产进行了分析评估，并按照遗产的文化价值内涵归纳出14种遗产品类：历史建筑（Historic Buildings）、聚落（Settlements）、宗教遗存（Rrligious）、考古遗存（Archaeological Reins）、文化景观（Cultural Landscapes,etc）、军事遗存（Military）、农业遗存（Agricultural,etc）、乡土建筑（Vernacular）、古墓葬（Burials）、岩画艺术（Rock-art）、象征性纪念地（Symbolic/Memarials）、现代遗产/20世纪遗产（Modern Heritage/20th Century Heritage）、原始人类遗存（Fossil-Horrinid）和文化路线（Cultural Routes）。

因此，无论是从我国的大遗址类型分析、还是从国际古迹遗址理事会的文化遗产类型归纳，都反映出一个明显的倾向，即：反映了人类文明与文化发展史上智慧结晶的物证绝大部分都属于建筑遗产、或与建筑遗产不可分割。它们揭示出人类历史不同发展阶段的不同文明程度、生活方式与价值观，反映和见证了不同

* 中国建筑设计研究院建筑历史研究所所长

图1

地理气候与区域下人类与自然间的关联方式与影响程度。总之，这一现象明确揭示了“建筑”在人类文明与文化发展史上的重要意义与突出地位。

由此可知，大遗址的发现与研究不仅与考古学直接关联，也与建筑历史研究不可分割。同理，大遗址的保护与研究的关系，属于同一个事物的两个方面——是对我们祖先各种智慧的发现、研究与保护、传承，它们在学术与技术上各有专科，但在事业目标上不可分割。

三、特性

大遗址由遗存本体与相关环境组成，具有遗存丰富、历史信息蕴涵量大、现存景观宏伟以及年代久远、地域广阔、类型众多、结构复杂等特点。其数量在全国重点文物保护单位中约占1/4，但在遗存分布范围上的规模则远远超出其他各类不可移动文物占地规模的总和，与土地资源的利用关系十分密切或存在潜在关系，在遗产地的居民生活生产、城乡发展以及资源保护与利用等社会发展方面存在着不可分割的关联，属于我国文化遗产保护领域在社会关联程度方面最为突出的遗产类型。尤其在高速发展的城镇化进程中，大遗址及其相关环境的保护与管理正在面临前所未有的压力。

大遗址保护的规划较之其他不可移动文物的保护规划，在本体保护、环境保护、土地利用、资源保护、城乡发展等诸多方面存在着很大的差异与特性。我国目前尚未建立大遗址保护规划的标准体系和专项规范，普遍存在着规划文件体例不一、内容不全、深度不一等问题。现已公布的《全国重点文物保护单位保护规划编制审批办法》和《全国重点文物保护单位保护规划编制要求》因需适用于各类不可移动文物，在专项规定和深度要求上未能满足指导大遗址保护规划编制的需求。为确保大遗址及其环境得到切实有效的整体保护、适应社会和谐发展的需求，使大遗址的保护规划及其实施管理工作科学、合理、有效进行，目前我国正在制定《大遗址保护规划规范》。

四、探讨

大遗址保护规划与地上遗存为主的建筑物、构筑物的保护规划相比，在规划技术上具有很大的差别。基于大遗址的保护与土地资源的利用不可分割，中国与世界范围的大型考古遗址保护相比，在人口密集、资源紧缺等方面承受着非同一般的压力。《大遗址保护规划规范》的制定，正是试图重点解决如何在坚持“整体保护”的要求下，实现“和谐发展”的艰巨挑战。我们需要在这片土地上探讨和寻找适合自己的遗产保护之路，需要在中国历史上经济发展最快、建设规模最大的时期，守住遗产价值的“整体保护”，开创出中国大遗址的保护技术与途径。希望通过这一探讨和大量的中国式实践，能为中国的重大文化遗产保护与传承提供支撑，为世界文化遗产保护理论与技术作出贡献。

图1 2011年列入世界文化遗产名录的杭州西湖文化大遗址项目（陈鹤摄于2011年7月13日）

Sidelights on the Seminar for Publication of From Museum to the Whole World

《从“馆舍天地”走向“大千世界”》出版座谈会侧记

郭颖（Guo Ying）*

4月25日下午，单霁翔《从“馆舍天地”走向“大千世界”》一书出版座谈会在首都博物馆新馆召开。中国博物馆协会副理事长张春雨、北京市文物局局长孔繁峙、南京博物院院长龚良、故宫博物院副院长宋继荣、国家博物馆副馆长董青、陕西历史博物馆馆长陈建立、山西省博物院院长石金鸣、浙江省博物馆副馆长李刚、湖南省博物馆书记游振群、首都博物馆书记黄琴及副馆长黄雪寅、天津大学建筑学院教授王其亨、天津大学出版社社长杨欢、北京博物馆协会秘书长崔学安、天津市历史风貌保护专家委员会主任路红、加拿大宝佳建筑设计集团总裁高志、北京市建筑设计研究院马国馨工作室主任柯蕾等各界人士150余人出席了本次座谈会。

郝东晨：恰逢联合国第16个“世界读书日”，同时迎接第33届“世界博物馆日”，中国第六个文化遗产日及首都博物馆新馆开馆五周年。值此之际，我们在今天举办单霁翔博士《从“馆舍天地”走向“大千世界”》出版座谈会，真可谓适得其时。

孔繁峙：我谨代表北京市文物局和首都博物馆对单霁翔先生第五部著作的出版表示祝贺。单霁翔博士曾经是北京市文物局的老领导，他在学习、工作，特别是在科研中给我

单霁翔

们作出了榜样，到国家文物局担负领导工作后，他更不辞辛苦，利用业余时间坚持调研、著述，至今已有五部著作问世。这些著作折射出了这些年我们文物工作发展的历程，是对文博工作深化认识的一个总结，也是对文博工作在认识上的提升。而这次出版的《从"馆舍天地"到"大千世界"》里，单局长提出了在文物保护、博物馆建设等方面很多新的理念、新的观念。我们非常希望随着时间的发展，单局长还能不断地推出新著作指导我国文博工作的发展。

金磊：此次出版座谈会由北京博物馆学会、天津大学出版社、首都博物馆联合主办。单霁翔博士《从"馆舍天地"走向"大千世界"》一书是他近六年来在文化遗产理论建设上的第五部专著。该书不仅在理论与实践上拓展了文化遗产新观念，还特别用博物馆作为大课堂，向公众展示了该怎样阅读博物馆的最新学术动态，它引领公众在阅读中发现博物馆的魅力，完全切合文化遗产要普惠公众的教育主题。我们欣喜地看到，该书问世的两个月内，已经收到了读者大量的反馈，赞赏这本书是面向公众普及文化遗产的启蒙作及"教科书"。现在，请单霁翔博士为我们解读他的这部作品的创作思想和文化遗产保护工作的新见解。

单霁翔：非常感谢大家来参加这个座谈会。其实，我也感觉非常不安——我本来很不愿意宣传自己写的东西。记得我写完《从功能城市走向文化城市》的时候，出版单位开了一个小座谈会，当时只有那么二三十个人，大家对我的书各抒己见，给我很多帮助。所以，我以为这次座谈会也是这个规格，后来发现主办方通知规模大了，特别是通知了外地一些重点博物馆，我本希望可以制止的。我希望这次座谈会还是工作研讨会和学术交流会，而不是图书推荐会。著书对于我来说，不是一个职业行为，而是一个个人行为，是我学习的一种方法。我写过一篇小文，叫《读书与写作》，认为读书不一定写作，但是我们写作，把读书的体会写出来，对于读书是一种压力，也有利于促进读书的效果。因此，对于我来说，经常要把读书的体会写出来。过去逐一出版的这五本书我都认为是半成品，都仅仅是一些读书笔记，所以都采取了这种我认为是比较朴素的装帧，尽量压缩它的体量，给人一种半成品的感觉，让大家躺在床上或躺在车上都能看。我希望经过朋友们一些批判性的阅读，提出宝贵意见，我认真地修改，将来有机会再正式出版。

我出书的方式比较特别，我想在这里也是说明一下。我跟天津大学出版社之间没有出版协议，第一本书是在金磊主编的提议下出的。后来我就说了一句对我一生影响都非常大的话："那我就每年把我写的东西都给你们"。结果，他们就当真每年来索取书稿。

前几年我确实用业余时间撰写了关于城市文化建设和城市文化遗产保护方面的图书，其实我真正出版的第一本图书呢，叫《城市文化建设与文化遗产保护》，是由另一个出版社（中国建筑工业出版社）出版，听说最近那本书获得了中华图书奖的提名奖。但是，我写的前几本书都是关于不可移动文物和城市文化建设这方面的，而对博物馆问题不够关心，研究不够。我意识到了这个问题，而2010年在上海召开的博物馆协会22届大会，又给了我一个纠正错误的机会。在接待来考察大会筹备情况的国际博协的主席库敏斯女士的时侯，我跟她说我可能要写一下关于中国博物馆的情况，到时候请她来指导，甚至请她来写序，但是实际上我没有完成。那次博协大会我没有写出来，因为需要写的内容太多，需要学习的东西也太多。今天中国博物馆事业的发展，我觉得是一个前所未有的非常复杂的现象，我们国家博物馆事业面临着一个非常重要的转折点或者说非常重要的时期，其中两件事是影响全局的：一件事就是我们的博物馆数量的快速增长。我们的博物馆处统计了2000年以来我国的博物馆数量：2000年我们有博物馆2000座左右，2002年是2120座左右（即新的文物保护法颁布的那年），今天，博物馆数量已达3020座。也就是说，由2000座增长到了3000多座，年均增长100座。特别是近几年呈加速增长的趋势，今后每年将不止100座，有文章写到：在今天每三天就有一座新的博物馆建成开放。第二个影响全局的事是博物馆向全社会免费开放。从2008年4月四部委发布通知以后，短短四年间共有1740多座博物馆实现了免费开放，这样的力度在世界上也是少有的。国家财政对于免费开放的补助也得到了持续增长，第一年是12亿，第二年20亿，第三年20亿，今年要达到30亿，也就是总经费已经达到了52亿，到今年年底将达到82亿。那么，这两件事究竟将为我国博物馆事业带来什么？我们的理论研究和储备是不足的。

这几年博物馆事业的发展，有点像小平同志所讲的“摸着石头过河”。面对变革，一些博物馆的学者开始提出质疑或者进入深层次的思考。前几年北京大学赛格勒考古与艺术博物馆的副馆长宋向光先生在一次题为“把革新推向纵深”的访谈中谈到：“我感觉我们这次变革，或者说博物馆的新气象，更多还是在政府推动下发生的，也就是说博物馆内部的变革力量并没有聚积到一定程度，现在主要是依靠外力的推动，是强大的政治因素的要求，而我们现在还处于被动适应的状态，具有一种偶发性的特点，比较突然地中断了博物正常的发展程序。尽管这场革新适应了社会发展的趋势和博物馆发展的趋势，但是这种改革能否持久，能否向深度延伸，我们现在需要更多地考虑。如果博物馆内部在认识上或者措施上跟不上的话，外力削弱以后，博物馆可能又要回到原来发展的轨道上去。”他的这段讲话，引起了我在学习方面的思考。我觉得从这些思考中可以看出，我们必须要抓住今天博物馆发展变革的机遇来研究博物馆深化改革的深层次问题。

我认为，我们过去评价上述两项变革的意义往往是关注数字上的变化，比如博物馆数量的增长、参观人数的增长、博物馆补贴资金的增长，等等，这些的确都是博物馆发展的重要指标，但是博物馆事业的发展还要观察其他一些指标，甚至是更加重要的指标。比如，我们博物馆观众的体验如何、认知度如何、意愿如何，比如博物馆作用的发挥、影响和效果如何。根据我对我们国家博物馆事业发展的状况和存在的问题的理解，我认为当前应该解决两个突出问题：一个就是要从数量增长走向质量提升；第二个就是要从“馆舍天地”走向“大千世界”。结果，我就计划用这两句话写两本读书笔记。原来计划写的第二本书《从“馆舍天地”走向“大千世界”》，灵感来得比较快，反倒先完成了；原来准备写的第一本《从数量增长走向质量提升》，现在还在苦思冥想阶段，或许能在2011年七八月份或者再早一点完成。

我要提出“从数量增长走向质量提升”，并不是认为博物馆数量不应该持续增长——随着广大民众物质生活水平的提高，精神文化需求的日益旺盛，我国单位人口拥有的博物馆数量与发达国家相比不是太多，而是太少。我要强调的是，博物馆数量应该持续增长，但是伴随我国博物馆建设进入高潮期，博物馆的质量的提升更为迫切和重要。这里所说的博物馆质量提升，应该包括博物馆的建设质量与管理质量等各个方面，既包括藏品保护、科学研究、陈列展览，也包括社会服务、文化传播，还包括馆舍建筑、市场营销、科学等方方面面。我提出“从‘馆舍天地’走向‘大千世界’”，认为博物馆应该不断加强馆舍的建设和充分发挥博物馆馆舍的作用，但将来博物馆发展更广阔的天地是在大千世界。

我在书中谈到国际社会在以博物馆功能为基础和以博物馆职能为基础的认识分歧，苏东海先生在他的著作中曾经详细地描述了这一场争论。特别是1965年，在联合国教科文组织的主持下，从国际博物馆协会中分裂出了一个国际古迹遗址理事会，从此博物馆在一定程度上离开了大千世界，越来越闭关自守，博物馆和不可移动文物保护之间越来越疏远。我认为，当今时代博物馆的职能与功能将再次从保护文物藏品延伸到保护文化遗产，保护文化遗产是时代对当代博物馆的呼唤，也是体现博物馆价值的需要，这一需要的实现使博物馆工作者打开视野，面对多样化的文化资源进入无限的发展空间，博物馆职能与功能的深化与拓展也赋予21世纪博物馆工作者以前所未有的用武之地。当前，我们文化遗产保护的视野不断扩展，从文化遗产到自然遗产，从历史遗产到当代遗产，从物质遗产到非物质遗产，博物馆的保护、研究、展示空间也必然从传统博物馆的馆舍天地走向丰富多彩的大千世界。由此，博物馆文化的展示空间从馆舍到社区，从城市到乡村，从地上倒地下，从国内到国外，将文化遗产与自然遗产置于博物馆的广义范畴来认识，体现出外向型、多维的、以促进社会文化发展为己任的、以满足公众需求为核心的发展思路和时代精神。从“馆舍天地”走向“大千世界”，我认为还体现在我们的发展类型上。我在这本书里举了五个方面的例子，它们已经跳出馆舍天地的空间，在大千世界进行博物馆事业的发展，其中，一个是旧址博物馆，一个是遗址博物馆，一个是生态博物馆，一个是社区博物馆，还有一个是数字博物馆。这些各种各样的博物馆形态百花齐放，共生共荣，正在结合我国经济社会发展的形势与趋势进行着积极的实践。比如我们的遗址博物馆，结合我们国家土遗址比较多、大型古代城市遗址比较多的现象，我们在国内二十多个省都在开展大遗址的保护，结合大遗址的保护，结合考古公园的建设，一批遗址博物馆正在建设，我们在国际上这一领域，已经进入了先列。再比如我们的旧址博物馆，随着一些名人故居的保护，一些近现代建筑的保护，一些工业遗产的保护，很多老房子、很多近现代建筑被合理利用为博物馆的馆舍。这些都表明我们在结合我国的经济发展趋势进行积极的实践，因此博物馆的概念必须扩大，从近年来的实践也可以深刻地感受到这一点。博物馆已经不能局限于传统博物馆的范畴，其所包含的内容早已螺旋式地不断发展，大大超过以往博物馆的领域。

我认为，在大千世界传播和发展博物馆文化的实际作用有着紧迫性。在2010年召开的国际博协第22届大会上，美国旧金山艺术学院的常务院长梅恩·左曾经表示行走在欧洲大街，宛如行走在一座鲜活的博物馆中，建筑和生活方式与一两百年前相差无几，然而行走在中国的一些大城市如同进入一个巨大的工地，摩天大厦林立，到处是现代化的景观，看不到传统文化留下的痕迹。其实，我们五千年的华夏文明涵养了我们城市的厚重历史，一点儿都不比欧洲城市逊色，可是欧洲人比较早地懂得将自己的城市看作一座庞大的博物馆，对其爱护有加，而我们却往往认为博物馆是城市中一座标志性建筑，里面陈列着琳琅满目的文物。我认为这首先是一种观念上的差距，正是欧洲人把城市视为鲜活的博物馆才有了强烈的珍爱自己历史街区、传统民居的意识，他们知道这些见证历史的文化遗产失去了将不可复得，决不能过于固执地看待这些物质文化遗产的存在。特别是近一年来，我深刻地感觉到我们博物馆走向大千世界的紧迫感和意义。大家都知道，面对城市用地的紧缺，面对我们必须要守住的国家基本农田的规模，不少城市又开始把习惯的城市开发的模式、那种习惯的土地财政的模式聚焦于旧城区和农村的宅基地，但是这些旧城区里面有的大量的历史文化街区，这些宅基地上其实很多都是历史文化村镇，所以众多的历史文化街区和历史文化村镇不能说不叫人揪心。在新的一轮追求形象、追求GDP增长的过程中，我想很多历史街区、历史村镇可能会加速消亡，因此生态博物馆、社区博物馆的建设实际上涉及了城乡空间文化的争夺战，涉及大量文化遗存的保护。随着世界范围内经济、政治、文化的变化，博物馆事业对国家发展、社会进步的重大作用越来越为人们所认识，可以预见，博物馆学和博物馆事业无论规模、数量、发展速度以及在内容和方法都将发生深刻的变化，广义博物馆的时代将会到来。

我这本书的副标题是“关于广义博物馆的

思考”，提出广义博物馆的概念，并不是认为通常所说的博物馆的概念已经过时，而是今天博物馆的理论需要深化和普及。长期以来，人们站在馆舍天地讨论博物馆的功能和职能，这些是博物馆学的基本内容，也是博物馆学的核心内容，对于这方面的研究仍旧有大量需要探讨的问题。但是，提出和探讨“广义博物馆”的目的在于从更大的范围、从更高的层次提供理论研究和实践创造的框架，以进一步认识博物馆学的重要性和科学性，揭示博物馆学的复杂性和广阔性。博物馆必须从狭小的馆舍天地走出去，迈向更为广阔的大千世界；博物馆建设必须要融入城市文化建设，必须要支撑文化民生，必须要在公民终身教育中发挥更加重要的作用。实现博物文化创新需要有坚定的自信和包容的胸怀，当今社会生活呈现信息化、网络化、数字化的特征，也促使博物馆文化形态快速转变。在这样的背景下任何博物馆都不可能固守原有的孤芳自赏和自我封闭，需要更多地介入社会，更多地关注民生，从而发挥更多的社会功能，担当更多的社会责任，完成一次次历史的飞跃，这才是我们博物馆面临挑战应有的气魄。伴随着博物馆社会角色的转变，博物馆的工作思路也必将转变，不仅要做好自身的业务工作，还应该多做有利于社会、有利于民生的社会工作。博物馆只有不拘泥于封闭的馆舍空间，走向大千世界，服务于大千世界，才能更加体现出自身的核心价值和社会责任。所以今天社会进步，向所有博物馆提出了双重任务：一个是要立足我们的馆舍天地搞好文物藏品的汇集、保护、研究，推出主题鲜明的博物馆陈列展览；二是走向大千世界，在博物馆的原生地保护文化遗产，推出丰富多彩的博物馆文化活动。如果说馆舍天地是博物馆工作的基础，那么大千世界是支撑这个基础的源流活水；如果说馆舍天地是博物馆工作的起点，那么融入大千世界则是我们博物馆工作的方向。

郝东晨： 刚才单霁翔博士全面解读了他的新作，虽话语质朴，但内涵深刻，从中可以感受到一位国家文博事业官员的责任感，也从中品味到一位学者型领导特有的见地和学术使命，相信它会引领我们更好地阅读并重新认知博物馆工作。

郝东晨

宋继荣： 以前我在大学工作，但是我到了博物馆以后确实感受到我们博物馆事业的蓬勃发展。我在上周六认真阅读了这本书，现在谈几点比较深的感触。书里提到了生态博物馆、社区博物馆，这都是非常新的理念，而且是提升到了一个理论的层面，有非常详尽的理论上的阐述。书中列举了很多的数据，这些数据以前在其他地方是我从来没有看到过的。统计数据说从1985年到2001年在不到二十年的时间里，我国农业村落的个数已经从94万余个锐减到不足74万个，仅2001年我国就减少了25000个村落，平均每天减少70个。这些数据都告诉我们，我们需要有生态博物馆，这是社会的需求，我们中国历史发展的需求，也是我们做博物馆事业的人应该跟上时代的发展，是时代发展需要我们这样做。书中另一个章节叫“实现社会和谐发展的社区博物馆”，这也是一个非常新的理念。国外社区博物馆的理念比较强，时间比较长，对中国社区应是一个启发。我想要说的是，单局长在这其中提到了社区博物馆的核心理念，突出反映的是社区博物馆整体的一个保护。比如说有了孙中山故居了，这个社区应该形成一个整体的保护理念，原地的保护理念，活态的保护，自我的保护，开放性的保护，发展中的保护和可持续的保护等，上升到了理论的高度而且是很系统地提出来一套理论。对于故宫博物院来说，它不仅有180万件，7558件套的文物，同时还有中国最大的明代古建筑群，不仅有这些可移动的和不可移动的文物，同时故宫博物院里还有许许多多的非物质文化遗产。比如近几年申请到的国家第二批、第三批非物质文化遗产里面有中国的官式建筑的技艺，中国的古书画的装裱修复技艺、中国青铜器传统修复技艺、中国的古书画临摹技艺等，都是我们国家珍贵的文化遗产，都是做博物馆事业的人要重视的。我们要走出故宫，走入社区、学校、军营，让更多的人了解中国的文化遗产。

董青：我用大致三天时间，认真拜读了单霁翔博士的这部新著。我觉得此书向全国的博物馆工作者发出了一个号召：从博物馆出发，回归社会。这个专著系统地对当前世界博物馆学理论研究作了阐述，尤其对当今世界博物馆界前沿课题都作了深入的探讨，对当今中国博物馆业的发展提出了前进方向和工作对策，应当说是21世纪中国博物馆学理论研究最新的研究成果和重要专著。我特别有感触的是，单局作为我国文博工作的领导者，他能在百忙之中对博物馆学进行深入的理论思考，这对我们博物馆工作的同人是一件很大的幸事。

张春雨：非常感谢博物馆协会、首都博物馆和天津大学出版社举办这次出版座谈会。今天参加这个座谈会，可以更多地了解博物馆建设的方向。我想借此机会谈一些个人的认识。我认为从总体上讲，这部书有三大特点。概括起来说是“三合”，一是紧紧融合博物馆建设发展的趋势潮流，二是真正切合博物馆功能职能的拓展延伸，三是完全符合全社会对博物馆的期待厚望。我觉得这本书的出版至少有三个意义：一是理论的创新意义，中国博物馆的发展还缺少理论指导，这部书提出的一些思路、进行的广义思考，对博物馆事业的理论是一个有效的补充和完善，对博物馆学的研究是一个很好的提炼和升华，引言和结论中的精彩段落具有创新意义。二是对博物馆建设的指导意义，新时期我们的博物馆事业如何科学发展，可持续发展，博物馆建设如何做到体系完善，分布合理，功能齐全，如何更好地坚持“三贴近”原则，如何更好地履行宣传展示、服务社会的职能，如何更好地推动社会主义文化的大发展、大繁荣，构建和谐社会以及在国际文化交流中发挥更加重要的作用等。这部书列举的示例和模式都具有现实的指导意义。三是对博物馆的思维方式和工作方法的启示意义，这本作者在担任国家文物局局长八年多的时间里出版的第五部专著，在社会主义文化大发展、大繁荣的背景下，围绕博物馆建设的课题，把国家方针具体化，妥善处理了抽象与具象、宏观与微观、原则与具体的关系，把工作对象作为研究对象，把研究成果转化成工作成果，单局长的这种研究方式和工作方法揭示了专业和敬业的关系。

路红：我是搞历史建筑保护的，所以想从我工作和生活的经历谈谈我对这本书的三点认识。第一点就是单局长在这部书里提出了一个非常明确的概念——博物馆事业应该从馆舍天地走向大千世界，我觉得这是非常有必要性的。中国的馆舍博物馆已经从之前的数量少变得数量较多了，但是这个数量相对于中国十三亿人口来说还是太少了。因为我是从湖南过来的，当时七八十年代的时候，长沙只有一个马王堆博物馆，那儿人满为患，因为人们只有这一个博物馆可以看。再往下到地级市或者县城，可能就更少了，甚至没有一个博物馆。可以说博物馆知识的春风吹不到孩子的身上，尤其是一些条件非常有限的孩子。所以，我觉得我们博物馆从有限的馆舍天地走向大千世界是非常有价值的。对于现在正在开展的民族文化的复兴而言，我们博物馆的天地实在是太小了。所以我从一个受益者的角度来讲，博物馆的天地应该是越大越好。第二点就是从馆舍天地走向大千世界非常有可操作性。从我所做的历史风貌建筑保护的工作来讲，在天津我们现在每保护、整修一座建筑，就使它变成了一座小的展览馆、博物馆，虽然它展示的东西非常单一，但至少在某一方面填补了历史的空白。所以，目前全国各地都在进行历史风貌建筑的保护、历史文化遗址的发掘，还有一些有识之士正在筹建一些民间收藏的博物馆，我觉得这些都是我们大千世界的别样风景，都可以成为我们馆舍天地的补充内容。所以，从这个角度而言，我认为单局提出的从馆舍天地走向大千世界具有可操作性。虽然我们不是馆舍天地里的人，但是我们愿意成为博物馆工作的补充者。第三点我要讲的就是书中提到的各种方式对于我们历史建筑保护工作者而言有一定启迪作用。比如在天津我们所开展的风貌建筑的保护工作以前都是从单体进行的。2010年在天津著名的历史街区五大道挂牌仪式上，单局长就向我们提出能不能在这个街区建立一个社区博物馆，我觉得这个提法为我们下一步的工作指出了一个非常明确的方向。实际上，单幢建筑的保护和一片历史街区的保护不应该静态保护，而是应该跟人们生活、社会发展和历史文化的挖掘结合起来，通过历史建筑的整修，通过历史文化的复原对历史文化的呈现，这样带给人们的震撼力可能比单幢建筑大得多。我想这就是我们社区博物馆的意义所在。我也曾经想象过，比如在五大道这种历史街区，将小洋房复原，同时让生活在洋房中的人和他们的生活可以向游客进行展示，或者在洋房里可以延续一种新的生活方式，这样的意义可能比修复单幢建筑大得多。这就是我理解的社区博物馆跟我们的生活应该息息相关。也就是希望我们的后代可以在这片洋房里看到一百多年前我们的先人怎么生活，在这里吸取一种文化的力量，然后再走向我们下一个新的世纪。

陈建立：我体会最深的就是这部书的名字很妙。如此简单的一个名字就是讲清楚了从文化殿堂到大众课堂的过程，就是我们如何让馆舍天地、文化殿堂博得老百姓的喜欢，让老百姓都走进去，让老百姓都从中受到教育，从而发挥博物馆的最大作用。其次，全书通篇告诉我们一个道理，就是博物馆应该做些什么。其中引言就谈到了很多博物馆当前面临的众多问题，然后从文化遗产保护、从博物馆的核心价值的角度又谈到了我们从文物保护、从馆舍天地到大千世界的一个转变，最终的目的是保护文化遗产，服务民众，服务社会。之后书中谈到了向参与推动社会变革的神圣职责回归。关于这种回归，全书也说了一个道理，先是从物，再是到人，然后是对人的启迪，最终是对人的升华。我们无论是从国际博协的章程，还是从中国博协对博物馆的界定，实际上都是在讲这样一个过程。这部书里从国际视野、从实际目标、从科学理念、从实践精神出发，达到了一个收藏、保存、展示、传播与交流的境界。文化的传播有时候是显性的，有时是隐性的，博物馆的作用就是将无论显性还是隐性的文化进行传播，进而影响大众、影响社会，这一点书里有很多精彩的论述。我们都在讲博物馆是对人类有推动作用的文化事业，我们如何做到一个转变。过去博物馆的工作都是以我为中心，都是我们想出一套方法、一个形式，这个方法和形式对社会的影响考虑的较少。读了这本书，我就觉得我们应该为从何让我们的博物馆走向社会、走向国际，实现中国博物馆应该有的影响力想一些办法，做一些事情。另一个体会就是，博物馆是城市文化进步的积极力量。我们过去常说精神家园、文化绿洲、知识殿堂、城市客厅等，如何将其变为现实，单局长在书里说了很多具体的方法，我们自己也有一些体会。比如如果我们只是做一个展览，让大家参观一下，可能对大家的影响就小一些，大家印象就不深，但是如果我们把它和可以让公众参与的活动结合起来，影响就会很大。比如说招募志愿者，国家文物局近些年一直在号召搞志愿者活动，单局的书里也提到了志愿者，我觉得这就对普及博物馆的知识有一定好的作用。还有就是讲解小分队。以前我并没有重视，以为就是大家做做样子，但是后来亲身参加过两次活动，发现讲解小分队的作用其实很大，公众也会很认真地听，听到精彩处掌声不断。可见，如何使我们的博物馆走向社会，是值得我们认真考虑的，而且如果我们按照上述思路去考虑了，可能效果会好得多。第四个感触就是要成为加强社会教育的积极力量。书中关于教育特色的观点就很新，他讲了全民性、社会性、终身性、直观性、丰富性、形象性、自主性、愉悦性。对于一个博物馆而言，刚才提到的这些都是不可或缺的。只有直观性，没有丰富性，公众看不完整；只有形象性，没有愉悦性，可能观众不感兴趣。所以我认为，作为全国文博工作的领导者能够在百忙之中认真地思考、著书，解决了很多我们整天泡在博物中的人想解决而解决不了的问题，这是这本书对我国博物馆事业最重要的贡献。第五点就是书中说到了改善民众公共生活的积极力量。丰富的精神文化产品是提升国民生活的重要途径，通过实际工作我们也可以感受到，只要让民众走进博物馆，感受博物馆，就会在一定程度上提升群众的生活质量。第六点是促进社会发展的积极力量。所有的免费开放的博物馆都会遇到这样一个问题，我们想把博物馆办成一个促进社会发展的积极力量，现在的条

高志

件不是我们怎么做，而是观众的积极性很高；不是做了没有人愿意看，而是只要做了，观众都会很愿意来看。

高志：我的发言可能跟大家角度不一样，因为我是做建筑设计的，对博物馆的理解与大家差得很远。读了单局长的书，我有这样一种体会，我觉得博物馆对于我们设计师而言应该有三个设计。首先是以前我们也没有注意到的博物馆的文化设计，就是博物馆的核心目的在哪里。我在这本书里读到了一句话，我觉得这句话讲得很有意思，他说"博物馆并不简单地在于你拥有什么，而是在于你拿这个东西干什么"，这句话是引用的，但是讲得很到位。它不是传统意义上的科研，而是我们过去设计博物馆一直忽略的问题，就是博物馆应该同百姓的生活、社会的发展非常密切地结合。第二点就是博物馆的设计应该同城市的设计结合起来，因为博物馆往往是一个城市重要文化的继承，在一点上我非常有同感，也就是要从馆舍这种房子的天地走向城市、走向世界这样一个大千世界。举一个例子，我有一个习惯，到哪儿都要看看博物馆，给我印象最深的就是美国华盛顿的宾夕法尼亚大道。这条街上有十个博物馆，而且这十个博物馆是在一起的，而且每一个博物馆之间都有关系，不是单独存在的。说个最简单的例子，就是贝聿铭设计的华盛顿博物馆的东馆和它的西馆。两个馆一个是纯欧式建筑，一个是现代建筑，两个馆通过地下到地上的天窗，通过几扇玻璃的造型，就实现了非常自然的过渡。由此我就想到了单局新书中提到的将博物馆的设计与城市的规划相结合，我觉得我们日后的博物馆设计也应该与城市的设计相融合。我觉得我们能不能向华盛顿学习，也在北京、西安等城市设计一个博物馆一条街，这些历史名城完全具备这样的条件。我读单局长的新书还有一个感觉，就是功能和效益、效能的关系，我觉得这对我们设计师也是很有启示的。给我触动最深的就是我上大学的时候，八十年代初，蓬皮杜的法国卢浮宫改造时贝聿铭在它前面做了一个金字塔，很多人不理解，很多人质疑。我从建筑师的角度来看，觉得他有三个方面的原因。第一，卢浮宫每天人流量非常大，如果遇到恶劣天气，人们需要一个地方避雨，如果按卢浮宫原来的样子去设计走廊，无论做成什么样子，都容易给人狗尾续貂之感。贝大师去现场以后，觉得一方面要保留博物馆原来的建筑，一方面要满足功能需求，就只能从地下建立走廊。走廊总要采光、总要有出口，于是研究之后选择了这种古埃及的文明与古希腊文明并列的形式。这个设计很好地把功能和效益做了一个结合。这也是从馆舍走向广场，现在仅这个广场就已经成为巴黎一景。我觉得这部书对于我们建筑师启发很大，非常值得推荐。

石金鸣：因为时间关系我只阅读了一些比较重要的章节，但我已经感觉到这本书对于我们目前正在进行的柿子滩遗址博物馆和柿子滩大遗址规划工作就有很强的指导意义。我过去因为这个项目也请示过单局长，单局长也给我很多指导性建议，就是如何用新的理念把我们的遗址博物馆，把人与自然、人与遗址、人和遗产、遗产与环境，还有我们现代人的生活之间的关系规划得更为和谐和平衡，来为地方建设做点儿贡献。我阅读了这本书，我觉得这对我们以后关于大遗址计划的讨论和规划有一定的指导作用。第二点我想说一下关于我们博物馆职能的提升和完善，我觉得书里写得非常好。单局长在书里总结了我们博物馆目前存在的一些问题，比如展品的利用率不高，公众热情不够，博物馆人才的缺乏，我还想补充一点就是我们博物馆工作人员的知识背景非常狭窄或者说不很全面。我感觉我们国内的博物馆在内容和形式上比较雷同，这是我们存在的问题。书中对我们下一步的社会职能的完善有一定的价值。所以我觉得有一句话说得非常好，是“为今天而收藏明天，为明天而收藏今天”。这就是在今天社会高速发展的潮流里如何把博物馆建成城市的文化地标、文化精神。另外，我想简单谈一下博物馆与城市文化的相关内容。在海南博物馆开幕时我听过单局长一个精彩的报告，他说了文化遗产保护的迫切性和文博人的压力与责任。我举个例子，比如临汾有个迎泽大桥，1996年之前桥北有一座桥，是日本人1942年建的，据说代表了当时桥梁建设的最高水平，很遗憾1991年被炸掉了。我觉得单局长的书里说得很准确，在城市改造时对文物遗迹不够重视，我们这些文博人的努力有时候也不够。一方面破坏了城市原有的个性，另一方面没有创造出新的城市特色，城市的记忆一点点地消失，城市建设越来越雷同。在十二五期间，山西的目标是利用五年时间建造一个新山西，当然这也包括文化建设，这意味着我们将要面对更大的工作量，所以我认为这本书对于十二五期间全国城市的建设和改造有很强的指导意义和学术价值。

崔学安：我想就这本书结合北京市博物馆发展的现状，谈一点自己的想法。改革开放以来，北京地区博物馆发展迅猛，成绩显著，我只就目前存在问题说一些意见。北京地区博物馆有150多座，这是在统计中的，这里面在馆舍天地中存在的有硬件的问题，也有关于文物的抢救性的保护问题，还有我们专业队伍的建设问题，还有我们科研水平亟待提高的问题，还有我们目前缺乏学术批评的氛围和平台问题，另外还有很多问题，比如博物馆管理干部的配备问题，比如有些展览中的技术崇拜问题，比如展览中的价值取向偏软、媚俗的问题，等等。我觉得这都是馆舍天地中存在的亟待解决的问题。我这里突出地给大家讲一点，就是我们现在北京地区博物馆在学术讨论、学术批评上缺少一个应有的和谐的氛围，缺少我们进行讨论、辩论的平台。我们现在听到的、看到的更多地是自我赞扬、自我吹嘘。有一位博物馆的老专家专门谈到过这个问题，我们如果想推动博物馆学的理论研究，必须要有这个氛围。我在首都博物馆供职了很多年，也全程参加了我们所在的新馆的建设，但是我不认为这个馆就是一流的。我们应该对自己的博物馆有一个清醒的认识。我们在做首博的规划时有一个明确的思想，即从2000年建新馆开始，前五年打基础，后五年进行发展规划，在新馆建成十年之后，经过努力达到国际知名的水平，在国内省市级先进博物馆中有一定的地位，这个目标我们需要二十年。我们博物馆要融入社会，融入社会很重要的任务是现在浮躁的社会文化形态需要我们作出努力，我们努力做什么？降躁！所以我认为我们应该构建一个平台，讨论博物馆的发展问题、理论问题。

柯蕾：我是文博界的门外客，所以今天主要还是要向在座的各位文博专家学习的。博物馆是当今社会重要的公益性文化建筑，一座博物馆就是一部物化的人类发展史，是历史起点，是人类发展的驿站。现代博物馆从其诞生就担任着重要的历史责任，随着全球化、数字化、信息化的发展，博物馆也走上了现代化发展的探寻之路，担当了更多的社会责任。今天博物馆的核心价值是从保护文物藏品到保护文化遗产，再到服务社会进而推动社会发展和变革。书中提到了广义博物馆的概念，目的在于从更大的范围和更高的层次，提供理论研究和实践创作的平台，以进一步认为博物馆创作的理论性和实践性，同时也给博物馆的建筑创作提供了指导。进入新世纪以来，我国博物馆事业发展迅猛，各地都在大量兴建和改扩建博物馆。这给建筑师提供了很多的创作机会，作为建筑师我也有幸参与了中国电影博物馆、中国科技馆新馆的设计全过程。因为有了很多的机会，我自己对博物馆的发展也略有体会。我感觉博物馆渐渐成为推动城市发展的新文化势力，博物馆的创作目前也更加凸显了公众性和开放性的特点。博物馆不但是文化宝库的看门人，更是文化加油站。随着文化保护事业的不断扩展，就像单局长刚才所讲的一样，从文化遗产到自然遗产，从历史遗产到当代遗产，从物质遗产到非物质遗产，博物馆的保护、研究、展示空间也必然从传统博物馆的馆舍天地走向丰富多彩的大千世界，这样才能体现出文化遗产保护的核心价值和社会责任。我相信在博物馆学科和博物馆建筑快速发展的今天，此书的出版无疑丰富了博物馆学科的深度和广度，对博物馆事业的发展具有重要的理论意义和现实意义，对博物馆的建筑设计同样具有重要的指导意义。建筑师们也会在此书的指导下，必然可以创作出更加符合博物馆发展需要的建筑作品。另外，通过自己这几年的工作经验，我也感受到我们国内博物馆的硬件设施已经提高了，博物馆的规模也是越来越大。国外其实很少有国内这么大规模的博物馆，但是它们的品质及文化内涵确实很高，展陈设计我们也确实需要学习提升。

杨欢：我讲三个方面的内容吧，第一是单局跟我们出版单位讲的一段话的回忆；第二是讲讲金主编提出的问题，第三就是一个责任的问题。为什么要做一个回忆呢，因为单局长说五部书都是半成品，我想说的是我们从来没有看见过这样的半成品。为什么这么说呢？因为这五本书里有一本获得了中国建筑图书奖，一本获得了天津市优秀图书一等奖。我们想等单

杨欢

局长的第六本著作问世后，将六本书作为一个套系来申请中国政府图书奖。单局长是自谦，认为这五部书是半成品。单局长一直非常低调，不许我们多做宣传。今天在座的都是文博界的专家和领导，虽然已经为单局长出版过五本书，但是我们大家很多都是第一次见面，我们也从没有以任何形式向大家推荐过这些书。为什么？这就是我要说的第二个问题，那就是单局长作为一个学者型领导的人格魅力。我是深深的受感动。作为一个文博界的最高领导，日常的事务性工作不用说就可以想象，那他创作的时间是哪儿来的？我可以向大家透露一个秘密。我觉得我们大家可能没有人可以做到这一点，就是单局长坐在汽车上打开笔记本在写这几本书，哪怕只有半小时的车程，他也要挤出时间整理自己的思路。他的书都是在这样零零散散的时间里创作完成的，但却依旧有很高的质量，可以称为专著。图书的著作方式有著、编著、编等类型。什么样的作品才可以称之为著？那一定是有一定的学术价值和现实指导意义的，绝对原创的作品，这与另外两种创作形式是不一样的。说到图书，我希望大家不要仅仅关注这一本书，要五本书一起看下来，因为通过连续的出版我们体会最深，我们可以看出这是单局长对中国文化遗产保护、中国文博事业发展的一脉相承的理论体系。他的第一本书《城市化发展与文化遗产保护》是一个纲，在这本书里单局长对我国文博事业的发展提出了新的理论、方法；第二本书是《从“功能城市”走向“文化城市”》，这本书从城市的角度来说明在大建设、大开发的过程中如何从事文化遗产保护；第三本书是《从“文物保护”走向“文化遗产保护”》，这是一个概念的拓展；第四本书是一个单独的方面，《走进文化景观遗产的世界》；第五本书是另一个方面，就是我们今天讨论的博物馆事业。学术观点的提出，目的是指导现实的工作。我们要做的是如何从书中吸取营养，发展我们的文博事业。第三点要说的就是出版社在文化工作中的责任。党的“十七大”提出文化大发展、大繁荣，不仅仅是文博界，出版传媒界也发生了较大的变化，但是与我们国家广大人民群众的精神文化需求相比，我们做得还远远不够。我们应该利用一切可能的手段、一切可能的阵地、一切可能的方法向广大的人民群众输送精神粮食。出书和博物馆的展览，目标是一样的。从馆舍天地走向大千世界的走有很多种方法，我希望今天在座的各位能够向单局学习，拿起我们的笔，把我们多年的积淀传播出去。我们不仅仅要让中国的百姓感受到文化的传播，还应该走向世界，让所有热爱中国传统文化的人都能感受到我们的文化，这才是我们的责任。我们今后会一如既往地关注文博事业，为中国文化的繁荣和发展作出我们应有的贡献。

龚良：今天我非常荣幸、也很高兴来出席座谈会，因为单局长在我们文物系统第五本书终于写到博物馆了，说明单局长从文化城市、文化遗产保护、文化景观，一直到了今天对博物馆的研究。他的这些专著可以用于指导我们文博工作的实践。拜读了著作，结合今天蓬勃发展的博物馆事业，我也有三点读后感：一是小康生活目标下公众对博物馆提出了更多更高的要求。从馆舍天地到大千世界、从可移动文

龚良

物到不可移动文物，从原来的缪斯的殿堂到今天公众享受文化服务的休闲场所，单局长将今天的博物馆博物馆职能的调整和完善进行分析，对博物馆事业的发展具有现实意义。二是博物馆服务社会发展和社会公众这样一个命题进行了进一步的强调。单局长在书中阐述了博物馆事业发展能够促进城市文化的进步、能够加强社会教育、能够改善民众生活等要素。博物馆在过去的了解历史、感受文物等传统作用以外，还有一个为了社会的协调公平发展，为了不同社会阶层心理鸿沟的抹平，承担了应有的社会责任。第三，是建设更高目标的公共文化服务体系。以前我们总是说博物馆、纪念馆是公共文化服务体系的重要内容。我们说在小康生活目标下县县都有博物馆，但是我们现在仅江苏的文物保护单位就超过了3 000处，如果把这些文物保护单位保护好，并且发挥博物馆的功能，我想它们将成为公共文化服务体系中的重要内容。单局长在新书中也提出了开放利用并且建立相应的博物馆，我想这是我们把文化遗产保护和博物馆建设相结合的目标。书中还提出了要立足基层、立足社区，为和谐社区服务。江苏已经在2010年实现了以县为单位的较高标准的小康社会。到2020年全国实现小康标准的时候，江苏要实现基本现代化。在基本现代化的过程中，一定会有我们博物馆发展的目标。所以我们在十二五期间就提出在小康以后一定要县县有博物馆，小区也要有博物馆。县县博物馆的目标是每个县一定要有一个免费开放的博物馆，第二个是鼓励建设反映地域特色专题博物馆。另外书中还提到了我们要畅游数字博物馆。在数字博物馆这一方面，媒体的社会宣传作用越来越大，我们应该利用好这个方面。最后，我希望参观博物馆能够成为民众的一种生活方式。

黄雪寅：我国作为世界文明古国之一，蕴藏着丰富的历史文化遗产，这巨大的民族财富要如何保护和利用是我们每一位文博工作者的天职，是古人留给我们的优良传统。博物馆作为承载人类历史文化的主要机构，自在西方诞生之日起就不断地扩展着自己的职能，承担了保护人类文化遗产的职能。甚至近代以来，许多著名的学者也都著书立说，就博物馆同文化遗产的关系进行深入的探讨。中国博物馆事业发展到今天，在国际上已经声誉赫然，我们仅仅局限于行业内的发展已经远远无法适应社会的发展和大众的需求。如何从文化遗产保护再到城市的发展，这是我们必须面临的挑战。单霁翔博士的这一新作，是对当今新时代文化遗产保护事业的新思路、新方法、新理论，他重点阐述了新时期博物馆功能与职能的转变与拓展，走向大千世界不仅仅意味着突破馆舍天地的限制，同时也意味着突出传统思维的束缚。在大千世界中，寻找博物馆发展的智慧和动力。如果是馆舍天地是博物馆事业的躯干，那么融入大千世界将是博物馆事业发展的翅膀。在社会多元化需求面前，如何从保护藏品到保护文化遗产，从记录过去到为明天而收藏今天，从保护物质文化遗产到物质与非物质文化遗产并举，将整个城市文化纳入文化遗产保护的范围内，这是一个非常有远见的理念。首都博物馆作为一个城市博物馆，我们所肩负的是全北京文化遗产保护的任务，我们的口号是“首都，我的博物馆”。如何让公众走进博物馆，并带领他们走出博物馆，利用全新的文化保护理念激发大众为保护人类文化遗产作贡献，这是我们的责任。在国家文物局和北京市文物局领导的支持下，首都博物馆经历了三十年的风雨历程，今年迎来了开馆三十周年的庆典。新馆开馆五年以来，我们力求通过巡回展览、对外教育活动以及志愿者队伍的建设，把博物馆教育拓展到北京各个地区。我们曾举办各项活动，以吸引公众关注博物馆，也曾将昆曲这一非物质文化遗产引入博物馆展演，以此展现博物馆在非物质文化遗产保护过程中的态度。通过学习单局长的新书，我们了解到要想走入大千世界，我们必须改变只在馆舍天地中坐等的局面，要采取多种形式把教育拓展到社会各个领域，同时博物馆有责任将社会中的文化遗产通过博物馆化的方式加以保护和展示，让中国博物馆事业在世界博物馆领域中实现华丽转身，我们任重而道远！

王军：刚才拿到这本书，看着书名浮想联翩。我每到一个城市，重要的一件事情就是看博物馆，另一件事就是在老街道上行走。这本书让我想到了梁思成先生的一句话，他说“北京就是中国的博物馆”，他在五十年代讲这个话时，很多人就说，你就是想让北京变成一块化石，你就是不让北京发展。我觉得这个情景同单局长的新书就构成了一个让人思考的话题。同时我也想到一句话，说人类创造了城市之后，城市就和文字一样，在积累和演化人

王军

类的文明，它们扮演的是同样的功能。我特别能够理解他这句话的意思。因为我每到一个城市，就算不了解他们的文字，但是通过他们的城市，我们还是可以看到他们人与人之间是如何发生关系的。所以我就觉得博物馆是我们人类文明的载体，我们的城市也是一个更大的人类的博物馆。还有一点就是在近代以来，中国从一个封建王朝，经历了鸦片战争的失败，对自己的文化失去了信心的表现就是把城市和文字加以摧残，这是一件非常让人痛心的事。我非常感谢这样一本书的出版，因为我觉得中国要实现文明的复兴，很重要的一点就是如何整理、如何面对我们的历史。今天是我们要重新思考这个问题的时候。这本书我只是翻了翻，就已经产生了非常多的灵感。书中大量的细节可以给我们很多启发。

金磊：谢谢王军，他刚刚的话可能有一些让我们觉得心酸。之前我们跟郝局长一起探讨如何为单局长新书开座谈会时，单局长反复强调一定要成为一次学术的座谈会。在这么多的各行各业的专家发言之后，我也感受到，我们今天的讲话都是学术的探讨。在郝局长做最后的总结发言之前，我想谈谈作为一个主持人的感触。今天的场景，非常感谢郝局长及首博的安排，在座的各位文博专家们肯定都知道这个场景（景德街坊）的来历。实际上在这样的场景下开这样一个座谈会，是一个非常深刻的话题。大家可以查查，景德街牌坊的来历和它身上的故事。对于单局新作的价值，作为非博物馆界的人我们不能随便归纳，我再三地拜读后写了三句话：“这是一部以学者的方式开启文化遗产新方向并体现启蒙教育的书；这是一部以博物馆为载体传承中外城市文化演变理念的书；这是一部让业内外人士都可阅读、且有所发现，同时引发思考的书。”单霁翔作为一介学人，做真学问，靠深度和广度说话，不仅代表着文化遗产研究的学术方向，更直面社会公众，充分彰显了一种启蒙精神。对此我还有两点感想，今天“谨以此书”的四行字中有一行字我们大家没有过多地去讨论，就是“4·23”的世界读书日。我有两个联想：一个是联想文化遗产日的主题，一个是联想世界读书日的主题。由中国第六个文化遗产日的主题“文化遗产与美好生活”可联想到博物馆所代表的文化遗产不仅仅有教育和启蒙作用，更是创建人人皆学、时时能学、处处可学的学习型美好城市的课堂，是深入开展社区公众教育的绝好阵地。由联合国第十六个世界读书日可想到图书馆与博物馆的关系。图书馆不是藏珍楼，它是让图书流通起来，吸引更多的作者和读者的关注。图书馆的职能发挥得越充分就越有效。博物馆也绝非仅仅是文物的收藏地，它是城市文化的名片，从阅读的角度来说，博物馆可否看作摆在城市书架上的一部部图书。今天我们借单霁翔博士的新著齐聚一堂，比照公众阅读与博物馆教育的共同话题，展开了一次很有意义的城市阅读，阅读改变城市的讨论。相信它一定能够成为纪念中国第六个文化遗产日的有意义的活动。

金磊

郝东晨：由于时间的关系，我们不能邀请每一位到场的嘉宾发言，最后让这本书中的一段话作为今天座谈会的结束语：今天，社会进步向所有的博物馆提出了双重任务，一是立足“馆舍天地”搞好文物藏品的汇集、保护、研究，推出主题鲜明的博物馆陈列展览；二是走向 “大千世界”，在文化遗产原生地保护文化遗产，推出丰富多彩的博物馆文化活动。如果说“馆舍天地”是博物馆工作的基础，那么“大千世界”是支撑这个基础的源流活水。走向“大千世界”，并不仅仅意味着突破馆舍空间的限制，同时也意味着突破传统理念的约束，在“大千世界”中寻找博物馆发展的智慧和动力。只有将“馆舍天地”纳入“大千世界”，博物馆工作的基础才能够不断得到充实和巩固。如果说“馆舍天地”是博物馆事业的起点，那么融入“大千世界”则是博物馆事业的方向。

（李沉 摄影）

Autobiography of Zhang Bo: New Revelation for China's Architects

张镈百年——告诉中国建筑师的新启示

金磊（Jin Lei）*

2011年元月，《张镈：我的建筑创作道路》（增订版）由天津大学出版社出版了，此前该书的文字版先后于1994年2月、1997年7月由中国建筑工业出版社出版印制两次，建筑学编审杨永生任该书主编。增订版的特点除修订了旧版的少量文字外，还补充了百余幅珍贵的历史图片，大大增加了该书的可读性。今年是张镈（1911.4.12—1999.7.1）诞辰100周年，这令人联想起百年辛亥革命的发端。因张镈之父张鸣岐（1875—1945年）系清末两广总督，是镇压辛亥革命英烈的罪魁祸首，自然又让人想起随历史巨变、建筑承前启后的中国近现代史，想起诸多建筑大家身后的事件与故事。

本人作为晚辈，与张镈大师确有过几载密切接触：1994年春《张镈：我的建筑创作道路》一书出版后，时任北京市建筑设计研究院科技处副处长的我帮助组织了"张镈设计大师《我的建筑创作道路》发行暨从事建筑创作六十周年座谈会"；1994年下半年，张镈大师将其20世纪40年代率天津工商学院建筑系师生测绘北京紫禁城的近300幅玻璃底版送我保留，并嘱咐一定要珍藏好，日后必会有用；1996年我出任院研究所所长后，代管专家工作室事务，从而有更多机会向张总学习；1998年春，当得知他老患癌症后，便主动组织相关人员用影像资料记录张镈的生平与成就，此类工作一直持续到1999年7月7日张老的八宝山告别仪式上。值得说明的是，该书自1994年第一次印刷到2011年元月出版增订本，已历时17年，现新版《张镈：我的建筑创作道路》（以下简称《张镈》）是积十七载辛苦编研的成果。

一、《张镈》每次翻阅都有新感悟

2011年正值辛亥革命百年，也恰逢张镈先生百年诞辰，张镈是带着辛亥革命的余温呱呱落地的。回眸百年建筑中国，建筑师张镈身影后留下道道踪迹，有深有浅、有高有低、有喜有悲，汇集一起，确成为《张镈》这部"大书"。《张镈》一书正如他1993年4月12日在《写在前面》中谦虚的文字："……我写不出有益的经验，也道不出沉痛教训的缘由……后来，当我意味到我出生于1911年4月12日，就下决心日夜笔耕，努力争取在1993年4月13日脱稿交卷，这意味着当我82周岁时，给养育我的人民献上一份薄礼。"张镈，是杨永生编《中国四代建筑师》一书中排在第二代建筑师前列的大家，《张镈》一书是中国建筑师自传体第一部回忆录，因此它似一部"史书"，每次阅读都有不同的感悟。尽管有人说记述辞世者的历史不忍细读，可我从对张镈大师的不完全的认知中确能感到，他的某些细节、本来面目、创作思想乃至是非恩怨都是惊心动魄的，对他的解读与传播会带给业内外人们认识、了解、想象并思考的机会。《张镈》一书的文字虽平实而亲切，但很容易让人读到许多不同凡响、精彩不断的独特意义，也引领我们感受到对经典建筑大家的特殊解读方法，因为《张镈》告诉我们如何体味到中国建筑文化之温暖，如何阅读才能从该书语言的简洁中悟出不简单，从简要中感受到那份厚重。

1999年7月7日，走出八宝山告别室，放眼望去夏日的天已由阴变蓝，显得辽远且高阔，但身边的同事告我，他们心情同样很压抑。我

*《中国建筑文化遗产》总编辑

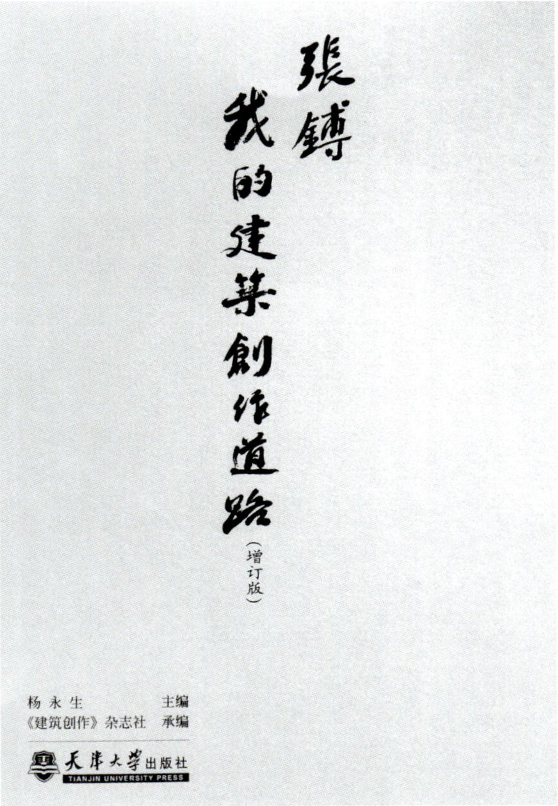

图1

参加过很多同事、长辈的告别会，每每哀痛似乎都不及这一次，仿佛有更新换代之势，因为我感觉自1999年刚刚谢幕的第20届世界建筑师大会吴良镛院士发表的《北京宣言》在彰显北京之路时，中国创新型传统建筑设计大家张镈的去世，似乎让国人告别了一个经典建筑创作的学术时代。记得在张镈身后，我组织的不同年龄段一个个建筑师的追思会上，作为一种共识，绝大多数建筑师都高度评介张镈在运用中国和西方古典建筑手法上的高超技艺，如1959年建成的北京民族文化宫的设计，至今在西长安街上鹤立鸡群，他的成就是同时代的古代建筑设计所无法超越的。作为后人让我迄今仍难以忘怀的是诀别张镈大师那幕幕场景：1999年7月7日上午10时，张镈先生遗体告别仪式在八宝山革命公墓举行。昔日的老领导、老朋友，共同奋斗了数十年的老同行来了；建筑界、文博界、科技界的同事、学友、晚辈们来了；家乡的领导和乡亲们，远方的子女们来了……300余人为张镈大师送行。谁都知道，北京的长安街是举世闻名的，它的变迁可称是中国当代建筑发展的纪念碑，不同时代的建筑矗立在两旁，使古都更加壮丽多姿。而其中人民大会堂、民族文化宫、北京饭店（东楼）、民族饭店、水产部办公楼（现国内贸易局）均出自张镈之手。在忆到张镈大师60多年建筑生涯时，马国馨院士赋诗一首：“总师建院五十年，吃堑长智肺腑言，师承杨梁研古例，博采中西制今篇，‘民族’挺立成伟业，‘人大’巍峨聚英贤，一代大师乘鹤去，长留念记在人间。”

在中国建筑界的历史上，1999年6月23日是个重要时刻，因为这天在人民大会堂召开了世界建筑师“奥林匹克”盛会，而此刻人生给予张镈大师的时间已经屈指可数了。1999年6月23日即张镈大师辞世前一周，也是第20届世界建筑师大会在张镈大师亲自设计的人民大会堂召开之日，上午9时许，我们一行推开了张镈大师入住的同仁医院住院部的房门，现在想起来更觉得当时非要选择这个时间的意义。当我们将张总在“20世纪中国建筑艺术展”上一人获两项奖励的奖杯敬献时，他很高兴，连说：“回想起当年的创作过程，如有什么可以总结的，那就是有党的领导及坚持社会主义特色，敢于突出建筑师的个性并强调建筑师的艺术品位及修养。只要做到这样，建筑作品的艺术魅力才是永恒的！”这些话虽有时代感，但它却表露了这位建筑大师的最后心声！

二、《张镈》给建筑界留下历史记忆

一个时代有一个时代的思想、道德和处世准则，不管怎么变，人类社会与文化总是要进步的。建筑是人类社会的精神与物质的财富，是建筑师对社会、对时代、对城市的塑造与思考，更是建筑师对生活解读、反思的提炼与概括。当下，不论建筑师如何贴心并服务社会，创作被视为崇高，建筑师也因其作品的影响力而受敬重，反映城市化方向，符合人类共同信守的审美与需求标准已成为建筑师职业的必需。《张镈》一书中列出的新中国成立后主持并指导设计的55个项目，我想今日看来虽未必都是传世之作，尽管设计创意之初并不一定有如何伟大抱负，也未必以匡扶天下为己任，但我们不能不承认，他的相当一批作品代表了那个时代建筑的主流。因此，完全可以说，伟大的建筑师也是伟大的思想者，那些体现在他建筑作品中的先知先觉思想的内核就是时代精神的内核。走近张镈，就要学习《张镈》、读懂《张镈》，因为现实中尽管高校开设了传统的近现代及当代建筑史课程，但对梁思成、刘敦桢、杨廷宝等建筑前辈感兴趣的人并不多，甚至有相当一批已经大三、四的学生竟然不知道张镈大师与人民大会堂、北京民族文化宫、北京友谊宾馆、北京饭店东楼建筑的关系。

读《张镈》该从他的家乡情怀开始。家乡情怀是一种地理情怀，它是人生路径的出发点。从文化地理上看，家乡是一个人的文化摇篮，无论你到哪里，从容而谈且致死不忘的是自己的家乡。据我回忆，1997年以来，张镈大师多次赴家乡山东无棣县贾李段村，亲自为他身后及生母（萧氏）设计墓地，并题辞 “乡人，张镈之墓”。2001年春我们造访了位于无棣县档案馆的“张镈纪念馆”，并叩拜了张镈墓地，再次感受到他在家乡人民中的位置。书中，张镈用“曲折的学历”讲述自己的学习生涯：3岁读方块字、5岁随表兄读私塾、9至12岁请老秀才教四书五经，同时接受了“填鸭式”英文学习等。张镈说，他中学共读过六所学校，是在他大哥张锐建议下，因久慕梁思成教授之名并心仪先躯少帅张学良校长而投考东北大学建筑系。书中张镈生动地描述了在梁思成、童寯、陈植三师亲点下的成长，并强调在朱启钤旗下成立的中国营造学社及梁思成开始对宋《营造法式》分析和对清《营造则例》细解是划时代的贡献。由于东北沦陷，张镈1932年转入南京中央大学建筑系，直到1934年毕业被基泰工程司选中，开始了在该著名事务所长达17年的设计生涯（1934.7.1—1951.3.26）。

张镈大师对中国建筑界的贡献不仅仅是业内熟知的人民大学附中（1951年）、新侨饭店（1952年）、天桥剧场（1953年）、友谊宾馆一期（1953年）、亚洲学联疗养院（1953年）、友谊宾馆礼堂（1954年）、文化部办公楼（1956年）、自然博物馆（1956年）、永安路实验小区（1958年）、北京民族文化宫（1958年）、人民大会堂（1958年）、光明日报社（1964年）、科学会堂（1964年）、北京饭店东楼（1972年）、北京图书馆新馆（1974年）、北京饭店贵宾楼（1984年）、钓鱼台18号楼（1985年）、华侨饭店（1987年）、民政部办公楼（1989年）、北京危房改造（1991年）……我以为，张镈的建筑贡献及需重点描述并告诉世人的是：

其一，1940年后，经美国康奈尔大学土木系硕士马增新介绍他见到朱启钤。书中张镈回忆到“朱桂老对我说，从历史上看，历代宫室难逃500年一次大劫之灾。传统木结构经不起火焚、雷击，圆明园的石结构也逃不过兵火之灾。他十分珍惜明清两代保存下来的文物，认为这是传统建筑的瑰宝，要及时精确实测以留下真迹……建议以基泰名义与之签订承揽测绘故宫中轴线古建筑的合同”。据张镈回忆，他承包了故宫中轴线及其外围的文物实测工作，如左祖、右社、天坛、先农坛等，在中轴线上，北起钟鼓楼，南至永定门，重点是紫禁城内的主要建筑。2005年元月，由马国馨院士主编（本人任副主编及策划）的《北京中轴线实测图典》出版（机械工业出版社，2005年1月），对于张镈率师生于60年前的建筑遗产保护之壮举，傅熹年院士说：“由于它的重大历史、文化价值和唯一性及不可再生性，要求我们一定要绝对地、完整地、忠实地保存其原状，使其蕴涵的历史和文化信息能持续保存下去。保存工作除不断地进行原状维护，维修使之延年益寿、老当益壮外，通过测绘，精密地记录其全貌和特色时期的现状也应是重要内容之一……这套图绘制精密、数据完整，远远超过目前古建筑测绘图的精度”；马国馨院士评介：“这批测绘图纸是故宫研究的重要史料……这项工程远非一般修缮工程可比，特别在特殊历史情况下，能进行科学测绘记录可谓一件奇事……从1944年测绘完毕至今已60年，从中央研究院1934年拨款准备出专集也已过去70年，如今这批珍贵的图纸和资料终于付梓问世，也可告慰为中国建筑筚路蓝缕的诸前辈”；天津大学冯建逵教授2004年在回忆参加故宫实测时说：“……张镈先生的绘画水平很高，但他平时很少画……有时看到同学们的画面太呆板，就拿起画笔只‘唰唰’几笔就给同学们的画稿加上了大树和绿草……这次实测是故宫自明朝建成后500多年来最大规模的一次工程测绘，这件事也是中国古建史上的一次壮举”；本人在编后记中说：“……紫禁城作为有传统活力的、最特殊的、最珍贵的艺术杰作在空间上的卓越风格在今天给人更多的感受。如果说梁思成先生最早把我们古代建筑和外国古典建筑并列引入建筑设计教学体系是一个创举，那么我们所编撰出版的这部《北京中轴线建筑实测图典》就是对梁思成先生、张镈先生等老一辈建筑家的不能忘却的纪念”。

我认为，纪念百年张镈，就是要向世人展示他学贯中西的渊博学识及创作技巧，严谨治学、不断进取、报国敬业的高尚情怀。从张镈大师的作品中之所以可以领略到其完美的中华民族建筑精神，在于他深入地挖掘出民族最可贵的博大及盛世精神，从而使其作品也符合当代建筑师的“胃口”，这种成功创作的可持续性唯有张镈大师独具。1999年5月，张总于病榻上，又写了一篇长达8 000字的《论建筑师从事创作的十点修养》，他一再告诫我们，这是他献身建筑事业所总结的设计哲理。

其二，友谊宾馆设计遭非议。作为新中国“元老”级建筑的北京友谊宾馆，至今仍成为中国当代传统庭园建筑创作的“极品”，但也许更多的年青人还不知在它的设计建造中经历了太多的风风雨雨。《张镈》书中是这样描述的“1955年初主体结构到顶，加工的琉璃瓦件已到工地时，《人民日报》对这个工程重点做了严肃批评，认为是‘华而不实，复古主义’的典型。社论列举了只顾形式、不顾适用的例子，还拍成影片做公开放映，的确触到痛处”。张镈大师对此做了检讨：“有想为人民创造喜闻乐见之建筑以增加爱国主义热情的良好动机，却不了解工人群众的思想感情，是得不到良好效果的。例如在新侨饭店厨房上的教训，使我有所改进，这是吃堑长智的表现。但还没有养成深入生活、深入实践的作风，不具备对很多事物做到防患于未然。”张镈表示，对这次批判从正面接受教训，不计较那些尖酸刻薄、言过其实的词句……承认为追求形式而牺牲实用是错误的，但对“复古主义”的帽子，表示沉默，尚有保留，但未申辩。他进一步为自己总结了五条教训：①必须严格按党的方针政策办事；②经济是基础，形式要对经济基础有利；③培养对劳动人民的思想感情；④学习、尊重综合专业知识，解决好各专业的矛盾；⑤必须有一个项目默契而团结的班子。尤其在这第五方面，书中用了大量笔墨，回忆了与他共事的同事们，并用感激之情记述着他们的业绩，这一点表明了一位大师的胸怀。任何人都会想，《张镈》一书是以第一人称讲述自己成长道路的，之所以用数千字，在一个项目上讲到九位各专业设计大师之优点，彰显了张镈的特殊品德与人格。同时，在该项目的记载上，张镈大师没有放过对设计院一位资深的老木工师傅李登彬的介绍，反映了他与各专业、各工种、不同层级同事们的亲密关系。

图2 张镈大师（左三）

其三，北京饭店东楼的设计启示。《张镈》书第八章“北京饭店东楼的困惑”中不仅讲了丰富的设计经验，更表现张镈大师对周恩来总理的深情。北京饭店的中楼建于20世纪20年代，在其东侧尚有1919年建成的砖木结构的老店，在西边有1954年建的北京饭店西楼，这些描述是《张镈》书中所交待的。如今，在长安街台基厂路口向西望去，除北京饭店贵宾楼外，最显气势且不过时的已有27载时光的当数宏伟的北京饭店东楼。书中张镈逐一描述了他的设计观点：“一是实践观点，二是群众观点，三是全面观点。”他认为，建筑艺术风格是代表历史，反映时代背景的见证，在一段300m面宽的地域上，在改扩建新东楼已存在两个时代的产物，其困惑是：①1919年前初建

图3 张镈大师与杨永生先生（右）

图4 作者（后）与张镈大师

的四层砖木结构属标准的半殖民地式洋楼；②1922年后改建的中楼，带有“洛可可”风格；③戴念慈先生执笔的西楼，1954年建成，受前苏联专家的影响。书中，张镈十分赞赏戴念慈作品的成就：“我看过戴总亲手用水彩画的透视图，红色透明、淡雅达到了与长安街上的‘红墙’连成一片的效果，成为天安门楼东端的结束点，十分成功。有人认为琐碎，我则认为用普通材料、粗犷的横线条、丰富的轮廓线，以取得传统建筑艺术神韵来说，是个创造性作品。他既不受苏联建筑艺术影响，更不想受国际式的赞誉，在建筑艺术处理上不愧为是一代名师。”

针对北京饭店东楼方案的确定，张镈回忆了自1973年10月29日至11月4日受周恩来总理的三次接见的经过：第一次，1973年10月29日晚21点，万里、赵鹏飞、张镈三人到齐，午夜零点在西大厅见到周总理，总理说“张镈同志，从建好大会堂以后，我们差不多有14年没见面了吧！” 张镈说那天总理与他聊家常用了25分钟，他向总理汇报了1∶100的木制模型，总理围着模型，对东楼高度做了具体指示，与总理分手时已经两点四十五分了。张镈说，虽在人民大会堂建设中多次聆听总理的指示，但这一天是一生中最难忘，最值得纪念、珍贵、欣慰的一天。第二次是1973年11月2日22时，在人民大会堂新疆厅，周总理于11月3日2：30到，他看到新改的模型很高兴，又针对机电设计及厨房、暗浴厕等提出设计建议，并与万里就北京城建问题、环境保护、规划设计中采用优选等广泛交谈。第三次，11月4日上午张镈在家中赶图，接到电话通知说，周总理已到东楼工地现场，要求张镈到。当他赶到时，总理已乘摇摇晃晃的运料电梯上到顶层。后来研讨会汇报在人民大会堂东大厅进行，周总理说：“今天遇见的麻烦，不少是人为的客观存在，还应该发挥主观能动性。拆东楼几层是改造客观，用屏风楼挡起来也是改造客观，关键是既要解决矛盾，又不能大拆大改……”张镈回忆道，午间大家吃了一碗汤面后，先随总理到人大会堂北侧东翼的平顶上去观望，然后又去了西华门。以上陈述是1992年12月张镈大师写的回忆录，他深情地表示，周总理的音容笑貌、优良作风和平易近人、一丝不苟的精神始终激励着他。

三、《张镈》阅读的现实意义深远

本文以“张镈百年”为题不仅仅要回眸一位伟大的建筑师，而在于弘扬一种中国建筑师群体的精神。对张镈百年的虔诚发现表明，当下出版并传播《张镈》及张镈精神确有现实的建筑设计与城市文化意义，这不仅是因为在他身上兼有作品、创新、思想的力量，他更走出了一位大师的成功之路。如果说张镈大师的可贵处是闪现了难能的生命体验，那么我们从读《张镈》能真切地感受到人生世事的领悟，独特的生命意向奠基的人格光辉；如果说张镈大师闪现的持久的作品魅力有公众的审美情趣，那我们更以为关注民生是他一种内驱力，深怀强烈社会责任感的建筑师，即使自身困顿，也能从中获得观察公众需求的视角，遍尝苦滋味，创作出新境界。

《张镈》一书的现代价值，贵在“亲历”。亲历是真实的，亲历是可信的，亲历是感性的，亲历又是珍贵而无法复制的。《张镈》一书不仅让后辈仰视到建筑家“大写的人”，更丰富了中国近现代建筑师的人物史，在辛亥百年思考此事更有意义和价值。张镈大师在中老年建筑师中的印象不仅仅是做了一系列中国最显赫的标志性作品，还在于他始终保持旺盛的学习生命力。他始终保持内心的自由和人格的独立，不墨守成规，不迷信古人、洋人和权威，不随风赶潮流追时髦，保持对中国建筑的挚爱和对真理追求的执著。在中国第一代建筑师中，杨廷宝一直是张镈授业解惑的榜样，而他本人同刘敦桢、童寯、梁思成诸先生一起展开中西文化交融下的中国建筑之探索，奠定了中国近现代建筑教育的基础。任何学者都没办法超越他自身所处生存环境的制约，这就需要他拥有生存智慧与技巧。如他坚持创作与学术相长的渗透，拓展了作为知名建筑师的空间；他不丧失作为职业建筑师可贵的良知，在变数如此大的多个时代，坚守住了建筑设计与学术发展中的恒定东西，从此种角度出发，笔者有如下读后建言：

①应开展张镈大师设计学术思想的比较研究。比较作为一种评判方法，是越来越受业界关注的认识过程。张镈虽未留过洋，但他自觉接受了外来教育，第一任老师梁思成、童寯、陈植三教授均出自美宾夕法尼亚大学，该学校是在法国“美专”基础上，走上艺术与技术并重之路的享誉世界的名校。张镈毕业后基泰工程司17年的设计经历（至少百余项工程）已使他成为第二代建筑师中的佼佼者。在这点上他同他的老师杨廷宝很有共同点，即关注职业建筑师的特点，注重创作实践和反思，不刻意去对比作品中的思想表述，而十分关注在建筑设计中体现建筑师对功能、形式、结构、材料、做法、经济、安全的整体考虑，体现了以实践为本的建筑师责任。

②应开展张镈大师的学术品质与历史定位研究。张镈大师执业精准是业内传为佳话的，更可贵的是他平和、宽容、慈祥的诲人不倦的待人处事心境。在张镈的60多年设计生涯中，他跨跃了两个历史时期，前一段虽战乱频繁，但他度过了17年建筑创作奠基习艺的经历，新中国后的近五十年创作，除了十年“文革”外，他的创作总有一个个高潮。与其他第二代建筑师相比他却能在“文革”的1972～1974年从事北京饭店东楼设计，这不仅得益于他创作水平精湛，更在于他读懂时代、稳重安静的执业态度。对青年建筑师的启示是，希望建筑师能从《张镈》及其作品的定位上感受到他内倾沉静的个性，思考他的建筑为什么能成为永久的典范。面对此，我们不得不痛惜地发现，当下某些明星建筑师以闲话、调侃、追求感官刺激、翻新等低俗做法，以增加作品的商业买点，由于缺少建筑灵魂，尤其是对老一辈建筑师思想的传承，建筑真正的文化观正被遗忘和死去，中国建筑设计缺乏主流价值观已成为一个危险的信号。

③应设立建筑遗产及建筑师遗产保护协会。“站在巨人的肩膀上”，永远是今人的动力，更应成为后辈学习的榜样。以北京市建筑设计研究院为代表的一批老院是老一辈建筑师、工程师云集之地，马国馨院士多年来一再告诫我，一定要抓紧时间为他们撰文、筑史，因为当下不仅第一代大师辞世，第二代建筑师们也已经有一半人仙去（据杨永生统计中国第二代建筑师仅有几百人）。但纵观中国建筑史学界究竟为多少建筑大家修志立说了？这是何等重要的文化遗产灵魂的丢失呀？为此，国家应有计划地关注属于一个整体的建筑师遗产教育体系，如可在中国建筑学会、中国文物学会相互交叉基础上组建新型“建筑师遗产保护协会”，其宗旨在于整理并挖掘属于20世纪遗产的城市、建筑及艺术的设计思想及作品。今天，由于文化遗产观的传播，古代建筑已受到重视，但城市化发展最不以为然的是百年来的中国近现代建筑作品。所以，无论是新组建的协会、学术杂志或文化遗产NGO，都应站在中国建筑传承的视角去看待对老一辈建筑大师“阅读”的工作，其文化底蕴之深厚是任何当代精美作品都难以比拟的，其迫切性更是再不容放任的事件。

Expert Events of Historic Building Conservation in Tianjin

天津历史风貌建筑保护工作大事记

1998

★8月，天津市保护风貌建筑领导小组成立，领导小组由市政府副秘书长陈质枫任组长，其成员单位由市建委、市市容办、市房管局等十几个相关委、办、局组成。领导小组下设办公室负责日常工作，办公室设在市房管局。领导小组负责组织协调全市风貌建筑的保护、管理、规划、改造、置换等工作。此后，在保护风貌建筑领导小组领导下，开始了以五大道地区为重点的历史风貌建筑和街区的综合整修。

1999

★1999年，为进一步加强对五大道的保护，恢复五大道整体环境风貌，市政府启动了对五大道地区的综合治理工作。综合治理的主要内容有：整修沿街建筑，拆除各类违章建筑，治理无照经营商业网点和广告牌匾，改造电力通信线网、自来水、煤气、供热管道等基础设施，新建绿地，更换路灯，安装电话亭、果皮箱等公共设施。（图1）

图1 整修后的五大道颜惠庆旧宅

注：五大道建于20世纪20年代，先后建立起了花园别墅、高级公寓和里弄式住宅，形成五大道高级住宅区，成为天津小洋楼最为集中地区。由于时代的变迁及1976年地震的影响，致使五大道地区的街区环境等方面均发生了巨大的变化，搭建违章建筑现象严重，房屋损坏、无照经营商业网点众多，商业牌匾设置混乱，基础设施不完善，亟待组织全面的综合治理，以恢复其昔日的历史风貌，保护好这些珍贵的建筑遗产。

2003

★2003年1月22日，天津市保护风貌建筑办公室（以下简称“市风貌办”）正式成立。

★2003年，历史风貌建筑保护法规列入天津市立法规划。为做好立法工作，市政府法制办带领市房管局等有关部门组成的联合学习小组，3月赴上海、厦门等兄弟城市学习考察历史风貌建筑保护立法情况。

★4月9日，市房管局邀请历史、建筑、民俗和文化等方面的专家、学者，征求对《天津市历史风貌建筑保护管理规定》（草案）的意见。

★10月31日，根据市政府《关于做好历史风貌建筑普查工作的通知》，市房管局组织启动天津首次历史风貌建筑普查工作。（图2）

图2 2003年全市历史风貌建筑普查工作动员会

★12月，一宫花园地区历史风貌建筑保护利用工作正式启动。

2004

★10月16日，市长戴相龙、副市长陈质枫带领有关部门，到天津历史街区调研历史风貌建筑保护情况，重点考察了静园、海河沿岸的历史风貌建筑情况。

★10月21日，市长戴相龙、常务副市长黄兴国、副市长陈质枫、只升华带领有关部门和部分专家学者，来市房管局调研，听取了关于天津原九国租界的形成和现存历史风貌建筑情况的汇报，重点研究了下一步市政府如何保护利用“五大道”、“解放北路金融街”、“意式风情区”、“小站练兵原址”等历史文化遗产，确定了加快政府立法步伐，将《天津市历史风貌建筑保护管理规定》（草案）报市人大，升格为地方法规。（图3）

图3 戴相龙市长等市领导深入市房管局调研历史风貌建筑保护工作

★12月27日，建设部在全国建设工作会议期间举行了2004年“中国人居环境奖”和“中国人居环境范例奖”颁奖仪式，市房管局负责的“天津市五大道近代历史风貌建筑保护项目”获“中国人居环境范例奖”称号。

2005

★1月7日，戴相龙市长及陈质枫、只升华副市长听取市房管局关于天津市历史风貌建筑保护利用深度策划工作的汇报。会上，市领导对进一步做好历史风貌建筑保护工作提出要重点抓好三项工作：一是做好建立天津市历史风貌建筑保护委员会（以下简称“保护委员会”）、天津市历史风貌建筑保护专家委员会（以下简称“专家咨询委”）的筹备工作；二是做好《天津市历史风貌建筑保护条例（报审稿）》的修改、上报工作；三是进一步做好全市历史风貌建筑保护利用策划工作。

★2月8日，保护委员会正式成立。保护委员会由市长任主任，主管副市长任副主任，各相关委办局、市内六区政府主要负责人为成员。保护委员会是全市历史风貌建筑保护工作的领导机构，负责审定历史风貌建筑及历史风貌建筑区相关的各种方针、政策、标准和方案等事项。委员会下设办公室，其办公地点在市房管局。办公室主要负责历史风貌建筑保护、管理、利用等日常工作。

★3月31日，专家咨询委正式成立。专家咨询委是保护委员会决定重要事项的咨询机构，在保护委员会办公室的领导下开展工作。首届专家咨询委共有专家20名，由规划、建筑、文物、历史、社会、经济、文化、法律等方面的专家、学者组成，同时还特聘了来自香港、北京、上海等地的8位著名专家作为特邀委员。专家咨询委的主要工作是审核历史风貌建筑和历史风貌建筑区，对历史风貌建筑的保护、利用提出意见和建议等。

★5月17日，《天津市历史风貌建筑保护修缮技术规程》（图4）通过专家论证，作为天津地方标准正式颁布。

★7月20日，市十四届人大常委会第二十一次会议表决通过了《天津市历史风貌建筑保护条例》（以下简称“《条例》”）（图5），于2005年9月1日起施行。同日，市人大常务委员会向市人民政府，市高级人民法院、市人民检察院发出《关于印发〈天津市历史风貌建筑保护条例〉的通知》。

★8月19日、20日，市房管局组织召开了天津市历史风貌建筑保护专家咨询委员会第一次全体会议。副市长陈质枫出席会议，作重要讲话，并向专家咨询委委员颁发了聘任证书（图6）。会议对市风貌办提交的首批326幢拟确认历史风貌建筑进行了讨论审议，最后评审出其中323幢建筑作为首批历史风貌建筑，并上报市政府批准。会议还审议通过了《专家咨询委议事规则》和《历史风貌建筑保护等级确认原则》。

天津市工程建设标准　DB

DB29-138-2005　J 10564-2005

天津市历史风貌建筑保护修缮
技术规程

Protect the building of style and features and repair the technical regulation in Tianjin

2005-05-19 发布　2005-07-01 实施

天津市建设管理委员会

图4 《天津市历史风貌建筑保护修缮技术规程》

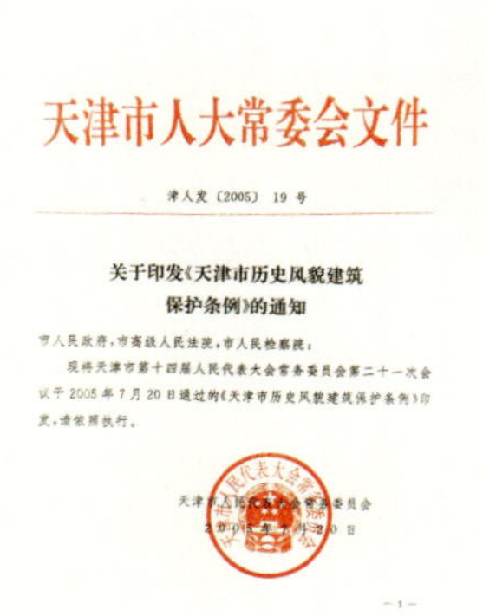

天津市人大常委会文件

津人发〔2005〕19号

关于印发《天津市历史风貌建筑
保护条例》的通知

市人民政府，市高级人民法院，市人民检察院：

现将天津市第十四届人民代表大会常务委员会第二十一次会议于2005年7月20日通过的《天津市历史风貌建筑保护条例》印发，请依照执行。

天津市人民代表大会常务委员会
2005年7月20日

—1—

图5 《天津市历史风貌建筑保护条例》

图6 第一次专家咨询委全体会议——陈质枫副市长向专家颁发聘书

★8月31日，市政府印发《关于同意确定我市首批历史风貌建筑的批复》，正式确定专家咨询委评审通过的323幢建筑为天津首批历史风貌建筑。同日，市房管局下发《关于印发〈天津市历史风貌建筑使用管理办法的通知〉》和《关于印发〈天津市历史风貌建筑保护腾迁管理办法的通知〉》。

★9月6日，天津市历史风貌建筑整理有限责任公司正式成立。整理公司是依据《条例》规定，由市政府出资组建的国有独资公司，也是全市范围内对历史风貌建筑进行整理的唯一特设公司。

★9月13日，市房管局下发《关于印发天津市历史风貌建筑和历史风貌建筑区确定程序的通知》。

★9月22日，市房管局批准“关于对静园进行保护腾迁的请示”，正式向天津市历史风貌建筑整理有限责任公司下发了《关于下达2005年历史风貌建筑保护腾迁（第一批）计划的通知》，这是天津首次开展独具地方特色的腾迁保护工作。

注：静园初名乾园，末代皇帝溥仪来此居住后，更名“静园”并由此名扬海内外，在天津近代发展史上具有极其重要的影响和地位。该建筑为天津市文物保护单位和天津市特殊保护等级历史风貌建筑，由于历史原因造成45户居民在建筑内伙住，致使建筑损坏严重（图7）。为切实保护好这幢珍贵的历史风貌建筑，充分发挥其历史文化价值，市国土房管局将其作为首个保护项目进行腾迁整理。

图7 腾迁整修前的静园

2006

★1月15日，市国土房管局在《天津日报》发布《天津市人民政府批准历史风貌建筑名单》的公告，公布了经市政府批准的首批323幢历史风貌建筑名单。

★1月21日，专家咨询委召开专业会议，对市风貌办推荐的第二批223幢拟确认历史风貌建筑进行了评审（图8）。经过与会专家逐一认真的审议，同意将其中的205幢建筑确认为历史风貌建筑，评审结果报市政府批准。

图8 第二批拟确认历史风貌建筑评审会

★6月1日，市风貌办主办的“天津历史风貌建筑网”（www.fmjz.cn）正式开通，并通过天津的主流媒体进行了广泛宣传。

★8月8日，天津市首块历史风貌建筑标志牌挂牌仪式在耀华中学举行，专家咨询委委员代表和耀华中学学生代表共同为首块保护标志牌揭幕，在全市引起强烈反响。8月12日，中央电视台《新闻联播》节目对天津历史风貌建筑挂牌保护工作进行了报道。

★8月18日，为加强历史风貌建筑保护，继续开展历史风貌建筑评审工作，专家咨询委召开第二次全体会议。市国土房管局向增补的专家咨询委委员颁发了聘书，并向专家汇报了一年来天津历史风貌建筑保护工作的有关情况，同时将市风貌办推荐的第一批12个拟确认历史风貌建筑区、第三批96幢拟确认历史风貌建筑提请专家委员会进行评审。通过专家的逐一审核，同意将第一批待审的12个历史风貌建筑区中的五大道、解放北路、中心花园、劝业场、一宫花园、古文化街6个区域确认为历史风貌建筑区；同意将第三批待审定的96幢建筑中的87幢建筑确认为历史风貌建筑，并将评审结果报请市政府批准。

★12月31日，市国土房管局组织召开《天津市历史风貌建筑保护图则研究与编制》”鉴定会。鉴定委员会听取了课题组有关汇报后，经认真讨论和审议，一致认为：该课题按照《条例》的要求，对天津市历史风貌建筑进行了逐一的测绘、调查，分幢编制了保护图则。保护图则的内容涉及历史风貌建筑的地理位置、建筑特征、内容、历史人文情况和保护整修要求，内容全面、史料翔实，整修要求严格、规范，对历史风貌建筑的保护和利用提供了可靠、科学的依据。此次会议的召开，为天津的特色保护工作——历史风貌建筑保护图则编制奠定了坚实基础。

2007

★4月26日，市国土房管局召开了“《天津市历史风貌建筑保护责任书》签订工作推动会”，以进一步贯彻落实《条例》,加强历史风貌建筑的保护工作，提升历史风貌建筑产权人、经营管理人、使用人依法保护历史风貌建筑的意识，明确其承担的保护义务和责任。会上，市风貌办与部分历史风貌建筑的所有权人、经营管理人和使用人的代表签订了历史风貌建筑保护责任书。

★7月12日，静园整修工程圆满竣工。20日，静园正式对外开放，成为全国首个依据地方立法完成的历史风貌建筑保护利用项目。

★9月初，《天津市历史风貌建筑——总览》正式出版发行，这是天津第一本介绍历史风貌建筑的专业图书，以图文并茂的形式对全市众多著名历史风貌建筑进行了深入展示。

★9月12日，市政协学习和文史资料委员会召开了天津市历史风貌建筑保护工作通报会（图19）。市国土房管局相关负责同志作了专题讲座。与会的市政协领导、委员及在津全国政协委员等百余人认真听取了讲座，对我市的历史风貌建筑保护工作给予了充分的肯定。

图19 市政协召开的天津市历史风貌建筑保护工作通报会

★11月11日—13日，由天津市政府主办，天津市国土房管局和天津大学承办的首届“历史风貌建筑保护与可持续发展国际论坛”召开（图10）。市人大副主任王德惠、副市长陈质枫、天津大学校长龚克出席开幕式，陈质枫致词并宣布论坛开幕。来自法国、美国、德国、意大利、韩国及我国香港、台湾和相关省市、大学的代表，专家咨询委委员共150人参加会议。论坛期间，来自国内外的专家、学者围绕历史风貌建筑和街区保护中存在的问题和对策、政策与方法、数字技术及传统工艺与材料等进行深入研讨，同时针对天津历史风貌建筑的保护与国际合作提出建议和对策。

图10 首届“历史风貌建筑保护与可持续发展国际论坛”

★11月12日，专家咨询委员会召开第三次全体会议，进行第四批拟确认的72幢历史风貌建筑评审。会议同意将其中65幢建筑确认为历史风貌建筑，并将评审结果报市政府审批。

2008

★6月底，天津在迎奥运市容环境综合整治中，对393幢、56.25万平方米历史风貌建筑进行了外檐整修。通过整修使建筑得到了保护，并涌现出一批具有代表性的精品工程，如原大清邮政津局、百福大楼、原金城银行、原俄国领事馆、原武德殿、天津西站等按照历史图纸或照片恢复了建筑的历史原貌，极大地提升了天津的城市风貌特色与文化品位。

★7月8日，国家“十一五”科技支撑计划重大课题——《既有建筑综合改造技术集成示范工程》课题启动会暨第一次工作会议在北京召开。市风貌办作为其子课题——“典型历史风貌建筑及既有建筑综合改造技术集成示范工程”的承担单位参加了会议，并作了专题汇报。该课题的研究对天津历史风貌建筑保护工作起到巨大的推动作用。

★9月1日，市国土房管局召开“纪念《条例》颁布三周年座谈会”（图11）。会议对《条例》颁布以来的历史风貌建筑保护工作进行了汇报，列举了各方面所取得的显著成绩和下一步的重点工作。市人大领导出席座谈会并对历史风貌建筑保护工作予以充分肯定。出席这次座谈会的还有咨询委员会的专家和社会公众代表，充分体现了“公众参与，全民保护”。

图11 纪念《条例》颁布三周年座谈会

★11月18日，市政府专门召开《条例》颁布三周年新闻发布会，向社会全面介绍天津历史风貌建筑保护工作所取得的成果和经验。

★2008年底，经过市政府近6亿元投入、持续十年的五大道大规模综合治理工作结束，该区的沿街建筑较好地恢复了历史原貌，街区整体环境得到了极大改善。十年来，累计维修沿街建筑1071幢、156.49万平方米；拆除违章建筑4480间、4.55万平方米；整修道路17.1千米、26.3万平方米；改造电力通信线网254沟千米，以及自来水、排水、煤气、供热管道26.4千米，并使架空线路全部入地；新增绿地6.5万平方米；安装和建设雕塑小品19处；更换路灯800余盏；安装和更换电话亭260个、果皮箱766个以及垃圾箱170个。（图12）

（图12）整修后的五大道街景

2009

★1月9日，市国土房管局在《今晚报》副刊开辟了历史风貌建筑集粹专栏，连载刊登市国土房管局副局长路红的署名文章，以图文并茂的形式向广大市民专题介绍天津的重点历史风貌建筑，每周刊载两篇。至2010年8月17日，最后一期历史风貌建筑集粹在《今晚报》副刊登出，标志着历时2年的连载告一段落。2009年和2010年，《今晚报》副刊共连载历史风貌建筑集萃168篇，刊发照片168张，引起了广大市民对历史风貌建筑及其保护工作的高度关注，社会反响良好，这种宣传形式标志着天津历史风貌建筑保护宣传，由过去单一的工作动态报道向面向社会公众的知识普及的转变，极大地提升了全社会的保护意识。

★3月16日，为进一步加强历史风貌建筑保护力度，掌握历史风貌建筑的安全底数，市国土房管局组织召开了历史风貌建筑安全查勘工作推动会，开始对全市未经整修的历史风貌建筑进行全面细致的安全查勘，为日后历史风貌建筑结构维修工作奠定扎实的基础。（图13）

图13 历史风貌建筑安全查勘现场

★6月8日—11日，住房城乡建设部、国家文物局联合检查天津历史文化遗产保护工作。国家文物局单霁翔局长亲率专家组、联合调查组对五大道历史文化街区、历史风貌建筑保护利用及执法情况进行了详细调查。（图14）

图14 国家文物局单霁翔局长深入五大道街区调研

★6月24日，国家文物局督察司还专程检查了历史风貌建筑执法记录，给予了公正而中肯的评价，并对今后加强整体保护提出了希望和要求，同时指出了天津历史风貌建筑保护工作的前进方向。

★10月18日，中央电视台《新闻联播》栏目刊播“天津保护历史风貌建筑 打造产业新增长点”的新闻，报道天津历史风貌建筑保护成果。

★10月30日，市国土房管局在全市历史风貌建筑安全查勘工作的基础上，对存在安全隐患的历史风貌建筑的有关责任人发送了第一批历史风貌建筑维修通知，向其反馈安全查勘结果，并依据《条例》要求其抓紧对房屋进行加固和维修，从而启动了全市历史风貌建筑结构维修工程。

★10月，按照市人大的年度立法计划，市国土房管局开始对《条例》进行修改。经过资料收集、学习调研、专家座谈和书面意见征求等过程，先后征求了专家学者以及市规划局、市文物局、市市容园林委、市公安局、市财政局、市建设交通委、市工商局、市旅游局等11个委、办、局和相关区政府的修改意见，通过认真分析研究和采纳，数易其稿，于10月底形成了《条例》修改稿的初稿。

注：随着天津经济社会的不断发展，历史风貌建筑保护工作形势变化很大，致使2005年颁布的《条例》在诸多条款上已不能满足实际工作需要，亟待进行重新修订。2009年初，市人大常委会根据多位人大代表的提案，将《条例》修改完善工作列入了立法调研计划，正式启动了该项工作。

★11月29日，市国土房管局向市政府报送五大道历史风貌建

图15 全市历史风貌建筑迎奥运整修成果

筑区房屋普查工作报告，圆满结束了五大道普查工作。普查中，工作人员创造出“逐级定位、图表对应、逐幢验收”的全新普查模式，高效快捷地对五大道地区的房屋现状进行了逐楼的普查和统计，为五大道历史风貌建筑整体规划和保护提供了极其重要的基础数据。

★11月底，市国土房管局圆满完成了与全市2000余户历史风貌建筑责任人重新签订《历史风貌建筑保护责任书》的工作。（图15）

注：由于历史风貌建筑产权人及使用人变化较为频繁，市风貌办于2009年再次与历史风貌建筑的保护责任人签订了《历史风貌建筑保护责任书》。

2010

★3月11日,市风貌办正式启动了天津市历史风貌建筑修缮工程修缮技术资料片拍摄工作。该片将用于历史风貌建筑传统修缮工艺技术的培训、传承以及推广应用，以全面提升天津历史风貌建筑的整体修缮水平。（图16）

图16 历史风貌建筑修缮技术资料片拍摄现场

★5月21日，市国土房管局与市规划局、市文物局共同组织了五大道保护利用试验区方案专家评审会。会议邀请谢辰生、徐苹芳、陈同滨等国内著名专家以及国家文物局文保司有关负责同志，专家咨询委部分在津委员，天津大学建筑学院教授及公众代表参加了会议。会上，设计单位对项目设计情况进行了详细的汇报，市规划局汇报了五大道地区的整体规划。与会专家们对天津市各部门与各设计单位、整理单位所做大量的工作表示高度赞赏。经全体参会专家审议，原则同意五大道试验区的方案，可进一步深化并逐步实施。

此次五大道试验区方案专家评审会的圆满成功，标志着各方专家对天津历史风貌建筑保护利用工作思路及模式的肯定，为该区下一步的保护利用工作奠定了良好的基础。

★5月30日，市国土房管局举行《天津历史风貌建筑》系列丛书首发仪式（图17）。国家文物局单霁翔局长、市政府任学锋副市长出席仪式并讲话。

图17 《天津历史风貌建筑》丛书首发仪式

该系列丛书共四册，分为居住建筑卷和公共建筑卷各两册，采取图文并茂和中英文对照的形式，对158处历史风貌建筑的历史人文背景和建筑特色进行了详细解读，既保证了较强的可读性和观赏性，又具备了史料收集和学术研究上的权威性。国家文物局单霁翔局长对《历史风貌建筑》系列丛书给予了高度评价，亲自撰写序言，并充分肯定了我市在历史文化遗产保护和历史风貌建筑保护方面所做的大量扎实细致的工作，指出天津能够在城市经济高速发展的背景下使保护工作取得今天的成绩，实属不易。

★8月31日，市国土房管局召开《天津市历史风貌建筑保护条例》实施五周年总结表彰会（图18）。

图18 《条例》实施五周年总结表彰会

市人大常委会领导出席会议并讲话。会议对5年来我市历史风貌建筑保护工作进行了全面总结，对有突出贡献的31家先

进单位和62名先进个人进行了表彰，并请先进单位代表及市民代表作典型发言。

★9月上旬，天津市人民政府对外宣传和交流的精品宣传书——《天津历史风貌建筑》正式出版发行。

★9月20—21日，天津市历史风貌建筑保护委员会、天津大学以及市国土房管局共同举办了第二届“历史建筑遗产保护与可持续发展国际会议”。国家文物局单霁翔局长、市人大常委会李润兰副主任、天津大学龚克校长、法国图尔市让·杰曼市长出席会议并致辞（图19）。全国文联主席、中国民间文化保护委员会主席冯骥才先生书面致辞。来自法国、澳大利亚、意大利、英国、西班牙、日本、韩国、美国以及国内各省市、香港地区的历史建筑保护领域的著名专家学者，南京、武汉、杭州、广州、福州、天津等国内各省市历史建筑保护管理部门有关负责同志和管理研究人员共计300余人参加了会议。

图19 国家文物局单霁翔局长出席第二届“历史建筑遗产保护与可持续发展国际会议”并讲话

会议期间，国内外39位著名专家学者围绕历史建筑保护的理论研究、运行机制、技术操作三大议题，深入探讨了如何把握保护和利用的关系、建立政府和公众参与的良性机制、历史建筑保护的融资模式、保护工作的新技术等国内外保护领域亟待研究和解决的共同课题，给天津历史风貌建筑保护利用工作提供了诸多新理念、新思路。

★9月21日，市国土房管局召开市历史风貌建筑保护专家咨询委员会二届一次会议。会议对首届咨询委委员进行了表彰，并由市政府办公厅领导颁发了“历史风貌建筑保护工作杰出贡献奖”，并向第二届咨询委委员的聘书。会议就近年来的国内历史建筑遗产保护与天津历史风貌建筑保护工作进行座谈，各位委员结合自身情况积极发言。

★9月底市风貌办开始为每幢历史风貌建筑编写细化到重点保护部位的修缮、使用要求。

★12月1日，天津历史风貌建筑网全面改版提升工作完成。（图20）网站改版后除保留政策法规、服务指南、保护机构介绍、新闻动态、电子公告等原有栏目外，新添加了百家讲坛、视频点播、三维展示、电子地图、走进历史风貌建筑、历史人文、历史风貌建筑典藏等多个拥有最新技术和高科技含量的特色栏目。

图20 全面改版提升后历史风貌建筑网

2011

★4月15日，市国土房管局组织召开了建立各区、县历史风貌建筑档案管理系统工作布置会，正式启动在全市各区县历史风貌建筑保护管理部门建立档案管理系统的工作。档案管理系统建成后，将极大地提高各区县历史风貌建筑保护管理部门的精细化管理水平。

★4月底，历史风貌建筑整理有限公司圆满完成了原庆王府整修工程，五大道保护利用试验区项目取得阶段性成果。整修后的原庆王府，很好地恢复了历史原貌，成为五大道历史风貌建筑区内的新亮点。

注：原庆王府是天津市文物保护单位，特殊保护等级历史风貌建筑，1922年由清宫内监小德张所建。1926年清庆亲王载振购得此楼并居住，俗称“庆王府”。该建筑是当时中西合璧的典型，外檐两层均设通敞柱廊，建筑形体简洁明快；水刷石墙面与中国传统琉璃栏杆交相辉映。

Changes in Fifty-four Years

五十四年的变迁

李沉（Li Chen）*

读者朋友，您现在看到的两张照片均拍摄于复兴门外大街的中央广播电视大厦上面，而拍摄时间却相距有54年之久；老照片拍摄于1957年，新照片拍摄于2011年。照片所反映的是北京复兴门及其周边发展变化的景象。

在老照片中，人们看到的是一片灰蒙蒙的景象：矮旧的平房充斥了整个城市空间，几栋在当时被称为是"高楼大厦"的楼房孤零零地站在城市的边缘，仿佛在寻找与身边"平房大叔"们聊天的机会；照片中部的长安街向远方延伸开去，在较远的位置，天安门城楼巍峨矗立在城市中间，与其他的建筑相比更显得高大、威严；向远处看，安宁、寂静之中，城市笼罩了一片沧桑、古老的梦幻之感，同时也表现出在百废待兴中迎接朝霞的到来：照片中最明显的是从左至右，古老的城墙贯穿于照片之中，城墙中间的豁口似乎在向人们讲述那一段不愿意说的往事，也似乎在提醒着人们：请关注我

有资料记载，北京明清城墙是明朝初年在元大都城垣基础上改建、扩建而成。城墙西垣自复兴门南至复兴门南大街与宣武门西大街交会处，为明永乐十七年（1419年）因拓展南城垣时所筑西垣南端，经明、清修缮，砌砖石。西垣外侧高10.3～10.95米，内侧高10.10～10.40米，基厚14.80～17.40米，顶宽11.50～14米。20世纪60年代后期因修建地铁而被拆毁，并在此基础上修建了西二环路。

照片中的豁口是复兴门的所在地。1939年日伪在西城垣近南部开豁口。据1942年所测，豁口宽7.4米，西侧留墙基高3.7米，起两侧斜坡至城墙顶砌砖。民国三十年（1941年）6月定名"长安门"，日本投降后改称复兴门，并沿豁口以砖砌城台，辟券门；券门高6.5米，宽10米，装双肩铁门；城台高12.5米，稍高于西城墙；券洞稍扁。券门顶上曾设测绘点，1950年时曾作为测量北京市的"大地原点"。1956年拆除城台及券门。1974年，建设了二环路上第一座立交桥——复兴门立交桥。

老照片中所表现的的是过去，是历史，沉寂的沧桑中似乎在孕育着巨大的能量，期待着不久就要到来的搏击与奋进。

相信看到新照片的人们都会为之一振：蓝天白云下是一座现代化城市的壮丽画面：造型各异、色彩有别的建筑令人振奋，高低错落的建筑天际线使城市更加灿烂，宽敞笔直的长安街将人们的"康庄大道"带往美好的明天，绿树成荫的美好环境呈现出的是一派生机盎然，充满现代文明与文化传统、并显示出朝气蓬勃的城市带给人们的是美好和幸福。

照片左侧上端的是北京金融街。始建于20世纪90年代的北京金融街位于北京西二环路东侧，南起复兴门南内大街，北至阜成门内大街，东临太平桥大街，南北长约1700米，东西宽约600米，总建筑面积350万平方米。现已入住包括"一行三会"在内的580余家金融机构和企业总部，管理的总资产达18万亿，控制着全国90%的信贷资金和65%的保费资金运作，可称为是真正的"寸土寸金"之地。

照片中间的西长安街延长线，道路两侧安排了众多的金融机构和服务单位，中国人民银行、中国工商银行、北京国际金融大厦、远洋大厦等与金融街相邻，使金融街的辐射力和影响力扩大到更广阔的范围。中国工艺美术馆、北京长途电讯大厦、民族文化宫、民族饭店等为人们丰富多彩的生活奉献出自己的热情和服务。照片中部、有着高耸塔尖的白色建筑是中央广播电视大学，照片右侧的中央音乐学院是我国高等音乐艺术教育和成人教育的最高学府，培养出的各类人才在各个不同的岗位上为祖国的发展作出了巨大的贡献。绿顶黄墙的天银大厦建于20世纪90年代初期。照片的左下方是国家海洋局办公大楼。

还有读者朋友在照片中看不见的建筑——坐落于复兴门西南角的中央广播电视大厦，也是照片的拍摄地点。大厦建成于1958年，是当时国内最大的无线电广播建筑。大厦为矩形平面，东西长160米，南北宽78米，总建筑面积9.38万平方米。整幢建筑由一组4层、7层、10层的台阶型建筑组成。内有480平方米和360平方米的大型综合录音室，400座音乐厅以及大小不同的录音、播音等工作室。10层以上设有钢结构电视天线塔，塔尖高86米。中央电视台春节联欢晚会的初期阶段就是在这里录制播出的。

新照片带给人们的是繁荣昌盛、巍峨壮观的现代化大都市的美景，这里寄托了人们的梦想，这里充满了人们对未来的希望。假如若干年之后还能够在原地同一角度再拍摄一张照片，相信那时的景象会有更大的变化。

*《建筑创作》杂志社采编部主任

复兴门今昔（上：摄于1957，下：刘锦标摄于2011）

ICBC
ICBC

中国教育电视台

ICCROM Dvoted to Protection of World Cutural Heritage

ICCROM致力保护世界文化遗产

在罗马古城内外，有很多小型政府间组织在世界的舞台上发挥着重要的作用。几乎所有人都知道罗马是联合国粮食与农业组织（FAO）的总部所在地，但是意大利同时也是很多小型政府组织（IGOs，由政府并非由个人资助）的所在地，这些组织时刻关注着世界范围内的其他问题。这里着重介绍了其中一个组织：国际文物保护与修复研究中心（ICCROM）。

早在1956年，UNESCO全体大会在马德里召开，大会上作出了建立ICCROM的决定，这一时期，也是文化遗产保护工作越来越受到重视的时期。1959年，在意大利政府的组织下，ICCROM在罗马成立。该组织的任务就是保护世界文化遗产。相对于该组织的规模而言，这项任务任重道远，尤其是几乎所有的遗产项目都在该组织的保护范围之内：民宅建筑、考古遗址、博物馆馆藏、图书馆和资料馆的收藏文档、图像收藏等。在全球各国竞相削减财政开支的形势下，129名成员国一直对ICCROM的成长鲜有贡献（例如即使在通货膨胀的情况下，成员国的会费也没有增长），他们总是想抱着“少即是多”的理念过日子。因此，对于那些想要开展保护工作的遗产保护人士而言，面临的挑战也越来越大。包括行政管理人员、项目经理和后勤人员在内，ICCROM一共有35名工作人员。客座专家负责相关知识的教学工作，而兼职顾问也是在各项目之间奔波。现在，组织总干事由来自阿尔及利亚的穆尼尔·布尚纳奇担任，他是2006年被选举出来担任此职的。依照相关规定，ICCROM的工作内容涵盖五个方面：培训、信息提供、研究，促进多方合作以及公共利益的维护。很显然，这些活动紧密联系，互相影响。那么，这五项工作的具体内容分别是什么呢？

①培训。ICCROM富有创新精神的工程经理们，为了完成工作目标，需要依仗多种工作策略，而伙伴关系的确立，是尤其重要的一环。当在某地区提供专业培训课程的时候，为了确保培训工作的顺利开展，他们要和能提供培训场所、后勤人员和住所的组织或个人打交道。客座专家和参与培训人员的差旅费用出自政府、委托人和基金会的资助。培训的目的是让参加培训的人员回到家乡之后，分享所学，并给他人以激励。一些培训课程常年在罗马开课，但是分散地点授课的趋势越来越明显，因为这样可以让培训人员更方便回国。2011年培训课程及培训地点分布为：世界文化遗产的管理和监管（中国）、石器的修护（罗马）、日本传统纸制品修护（日本）、图像及声音资料的保护（拉脱维亚）、文化遗产保护效果测评（巴西）、非物质遗产保护（文莱达鲁萨兰国）和现代建筑修护（芬兰）。

②信息发布。在遗产保护界，ICCROM的图书馆可能是世界上最好的图书馆了，馆内藏书达到87 000册，涵盖60种语言，此外还有474种重要期刊（来自交换或捐献）。图书馆面向公众（需要办理有本人照片的阅读证）、工作者、研究人员、实习生和参与培训人员开放。馆内提供无线上网服务，人们也可以在线搜索所需图书。另一个信息提供方面的特色，是一份标明不同地区和不同领域的培训课程目录，从初学者到博士后，在这份目录中都可以找到合适自己的课程。这份目录诞生的初衷是为了解答潜在求学者这样的疑问：“我想在英国学习绘画修复技术，我能去哪儿学呢？”这份目录支持在线查询，并提供不同课程的链接。令人关注的文化遗产信息会同时在Facebook和Twitter上进行披露。ICCROM也有很多出版物，包括文化遗产保护方面的图书、实事年刊（采用英语、法语印刷，有时也会使用其他语言），另外还有各类手册。现在，很多出版物都可以以PDF的格式免费下载。

③研究。有一个小型的研究室供培训课程和其他项目人员使用。以研究结合剂在历史建筑保护工作中的使用为例，在修复工作中，当使用结合剂为建筑物做快速修复的时候，该历史建筑的其他部分可能会因此而受损，尤其是在地震时期，因此，选择合适的材料和方式对于历史建筑的修复工作至关重要。ICCORM也会不时举行相关会议、制定标准，为保护专家之间提供交流学习的机会，共同探讨工作中遇到的棘手问题以及分析修复过程中的材料使用和修复方式的合理性。

④合作。与各个遗产研究机构的合作是工作的重点。由于该领域资源的稀缺性，有效的合作可以达到事半功倍的效果。除了上文中提到的伙伴关系在培训工作中的重要性之外，在其他方面与各方合作也有重要作用。比如，ICCROM会针对申请加入世界遗产名录的项目，为UNESCO的世界遗产委员会提供建议。或者，当一国受到灾害袭击的时候，从各方面提供专家建议。此外，ICCROM还设立了一个小范围内的技术援助项目，为成员国各自举行的培训活动提供相关材料。

⑤公共利益维护。提高公众的文化遗产保护意识、促进文化遗产保护进程是ICCROM重要的工作内容。在这里，ICCROM通过举办海报设计大赛和文化遗产报道大奖的方式，锁定在校学生和媒体这两个目标群体。其他的方案包括组织特定路线旅游、为文化遗产作家提供指导或者接管纪念性建筑。其中一些的工作重点集中在当地学校，其他的工作则具有更为广阔的国际影响力。

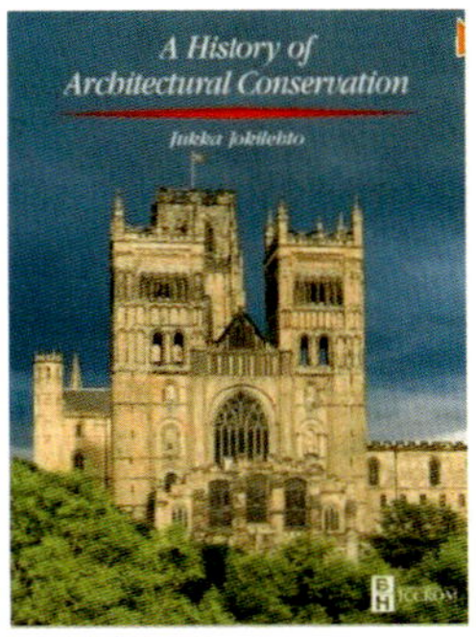

作者：茜西亚·罗克韦尔
翻译：苗森

国家文物局局长单霁翔考察天津历史风貌建筑

2011年5月13日，受天津市国土房管局邀请，国家文物局局长单霁翔来津对天津市的风貌建筑进行了视察，并做了历史文化遗产保护知识讲座。天津市国土房管局局长吴延龙、副局长路红、天津市文物局副局长金永伟等相关负责人全程陪同。

上午，单霁翔局长一行先后参观了曹禺故居、天津邮政博物馆、利顺德饭店等历史风貌建筑。参观过程中，单局长认真倾听工作人员的讲解，并不时提出问题。参观过后，单霁翔对天津市历史风貌建筑保护研究工作所取得的成果予以充分肯定。他说，天津的历史风貌建筑保护工作，得到市委、市政府的高度重视，形成了一套行之有效的法律法规体系和管理体系，值得借鉴。

下午，单霁翔局长在天津国土房管局礼堂发表了题为《留住城市文化的“根”与“魂”》的讲座。在讲座中，单局长通过生动的事例、翔实的数据、扎实的理论，介绍了国内外文化遗产保护的现状和经验，深入阐述了历史文化遗产保护和传承的重要性，分析了在当今中国城市化进程快速发展的历史阶段中，如何实现从功能型城市向文化型城市转变以及在此过程中面临的挑战和机遇。他强调：“中国处于一个城市化进程快速发展的历史阶段，城市建设正以空前的速度和规模展开。对文化遗产和城市文化特色的保护工作，处于一个最紧迫和最关键的历史阶段。”在展望未来城市发展趋势时，单局长说，“21世纪的成功城市必将是文化城市。中国特色的文化遗产道路越走越宽广。”

在天津市副市长任学峰的陪同下，单霁翔局长考察了庆王府项目。在听取了任学峰副市长的汇报之后，单局长说：“每次到天津来，都发现天津文物保护的理念在不断提升，为全国作出了很多表率性的工作。最重要的是在对待历史街区的问题上，并没有采取大拆大建的方式，也没有将原住民整体搬迁，而是针对有机的整体，进行有序的保护工作。在这个过程中，最可贵的在于工作的科学精神。深入挖掘每一个庭院、每一栋房屋、每一个房间里面积淀下来的文化内涵和历史信息，这样使我们的保护工程具有深刻的文化性。此外，保护工作的品质很高，比如利顺德大酒店、曹禺故居这些风貌建筑的保护都很到位，并没有按照现代的意愿随意杜撰，而是在维持建筑原貌的基础上，更细致地加以展现。这样的工作保持下去，就会形成历史街区保护的传统。历史街区就是由不同的人，不同的文化，不同的经济条件，根据不同的需求慢慢形成的。像“五大道”，最早肯定是由社会地位比较高，财力比较雄厚，有一定的资源的人建造的，但是随着历史的变迁，其中居住了很多普通的民众，围起了很多大院。在恢复过程中，并没有一下子让这些居民全部搬走，导致文化断裂，而是采用循序渐进的方式，慢慢地开展工作。而且，让我印象很深的是天津市各相关部门能够通力合作，强强联合，互相借鉴理念，充分发挥各自优势，齐心协力地搞好文物保护工作。”

（文/苗森 图/天津市国土资源和房屋管理局提供）

单局长讲课

参观庆王府

参观曹禺故居

会场

半个世纪的坚守——程泰宁建筑作品展暨论坛在京举行

2011年5月15日，程泰宁建筑作品展暨论坛在北京举行。马国馨、崔愷、孟建民、朱小地、胡越等建筑设计业内专家、学者参加了学术活动。

展览通过展板、照片、模型等形式，主要展出了程泰宁先生的代表作品及设计方案，这些设计及方案集中反映了程泰宁先生的创作思想及历程，是对程泰宁先生创作理念很好的解读。

程泰宁1956年毕业于南京工学院（现东南大学），几十年的创作实践与探讨，形成了自己的风格与特点。他非常注意将中国传统建筑的美学概念与西方现代建筑的理性思考结合起来，特别是20世纪80年代之后中国建筑呈现出多元、活跃的繁荣景象，为建筑师搞好创作提供了大量的发展机遇和良好的创作环境。程泰宁抓住了这一历史机遇，通过不断探索与实践，在中国建筑发展与创新的道路上取得了可喜的成绩。杭州黄龙饭店、加纳国家剧院、马里会议大厦、杭州铁路新客站、浙江美术馆、绍兴鲁迅纪念馆、中国海盐博物馆、建川博物馆战俘馆等建筑得到了业内外的好评，他创作的多个项目获得全国及省、部级优秀设计奖；2000年获得全国勘察设计大师称号；2004年获“梁思成建筑奖”；2005年当选为中国工程院院士。

论坛活动中，程泰宁先生以“跨越发展与中国现代建筑的创新”为主题，从“价值取向与评价标准的同质化是建筑创新的思想障碍”、“文化的自觉、自信是建筑创新的前提”以及“立足自己，在跨文化对话的基础上实现中国现代建筑的创新”等角度出发，对自己多年来的建筑创作实践和理论探讨进行了分析和总结。他认为，建筑创作的最高境界是哲学、是理念。建筑作品如果没有哲学理念作支撑，只能流于浅薄和苍白，所谓的“中国特色”也只能是一种空洞的议论。我们只有在创作实践的基础上，在中、西文化的比较和思考中，逐步积累并形成自己的哲学支撑，也可看作是为建构有中国特色的建筑理论体系所做的一点努力。我们的目标是在跨文化对话的基础上探索“现代”与“中国”的契合，力求在创作中有所突破和创新。这是一条立足中国建筑师自己的道路，是一个很有挑战性的过程。

全国勘察设计大师、中国建筑设计研究院副院长、总建筑师崔愷和《建筑师》杂志主编黄居正分别主持了以“建筑创作的时代性”和“当代建筑创作的批判性解读”为主题的论坛研讨会，多位建筑设计业内专家、学者，结合自身实践和体会，对程泰宁先生的建筑创作和理论探讨进行了分析和解读，并发表了观点和感受。

来自业内外的专业人员及媒体代表200多人参加了活动。

（李沉文图）

巴比伦遗迹保护工程

如今，巴别塔的破败景象已经很难让人联想到它在圣经中的价值。而从邻近巴别塔的一座小山顶上望去，古巴比伦遗迹的损毁情况尽收眼底。几座警戒塔分布在水平线上，棕榈树林中散落着铁丝网和盖满尘土的栅栏；村庄里混凝土浇筑的房屋若隐若现；还有萨达姆·侯赛因建造的巨大宫殿，这座宫殿是在尼布甲尼撒二世统治下的都城基础上建造起来的。有时，你还能看到其他的景象：城中一座座泥土堆砌的坟包，等待人们的发掘，就像先知耶利米所说的那样“吾主手中之金杯，世人饮之皆醉”。

在山坡上，杰夫·艾伦，一名来自世界遗迹基金会的保护专家，曾多次来到巴比伦遗迹，他说：“这里的一切都尚未开发。这片遗迹蕴藏着巨大的潜力。你可以挖掘出整座城市的街道脉络。”

当然，就伊拉克目前的实际情况而言，挖掘工作的开展还要等待多年时间。但是，自美国2003年入侵伊拉克以来，经过这么长时间的遗忘和战乱，考古学家和古迹保护主义者重新开始了对巴比伦城的部分建筑以及分布在美索不达米亚其地区的其他遗迹的保护工作。而且，有很多遗迹是第一次被开掘出来，当然为了躲避强盗的掠夺，很多开掘工作都是秘密进行的。世界遗迹基金会与伊拉克国家古迹和遗产委员会合作，发起了一项保护计划，内容包括防止巴比伦城泥砖遗迹的进一步恶化、遗址修复工作的开展等。

11月，国务院拨款两百万美元用于遗迹关键部分的保护和修缮。这些遗迹包括伊诗塔之门的底座部分。伊诗塔之门建于公元前6世纪，由尼布甲尼撒二世的父亲——拿布波拉萨修建，上面雕刻着巴比伦神话人物马杜克和阿达德的浮雕（由尼布甲尼撒命令建造的蓝釉大门，于20世纪初期被发掘出来，并在位于柏林的帕加马博物馆中重新组装完成）。官方保护计划的初衷，是使从南部的乌尔到北部的尼姆鲁兹的所有巴比伦遗迹都做好准备工作，希望能有那么一天，大批科学家、学者和游客们的到来可以像石油那样，对伊拉克的经济复兴作出贡献。

目前为止，巴比伦计划是伊拉克规模最大、目标最为远大的保护计划，为了能够重现巴比伦古城往昔的盛况，使它能够与伊拉克的现代政治和文化遗产形成共鸣。“这是国内一项伟大的工程，而它只是开始。”伊拉克古迹和遗产委员会主席盖斯·侯赛因·拉希德在巴格达接受采访时透露，“我们希望该工程可以为其他遗迹保护项目作出表率。”要想达成这一目标任重而道远，而对遗迹的威胁来自方方面面。萨达姆·侯赛因统治时期，对巴比伦城遗迹的破坏已经无法挽回；而战争使得伊拉克境内考古和古迹保护工作陷入停滞，只能任由这些古迹自生自灭，甚至遭到强盗的洗劫。

美国部队将巴比伦城作为大本营，而后该地又由波兰军队占领。虽然在2004年该遗址的管辖权已经归还给了伊拉克古迹和遗产委员会，但是军队留下的现代痕迹对于遗迹而言，仍然构成了巨大的威胁。自从2009年保护计划开始启动以来，世界遗迹基金会一直在组织考古学家，对巴比伦遗迹进行评估。基金会研发了一款电脑软件，对遗迹的破坏程度进行记录，并且找出其中受损最严重的部分，而研究盐质地下水对建筑物的腐蚀程度成为整个工作的切入点。“我们首要的工作就是要创立一个稳定的环境，”11月份，艾伦在遗迹所在地说，“这里的建筑已经处于崩塌的边缘。”

沿着由水泥砌成的现代化管道，地下水通过细缝深入到泥砖当中。这些泥砖已经有2 500年的历史了。日积月累，伊师塔之门地基的泥砖有一些已经被这些地下水腐蚀殆尽了。“他们只对伊师塔之门的里侧进行保养维护，因为领导者和达官显贵只会看到这一面，”在提到萨达姆时期的遗迹管理者时，马哈迈德·班德卡——一名在基金会工作的建筑师这样说，“大门

的外侧状况简直糟透了。”

美国政府将会提供基金支持，对下水道进行改造，使之绕行伊师塔之门的地基。工作人员计划对巴比伦两座古庙进行类似的改造，分别是宁马赫神庙和纳布—沙—凯尔神庙，虽然它们饱受沙化之苦，一些不科学的修缮方式也给它们造成了损坏，但是这两座神庙仍是遗迹当中保存程度最完好的。“很难说清沙化和人为损坏哪个造成的破坏更大，”艾伦先生说，“但是二者无疑都是遗迹保护工作的巨大障碍。”

来自美国的改造小组已经将遗迹中一座现代博物馆翻修一新，同时还为几十年来一直作为游览入口的伊诗塔之门制作了模型。博物馆里陈列着这片遗迹中的瑰宝：一面刻在釉面墙砖上的狮子浮雕，曾经有120座相同的浮雕，坐落在通往城中的圣路两旁。这座有三个展厅的博物馆计划本月开放，自2003年至今，这里将迎来第一位游客。同时，关于从巴格达的国家博物馆遣返文物的对话也正在进行中。

时至今日，伊拉克当局领导者们还在为巴比伦古城的命运争论不休，争论双方分别为文物部门和当地政府，矛盾焦点

集中在遗迹开放时间和遗迹园区规划，目前，双方还没达成任何协议。他们甚至还在争论遗迹门票的收入分配——究竟是归文物部门还是归当地政府。遗迹修复面临的另一个巨大困难是巴比伦城墙内部的情况还不得而知，这一区域面积足有3平方公里。而工程方已经把旧城墙的修缮改造提上日程，这一做法使得城墙周边居民心生恐慌。他们担心巴比伦遗迹的保护工程会使得自己背井离乡，无地可种，就像萨达姆·侯赛因驱逐居民，修建宫殿的做法一样。“他们的土地被无情地剥夺了，”米师德·马穆里——一位专门为寡妇和孤儿服务的政府组织负责人说，“这对他们的心理造成了阴影。”保护工作负责人艾伦先生说，巴比伦城的保护工程需要不同地区之间的通力合作，而这需要伊拉克政治局势保持稳定才能实现。

“我们不仅仅关注考古，”他说，“我们也关注经济的发展，当地人民生活的改善。他们的目光需要更加长远，不能局限于遗迹本身，只有做到了这点，遗迹的完整性才能得以保证。

编译：苗淼

土耳其大坝工程受阻

哈桑凯伊夫，一座位于安纳托利亚东南部的小镇，至今已经有几千年的历史。今天一些律师、科学家和政府官员聚集在哈桑凯伊夫小镇外围的底格里斯河畔，对一项位于河流下游的正在建设中的大坝工程进行了猛烈的批评。相关部门也凭借此次机会正式宣布了一项调研行动的开始。该次调研由土耳其地方法院发起，目的是对哈桑凯伊夫的历史价值进行评估，并对大坝工程对这座千年小镇可能产生的影响进行调研。

在一片犬吠声中，来自邻区迪亚巴克尔行政法庭的大法官穆斯塔法·艾瑞克大声宣布：任命包括一名水利工程师和两名考古学家在内的三名科学家负责本次调研活动，Dogan新闻机构负责影像记录工作。法庭有权终止大坝的建设。哈桑凯伊夫镇和全土耳其最具争议、也是规模最大的水利工程的命运，都将由专家出具的调研报告所决定。整个调研过程将持续三个月。通过此次调查，可能会给围绕这项工程进行的几十年的争论画上一个句号。政府曾承诺，这项工程将会带来更多的工作机会，也会改善这个贫困地区的现状。但与此同时，反对者则说这项工程所带来的只有对环境的破坏，对文化遗产的摧残。

由于担心工程对环境产生不良的影响、政府安置政策的不明朗以及对其文化遗产的毁灭性打击，2009年7月，欧洲债权人已经撤回了11亿～15亿欧元的投资。但是首都安卡拉反应迅速，动用国家财政填补资金缺口，从而使工程从去年开始继续施工，政府甚至已经开始了下游区域居民的安置工作。现在工程进展迅速。国家总理埃尔多安已经责成相关建设单位在2014年年中竣工，这比预计工期提前了两年。然而，迪亚巴克尔法庭这次调研活动或许会对工程的进度造成影响。

测量人员上周开始对哈桑凯伊夫周边进行了第一轮的检测，而他们的一举一动都在诉讼当事人的监控之中，这其中既包括为工程辩护的政府律师和官员，也包括唯一的原告姆拉特·卡诺先生。卡诺先生，一名来自伊斯坦布尔的律师，从他上周在办公室接受的采访中可知，这次调查活动实属来之不易。早在2000年1月，卡诺先生就已经递交了他的投诉信。他在信中指出，哈桑凯伊夫镇作为历史和文化遗迹，是受到法律保护的，同时也是欧洲考古遗址保护公约的保护对象。

“在哈桑凯伊夫镇，你能见到发生在高美索不达米亚地区的所有文明的遗迹，在这里，我们有拜占庭，我们有罗马，我们有亚述人，我们有阿拉伯人，我们有赛尔筑部落，我们有奥斯曼人。”卡诺先生说，“这些灿烂的文化遗址不属于个人，它属于全世界。我们只是它的保护者而已。”

这起诉讼因为管辖权和其他法律问题，已经在多家法院之间来回推诿了十多年，直到上个月，迪亚巴克尔法庭终于指派了专家负责此事。

在因调查开始而高兴的同时，卡诺先生也担心时间的紧迫。在与来自文化部的代表一起参观了哈桑凯伊夫和伊利苏建筑工地之后，卡诺先生接受了第二次采访，采访中，他说，负责下游地区遗迹转移和保护的文化部，还没有任何可行性的计划出台。而与此同时，大坝工程正在全速开工，他们企图造成木已成舟的局面。

大坝本计划于2016年竣工，而这一工期因为总理埃尔多安的干涉而提前。总理埃尔多安在2010年10月曾经说：“对我而言，原先的工期实在是太漫长了。”他是在伊利苏一处为安置移民准备的新村庄的动工典礼上说这番话的。这个村落只是200多个移民安置点中的一个。他还说：“让这项工程最迟在2014年上半年就竣工投入使用吧！”负责这项工程的政府机构——国家水利工程总指挥部正式确认，会依照总理要求的工期竣工。在给媒体的电子邮件中，该机构说大坝主体部分的建造将在4月开始。

相对而言，哈桑凯伊夫镇的遗迹保护工作则远远滞后，文化部长埃尔图格鲁尔·格纳伊也承认这一点，在2月份的一次采访中，他说：“在我看来，保护工作还需要更多的时间才能完成。”部长说，他已经紧急要求内阁成员找出一种“科学的方法”。“在面对像哈桑凯伊夫这样的具有极高历史价值的古镇的时候，我认为我们更应该谨慎行事，不能急于求成。”

采自《纽约时报》
编译：苗淼

简评《中华世纪坛纪念文化先贤活动》

殷力欣

2011年4月5日清明节上午，首都各界“纪念文化先贤活动”在北京中华世纪坛举行。这一天，40位“中华文化名人”的青铜雕像在此地揭幕，并从此在中华世纪坛永久陈列。

此次入选为“中华文化名人”者，有古代先贤25名：

春秋时期法家思想创始人管仲（约前725—前645年，安徽颍上人）

道家思想创始人老子（约前751—前471年，河南鹿邑人）

教育家、儒学创始人孔子（约前551—前479年，山东曲阜人）

军事学家孙子（生卒年不详，春秋齐国人）

战国时期诗人屈原（约前340—前278年，湖北秭归人）

水利学家、都江堰的设计者和组织者李冰（生卒年不详）

西汉史学家、文学家和思想家司马迁（约前145—？年，陕西韩城人）

东汉科学家、文学家和发明家张衡（78—139年，河南南阳人）

造纸术革新家蔡伦（？—121年，湖南郴州人）

东晋书法家　王羲之（303—361年，山东临沂人）

南北朝数学家、天文学家祖冲之（429—500年，河北涞水人）

北魏末期著名农学家贾思勰（生卒年不详，山东寿光人）

唐代画家（人称“画圣”）吴道子（约685—758年，河南禹州人）

诗人李白（701—762年，甘肃成纪人）

诗人杜甫（712—770年，河南巩县人）

北宋史学家司马光（1019—1086年，山西涑水人）

活字印刷发明者毕昇（？—1051年，湖北英山人）

科学家、军事家沈括（1031—1095年，浙江杭州人）

南宋女词人李清照（1084—1151年，山东济南人）

元代戏曲作家关汉卿（1240—1310年，北京人）

纺织技术革新家黄道婆（1245—？年，上海人）

明代医药学家李时珍（1518—1593年，湖北蕲春人）

十二音律发明家和历学家朱载堉（1536—1611年，河南沁阳人）

地理学家、旅行家徐霞客（1587—1641年，江苏江阴人）

清代小说家、红楼梦作者曹雪芹（1715—163年，祖籍辽宁辽阳）

有近现代名人15名：

近代铁路工程先驱詹天佑（1861—1919年，安徽婺源人）

书画家和篆刻家齐白石（1863—1957年，河南湘潭人）

民主革命家和教育家蔡元培（1868—1940年，浙江绍兴人）

文学家、思想家鲁迅（1881—1936年，浙江绍兴人）

经济学家、教育家和人口学家马寅初（1882—1982年，浙江嵊州人）

地质学家李四光（1889—1971年，湖北黄冈人）

文学家、历史学家、社会活动家郭沫若（1892—1978年，四川乐山人）

京剧表演艺术家梅兰芳（1894—1961年，祖籍江苏泰州）

绘画大师、美术教育家徐悲鸿（1895—1935年，江苏宜兴人）

文学家和社会活动家茅盾（1896—1981年，浙江桐乡人）

建筑学家、中国建筑史学科开创者梁思成（1901—1972年，广东新会人）

中国医学妇产科主要开拓者林巧稚（1901—1983年，福建厦门人）

作曲家和音乐教育家冼星海（1905—1945年，广东番禺人）

数学家和教育家华罗庚（1910—1985年，江苏金坛人）

科学家、物理学家邓稼先（1924—1986年，安徽怀宁人）

据悉，此次“中华文化名人”40名，系由有关专家评选。根据中华世纪坛建设

的原有规划，由北京歌华文化发展集团、中华文化基金会等资助，延聘众多雕塑名家，经过十年的努力，完成了这40位中华文化名人青铜塑像的设计、创作和雕塑工作。

此次活动得到了各界人士的高度重视，孔子后裔孔德墉、梁思成夫人林洙、梅兰芳之子梅葆玖、徐悲鸿之子徐庆平等多位文化名人亲属亲临纪念；著名学者欧阳中石先生专门题赠《中华国贤颂》，以示敬仰。

作为旁观者，笔者以为，这次评选文化名人并为之立像作永久纪念的活动，表现了我国现阶段对重新认识本民族伟大文化传统的高度重视，其意义是不言而喻的，活动发起者与组织者是令人钦佩的。但是，这项活动远非对历代先哲的全面定论，因为还有许多人选是应该再三考虑的。比如，两宋时期有女词人李清照入选，而文学成就更高的苏轼、辛弃疾等却不在行列，历史意义更大的范仲淹、朱熹等也未提及；明代学人徐光启的贡献也不输于同时代的徐霞客；在近代文化先驱中，至少应有胡适先生的大名……此外，评选者以生卒年代排列入选者的先后次序，虽说这一般比较科学，但似乎应有所例外——孔子的意义是超越时空的，理应作为承先启后的集大成者，列为中华文化之第一先哲，其余再以时间为序。

作为建筑学人，笔者很为梁思成先生入选“中华文化名人”而兴奋，同时，又觉得有资格进入这一行列的建筑界人士，还远不止梁思成先生一人，如：北宋建筑学家李诫，其所编纂之《营造法式》一书，与古罗马维特鲁维《建筑十书》并称为东西方建筑学之双璧，成就了独特的中国古代建筑体系，其文化价值是不逊于同时期沈括的；进入近现代，中国营造学社的创始人朱启钤先生，在重新认识中国传统建筑的文化意义，以“沟通儒匠”图文化更新方面，其影响力是历久弥新的；现代中国第一代建筑师吕彦直先生以南京中山陵、广州中山纪念堂的设计，开“中国固有式建筑”之先河，被誉为“适足以象征我民族复兴之始也”，其贡献也不容小觑……

当然，笔者直言上述浅见，绝非对活动的组织者吹毛求疵，而是觉得有这次良好的开端为基础，我们今后应开展更为深入的工作。以建筑学界为例，一旦我们的研究和启蒙工作有更大的进展，上述李诫、朱启钤、吕彦直等势必可以为更多的人所认知，他们的文化意义将在更大程度上发挥出应有的作用。

天津大学徐苏斌教授获日本建筑学会、建筑史学会双奖

【本刊讯】：2011年4月23日、5月30日，天津大学建筑学院教授徐苏斌相继获得日本建筑史学会奖和日本建筑学会奖。

日本建筑学会创立于1886年，是日本建筑领域最大的学术机构，会员3.5万人。1949年开始设置建筑学会奖，意在建筑领域推进学术、技术、艺术等方面的进步特别优秀的业绩，为日本建筑学界的最高荣誉。该奖项主要有表彰研究业绩的论文奖和表彰作品的作品奖。日本建筑学会作品奖获得者多是著名的建筑师，如我们熟知的前川国男、丹下健三等。著名美籍日本建筑师山崎实、美国建筑师安东尼·雷蒙德（Antonin Raymond）、荷兰建筑师雷姆·库哈斯（Rem Koolhaas）、伦佐·皮亚诺（Renzo Piano）等也曾获奖。论文奖获奖者自1949年以来一共有470人，大都为日本各个大学的知名教授。今年徐苏斌教授获此殊荣，为设置论文奖以来的第一个外国研究者。

建筑史学会于1983年由东京大学教授稻垣荣三创立，其宗旨是继承日本国于1937年所创建的建筑史研究会的学术传统与治学精神。该学会于1997年设奖，至今年为第15回授奖。徐苏斌教授也是获此殊荣的第一位外国学者。

日本建筑学会奖奖牌

日本建筑史学会奖奖牌

天津大学考察意大利库马古城遗址动态（一）

提起意大利，人人都知道它与中国一样，是拥有灿烂历史的文明古国。而很多人并不了解，自古以来意大利的汉学研究也在国际上首屈一指。从神父利玛窦（Matteo Ricci，1552-1610）和卫匡国（Mrtino Martini，1614-1661），到1732年马国贤（Matteo Ripa，1682-1746）在那不勒斯创办中国学院，甚至更早的马可波罗也可囊括在其汉学研究的历史之内。反观我国，对环地中海古典文明的了解却一直不够深入。近日，天津大学建筑历史与理论研究所和那不勒斯东方大学（Università degli Studi di Napoli l'Orientale）古典学系合作，对“大希腊”地区文化遗产保护开展研究，并对意大利库马（Cumae）古城建筑遗址进行测绘，可以说多少弥补了这一缺憾。

库马是古希腊文明于公元前7世纪时在意大利地区的第一处殖民地，有史以来一直是地中海西部的文化中心，当属古典文明的摇篮之一。那不勒斯东方大学的前身即是马国贤创办的中国学院，是西方历史上第一所研究中国的学术机构，在国际汉学界具有重要影响。天津大学建筑历史与理论研究所则是国内古建筑测绘与研究的重镇，2008年起开始建设国家文物局古建筑测绘重点科研基地。这次合作可谓是强强联合，是我国科研力量第一次对经济发达国家而且是文化遗产保护发达国家进行技术支持，是我国建筑学科第一次到西方建筑的发源地“大希腊”地区从事现场研究与文化遗产保护的合作，现已被列入意大利中国文化年（2010.10～2011.9）活动框架之中。

2011年4月5日至4月23日是第一合作季，天津大学工作组首次前往库马开展现场工作，主要对库马古城建筑遗址进行初步测绘与三维激光扫描，并同那不勒斯东方大学的同事交流研讨。库马位于意大利那不勒斯省北部，其古城遗址大致分为卫城、外城和城防三个区域。卫城位于西部山顶，俯瞰地中海，周围建有神庙和大名鼎鼎的先知洞。外城处于东部平原，包括宏伟的宙斯神庙、公共浴池等一系列公共建筑以及北面的居住区。城防则包含平原北部与东部的城门、引水渠和防御工事。

中方的测绘工地位于外城的居住区，至2011年发掘面积约300平米。现存遗迹包含了自公元前5世纪起古希腊的墙基和地面，若干个罗马时期的民居残留，以及中世纪时的部分改建。使用时间持续了一千余年，总共可以分为16个时期。目前已发掘的部分主要包括罗马时期的一段柱

中意双方部分工作人员

廊和紧邻的两座宅院。这段柱廊集中体现了遗址的复杂性：最初罗马共和国时它还是完全开放的路边“人行道”，之后立起带拱券的柱廊；后来宅院扩建，在柱廊南面的柱子之间建墙使其成为私人房间，最后整条柱廊都被纳入到宅院之中，中世纪时这里更成了堆放杂物的地方。柱廊旁的宅院则显示出居住建筑的丰富性：已发掘的遗址包含入口、商店、卧室、会客厅、花园、浴室等一系列房间，还有保留下来的壁画和马赛克图案等装饰。工作组在到达之初，即与考古工地主管、那不勒斯东方大学教授马泰奥·达昆托（Matteo D' Acunto）会面。在其领导的考古工作者的帮助下，测绘与扫描工作按计划在一周内顺利完成。4月13日小组成员向达昆托教授展示扫描成果时，他非常满意，表示这是中国学者第一次在意大利完成这样

库马在地中海地区的位置

在库马文管所举行总结会议

的项目，并希望以后能够进一步合作。

除达昆托教授之外，天津大学工作组还和相关领域的意大利学者进行了广泛的接触交流。4月15日他们前往那不勒斯帕斯诺普大学（L'Università degli Studi di Napoli "Parthenope"）会见马方济（Francesco Magnocolla）教授，18日又会见了那不勒斯东方大学马国贤研究所所长樊米凯（Michele Fatica）教授。19日举办了中方在腓特烈二世大学的讲座，王其亨教授进行了题目为“中国建筑文化遗产保护的历史与理念”的演讲，介绍中国建筑文化遗产保护工作的历史和各时期理念的变化和发展。丁垚老师演讲的题目为“辽之建筑”，介绍了中国建筑的基本知识以及辽代建筑研究的近况。讲座结束以后，中方学者前往国际古迹遗址理事会（ICOMOS）意大利办公室会见理事会意大利主席毛里奇奥·迪斯特凡诺（Maurizio di Stefano）先生，并向他介绍了在库马的工作以及对未来的展望。

作为西方古典建筑的初学者，工作组成员也前往意大利其他古建筑遗址学习。以库马为大本营，他们参观了意大利坎帕尼亚大区（Compania）境内的诸多遗址。其中公元1世纪的庞贝遗址（Pompei Scavi）以公共广场和宏伟神庙为中心，拥有大面积保留完好的街道和住宅，对于库马的复原工作很有意义。同样埃克拉诺遗址（Ercolano Scavi）也是古罗马城镇的生动反映。除坎帕尼亚大区外，工作组还在罗马逗留两天进行参观。

4月21日回国前一天，工作组与库马文管所所长保罗·卡普托（Paolo Caputo）先生、科技处处长切萨雷·焦尔达诺Cesare Giordano先生、那不勒斯东方大学帕斯夸莱·瓦莱（Pasquale Valle）先生等一道进行了总结。意方对于我方第一工作季的三维激光扫描和测绘成果非常满意，并提出了更为宏伟的合作意向。天津大学建筑历史与理论研究所预计将于九月份派出团队赴意开展第二工作季的工作。

（丁垚　董哲　文／图）

国际建筑师纷纷向日本伸出援手

在日本东北部地区，震后重建工作进展缓慢，步履维艰。3月11日，这里遭到了9.0级地震和浪高10多米的海啸袭击。很多建筑师都通过捐款、捐物、参与灾区规划或组建灾情评估小组的方式，为日本灾后重建工作出一份力。

3月30日当天，美国建筑师协会(AIA)日本分会会长建筑师Hisaya Sugiyama致信AIA全体成员，这位东京昆西事务所负责人在信中针对灾区重建工作提出了详细的建议，尤其对该地区学校体育馆予以了特别的关注，因为那里收留着170 000名无家可归的灾民。Sugiyama计划在体育馆里增加地热设施，可以从墙面折叠下来作为寝具的绝缘板，在墙上装钉圆环，用来固定绳索，绳索上面可以悬挂分割区域的布帘。

此外，当重建工作正式启动的时候，“建筑师应该行动起来，献计献策，规划新旧社区，在不同建筑内部设置额外的安全保护装置，促进经济发展，提供环保方面的解决方案。”Sugiyama在信中写道。尽管如此，他仍意识到可能要过几个月的时间，建筑师才能完全派上用场。“不幸的是，目前灾区的情况复杂多变，建筑师的所学还没有用武之地，”他写道。

建筑师的作用一时半会还不能发挥出来，而更多的障碍又摆在眼前。目前，未经许可，外国设计师不得在日本境内从事设计活动，哪怕是最基本的调研工作也不可以。然而，这一切困难并没有阻止来自西雅图的建筑师雷切尔·米内利行动的脚步。米内利是AIA灾难协助行动组的负责人，该行动小组成立于2005年，那时卡特里娜和丽塔飓风刚刚席卷了路易斯安那，整座城市满目疮痍。小组鼓励建筑师接受由联邦紧急事务管理处（FEMA）主办的培训课程，学习对破损建筑合理的评估方法。

从理论上来讲，大概会有1 000名来自世界各地的志愿者或者通过FEMA培训课程的美国建筑师到达日本。但是，目前这些人员还均未到位，因为无论是日本政府机构还是相关慈善团体都没有提出对设计人员的需求，米内利这样说。同时，AIA已经与各国分会负责人取得联系，对潜在的志愿者的数量进行估算。米内利也已经与通过FEMA培训的150名建筑师取得联系，要求他们做好准备，随时待命。

事实上，有一个建筑团体目前已经开始了在日本境内的活动，那就是建筑人道组织（AFH）。该组织在三月下旬已经筹集了250 000美元善款，用于重建仙台市中心。他们还计划监督“城市医疗中心”的修建工作。此外，AFH打算在四月下旬，在仙台设立办事处。这个港口城市灾情十分严重。AFH创立人卡梅隆·辛克莱并未对此事作出评价。

在日本，有大约20 000间房屋被毁，重建周期大概需要几个月的时间。一些建筑师正在仿效AIA在路易斯安那，巴吞鲁日的分会，把工作重点转移到了临时住所上。因为经历过卡特里娜和丽塔飓风，在提到自然灾害的巨大破坏力的时候，执行总监凯瑟琳·戈登表示“感同身受”。为了帮助日本灾民渡过难关，分会的300名会员正在为ShelterBox这个国际组织筹集资金，该组织专门为在灾难中失去家园的灾民提供大型帐篷。截至3月下旬，给分会已经筹集到600美元捐款。

对于灾后救援工作的关注不仅仅来自于日本国内。来自伦敦的建筑师约翰·帕森旅居日本多年，主要从事住宅和商店的设计。他设计了一款白色丝带，上面画有红色圆点，暗喻日本国旗。白丝带的虚拟版本可在帕森网站有偿下载，建议售价1英镑。这笔收入将会通过红十字会捐赠给日本相关部门。“这是举手之劳，”帕森说，“你会奇怪为什么以前就没有人这么做。”

（苗森编译）

Slussen 滨水区更新设计方案征集公众意见

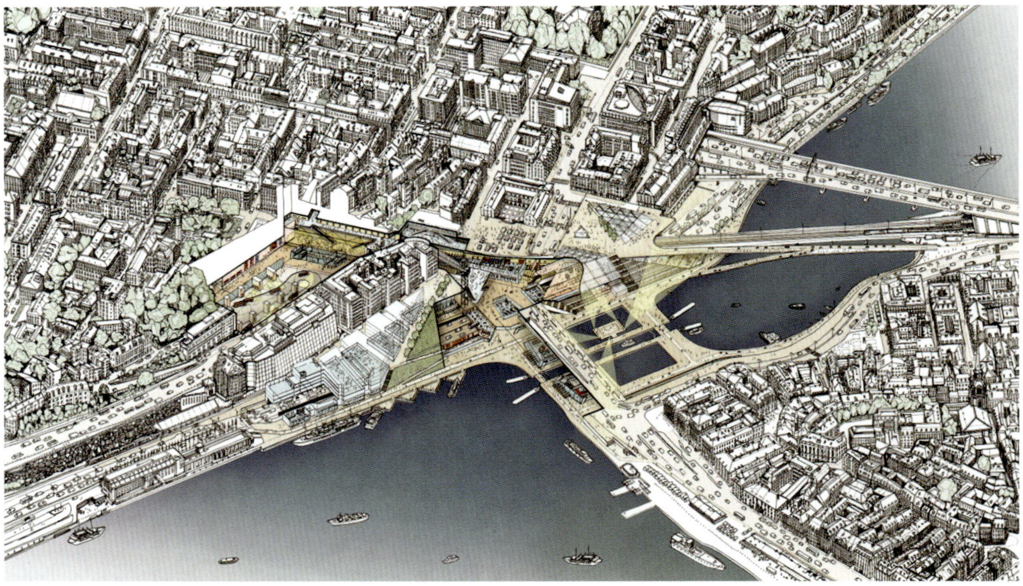

2011年5月3日，斯德哥尔摩就Slussen滨水区更新设计方案面向公众征集意见，在此前的设计竞赛中，Foster + Partners建筑师事务所和Berg Arkitektkontor事务所合作推出的方案最终胜出，并在此次活动中面临公众的检验。此次的设计方案展示将持续到2011年6月16日，由国际设计巨头Foster + Partners和瑞典本土设计公司Berg Arkitektkontor合作完成的这项更新设计方案，将会使波罗的海和梅拉伦湖之间的滨海区焕然一新。

2009年，在击败了强劲的竞争对手简·努维尔和BIG之后，这项获胜设计方案进行了大刀阔斧的修改，将原设计中呈螺旋状连锁相连的桥梁设计变为两条笔直的平行架桥。Foster + Partners事务所解释说，之所以进行这样的修改，是"与专家顾问共同分析和协商的结果"，这么做也许会削弱规划整体的视觉表现力，但是确保了规划的可行性。在更改后的规划中，坡道和桥梁的网状体系形成清晰简捷的步行通道和自行车道，此外还会设立一个交通枢纽，集合多种公共交通工具，如公共汽车、火车、有轨电车和地铁。

Foster + Partners最新公布的效果图显示，重新规划后的滨海区将和伦敦的泰晤士河周边地区有几分相似，少量的桥梁，零星点缀的公共广场，这些都会让位于北部的滨海区呈现出地中海式的繁华。福斯特公爵的风格元素在Slussen 滨水区的使用不会非常张扬，但是细节的处理得到了充分的重视，像为最大架桥选用的金色色调，河面上方建造玻璃顶棚打造出的室内空间等，都散发出福斯特风格独有的味道。

翻译：苗森

伊斯兰艺术博物馆

"我必须抓住伊斯兰建筑的精髓所在。"——贝聿铭

"这是我接手的最为困难的项目之一。"他说，"对我而言，我必须抓住伊斯兰建筑的精髓所在。这项工作的难点在于伊斯兰文化的多样性，其涵盖范围从伊比利亚到印度蒙兀尔，再到中国边境及周边国家。"

最终的成品却是一座现代的建筑：平滑的抽象线条，突出的几何图形，随处可见的颇具伊斯特色的艺术和建筑细节。

博物馆位于一座面积达20公顷的公园内部，占地面积35 500平方米。为了体现伊斯兰教义中知识的重要性，特别在大楼侧面建造了一座教学楼，面积为2 700平方米。Ahmed Ibn Tulun清真寺的洗礼池是这座建筑的灵感源泉，楼体散发出立体几何的强大表现力，在阳光的照耀下，其光彩壮丽的气质显露无疑。清晰的轮廓，精密的结构是这座建筑的特点，光影相互作用的效果更是深得伊斯兰建筑的精髓。博物馆简约的外表颇具迷惑性，它其实分为五层，当中包括3 800平方米的展区，此外还配有一座户外庭院以及开阔的中庭区域。馆内设施齐全，包括一个能容纳200人的礼堂、一个五星级酒店、一个喷泉咖啡厅、祷告室、一个纪念品商店和书店。此外，博物馆还配有一个文物保护实验室，这里不光是世界级的文物保护中心，同时也服务于本馆和该地区的文物保护工作。

这座建筑的精简风格广受赞誉，这也得益于其极简抽象主义的内部装饰和照明设计，它们的设计者就是曾在卢浮宫金字塔项目中与贝先生合作的Jean-Michelle Wilmotte。在展厅中，Wilmotte先生打造了一种被称为"戏剧性"的氛围，展品沉浸其中，被光照和阴影凸现出来，使它们"可以真正地被人们鉴赏"。

翻译：苗森

埃及国内博物馆和历史遗迹重新开放

据路透社报道，埃及国内很多在反对总统胡斯尼·穆巴拉克运动中遭到掠夺和破坏的博物馆和历史遗迹已经重新向公众开放。位于首都开罗的埃及博物馆就在解放广场的旁边，2011年2月20日，在反对活动中成为抗议者的大本营。如今该博物馆重新开放，工作人员向少数前来参观的游人派发玫瑰花。曾经人头攒动的博物馆展厅如今变得冷冷清清，可见动荡不安的局势对埃及旅游业的打击还在继续。

“我们之所以重新开放博物馆是为了击破散布的谣言，有人说‘法老图坦卡门的面具被盗了’，还有人说博物馆被洗劫一空。”博物馆馆长莱克·艾尔·阿瓦迪说，“要让游人自己来参观，眼见为实。”

在经历了大规模的抗议活动以及政府垮台的政变之后，关于在埃及境内的博物馆和历史遗迹的损失程度一直没有定论。埃及文物部长，扎西·哈瓦斯最先对外宣布国内大部分的文化历史珍宝都安然无恙，但是随后情况发生了变化，他在博客中披露，1月28日，有18件博物馆的珍贵文物被盗。在这些被盗文物中，最重要的要数一尊法老图坦卡门的镀金木制雕像和一尊石灰岩的阿肯那顿神像——随后这座神像在博物馆外面的垃圾箱里被找到了。同时，他还宣称，位于塞加拉和阿巴瑟的古墓遭到了盗掘，还有位于塞加拉和开罗大学存放文物的仓库也有被盗的情况发生。

翻译：苗淼

悼念建筑师王兵先生

北京市建筑设计研究院副总建筑师、国家一级注册建筑师王兵先生因病医治无效，于2011年6月17日在北京逝世，享年48岁。

王兵先生在建筑设计领域成果显著，尤以体育建筑闻名遐迩。从业20余年，创作设计出国家体育馆等多项杰出的建筑作品，为我国2008北京奥运会的成功举办作出了重大贡献。2006—2010年，王兵先生先后被授予“首都劳动奖章”、“北京奥运会残运会先进个人”荣誉称号和“北京市五一劳动模范”。尤令人钦佩的是，上述成绩均是王兵先生抱病完成的，直至逝世前夕，他仍倾力于2011年深圳世界大学生运动会主场馆的设计工作。

王兵先生的英年早逝，使建筑界失去了一名优秀的建筑师和良师益友。2011年6月23日，北京市建筑设计研究院、北京市规划委员会、中国建筑设计研究院、清华大学建筑学院等单位数百人怀着沉痛的心情到八宝山公墓为王兵先生送行。本刊特请韩江陵先生撰写挽联以寄哀思：

初逢亚运，学艺辛勤，胸有大图，志高豪迈，风华尚茂少小争先忙设计；
梦系新园，燃情反侧，智无旁骛，身体力行，才智正丰英年奉献铸辉煌。

（李沉文／刘锦标图）

2008年末接受凤凰卫视采访

2011年6月23日王兵追悼会场景

2011年6月23日王兵追悼会场景

伦敦设计博物馆

DESIGN MUSEUM

从本期起这个专栏将为读者奉献：一个个关于设计与博物馆建筑，历史，文化的“故事”。

文化汇集地，设计创意的开端
文化的起点，一个博物馆“故事”的开始
这是一个以现代的身份自居在伦敦“古巷”里的创意白房子

London Design Museum is a museum by the River Thames near Tower Bridge in central London, England. Since Terence Conran first established it in 1989, the Design Museum has championed creative thinking and inspired problem solving, celebrating the talent of the world's best designers and architects. However, it was originally a banana warehouse 22 years ago. At the moment, it claims to be the first museum of modern design. In 2007 the museum was listed by the Times newspaper as number two in their top 5 museums of the year.

To celebrate its 125th anniversary, Coca-Cola has just opened a new display on the history of its visual identity at the Design Museum in London. It shows that while differently shaped Coke bottles have come and gone, the brand's visual identity has survived largely unchanged in 125 years. The Coca-Cola exhibition is on at the Design Museum tank until July 3.

The Brit Insurance Design Awards are the Oscars of the design world, celebrating the most innovative and creative designs from around the world in a competitive “design-off.” The Design Museum in London have announced the seven category winners for winners for 2011 Brit Insurance Design of the Year Awards, including Open Air Library by KARO Architekten and Architektur+Netzwerk, Germany in Architecture Award Winner.

尽管伦敦是一座不缺乏博物馆的城市，但是自1989年建造的伦敦设计博物馆却以其独特的现代设计理念矗立在River Thames的南岸。伦敦设计博物馆的历史如同它的当代意义一样重大。设计博物馆可称的上是对近代“工业遗产”改造的精品，并且以一个现代的身份自居在这条Shad Thames的“古巷”北边。在维多利亚时期，这里曾是最大最繁忙的仓库，也是伦敦以装卸茶叶，香料，咖啡为主的Butler码头。如今的设计博物馆的周边，尽管处处充满现代创意的氛围，但那些精心竖立的桅杆，铁锚等雕塑小品再现了百年前工业遗产的辉煌，似乎让人感到当年那般喧闹，繁荣的船运风景线。20世纪，因河运业的衰败及交通堵塞，最后的仓库也不不于70年代关闭。图1～7记了百年工业遗产的兴衰。

图1：冬季的Bulter码头，（绘画）1855年

图8：伦敦设计博物馆的外景，2011年

Shad Thames的复兴是在八九十年代，那片废弃的仓库被改建为高级公寓，餐厅，酒吧和商店。然而，当今以设计创意文化产业为诉求的伦敦设计博物馆原先只是一座储存香蕉的仓库。设计师Terence Conran先在其周围设计了几家别具建筑特色的餐厅和商店，后Conran团队完成了伦敦设计博物馆的创意设计，从而使这座原有的香蕉仓库成为集创意思考力和世界最优秀的设计师和建筑师为一体的现代创意汇集地，它或许已经成为每年向全球展示最具创意文化影响的世界级窗口。这座淳朴，简洁的创意白房子是一座International style的建筑，该建筑流派伴随着现代建筑中的功能主义应运而生，其特征是以长方形为基本构成要素，强调形式服务于功能，反对虚伪的装饰，追求室内空间开敞、内外通透，从建筑的风格及外形就能彰显出设计博物馆内外的特质。尽管设计博物馆规模不大，但在2007年《泰晤士报》被评为年度优秀博物馆前五之列。按照中国的说法，设计博物馆地上三层。一层主要是博物馆的门厅，书店和咖啡厅。值得一提的是，盥洗室当初委托澳洲的产品设计师Marc Newson设计，因灵活自如的空间设计也成为一个参观亮点。二层是最大的展览空间，曾展出Drawing Fashion的170幅平面绘画作品。坐在二层的Blue Print 咖啡厅，眺望窗外，River Thames和Tower Bridge 尽收眼底。在二，三层中间的是加层，它通常用于讲座和讨论会。三层的展览空间，内部有一个教育中心，被用于小型儿童工作室。图8～9设计博物馆的外景及门前雕塑。

图2：BUTLER码头的香蕉仓库，1910年

图3：Butlers码头，1950年

图4：Butlers码头，1980年

图5：Shad Thames "古巷"的外景，2011年

图6：Shad Thames "古巷"的外景，（绘画）2011年6月

图7：在River Thames旁的工业遗产小品，2011年

图9：由Eduardo Paolozzi设计的"Head of Invention"雕塑摆放在设计博物馆的入口前，2011年

"Head of Invention"的大型雕塑摆放在设计博物馆的门口，由Eduardo Paolozzi设计，他的雕塑似乎在向过往的人们倾诉，在英国这个创意国度里，思考力和创意给人们带来了多少希望和影响！在主体建筑物之外，有称作设计博物馆馆箱的透明展览空间，这里正展示纪念可口可乐125周年的历程，它详尽到可口可乐公司的创始建筑，创始人，瓶装工艺和标志设计及品牌发展，展览为期2011年5月20日至7月3日。图10－图15为可口可乐公司的发明家Dr.John.Pemberton及不同历史时期可口可乐公司建筑及相关商业运营场景。

图10:可口可乐的诞生地Jacobs Pharmacy，1886年
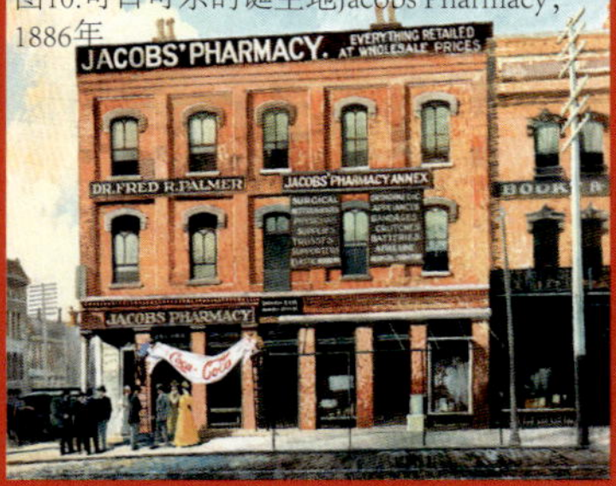

图11:可口可乐的展陈，2011年

图12：可口可乐的第一座建筑，建筑师Bruce和Morgan，1898年

图13：可口可乐在加拿大，1906年

图14：可口可乐在美国世博会，1964年

图15：可口可乐在中国，1979年

从设计博物馆的内涵来说，除了设计博物馆周边传统的文化气息和具有灵动的室内空间格局吸引眼球外，它本身的设计展品也独放异彩，引来每年至少20万的参观者。正在这里展出的是2011年度Brit Insurance Design Awards(英国生命保险设计奖)，被誉为设计界的奥斯卡奖，是由英国生命保险公司赞助、伦敦设计博物馆承办的年度设计大奖。尽管自2008年创建以来，其囊括了建筑、时装、家具、平面、产品、互动和交通七大类别，便成为全面性，创新性，权威性设计奖项的代名词。面对全球经济低迷的现实，分析2011年的90个提名名单，显见“可持续性和效率性”仍然作为众多创意设计的主题。在2011年的建筑奖项中最大赢家当属德国建筑师Karo Architekten和Architektur+Netzwerk设计的一座Open Air Library(开放式的公共图书馆)，严格的说这座图书馆是由建筑师和德国小镇Magdeburg的当地居民共同设计的成果。开放式的公共图书馆位于德国的后工业化的Magdeburg，它以1：1的尺度且使用1000只废弃的空啤酒箱建造，书籍由公众捐赠,现已超过2万余册。该座图书馆全天向人们提供免费借阅服务，使公众切身体会到现代设计创新性和实用性的无穷魅力。（见图22～24）据评委会专家说：“Open Air Library于2009年6月投入使用，这个项目不仅为工业城市增添了绿色空间，也建立了一个基于邻里相互信任的社区空间。”我认为此项目洞察并实践了当今的几个关键词：开放式、共享性、绿色环保、实用主义及其文化传播的可持续性。此外，在其建筑奖项提名的激烈竞争是这来自Heatherwick studio设计的2010年World Expo英国馆的丰富种子模式的独特性吸引了世界的目光。图16～21为此次2011年英国生命保险设计奖在建筑和平面类别的部分作品：

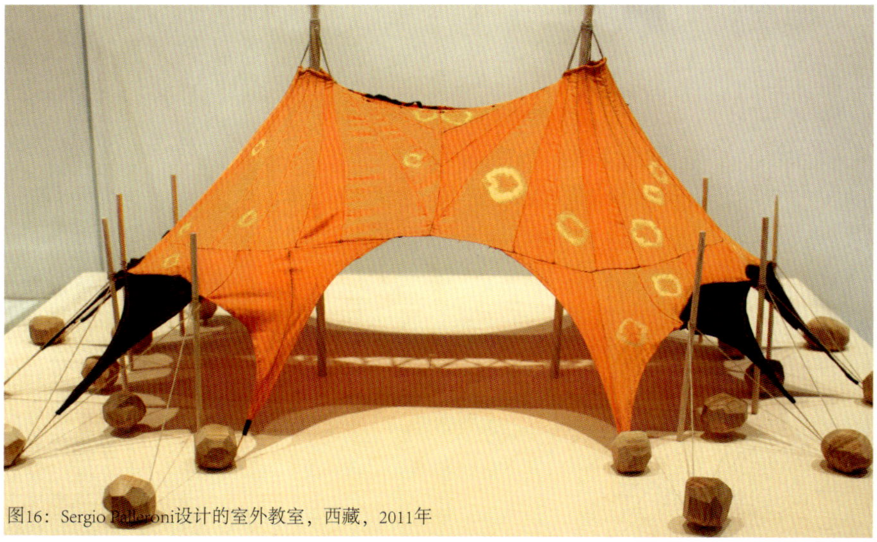
图16：Sergio Palleroni设计的室外教室，西藏，2011年

图17：Numen设计了一系列的Tape Installations胶带装置，奥地利，2011年

图18：英国Heatherwick studio设计的2010年上海世博会英国馆，北京，2011年

London Design Museum

堪称世界一流博物馆的伦敦设计博物馆与众多博物馆相同，它也组织各类设计课程和讲座、邀请设计师参与创作交流会。有小型的教育区域，注重培养孩子们设计意识的创作萌芽。但是，与众多博物馆不同，伦敦设计博物馆不单单是20世纪和21世纪的博物馆，它以突出设计在现代文化的核心地位为宗旨，成为后工业社会的建筑，设计创意的方向标。与众多博物馆不同，伦敦设计博物馆没有常设展，场地依展览的规模、性质、类别来划分。这足以展现设计博物馆在策展时的灵活性和创意性。它总把时代热点的、人们关注的优秀创意设计及时展现出来。可以说，设计博物馆总是走在世界创意设计的前列。与众多博物馆不同，伦敦设计博物馆不是政府经营的，所以作为慈善公益机构，它需要依靠门票、会员捐助、赞助来提升95%的运行经费。遗产彩票基金会和一些以个人名义的慷慨捐助也都支持在未来将建设一个更大的设计博物馆。

应该说，创意白房子见证了世界工业革命的兴衰，它不仅为全球的工业遗产保护与创意设计提供了范例，还成为发展创意文化的“教科书”，更构建了世界级创意设计的年度发布平台。

（金维忻　文/图）

图19：Morag Myerscough的Power of Ten在LCC伦敦传媒学院,英国,2011年

图20：Peter Brewin, William Crawford and Phillip Greer设计的Emergency shelters应急避难所，英国，2011年

图21：Enric Ruiz-Geli 设计的media TIC大厦,巴塞罗纳，2011年

图22：由德国卡罗建筑师事务所（KARO Architekten）和建筑+网络（Architektur+Netzwerk）设计的Open Air Library,2011年

图23：Open Air Library实景（图片来源：互联网）

图24：Open Air Library实景（图片来源：互联网）

稿约

《中国建筑文化遗产》的出版宗旨是：以科学的态度分析、评介中国古代建筑所取得的辉煌成就及对后世的启示，以历史的眼光及时将当代优秀建筑作品甄选为新的文化遗产，以文化启蒙者的社会职责向公众展示建筑文化遗产的艺术魅力与社会文化价值，并将中国建筑文化传播到世界各地。

为实现这一目标，我们期待着国内国外、业内业外的一切关注建筑文化遗产、关注文化传承与发展的朋友们直言对本刊的建议与批评，尤其期待着各界朋友惠赐大作。现特向各界郑重约稿。

具体征稿要求如下：

1.丛书注重学术与技术、思想性与文化启蒙性的建筑文化创意类内容，欢迎治学严谨、立意新颖、文风兼顾学术性与可读性，涉及建筑文化遗产学科各领域的研究、考察报告、作品赏析、问题讨论等各类文章；来稿须未曾在任何报章、刊物、书籍、正式出版物以及网络电子文本（个人博客除外）发表。

2.来稿请尽量提供电子文本，一般以6 000～12 000字为限，要求著录完整、规范；文章配图（线图、建筑效果图、钢笔速写等）、照片以30幅为限。部分老专家的手写文稿将安排专人处理。图纸、照片请提供电子文件，确保每张图片有较高清晰度，要求附图片说明。

3.来稿每文请尽量提供1 000字符左右的英文提要（欢迎准确的长篇英文稿）。

4.来稿请附作者真实姓名、学术简历及本人图片、通讯地址、电话、电邮地址，以便联络；发表署名听便。

5.文章一经刊用，版权归本杂志社所有，未经书面允许，不得转载。

6.文章一经刊用，本编辑部以300～500元/千字的标准支付稿酬并赠书2本；特稿另议。

7.稿件联系人

苗　淼：931531615@QQ.com.

刘晓珊：99321200@QQ.com.

《中国建筑文化遗产》编辑部

2011年7月

Contributions Invited

The aims we want to achieve by publication of the Architectural Heritage of China include: examining and evaluating the glorious achievements and inspirations of traditional architecture with a scientific attitude, selecting new cultural heritage from excellent contemporary buildings with a historical point of view, demonstrating the artistic glamour and cultural values of the architectural heritage to the public with the responsibility of a torchbearer, and finally disseminating Chinese architectural culture throughout the world.

To achieve this goal, we hope those who concern about architectural cultural heritage, and those who are interested in the transmission or development of culture—no matter you are home or abroad, professional or amateur—can offer us your suggestions or speak out your criticisms. We especially appreciate anyone who is kind enough to submit papers in various disciplines. The editorial board would like to invite you to submit papers.

Instructions and guidelines are as follows:

1. We emphasize the academic and intellectual quality of research, and enlightenment ideas, and welcome soundness of methodology and originality of materials. Clear, jargon-free prose is especially valued. Directions in the field of cultural heritage, in formats such as research or investigation reports, book reviews, or discussion are encouraged. Papers must have not been published in any newspaper, journals, books or other publications, or electrically published (except personal blog).

2. Papers submitted in electronic formats are preferred, with word limit of 6,000~12,000. Documentations are required to be complete and standard; illustrations should not exceed 30 figures (including photos, line-art drawings, architectural renderings, pen sketches, etc.). Senior experts' manuscripts will be edited by professional staff. Please also provide electronic documents for drawings and photographs to ensure a high resolution of each figure. Annotations for each figure are required.

3. Please provide an English abstract of 1,000 words if possible. (Full length English version of the paper is welcomed.)

4. Please provide the name, academic CV, photo, address, phone number and e-mail address of the author for the convince of future contact; name used in the publication will be given as the author pleases.

5. Once the paper is accepted, the copyright will be reserved by the editorial board of this journal. Any individual or organizations must not republish without written consent.

6. Once the paper is accepted, the editorial board will offer the author a remuneration of CNY300~500 per thousand characters and 2 copies of the journal. This does not apply to specially arranged papers.

7. Please connect

Miao Miao : 931531615@QQ.com.

Liu Xiaoshan: 99321200@QQ.com.

China Architectural Heritage Editorial Department

July, 2011